水电站机电设备故障分析与处理技术

电气分册

主　编　关杰林　韩　波
副主编　陈　辉　张春辉　王金涛
　　　　肖　荣　刘绍新

中国电力出版社
CHINA ELECTRIC POWER PRESS

内 容 提 要

本书根据中国长江电力股份有限公司 40 余年大型水电站设备运行、维护、检修的实际经验，融合部分国内外水电设备典型案例，从部件结构、故障征兆表现、故障原因分析、故障处理评价等方面，对水电站机电设备常见故障进行了阐述。全书分为水轮发电机、输变电设备及厂用电系统、二次系统 3 篇，共 10 章。在内容编排上，每一章从介绍设备结构入手，概括出可能出现的故障及其处理方法，最后提供具体的故障案例分析。

本书可为国内外水电站机组运行维护和故障诊断、处理提供借鉴与参考，也可作为水轮发电机组设计、检修维护、安装施工、运行管理专业人员的参考书。

图书在版编目（CIP）数据

水电站机电设备故障分析与处理技术 . 电气分册 / 关杰林，韩波主编 . —北京：中国电力出版社，2021.11（2022.6 重印）
ISBN 978-7-5198-5907-7

Ⅰ . ①水… Ⅱ . ①关… ②韩… Ⅲ . ①水力发电站－机电设备－故障诊断②水力发电站－机电设备－故障修复③水力发电－电气设备－故障诊断④水力发电－电气设备－故障修复 Ⅳ . ① TV734

中国版本图书馆 CIP 数据核字（2021）第 165673 号

出版发行：中国电力出版社
地　　址：北京市东城区北京站西街 19 号（邮政编码 100005）
网　　址：http://www.cepp.sgcc.com.cn
责任编辑：姜　萍　赵云红　郭丽然　李文娟
责任校对：黄　蓓　朱丽芳　常燕昆
装帧设计：张俊霞
责任印制：吴　迪

印　　刷：北京九天鸿程印刷有限责任公司
版　　次：2021 年 11 月第一版
印　　次：2022 年 6 月北京第二次印刷
开　　本：787 毫米×1092 毫米　16 开本
印　　张：30.25
字　　数：621 千字
定　　价：200.00 元

编　委　会

主　　编：关杰林　韩　波
副 主 编：陈　辉　张春辉　王金涛　肖　荣　刘绍新
编写人员：封孝松　许艳丽　司汉松　毛业栋　郭钰静
　　　　　冉应兵　徐　铬　关苏敏　肖燕凤　姚登峰
　　　　　张　舸　陆劲松　付海涛　刘昌栋　邹　毅
　　　　　李香华　丁伦军　谢秋华　叶华松　王本红
　　　　　刘光权　任　波　周　平　熊　舟　俸　靖
　　　　　高晓明　张家治　高劲松　李　炜　唐国平
　　　　　喻　叶　桑希涛　王义平　任　刚　丁进伟
　　　　　冉　帅　封运华　谷彩香　任少婷　常中原
　　　　　邓　勇　刘静涛　吴高强　赵静朴　郑学赓
　　　　　王　涛　刘代军　王京国　肖意军　付国宏
　　　　　罗金文　慎志勇　刘　扬　张世璐　谢　强

　　截至 2020 年底，我国水电装机容量为 37016 万 kW（含抽水蓄能 3149 万 kW），排名世界第一。水电站设备庞大、结构复杂、故障诱因繁多，在设备运行过程中，可能出现不同类型的故障。水电站设备的安全稳定运行，不仅关系到水电站自身安全，还关系到电网安全。故障出现后，迅速完成原因查找和定位，并制定有效的处理措施，对水电设备的安全稳定运行和保障企业经济利益至关重要。

　　随着水电事业的发展，我国正在开展智慧电厂的建设。大数据、人工智能、深度学习等数字科技的迅猛发展为智慧电厂提供了技术手段。为充分发挥这些技术的作用，并取得实际效果，需要对故障机理及表象进行知识表达，以便计算机系统能够正确识别。为实现上述目标，一方面需要开展理论研究，了解并掌握故障机理；另一方面需要分析大量案例，并进行总结和提炼。但随着设计、制造、安装、运维技术水平的提升，对单个电站、单台机组而言，其故障发生概率大幅度降低，导致故障案例数量急剧减少，难以为状态评价和故障诊断提供足够的支撑，因此对大型机组等设备的典型故障案例进行梳理和总结显得十分必要。

　　与此同时，新型测试技术、有限元仿真技术的发展，为水电站设备故障机理探索和故障原因查找提供了新的手段。随着我国机组数量的增加和运行维护经验的积累，部分故障机理越来越明晰，并已取得了初步成果，现阶段对已经取得的成果急需开展系统性的总结工作。

　　从 20 世纪 80 年代我国最早的大型水电工程葛洲坝电站开始，中国长江电力股份有限公司负责长江干流三峡、葛洲坝、溪洛渡、向家坝等巨型电站的调度、运行、维护和检修，在此过程中积累了丰富的经验。各电站的可靠性指标在行业内始终处于领先地位。近年来，长江电力开始对外输出管理和技术，在德国、葡萄牙、秘鲁、巴西、马来西亚等全球多个国家开展水电咨询和运维管理相关业务。

　　鉴于此，编者根据长江电力 40 余年大型水电站设备运行、维护和检修的实际经验，融合部分国内外水电设备典型案例，从设备部件结构、故障征兆表现、故障原因分析、故障处理评价等方面，对水电站机电设备常见故障进行了梳理、总结和分析。

本套丛书分为《电气分册》和《机械分册》。本书为《电气分册》，包括水轮发电机、输变电设备及厂用电系统、二次系统 3 篇，共 10 章。在内容编排上，每一章从介绍设备结构入手，概述常见故障及其处理方法，最后提供具体的故障案例并进行分析。

由于作者水平所限，书中疏漏在所难免，敬请广大读者批评指正。

编　者

2021 年 9 月

目 录

第一篇

水轮发电机

第一章　发电机定子

第一节　设备概述及常见故障分析

随着能源转型步伐的加快和电力体制改革的深入推进，水电站在电力工程中占据越来越重要的地位。水轮发电机是水电站中将动能转化为电能的设备。发电机定子是其重要部件，它的运行情况不仅直接关系到电力企业的供电能力，还对电能质量和电网的安全稳定运行产生重大的影响。

一、发电机定子结构

发电机定子是发电机产生电磁感应、进行机械能与电能转换的主要部件，通过定子绕组切割磁力线产生感应电动势，将动能转变为电能。定子各部件是静止的，故称为定子。水轮发电机定子的典型结构如图 1-1 所示。

随着水轮发电机设计、制造、安装技术的不断发展，定子制造和安装实施方式也不断改进。最初，定子铁芯在制造厂家叠片完成后，再分瓣运输至安装现场进行组装，现改进为定子机座在分瓣现场拼焊为整体，定子铁芯现场整圆叠片安装；原固定定位筋结构，现多改为浮动定位筋结构。这些制造安装技术的进步，避免了定子铁芯存在冷态振动、组合缝线棒松动、定位筋拉升错位等问题，提升了发电机整体质量。

二、定子的构成及工作原理

发电机定子主要由定子机座、定子铁芯、定子绕组及定子附件等部件组成，各部分工作原理如下。

（一）定子机座

定子机座也叫定子外壳，是水轮发电机定子的主要部件，用来固定定子铁芯和绕组。定子机座主要承受定子自重、机组在各种工况下的热膨胀力、额定工况时产生的切向力和定子铁芯通过定位筋传递的 100Hz 的交变力，并能承受定子绕组短路时产生的切向力和半数磁极短路时产生的单边碳拉力。大型水轮发电机的定子机座直径比较大，主要选用立式结构。立式机座还应具有支撑上机架及其他构件的能力，承受焊接、安装、运输时引起的应力而产生的变形。水轮发电机定子机座如图 1-2 所示。

大容量水轮发电机的机座由钢板焊接组装而成。

大型水轮发电机的机座，一般由圆形的机座壁，上、中、下多层水平环板，支撑钢管，起吊柱，通风口，加强筋和基础板等组成，也有整圆座环或分瓣环之分。

大型水轮发电机的定子机座由 12～60mm 厚的 A3 钢板焊接组装而成。对于分瓣座环用合缝板和螺栓连接组成整体。合缝板一般用 50～70mm 厚的钢板支撑。合缝板上下有轴向定位销，中部有径向定位销。机座一般都有上、中、下水平环板（如果采用大齿压板结构，还有大齿压环板），通过立筋或盒形筋板连接组合。大型水轮发电机机座环板的层数由定子高度来决定，定子高度越高，水平环板层数越多，在设计时要根据机座所承受的轴向力来确定。大、中型水轮发电机机座还有数量不等的空气冷却器窗口，用来安装定子空气冷却器。

（二）定子铁芯

定子铁芯是固定定子绕组的部件，也是电机磁路的主要组成部分，受到机械力、热应力和电磁力的综合作用。定子铁芯由扇形片、通风槽片、定位

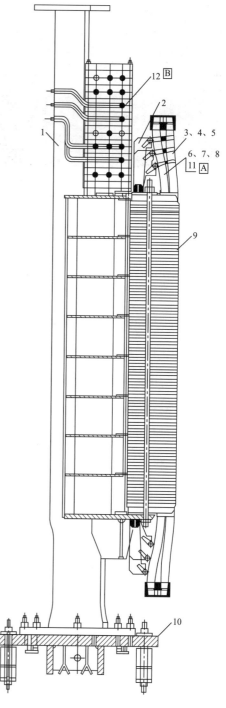

图 1-1 发电机定子

1—定子机座；2—定子线圈端部固定；

3～8—定子线棒；9—定子铁芯；

10—定子基础板；11—定子线棒；12—汇流铜环

图 1-2 水轮发电机定子机座

筋、上下齿压板、拉紧螺杆及托板等部件组成。定子铁芯由低损耗磁通性能优的无取向硅钢片冲制成扇形片叠装在定位筋上，定位筋通过焊接在定子机座环板上的托板进行定位，铁芯通过拉紧螺杆压紧上下齿压板使铁芯形成整体。定子铁芯如图 1-3 所示。

定子铁芯冲片通常采用硅钢片。在发电机运行中，铁芯要受到机械力、热应力及电磁力的综合作用。由于铁芯会随着转子的旋转而产生交变的感应电动势，为提高效率、减少铁芯涡流损耗，铁芯一般由 0.35～0.50mm 厚的两面涂有绝缘漆的扇形硅钢片叠压而成。

根据定子铁芯外径的大小，定子可以分为整圆定子、分瓣定子、工地整圆叠装定子。

（1）整圆定子。当定子铁芯外径 $D \leqslant 3m$ 时，一般采用整圆定子，在制造厂家叠片、下线后整体运输至工地。

（2）分瓣定子。当定子铁芯外径 $D > 3m$ 时，采用分瓣定子，按照其直径可以分成 2、3、4、6 和 8 瓣。在制造厂家整圆装压铁芯，将铁芯分瓣下线、分瓣运输，到工地再整圆组合安装。

图 1-3 定子铁芯

（3）工地整圆叠装定子。当铁芯的长度和径向尺寸受运输条件限制、或为了减小变形时，采用工地整圆叠装定子。在机坑或安装间将分瓣机座拼焊成整圆叠片，然后下线。这样能消除合缝噪声，减少振动，节省钢材和简化制造工艺。例如三峡、白鹤滩、溪洛渡、乌东德水电站的发电机定子全部采用工地整圆叠装方式。

近几年大型水轮发电机设计过程中，为了减小机座承受的径向力和铁芯的轴向波浪度，采用浮动式铁芯。其特点是，在冷态时，铁芯与机座定位筋间预留有一较小间隙，当铁芯受热膨胀时，此间隙减小或消失，当机座与铁芯温度不一致时，相互之间可以自由膨胀，从而大大减小机座承受的径向力。

（三）定子绕组

定子绕组是发电机的主要部件，也是发电机产生电磁感应的关键部件。绕组的构成主要从设计制造和运行两个方面考虑。绕组的形式虽有不同，但设计原理基本相同。其一，合成电动势和合成磁动势的波形要求接近于正弦形，数量上力求获得较大的基波电动势和基波磁动势；其二，对三相绕组，要求各相的电动势和磁动势对称，绕组的电阻、电抗要求平衡；其三，对绕组结构要求简单省铜，铜耗要小；其四，绝缘可靠，机械强度、散热条件好，且制造简单方便，安装工艺操作性好，质量便于控制。

水轮发电机的定子绕组有叠绕组和波绕组两种形式，大型水轮发电机的定子绕组大部分采用双层波绕组结构。线棒由多股铜导线和主绝缘构成，线棒的股线较多，为补偿由于端部漏磁而在股线间产生的环流，国内外各制造厂都采用槽内股线换位措施，有不完全换位和360°完全换位两种方式。叠绕组和波绕组如图1-4所示。

定子绕组是发电机的动脉，主要作用是产生电动势和输送电流。组成绕组的基本单元称为线圈，一个线圈由两根线棒和端接线组成，线棒置于槽内，切割主磁场而产生感应电动势。端接线在铁芯之外，不切割磁场，故不能产生感应电动势，仅起连接作用。线棒依次嵌放在电枢槽内，一根线棒放在槽的上层，另一根放在相隔一个线圈节距的下层，整个绕组的线圈数恰好等于槽数，构成双层绕组。

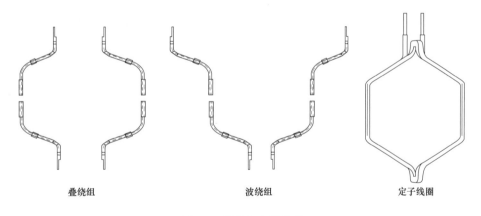

叠绕组　　　　　　　波绕组　　　　　　　定子线圈

图1-4　叠绕组和波绕组

线棒是组成发电机定子绕组的基本构件，组成发电机线棒的若干股线（自带绝缘层的导线）经过编织、换位和胶化成型后，整体连续包绕绝缘层，以多胶模压或真空压力浸渍（VPI）工艺固化成型，这个绝缘层就是发电机定子绕组的主绝缘。

定子绕组使用的绝缘材料基本是云母制品。最初采用天然的剥片云母，为了提高原材料的利用率，现广泛采用粉云母。粉云母的机械性能和耐热性较剥片云母差，但其厚度、性能的均一性好，特别是耐电强度的波动范围小，通过选用适当的树脂可以做成柔软而紧密的制品，其导热性好，使用时温升低，并且同样能达到片云母的耐热等级。

在定子绕组绝缘的发展中试图采用其他的材料来代替云母材料，但迄今未能取得成功，发电机主绝缘仍然是由云母、粘合剂和补强材料这三部分构成。大型发电机主绝缘材料普遍使用环氧玻璃粉云母带，以粉云母为基料，补强材料为玻璃布或涤纶纤维毡，粘合剂为环氧树脂粘结剂体系，耐热等级多为 B、F 级。现在主绝缘的特点是以热固性粘合剂取代以往使用的沥青漆和虫胶，以玻璃布代替以往的纸作衬垫补强材料，以粉云母代替片云母。绝缘结构上的改进，使制造工艺得到改善，新型绝缘比以往的绝缘具有更优异的性能。

（四）定子附件

定子附件主要包括端部绝缘盒、端箍、槽楔、斜边垫块与槽口垫块。

为确保定子绕组端部有良好的绝缘，及与相邻电接头和对地有足够的安全距离，在绕组端部电接头位置套装绝缘盒。绝缘盒采用酚醛玻璃纤维材料或聚酯玻璃纤维材料按不同的接头外形压制而成，根据电压等级的不同考虑与线棒绝缘部分的搭接长度和距离电接头的距离。上下接头绝缘盒的结构基本相同，为便于现场安装，上部的绝缘盒无底，也称通底绝缘盒。

为使定子绕组能承受电磁力及振动的作用，特别是在突然短路的工况下不至于产生有害的位移和变形，造成绝缘损伤、匝间短路等故障，确保发电机长期安全运行，将定子绕组通过槽部固定件槽楔和端部固定结构件端箍、槽口垫块、斜边垫块等固定为刚性整体。

槽楔用于将线棒固定在槽内，用于防止电磁力及振动的作用而引起主绝缘磨损。因此，槽楔结构形式和压紧程度，对确保发电机的安全运行及线棒使用寿命具有重要作用。

定子槽楔有平槽楔和斜槽楔两种。大型水轮发电机一般都采用斜槽楔型式。斜槽楔由内楔和外楔组成，用酚醛玻璃纤维压塑料压制而成。与平槽楔相比，斜槽楔压紧程度好。

端部固定采用端箍、斜边垫块和槽口垫块，在正常运行时可以防止线棒受电磁振动而磨损绝缘。同时，在发电机出线端短路时，可以承受绕组端部的径向作用力，防止该作用力引起绕组端部变形与破坏。

端箍截面有圆形、矩形两种。一般大型水轮发电机的端箍采用无磁性钢或注胶玻璃丝绳。通常注胶玻璃丝绳的端箍是分段组成。端箍的连接结构有套筒螺栓连接及焊接结构两种。焊接结构的端箍，在制造厂预装时按图纸要求将尺寸配割好，工地安装时焊接，并包扎接头处的绝缘。端箍通过支架支撑在上、下齿压板上。支架结构分铁支架及绝缘支架两种。与铁支架相比，绝缘支架便于调整，能使多数线圈端部与端箍环的支撑接触，节省了包扎绝缘的材料及工时。

斜边垫块用环氧玻璃布板加工而成，以支撑紧固绕组斜边。槽口垫块用酚醛玻璃纤维压塑料压制。对于双层绕组，多采用下层槽口垫块与上层槽口垫块分开的结构，槽口垫块与线棒一起绑扎。也有上、下槽口垫块连为一体的结构，这种槽口垫块是双斜块式的，用适形材料放在线棒间，槽口垫块与线棒牢固地连为一体。

三、常见故障的分类与分析

发电机定子是水轮发电机组的核心部件之一。

发电机定子故障产生的原因很多，大部分是由于设计方面考虑不周、制造缺陷、安装和检修质量不良、通风及散热不良、绝缘老化以及异物撞击等造成的。这些原因可能导致发电机定子线棒损伤、槽楔松动、定子温度过高、电晕以及定子绕组接地等故障。所以对发电机定子常见故障进行研究与分析，找出故障的处理方法，对实现水轮发电机安全稳定运行至关重要。

（一）线棒损伤

定子线棒常见缺陷一方面是由于各种原因造成的绝缘损坏，如磨损、裂纹等，导致局部放电和温度升高；另一方面是绝缘材料的污染、腐蚀等引起的绝缘老化。当线棒发生损伤故障时，就需要对其进行修理或更换。

（二）槽楔松动

发电机在运行中，受长期运行振动和温度的影响，槽楔和垫条会出现松动的情况，导致线槽内的线棒发生振动，使线棒的防晕层首先发生磨蚀损坏，严重的使主绝缘损坏。

（三）定子过热

发电机定子的过热存在于不同的部位，如定子绕组接头、铁芯、线棒、汇流环过热等。对于不同的部位，过热原因也不尽相同。

定子绕组接头如存在设计或制造不良、安装工艺不到位、焊接质量不佳等问题，长期运行时会造成接头局部过热并使接头的电阻逐步增大。如果形成恶性循环，对机组安全运行十分不利。

定子铁芯通风沟堵塞、铁芯松动、受到外力损伤、定子铁芯片间漆膜脱落形成连片短路等均会引起定子铁芯局部过热。

机组在运行时过负荷、通风冷却不良或者非空冷机组冷却介质管路堵塞，会引起线棒过热故障。

（四）电晕

电晕是发电机高压绕组某些部位由于电场分布不均匀，局部场强过强，导致附近空气电离而引起的放电现象。电晕本身放电的强度并不是很高，但电晕的存在会大大降低绝缘材料的性能，对绝缘材料有强烈的腐蚀作用。材料表面损坏后，放电集中于凹坑并向材料内部发展，严重时发展成为树枝放电直至击穿。此外，电晕还向周围产生带电离子，在各种不利因素的叠加作用下，存在绕组出现过电压时造成线棒击穿的可能。

电晕发生的部位主要集中在高低阻搭接部位、斜边垫块、槽口垫块等部位。产生电晕有制造方面的缺陷，也有安装质量的问题。

1. 低阻受损

当低阻区域出现损伤或间断时，会在受损或间断部位形成高压，在损伤部位产生场强畸变形成高场强区，高场强会击穿空气产生电晕，或通过脏污绑绳或压指对地放电产生电晕。

2. 高低阻搭接不良

定子线棒出槽口位置漏磁通较大，场强非常集中，加之定子线棒在出槽口位置 R 弯部形状的变化，导致场强极不均匀。为提高定子电棒的防晕能力，在线棒 R 弯部位置采用高低阻搭接结构，以降低线棒的电位梯度，控制定子线棒电位梯度在安全范围内。

机组在运行中，高低阻防晕带搭接部位可能在长期振动过程中由于高低阻区域粘黏强度不足，出现接触不良的情况。当高低阻搭接不良时，高阻区域感应电荷释放通道受损，电荷堆积产生高压，与低压的低阻区域之间形成高场强，造成搭接间隙产生电晕，或高阻保护带高压对压指或绑绳放电产生电晕。

3. 毛刺和间隙

线棒在安装过程中，槽口垫块、斜边垫块以及端箍与线棒间可能存在间隙、填塞的涤纶毡和固定的绑绳存在尖端毛刺等现象。在毛刺和间隙位置，场强会不均匀，容易产生电晕。

4. 表面脏污

出槽口部位脏污，会形成新的电荷释放通道，改变原有电场分布，使端部电场产生畸变，加剧电晕发生。

四、常见故障的处理方法

（一）定子线棒局部故障处理方法

定子线棒局部故障处理在检修中是一个重要内容，需慎重考虑，决定对其进行局部修理或更换线棒。

发电机线棒更换的一般原则：

（1）运行中击穿或损伤的线棒，其故障点在槽内或槽口附近者。

（2）试验击穿，其击穿部位同（1）者。

（3）主绝缘磨损，其损伤深度在 1mm 以上者。

（4）线棒接头过热造成接头严重损伤者。

（5）电腐蚀严重或防晕层损坏严重者。

线棒击穿，损伤部位在槽口外距离槽口小于 100mm 的应根据现场情况研究处理，考虑的因素包括线棒的参考电位、损伤的程度等。击穿点及主绝缘严重损伤处在槽口外距离槽口 100mm 以上者，可以不更换线棒进行局部处理，有时为保证高可靠性，也需根据现场情况灵活掌握，考虑更换新的线棒。只有当无备品或故障在端部时，考虑做局部修理。

远离铁芯的部位可以不将线棒取出就地修理，其他部位的局部故障应将故障线棒从线槽内取出后，平放在修理台上，应在修理台面上垫以软垫如橡胶垫或涤纶毡，防止在线棒局部修理的过程中，又造成线棒其他部位的损伤。修理前，应拍摄故障部位的资料照片。首先应仔细清除故障点，然后沿清理点两侧将线棒绝缘削成坡口，每侧坡口长度一般根据经验来确定，如对 20kV 等级的绝缘，坡口每侧长度应有 100mm 左右。坡面应仔细修整，要求平滑、均匀。用无水酒精擦干净后刷一层室温固化环氧胶。然后用与线棒绝缘相同的绝缘材料进行半叠绕包，层间刷室温固化环氧胶，涂刷要均匀，绕包层数按绝缘厚度而定，一般按线棒设计所要求的层数，厂家对此均有规定。

局部修理应确保修理部分无气泡夹杂。绝缘带包扎过程中不可出现皱褶，包扎绝缘带时可适当用力拉紧，但要用力均匀。

局部修复后，应按要求恢复防晕层。对于防晕层与主绝缘同时成型的线棒，则应在主绝缘包绕后即行包绕防晕层，一起进行热压处理。

局部修理后的线棒应通过耐压试验。

（二）槽楔松动的处理方法

定子槽楔有下述情况之一者应重新打紧：

（1）每槽有槽楔松动者；

（2）每槽下部三节松动者，理论上可只重打该三节，但一般实际上很难重新打紧，故一般也需全部重打；

（3）每槽上部二节松动者，可只重打该两节。

退出槽楔前，应先行检查并书面记录现有槽楔的松紧度，以了解线棒的固定情况和与重打槽楔后比较。检查完成后，对整个定子铁芯内膛进行清扫，然后再开始退槽楔。从下向上依次退出即可。退出槽楔时注意不要损伤线槽两侧的铁芯及内部线棒；取出旧垫条尤其是含有适形毡的垫条时，注意不要损坏线棒绝缘。槽楔和垫条取出后，检查铁芯通风沟及线圈表面应无异常，退完槽楔后将线槽清扫干净。

槽楔及楔下垫条应在使用前，预先在烘箱内烘干一昼夜以上，烘箱内温度控制在 60℃ 左右。

打紧槽楔前应先放入槽楔，然后垫好厚度适当的半导体垫条、波纹板，再插入斜楔，槽楔和垫层总厚度一般以用手能将斜楔向下插入为度（具体以实际结构为准），再向下打紧斜楔即可。注意楔下垫条应垫得紧实、均匀、不折叠。打紧槽楔时注意不要伤及铁芯和线圈。

槽楔的标称长度是一定的，但在打槽楔的过程中会出现槽楔通风沟与铁芯通风沟不能对齐的现象，又不便返工调整，这时往往采用铲削槽楔的办法以适应铁芯通风沟，这样做对槽楔的强度是有不利影响的。对批量大的槽楔更换工作，可按槽楔量的多少，准备一些长度比额定尺寸稍长的槽楔，以便在实际打槽楔的过程中，对此进行调整。

（三）定子温升过高处理方法

1. 定子绕组接头过热

定子绕组接头过热，应剖开绝缘盒对电接头进行仔细检查，辅以直流电阻测试，找出电接头过热的原因，如果在试验中发现某个接头电阻过大，应及时处理。对某些不合理的接头应找出症结，予以技术改造。

2. 铁芯过热

铁芯局部松动：当铁芯齿部局部轻微松动时，先用无水酒精将铁芯松动部分油污和锈迹清理干净，用压缩空气、磁铁、面粉将异物清除，再用干净的布擦拭干净，用尖刀片撬开冲片，先涂一层防锈漆，塞进钢纸或云母片并塞牢，涂刷配制好的环氧固化胶粘牢。对于轻微的松动，也可以在铁芯清理干净后只涂刷环氧固化胶。

铁芯两端松动：当铁芯两端松动时，可以用钢板做成楔条插入压指与铁芯之间，打牢后再用电焊焊接牢固。

铁芯中间部位松动：当铁芯中间部位松动时，应根据铁芯松动程度和不同电机结构，采用不同的处理方法。对于螺栓拉紧的铁芯结构，只要将拉紧螺栓均匀紧固，即可压紧铁芯。

铁芯整体松动：对于螺栓拉紧结构的铁芯整体松动，可以将螺栓的螺母均匀紧固，并按照规定压力装压，即可压紧铁芯；在压紧铁芯时要注意铁芯的波浪度，一般要求铁芯圆周方向波浪度不大于±10mm。

压指松脱处理：当铁芯压指松脱时，则把压指打回安装位置，并对压指进行点焊。为了加强固定压指，可以在压指底部的压板正对压指处用高速电钻把压板及压指钻一小孔，其中压指的孔深约为压指厚的 1/4，在小孔上打一枚销钉，并对销钉进行点焊。

铁芯两端齿压板变形：当铁芯两端齿压板或齿压板顶丝没上紧使铁芯松动时，则更换力学性能较高的齿压板或上紧顶丝，齿压板要逐块更换。

定子铁芯叠片粘连损伤处理：

机组在运行过程中，会发生异物落入空气间隙中刮伤定子表面，造成铁芯叠片表面损伤，部分叠片粘连在一起。

首先用清洗剂对铁芯表面进行全面清洗，除去油泥、积灰，再对铁芯叠片间毛刺、翘卷、粘连的地方使用细锉、纱布手工打磨，去掉尖锐的毛刺，凸起翘卷部位修平，用磁铁吸走铁粉。

铁芯叠片的损伤粘连部分采用电蚀化法进行修整。电蚀化法是通过电解溶液通直流电产生蚀化作用实现的。此方法的优点是它能溶解叠片间用其他机械方法难以去除的金属毛刺，作业处理程序见表 1-1。

表 1-1　　　　　　　　　　　　铁芯叠片粘连损伤处理程序

项目	处理部位	处理方法	控制指标
局部清除	叠片间隙	机械锉	目检无明显粘连
布置电极	蚀化叠片	铁芯叠片接负极，铜电极接正极	铜电极和棉布片宽度裁剪约为铁芯齿宽
涂电解液	电极	沾有电解溶液的棉布片通过铜电极压在上	调整加在棉布片上的压力，不要太大，不能让过多的液体流出，造成其他区域的叠片污染
电解电流	电极	发生电解反应	电压调至约 4V，然后慢慢调至约 25V，电流约 2～3A，电解 3～5min
清洗	蚀化叠片	应用稀释氨水或碱溶液清洗中和。清洗后马上涂绝缘漆以减少氧化发生	用放大镜检查，有叠片粘连，则更换新的棉布片沾上电解溶液后继续进行蚀化

注　电解溶液按以下成分配制：$25gNa_2SO_4 + 2g$ 柠檬酸 $+5gNaCl/L_{H_2O}$。

（四）电晕处理

1. R 弯部防晕结构失效处理

（1）低阻区处理。将低阻部位清理干净，保证其表面洁净，无脏污、无异物。按规定比例配制低阻防晕漆并充分搅拌。测量低阻防晕漆涂刷尺寸，并在涂刷末端划线标记，在划线区域涂刷低阻防晕漆，一般涂刷两遍，待第一遍低阻防晕漆涂刷完全固化后，在相同区域涂刷第二遍低阻防晕漆。

（2）高阻区处理。将高阻区域清理干净，配置好高阻防晕漆，在标记区域涂刷高阻防晕漆。高阻防晕漆涂刷厚度均匀，无流挂，连续无间断，无遗漏。

在玻璃丝带上涂刷高阻防晕漆，采用1/2叠包方式，由上至下将玻璃丝带绕包到定子线棒端部。保护带绕包方式同高阻防晕带相同。

2. 层间电晕处理

（1）高阻防晕漆涂刷。对高阻区域进行清理，按照规定比例配制高阻防晕漆。将玻璃丝带穿过线棒层间，在玻璃丝带上涂刷高阻防晕漆，利用玻璃丝带将高阻防晕漆涂刷到线棒层间窄面上，涂刷部位至槽口断块下方和 R 弯上端部。

（2）层间填塞。按照线棒窄面尺寸裁剪涤纶毛毡，对涤纶毛毡浸室温固化胶，填塞在线棒层间，保证涤纶毛毡填塞密实，无缝隙。

（3）玻璃丝带浸胶及绕包。用浸胶充分的无纬玻璃纤维带从上层线棒大面开始，穿过层间绕至下层线棒对侧大面，然后再从下层线棒大面绕至上层线棒对侧大面（打8字结，交叉点在层间，8字环分别在上下层线棒上），依次绕包，绕包连续无断裂，牢靠无松动。

3. 绑扎带空鼓处理

垫块绑扎玻璃丝带空鼓，电晕现象不严重，需拆除垫块表面玻璃丝绑扎带，清理线棒端部后，重新按照工艺要求进行绑扎并涂刷绝缘漆。若存在严重连续贯通性的灼伤痕迹，需拆除垫块重塑防晕结构，并进行规范工艺的包扎处理，并涂刷绝缘胶及绝缘漆。

4. 尖端和间隙电晕处理

（1）间隙电晕处理。将斜边垫块、槽口垫块与线棒存在间隙部位擦拭干净，用环氧固化胶添加云母粉调配环氧腻子，用环氧腻子将间隙部位填充饱满，填充完毕再涂刷环氧胶，环氧胶固化完毕再涂刷绝缘漆。

（2）尖端电晕处理。对发生电晕放电的尖端、毛刺部位进行打磨，全面清理粉尘、杂质、脏污以及电晕放电形成的碳化痕迹。清除过程中，用干净的布防护槽口部位，避免杂物遗留在绕组端部。打磨清理完毕，按照厂家工艺要求对端部涂刷高阻防晕漆或绝缘漆。

第二节　发电机定子铁芯典型故障案例

一、定子铁芯局部烧损故障分析与处理

（一）设备简述

海外某水电站机组为混流式水轮发电机组，1975年1月投入商业运行。其发电机

额定功率 161.5MW，额定频率 60Hz，额定转速 85.71，出口电压 14.4kV，额定功率因数 0.95。

（二）故障现象

2000 年 11 月 26 日下午 5:37 时，该机组差动保护动作跳机。

停机后目视检查未发现异常。定子绝缘测量发现 A、C 两相绝缘为零。向定子加电流检查，当电流加到 15A 时在 422 槽上方发现有烟雾升起。判断为定子线棒绝缘损坏。

吊出转子后，目视检查在 422 槽与 423 槽间铁芯损坏融化。损坏情况原始图片如图 1-5 所示。

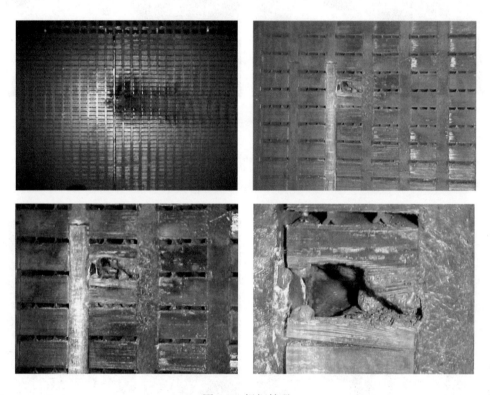

图 1-5 损坏情况

（三）故障诊断分析

进一步拆除后，经试验检查发现 422 槽下层线棒和 423 槽上层线棒损坏。其中 422 槽下层线棒完全烧断，分析认为该处为短路原发点。

查找发电机定子绕组图发现，422 槽下层线棒和 423 槽上层线棒为异相线棒，分别处于 A 相和 C 相。分析判断本次故障为两相短路故障，放电能量较大，因此烧融局部铁芯。

（四）故障处理

综合分析故障部位和可能采取的措施，确定对铁芯烧熔处用假齿更换的方案进行处理。

采用磁力钻对熔化处的铁芯齿进行切割处理，并精加工抛光表面。共处理了约两个齿牙单元。如图 1-6 所示。

图 1-6 铁芯齿进行切割处理

松动相应的铁芯压紧螺杆，用刨刀片小心分离牙齿片，并打磨切割处的铁芯片。在片间刷环氧胶后再次压紧。分离牙齿片如图 1-7 所示。

图 1-7 分离牙齿片

在两槽的下层线棒安装后，用钻通风孔的适形环氧板填充在铁芯切除处，同时刷环氧胶粘牢。为最大程度减小机组运行时振动对填充块的影响，将填充块分为四部分安装，分别为底部块、楔形块、反向楔形块和上部块，拼装后的尺寸为 97.5mm×52mm×125mm。为了保证填充的环氧板紧固可靠，用绑绳将环氧块向后绑扎在铁芯上，环氧板填充如图 1-8 所示。

图 1-8　环氧板填充

两槽最终处理完成后现场图片如图 1-9 所示。

（五）处理评价

该机组在本次铁芯局部烧熔故障处理后又运行了 13 年，2013 年才进行了发电机改造。期间未出现发电机因铁芯问题导致的异常情况。证明本次故障处理的方案是可行的，可在类似故障处理中借鉴使用。

图 1-9　处理完成效果

二、定子铁芯表面剐蹭故障分析与处理

（一）设备简述

某机组发电机定子槽数为 756 槽。定子、转子铁芯实物图如图 1-10 所示。

（二）故障现象

1. 定子及铁芯损伤情况

2015—2016 年岁修期间，对该发电机进行目视检查，发现 248～422 槽距离定子上端槽口大约 10cm 位置处、423～454 槽距离定子上端槽口大约 67cm 位置处、54～80 槽定子下端

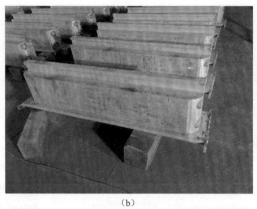

（a）　　　　　　　　　　　　　（b）

图 1-10　定子、转子铁芯实物图

（a）定子铁芯；（b）转子铁芯

槽口位置处均有横向剐蹭痕迹，如图 1-11 所示。其中，254 槽、256 槽定子铁芯被撞击位置有连片现象，深度约 3mm；第 529、531 槽定子铁芯被撞击后位置有轻微连片现象，深度约 1mm，铁芯均无明显过热现象；第 80 槽上层线棒定子下端槽口垫块处绝缘损伤，损伤深度最大约 1.06mm，其余位置处均为铁芯表面绝缘漆刮蹭脱落，铁芯本身并无损伤。

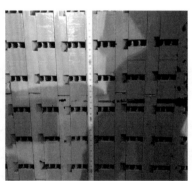

图 1-11　248～422 槽及 423～54 槽剐蹭位置

2. 转子损伤情况

发现定子剐蹭现象后，对转子磁极进行目视检查。检查发现 38～81 号磁极距离磁极上端部 75～110cm 位置处、82～40 号磁极距离磁极下端部 75～110cm 位置处磁极铁芯中部有明显剐蹭痕迹。在有剐蹭痕迹的磁极中，14 号、37 号、38 号、39 号、46 号、95 号磁极铁芯有连片现象。

39 号磁极距离磁极上端部大约 18cm 磁极铁芯中部位置有明显的撞击痕迹；在距离磁极上端部大约 17～22cm 磁极铁芯右边缘位置处，磁极铁芯有明显的电灼伤痕迹，如图 1-12 所示。

图 1-12 39 号磁极铁芯撞击及铁芯右边缘损伤位置

（三）故障诊断分析

查阅该机组历史检修记录发现，2011 年岁修期间对发电机进行内部检查，挡风板立板螺栓锈蚀严重，出现多处螺栓松动现象，并发现两处立板连接处有开裂现象。检修人员对挡风立板螺栓连接进行了处理。

本次对该机组上机架挡风板及立板进行检查，发现上挡风板立板有三处连接螺栓缺失，如图 1-13 所示。其中一处连接螺栓与发现剐蹭的起始位置定子第 248 槽在纵向上几乎在同一位置，并且剐蹭起始位置（定子第 248 槽）与 2011 年发电机内部检查时发现立板开裂的位置较为吻合。分析认为上挡风板立板连接螺栓松动、脱落，螺栓进入发电机定子、转子之间气隙，引起扫膛故障。

图 1-13 上机架挡风板立板螺栓缺失位置

（四）故障处理

1. 上机架螺栓检查处理

对电站所有机组上机架螺栓进行全面检查，对存在隐患的螺栓进行更换或加固处理，防止类似事件再次发生。

2. 有连片损伤现象的铁芯处理

对有连片现象的定子 254、256、529、531 槽铁芯、有连片现象的转子 14 号、37 号、38号、39 号、46 号、95 号磁极铁芯进行现场修复。具体步骤：用直磨机对损伤处毛刺和连片轻微打磨，连片分开后用金相砂纸进行表面打磨处理；待损伤处铁芯片间纹路明显时，用钢针进行勾缝分离叠片。调制稀释的室温固化环氧胶，对处理好的铁芯进行刷涂，每次刷涂间隔 5min，共刷涂 6 次。待环氧胶干燥后在表面刷涂 1361 环氧灰磁漆两遍。

3. 无连片现象的铁芯处理

对无连片现象的定子和转子铁芯，用砂纸对其表面进行打磨，用酒精布擦拭干净，表面刷环氧灰磁漆两遍。

（五）处理评价

发电机检修完成以后，对定子绕组进行交流耐压试验，试验合格。对转子进行绝缘电阻及交流耐压试验，试验合格。该发电机自 2016 年 4 月检修完成后投入运行，至 2017 年 11 月机组运行正常。

（六）后续建议

在机组停机检查或检修期间，应对发电机内部挡风板螺栓重点检查，对损坏和松动的螺栓应及时更换或拧紧处理。

三、定子铁芯齿压板温度偏高故障分析与处理

（一）设备简介

某水电站发电机为立轴半伞式密闭自循环全空冷水轮发电机组，定子装配结构如图 1-14 所示。

（二）故障现象

在某年夏季发电高峰时期，某 A 公司生产的 6 台机组的定子下端所有齿压板出现温度偏高现象（最高达 104℃），较制造厂原设计最高温度超出约 20℃。

（三）故障诊断分析

针对温度普遍偏高的情况，维护人员重点分析端部电磁场和通风冷却两个方面的原因。通过运行实测计算不同工况下齿压板区域局部磁感应强度、齿压板温度、环境风温，优化有

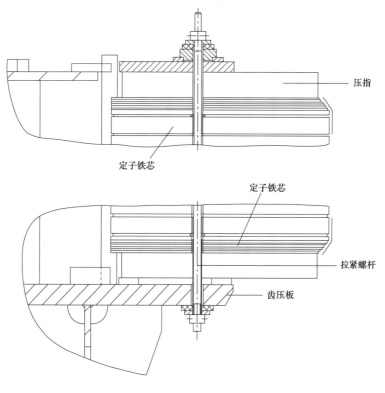

图 1-14　定子装配结构示意图

限元建模分析时齿压板近表层的分层处理，对比原设计阶段的磁感应强度及损耗，找出下齿压板温度普遍偏高的原因。

1. 齿压板电磁场测量计算

在靠近下齿压板拉紧螺杆附近布置 5 个磁感应强度和温度测点（图 1-15），每个测点设两个夹角为 60°的位置，在端箍支撑绝缘块上设风温测点（测点 6，图 1-16）。

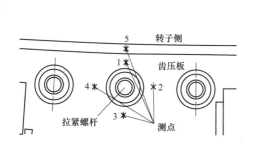

图 1-15　磁场和温度测点布置

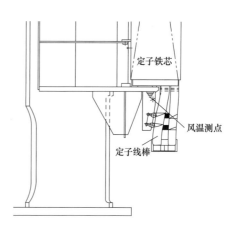

图 1-16　风温测点布置

选取如下 3 种典型工况，测量计算齿压板电磁场：

工况一：有功功率 700MW，无功功率 0 Mvar；

工况二：有功功率 700MW，无功功率 100 Mvar；

工况三：有功功率 700MW，无功功率 200 Mvar。

测量中 1h 内测点温度变化不超过 2℃即视为达到热稳定状态。3 种工况下各测点磁感应强度和温度见表 1-2。

表 1-2　　　　　　　　　　3 种工况下齿压板磁感应强度和温度测量计算结果

测量和位置		工况一		工况二		工况三	
		磁场（T）	温度（℃）	磁场（T）	温度（℃）	磁场（T）	温度（℃）
测点 1	位置 1	0.0375	95.5	0.0359	93.0	0.0349	90.0
	位置 2	0.0377	93.7	0.0362	92.0	0.0353	89.1
测点 2	位置 1	0.0148	80.1	0.0143	79.3	0.0139	77.2
	位置 2	0.0127	94.8	0.0122	92.5	0.0118	89.3
测点 3	位置 1	0.0073	86.5	0.0071	84.8	0.0069	82.3
	位置 2	0.0047	89.9	0.0046	88.0	0.0045	85.1
测点 4	位置 1	0.0103	92.3	0.0097	90.2	0.0011	87.2
	位置 2	0.0115	93.0	0.0109	90.9	0.0012	89.2
测点 5	位置 1	0.0531	87.2	0.0503	85.9	0.0487	83.2
	位置 2	0.0474	—	0.0453	—	0.0438	—

2. 原因分析

本次齿压板温度较原设计值（约 85℃）偏高，一方面分析原设计有限元模型计算，另一方面分析通风冷却回路的实际冷却效果。

（1）有限元模型计算分析。研究表明，定子齿压板的磁通密度与涡流损耗在内径处较为集中。和原设计建模比较，现阶段电磁和温度计算有限元建模时，网格划分更加细致，对齿压板近表层进行了分层处理，考虑了齿压板的集肤效应，从而得出更加准确的计算磁通密度和损耗。优化建模和原设计建模得到的额定工况下齿压板附近磁通密度云图如图 1-17 和图 1-18 所示。

测点 6 测得温度为 56℃，将此温度作为现阶段建模的对流换热边界条件。利用优化的有限元模型，根据机组额定工况及 3 种试验工况电气运行参数，计算得出齿压板的损耗和最高温度见表 1-3。对比可见，现阶段优化建模后，损耗值为设计阶段的 1.55 倍，压指最高温度增加了 6.18℃。

图 1-17 原设计的磁通密度云图

图 1-18 现阶段建模优化后的磁通密度云图

表 1-3 额定工况及优化设计后 3 种试验工况下齿压板损耗和温度

项目	额定工况（原设计）	额定工况（优化设计）	工况一	工况二	工况三
理论计算损耗（kW）	17.18	26.56	19.08	17.21	16.55
理论计算最高温度（℃）	88.78	94.96	89.34	88.58	88.26
红外成像实测最高温度（℃）	—	—	—	99.10	97.70

经分析，原设计阶段建模精度不够，导致原设计计算的机组运行温度偏低。机组投运后，出现实际运行温度较预期偏高的情况。

（2）通风回路分析。如表 1-3 所示，和优化建模后得出的计算最高温相比，红外成像测得实际温度仍偏高约 10℃。该机型冷却所需损耗为 8834kW，冷却所需风量为 287m³/s，考虑计算误差和安全裕度，设计有效风量为 319.3m³/s，流道风量分布如图 1-19 所示。

单位：m³/s

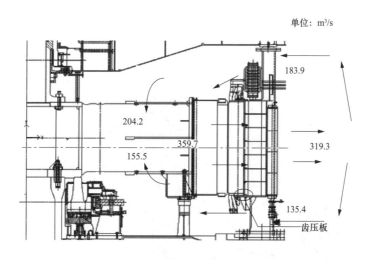

图 1-19 机组通风冷却系统风量分布图

在实际安装过程中，旋转挡风板与定子内径间隙约为 20mm，设计值为 10mm。理论设计漏风量约为 35m³/s，约占总风量的 10%。实际安装的计算漏风量约为 66m³/s，约占总风量的 18%。安装尺寸的偏差，引起通风冷却回路漏风量增加，导致了齿压板温度进一步升高。

（四）故障处理

通过电磁和通风冷却分析，找出了定子齿压板运行温度较设计温度偏高的原因。结合运行状况，研究在磁极下方加装固定挡风板、在转子侧和定子侧增加圆弧过渡板以减少漏风的方案。

（五）后续建议

在机组运行中，特别是进相运行时，定子端部结构件的磁通密度明显上升，高于额定工况下的磁通密度值，应重点关注端部结构件的温度，防止过热。机组在汛期满发期间，应监视测量齿压板温度。在检修期间，应对齿压板及其接触部件进行重点检查。

第三节　发电机定子绕组典型故障案例

一、定子绕组线棒绝缘受损导致的定子一点接地故障分析与处理

（一）设备简述

某水电站 A 发电机和 B 发电机分别于 2013 年 11 月、9 月投入运行。定子槽数为 576 槽。

发电机定子铁芯采用 0.5mm 厚硅钢片堆叠而成，其中上下端阶梯段铁芯（高 55mm）采用粘接片加 0.5mm 厚硅钢片堆叠而成，粘接片为 6 张 0.5mm 厚硅钢片在工厂内粘接而成。

（二）故障现象

2017 年 12 月 11 日，A 发电机定子一点接地保护动作，机组紧急停机。检查发现：下端阶梯片共 76 槽存在散片，上端阶梯片共 5 槽存在散片；第 320 槽第 4 段阶梯第 8 片、第 482 槽第 4 段阶梯第 9 片、第 499 槽第 4 段阶梯第 4 片发生断齿。499 槽第 4 段阶梯第 4 片断齿割伤 499 槽上层线棒主绝缘，割伤长度约 25mm，深度约 5mm，如图 1-20 所示。

图 1-20　A 发电机 499 槽线棒主绝缘割伤

同时检查 B 发电机，铁芯第 238 槽第 4 段阶梯第 7、8、9 片粘胶片、普通片存在散片现象。

2018 年 2 月 3 日，B 发电机定子接地保护动作跳闸，甩负荷停机。检查发现 238 槽左侧铁芯第 4 阶梯 3 片阶梯片断齿导致切割线棒，损坏线棒主绝缘，造成 238 槽上层线棒接地短路，现场检查如图 1-21 所示。

图 1-21　B 发电机第 238 槽线棒接地

（三）故障诊断分析

A 发电机和 B 发电机保护动作紧急停机的直接原因是发电机内断裂散落的定子铁芯片割伤定子线棒，致使定子一点接地，继电保护装置跳闸。通过对该电站不同厂家的定子铁芯参数对比，并结合现场三种定子铁芯实物观察，分析认为导致停机的根本原因在于发生事故的发电机定子铁芯结构设计有缺陷，主要表现：

（1）发生事故的发电机铁芯阶梯片阶梯偏长。第 2、3、4 级阶梯片依次为 20、12、8mm，而其他厂家发电机铁芯阶梯片长度为 4～5mm，不同厂家发电机铁芯阶梯片长度比较如图 1-22 所示。

（2）发生事故的发电机铁芯阶梯片部分使用粘接片，厚度仅 3mm。其余为现场叠装单片，而其他厂家发电机铁芯阶梯片层均为整体粘接。不同厂家的阶梯片粘接厚度比较如图 1-23 所示。

（3）发生事故的发电机铁芯阶梯片开两槽，单齿宽度为 17.5mm，致使片齿过窄；其他厂家发电机铁芯阶梯片单齿宽度为 21.34mm。

（四）故障处理

针对该水电站 A 发电机第 499 槽上层线棒主绝缘失效，第 320、482、499 槽铁芯断齿，

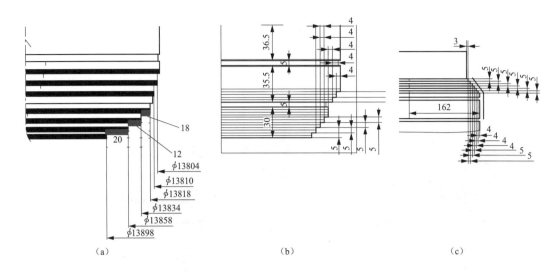

图 1-22   不同厂家发电机铁芯阶梯片长度比较

（a）发生事故的发电机铁芯阶梯片；（b）、（c）其他厂家发电机铁芯阶梯片

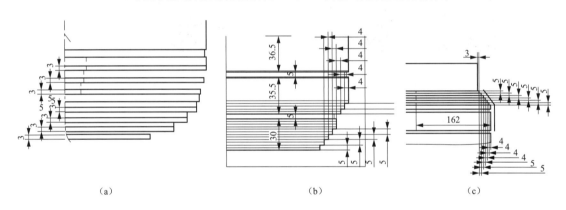

图 1-23   阶梯片粘接厚度比较

（a）发生事故的发电机铁芯部分使用粘接片；（b）、（c）其他厂家发电机铁芯阶梯片层均为整体粘接

以及 B 发电机第 238 槽上层线棒线棒主绝缘失效、第 238 槽铁芯断齿现象，决定对线棒进行更换，对定子铁芯进行修复，具体处理措施如下：

1. 定子线棒更换

拆除主绝缘损坏的线棒，清理线槽，更换备品线棒前进行耐压检查。备用线棒下线，并完成打槽楔、端部电接头并头块焊接、斜边垫块安装与绑扎、绝缘盒安装、上端斜连接线手包绝缘等工序。定子线棒更换如图 1-24 所示。

2. 定子铁芯处理

分别对 A 发电机和 B 发电机铁芯进行处理，处理步骤如下：

（1）长压指端部固定块切割。使用 U 型板嵌入压指与线棒之间的缝隙内，对线棒进行防

图 1-24　定子线棒更换

护，使用布基胶带对所有铁芯及压指周围进行防护。如图 1-25 所示。

图 1-25　长压指端部固定块切割

（2）压指及阶梯片油漆打磨。使用专用工具去除压指和阶梯片表面油漆，如图 1-26 所示。

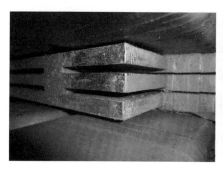

图 1-26　阶梯片油漆打磨

（3）阶梯片清扫。使用清洗剂对铁芯正面及侧面、隔磁槽进行喷扫冲洗，在清洗剂冲洗完成后使用压缩空气对铁芯正面及侧面进行吹扫清洗。

（4）阶梯片预压紧。使用C型夹将铁芯固定，预装后槽号、C型夹、阶梯块应编号一致。

（5）阶梯片涂胶。使用毛刷浸透绝缘胶，均匀涂刷在铁芯端面及槽内铁芯侧壁上，共需涂抹3遍。如图1-27所示。

（6）隔磁槽填充。将浸胶的玻璃丝布对夹环氧板，将包裹玻璃丝布的环氧板填塞入各阶铁芯端面及非受力面，且环氧板上表面与通风槽硅钢片充分接触。如图1-28所示。

图1-27　阶梯片刷胶

图1-28　隔磁槽填充

（7）阶梯片夹紧固化。安装对应编号的C型夹，在C型夹内阶梯块应与铁芯之间铺垫0.5mm厚的塑料薄膜；用力矩扳手按照预紧力矩将C型夹夹紧；将阶梯片加热固化3h，然后在常温下固化48h；始终保持铁芯温度在50～90℃范围内；常温固化时应保持C型夹处于夹紧状态。如图1-29所示。

图1-29　阶梯片夹紧固化

（8）铁损试验。用ELCID（electro-magnetie core imperfection detector）进行小电流铁芯损耗试验。

（9）固定装置安装调整。托块插齿轴向端面应凹入压指；托块插齿径向端面与压指端面贴合；将双头螺栓旋入绝缘阶梯块内；在绝缘阶梯块与铁芯间安装浸胶的适型毡，将绝缘阶梯块与铁芯贴合；压指处把合块应与托块贴合。

（10）固定装置焊接。使用带耐高温材料的U型板将焊点附近线棒进行隔离；对铁芯进行逐槽防护；以10个压指为一组进行焊接；双头螺栓力矩紧固及背帽锁紧。如图1-30所示。

图 1-30　固定装置焊接

（11）端部槽楔更换。端部槽楔增加一段新槽楔，使其延长至铁芯阶梯段。如图 1-31 所示。

（五）处理评价

两台发电机定子上层线棒更换和定子铁芯处理完成后，分别对定子绕组进行绝缘电阻、直流电阻及泄漏电流、交流耐压四项试验，试验结果合格。对发电机定子铁芯阶梯段进行 ELCID 定子铁芯缺陷检测试验，未发现铁芯存在明显短路点。从 2017 年 12 月检修完成投入运行至 2018 年 11 月 A 发电机和 B 发电机定子铁芯重新更换期间，设备状态良好，运行无异常。

图 1-31　端部槽楔更换

二、定子绕组绝缘老化导致的线棒击穿故障分析与处理

（一）设备简述

海外某水电站机组为轴流转桨式水轮发电机组，1975 年 2 月投入商业运行。其发电机额定功率 110MW，额定频率 60Hz，额定转速 85.71，出口电压 13.8kV，额定功率因数 0.95。

（二）故障现象

2016 年 4 月 4 日，对该电站某发电机组检修时，发电机内部检查发现部分定子线棒上端有损伤。吊转子后继续检查发现上下共有 17 处线棒端部受到不同程度损伤，其中 2 处损伤较严重。进一步检查判定，2 处较严重的损伤为上端线棒间槽口垫块脱落砸击造成。全面检查发现共有 180 处槽口垫块出现不同程度松动。其中性线棒损伤最严重两处如图 1-32 所示。

经详细检查和试验确认，这些受损的线棒只是表面绝缘损伤，因此现场仅使用云母带、环氧树脂和玻璃丝带修复受损的线棒。

‌‍‍‌‌

在后续的检修过程中，因超过70％的槽楔存在不同程度松动情况，对部分槽楔进行了更换。在进行槽楔更换时，发现130槽和166槽上层线棒槽内直线部分表面损伤严重，如图1-33所示。

图1-32　发电机线棒上端损伤点　　　　图1-33　发电机线棒直线部分损伤情况

（三）故障诊断分析

该机组于1975年2月8日投入商业运行，其间没有重大缺陷记录和重大改造，只按期进行周期性预防检修。

经评估，为保证后续机组安全稳定运行，用备品线棒更换了这两槽的上层线棒。但更换线棒后仅进行了定子绕组绝缘测量，未及时进行耐压试验。

2016年7月29日，在检修结束时，对定子进行了电气试验。定子三相绝缘值均大于1000MΩ，极化指数大于4.5。依据检修规程，分别对定子三相进行最高电压为16.7kV的直流泄漏试验，均顺利通过，泄漏值符合要求。依据检修规程，采用直流耐压代替交流耐压进行高压试验，试验电压为25.7kV。在A相电压加至22kV时，发生绕组击穿事故。经试验测量确认201槽下层线棒发生击穿。

经评估，若更换该处下层线棒，需要拔出14根上层线棒，工期在30天左右。考虑到电站可用率和更换线棒的不可控性，决定采用跳线的方式处理该故障。

（四）故障处理

具体的跳线方案是，在定子下端用一根铜排短接207槽上层线棒和188槽下层线棒，将201槽下层线棒和194槽上层线棒隔离开。跳线短接后如图1-34所示。

跳线处理完成后，再次进行绝缘电阻和16.7kV的直流泄漏试验，试验均顺利通过。之后进行25.7kV的直流耐压试验，1min耐压结束后，再进行降压时，第8槽（A相）下层线棒发生了击穿。因为第8槽下层线棒与之前跳接的201槽线棒是A相的不同分支，因此再次跳接。用铜排从14槽上层线棒连接到535槽下层线棒。如图1-35所示。

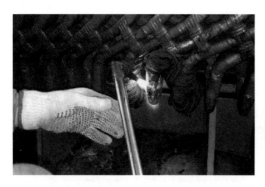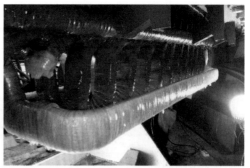

图 1-34　9 号发电机第 201 槽下层线棒跳线短接情况

图 1-35　发电机第 8 槽下层线棒跳线短接情况

（五）处理评价

再次处理后所有电气试验通过。该发电机组于 2016 年 8 月 26 日 16 时 52 分并网运行。期间最高带负荷 170MW，运行无异常。

三、定子绕组绝缘老化导致的两相短路故障分析与处理

（一）设备简述

海外某水电站机组为混流式水轮发电机组，1976 年 4 月投入商业运行。其发电机额定功率 161.5MW，额定频率 60Hz，额定转速 85.71，出口电压 14.4kV，额定功率因数 0.95。

（二）故障现象

2018 年 4 月 16 日 16：45，该电站某机组带 169.45MW 负荷运行（已投入其 AGC 控制模式）时发生保护动作跳机，同时发电机风洞内有大量烟雾升起。检查保护系统发现发电机差动保护 87G、发电机-变压器组差动保护 87GT 动作，继电器动作时间大约为 5.0ms，断路器延时为 32.5ms（2 个周期），保护录波如图 1-36 所示。

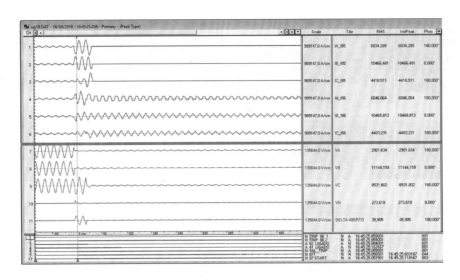

图 1-36　机组故障录波图

由于该机型的发电机上挡风板与上机架是一体结构，无法拆卸上挡风板进行发电机内部检查。绕组绝缘测量显示 A 相和 B 相绝缘为零。3 天后，拆除上机架后进行故障检查。发现靠近发电机出口引线附近出现相间短路损坏，其中两处烧毁严重，并且汇流排和线棒上端部大面积过火，发电机转子支臂和定子上端被大量烟尘覆盖，出口主引出线处机座盖板变形严重。现场检查原始图片如图 1-37 所示。

图 1-37　发电机短路后发电机上端状况

从上图可以看出，发电机短路事故造成的破坏很大，现场初始状况恶劣程度较罕见。

（三）故障诊断分析

从现场检查初步判断，发电机绕组两处同时发生了相间短路导致了本次事故。一处是发电机主引出线 B 相与 A 相铜排距离较近，使该处绝缘老化加剧，最终导致两相短路；另一处为离出口主引出线靠中性点侧约 3m 处的 A 相铜环软连接螺栓松动，过热导致绝缘损坏，最终同 B 相铜环发生击穿短路。如图 1-38 所示。

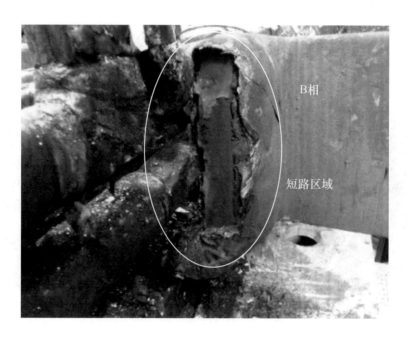

图 1-38　发电机短路点情况

初步清理检查并结合试验测试，发现本次短路事故损坏设备情况如下：A、B 两相绕组接地、C 相绝缘完好，两处短路点附近汇流铜排和极间连接线绝缘烧毁，出口主引出线附近约 200 槽线棒上端和绝缘盒过火，部分铜排和极间连接线绝缘损坏严重，短路点附近的定子绕组上端箍烧毁，汇流铜排绝缘盒大部出现流胶现象，部分槽楔损坏，部分线棒上端出现电晕。

初步判断未损伤至线棒主绝缘，定子铁芯未出现烧熔情况、转子磁极线圈未受到损伤。

该机组于 1978 年 8 月投入商业运行，1999 年至 2000 年间由设备厂家对该机组进行了改造，改造更换了所有线棒、汇流铜环及其引出线。改造后机组运行正常无大缺陷。

（四）故障处理

本次故障处理以修复为主，未进行线棒更换工作。主要修复工作如下：

1）拆除烧损严重的汇流铜排，重新绕包铜排绝缘后进行试验；未拆除汇流铜排及其引线，剥除损坏绝缘后重新绕包绝缘。

2）拆除所有汇流铜排连接及其绝缘盒，重新连接软连接，重新绑扎绝缘盒，向出口侧的高压端绝缘盒内灌注绝缘胶。

3）拆除损坏的上端端箍，重新安装端箍。

4）剥除损坏的极间连接线绝缘，重新绕包绝缘。

5）清理线棒上端、绝缘盒、极间连接线的损伤绝缘，采用半叠绕方式加包2层绝缘。

6）拆除了部分损坏严重的绝缘盒和斜边垫块，重新安装了绝缘盒和斜边垫块。

7）对电晕严重的线棒上端部刷涂高阻半导体漆。

8）对绕组分相进行绝缘测量、泄漏电流测量、高压试验等。

现场处理图片如图1-39所示。

图1-39　发电机现场处理情况

（五）处理评价

处理后所有电气试验通过。该机组投入运行后无异常。

四、定子线棒绝缘受损故障分析与处理

（一）设备简述

某水电站A发电机2005年9月投运，2009—2010年度岁修期间进行定子改接线。发电机定子共510槽。

（二）故障现象

2018年12月10日，对定子线棒进行全面检查，发现70处上层线棒下端出槽口位置受损，受损区域集中在定子下围屏上端约20mm处（下围屏与槽楔底部间距为48mm）。80槽、184槽、227槽、277槽、431槽线棒损伤深度超过1mm，判断为受损严重。其他65槽线棒损伤深度小于1mm，判断为受损轻微。受损严重的线棒如图1-40所示。

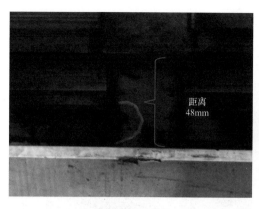

图 1-40　线棒下端损伤

（三）故障诊断分析

现场检查没有发现造成线棒受损的异物。

从受损线棒的伤痕形态来看，机组运行时，小尺寸金属异物在电磁力、重力和机械力的综合作用下，在定子、转子之间空气间隙内下端阶梯片位置多次撞击线棒迎风面，造成线棒不同程度受损的可能性较大。

（四）故障处理

综合分析机组定子线棒损伤深度、运行电位，决定对受损严重且运行电位高的第 80、184、227、277 槽四根上层线棒进行更换；对运行电位低的 431 槽上层线棒进行修复，不更换线棒；对其他受损深度小于 1mm 的 65 根损伤线棒按厂家工艺要求进行绝缘修复。受损线棒分类处理方式如表 1-4 所示。对机组定子内腔做进一步详细检查，确保无异物遗留。在机组安装发电机局部放电在线监测装置，监测发电机线棒的局部放电状态。

表 1-4　　　　　　　　　　　　　　　受损线棒分类处理

受损程度	线棒位置	运行电位	损伤深度	处理方式
受损严重	227 槽上层	10019V	2.5mm	更换线棒
	80 槽上层	8150V	1.2mm	
	184 槽上层	4924V	1.3mm	
	277 槽上层	11377V	1.1mm	
	431 槽上层	169.8V	1.18mm	（1）涂刷绝缘环氧胶； （2）补刷低阻防晕漆； （3）涂刷红瓷漆
受损轻微	12 根		0.5～1mm	（1）补刷低阻防晕漆； （2）涂刷红瓷漆
	53 根		0～0.5mm	（1）补刷低阻防晕漆； （2）涂刷红瓷漆

1. 80、184、227、277 四根上层线棒更换

（1）旧线板拆除。拆除待更换线棒及相邻线棒的绝缘盒、绝缘引水管，退出待更换线棒

槽楔，沿同槽下层线棒根部锯断电接头，斩断并清除绑绳。拔出旧线棒后，取下层间垫条，检查槽底，下层线棒表面有部分低阻漆脱落，涂刷 DEC J1344 低阻漆修复。如图 1-41 所示。

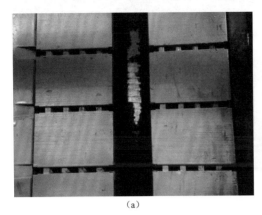 

（a）　　　　　　　　　　　　　　　　　　（b）

图 1-41　下层线棒修复

(a) 槽底漆层脱落；(b) 修复补漆

（2）新线棒安装。对新线棒外观检查、气密检查和耐压试验合格后，安装新线棒，打槽楔，绑扎上下端部斜边垫块，并焊接电接头，如图 1-42 所示。线棒更换试验合格后，按要求恢复绝缘盒及绝缘引水管。

277线棒上端电接头

（a）　　　　　　　　　　　　　　　　　　（b）

图 1-42　电接头焊接

(a) 电接头焊前打磨；(b) 电接头焊接并打磨处理后

2. 修复其他 66 根损伤线棒绝缘

（1）对绝缘损伤超过 0.5mm 的 12 根线棒以及第 431 槽线棒，先使用 DEC J0708 与云母粉配制的环氧腻子填补凹坑，固化后打磨凹坑附近红瓷漆使露出低阻防晕层，然后补刷低阻漆 DEC J1344。受损线棒修复完成后，涂刷红瓷漆。

（2）对绝缘损伤不超过 0.5mm 的 53 根线棒，打磨清理线棒表面红瓷漆，露出低阻层，并补刷低阻漆 DEC J1344。所有受损线棒修复完成后，涂刷红瓷漆。如图 1-43 所示。

图 1-43 线棒绝缘修复

五、定子线棒防晕层设计原因导致的电晕故障分析与处理

（一）设备简述

某水电站投运第 2、3 年间，发电机定子线棒出现不同程度的电晕放电。电晕均发生在线棒端部，其中 A 型发电机和 B 型发电机的线棒端部防晕结构分别如图 1-44 和图 1-45 所示。

（二）故障现象

投运第 2 年检修期间，A 型发电机定

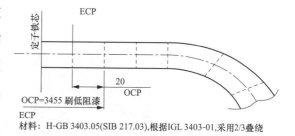

图 1-44 A 型发电机线棒端部防晕结构

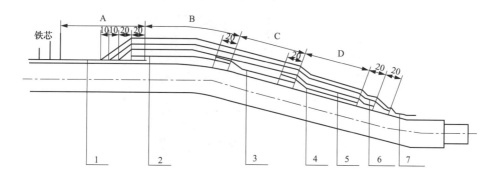

图 1-45 B 型发电机线棒端部防晕结构

1—半叠包一层 0.09×25 全固化低电阻防晕带 S2641-1A；2—半叠包一层 0.18×25 高阻防晕带 HL-3；

3—半叠包一层 0.18×25 高阻防晕带 HL-4；4—半叠包一层 0.18×25 高阻防晕带 HL-5；

5—半叠包一层 0.20×30 热收缩带 HX0502-1；6—半叠包三层云母带；7—半叠包一层 0.18×25 高阻防晕带 HL-5

子线棒上、下端部均出现白色粉末物质（白斑），位置集中在槽口位置，如图 1-46 所示。按照白斑出现的位置，槽出口到防护带边缘间的低阻区为一类电晕，槽出口处槽衬纸边缘低阻区为二类电晕，防护带边缘高阻带以下为三类电晕，高于防护带边缘低阻、高阻搭接区为四类电晕，A 型发电机电晕分类如图 1-47 所示。

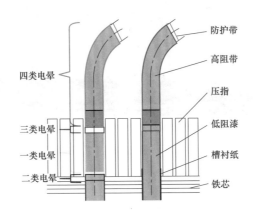

图 1-46　A 型发电机电晕分类示意图

说明：一类电晕——从槽出口到防护带边缘之间的低阻区；二类电晕——电晕位于槽出口处槽衬纸边缘的 OCP 低阻区；

三类电晕——防护带边缘高阻带以下的低阻区；四类电晕——高于防护带边缘的低阻/高阻搭接区和 ECP 高阻区

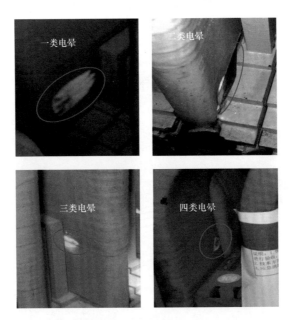

图 1-47　A 型发电机电晕位置

　　投运第 2 年检修期间，B 型发电机定子线棒上、下端部均已出现白色粉末物质（白斑），位置集中在定子线棒槽口垫块边沿（高低阻防晕漆搭接区域）、定子汇流环与支撑间隙处、线棒外端箍与线棒绑扎处，如图 1-48 所示。

（三）故障诊断分析

1. A型发电机产生白斑发展过程及原因分析

A型发电机防晕高阻带（ECP）与防晕低阻带（OCP），主绝缘之间粘接不良、发空等，都会引发局部放电，连续不断的电晕造成绝缘材料和防晕带的电腐蚀，电腐蚀又进一步破坏云母带粘结不牢的ECP-OCP搭接区，如图1-49所示。最终发展到ECP外部，产生白斑，机组检修时，使用手电可发现白斑位置，如图1-50所示。

图1-48　B型发电机定子汇流环与支撑间隙处

图1-49　发生局部放电，电腐蚀的ECP-OCP搭接区

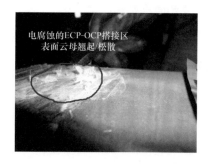

图1-50　电腐蚀的ECP-OCP搭接区表面云母翘起/松散

一、二类电晕原因：线棒涂抹防晕低阻漆OCP之前，对线棒主绝缘打磨过度，导致主绝缘第一层云母带损坏，云母带翘起，防晕低阻漆OCP脱落，造成电场分布不均匀，引起局部放电。

三、四类电晕原因：绕包防晕高阻带ECP之前，打磨主绝缘表面处理和清理不到位，主绝缘表面残留硅脂，表面不够粗糙，导致防晕高阻带ECP与主绝缘粘接不牢靠，造成两者之间存在空气间隙，在高电位下容易引起局部放电。

2. B型发电机产生白斑发展过程及原因分析

槽口垫块局部、定子汇流环与支撑间隙处、定子线棒外端箍与线棒绑扎处涤纶毛毡边沿存在尖端毛刺，产生局部放电，击穿空气，放电产生硝酸，腐蚀定子绕组表面，定子绕组覆盖层中的有机物逐渐分解，产生白斑，如图1-51所示。

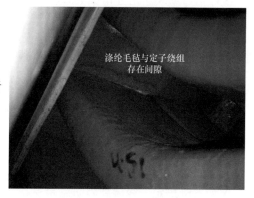

图1-51　B型发电机涤纶毛毡与定子绕组存在间隙

线棒槽口垫块边沿电晕原因：槽口涤纶毛毡边沿存在尖端毛刺；从使用的防晕材料阻值看，此部位阻值变化率最大，电压梯度较大，沿面场强大；且此部位在机组运行时，为散热不良区。以上因素的共同作用下，导致该区域出现局部放电。

定子汇流环与支撑间隙处、定子线棒外端箍与线棒绑扎处电晕原因：定子汇流环与支撑间隙处及定子线棒外端箍与线棒绑扎处填充介质不饱满，存在小的空气间隙，垫块涤纶毛毡边沿存在尖端毛刺，从而使尖端附近局部场强剧增，击穿附近空气，发生放电。放电产生硝酸腐蚀定子绕组表面，定子绕组覆盖层中的有机物逐渐分解，产生白斑。

（四）故障处理

1. A型发电机处理方案

第一、二类电晕处理：采用防晕低阻漆 OCP 进行修复。①清理待修复线棒表面白斑；②对相邻线棒、压指采取防护措施；③待修复线棒表面清理、打磨；④涂刷防晕低阻漆，室温固化 6h；⑤涂刷粉红色绝缘漆，室温固化。

第三类电晕处理：采用 OCP/ECP 漆修复。①拆除端部防护带（玻璃丝带）、端部防晕带；②打磨、清理线棒端部表面；③对相邻线棒、压指采取防护措施；④涂刷直线部位低阻防晕漆 OCP，室温固化 6h；⑤涂刷第一道高阻防晕漆，室温固化 3h；⑥涂刷第二道高阻防晕漆 ECP，室温固化挥发溶剂 1h；⑦加热固化高阻防晕漆 ECP 24h（温度保持 100℃±10℃）以上。

第四类电晕处理：150 目砂皮纸轻轻打磨掉白斑后在防护带上涂刷一层新的粉红绝缘漆（表面防护漆）。

2. B型发电机处理方案

线棒槽口垫块边沿处电晕处理：用酒精布将电晕痕迹及线棒上、下端部出槽口位置擦拭干净；用 DEC J0708 胶 A、B 组分按质量 100∶40 的比例调匀；使用排笔涂刷 DEC J0708 胶，将定子绕组端部与槽口垫块间隙填满；待 DEC J0708 胶涂刷后凝固。

定子汇流环与支撑间隙处、定子线棒外端箍与线棒绑扎处电晕处理：使用刷子将间隙处白斑清理，酒精布擦拭干净；使用浸环氧胶的毛毡对间隙位置填充饱满；待环氧胶完全固化后，表面涂刷绝缘漆。

（五）后续建议

A型发电机定子线棒高阻防晕带粘接不良是普遍现象，大面积的三类电晕正在和即将大量发生，严重影响设备安全稳定运行。最终方案是将该型发电机所有定子线棒更换为混合防晕设计的新线棒。

六、定子线棒防晕层材料原因导致的电晕故障分析与处理

(一) 设备简述

某水电站发电机组 2008 年 6 月投入运行。定子共 510 槽。

发电机定子绕组端部结构如图 1-52 所示。防晕层结构如图 1-53 所示，主要包括低电阻防晕层、第一级高电阻防晕层、第二级高电阻防晕层、第三级高电阻防晕层、防晕保护层、覆盖漆。

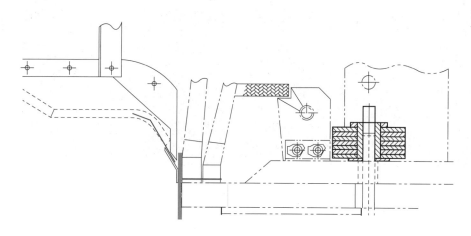

图 1-52 定子绕组端部结构示意图

说明：红色—线棒低阻出槽长度；黄色—压指；绿色—围屏；蓝色—挡风板

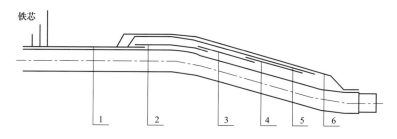

图 1-53 定子线棒防晕结构

1—低电阻防晕层（出铁芯 80mm）；2—第一级高电阻防晕层；3—第二级高电阻防晕层；

4—第三级高电阻防晕层；5—防晕保护层；6—覆盖漆

(二) 故障现象

2017～2018 年岁修期间对某发电机进行电晕检查，发现电晕点 69 处，上端 41 处（上层 18 处，下层 23 处，其中纯低阻区 9 处），下端 28（上层 8 处，下层 20 处，其中纯低阻区 1 处）。根据电晕代表性、严重程度以及施工条件选择 4 处电晕点进行试验性处理，分别为定

子上端的 111 槽上层线棒、181 槽下层线棒、283 槽下层线棒、447 槽上层线棒；更换发现电晕的 311 槽上下层线棒。

2018 年 10 月-11 月，对以上检修结果复查，第 111、283、447 槽无电晕产生，处理效果良好；第 181 槽（下层上端）高低阻搭接区发现电晕。2018 年新增电晕点 32 处，如图 1-54 所示。

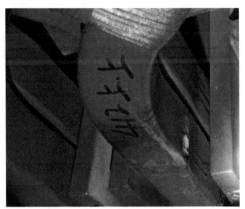

图 1-54　新增电晕点典型电晕情况

（三）故障诊断分析

1. 线棒解剖检查

为精准判断定子线棒电晕产生的现象及原因，对 A 发电机拔出的 311 槽上层线棒进行解剖检查。

（1）解剖前的样板制作。通过线棒大面低阻漆末端定位铁芯末端，测量定子铁芯末端至电晕处的长度。电晕点位于线棒表面出铁芯高度 82～92mm 的区域范围内（低阻末端至高阻区域，在第一级高阻防晕区域内），宽度为 25mm，呈不规则椭圆形，如图 1-55 所示。

（2）电晕部位处理。轻微擦拭线棒大面电晕痕迹，白色粉末痕迹可以完全清理干净，黑色痕迹难以清除，如图 1-56 所示。

使用金相砂纸砂磨黑色物质，同时用干净酒精布清洁砂磨部位，可将黑色物质完全砂磨干净，清洁电晕处及其附近区域后，发现绝缘漆未被完全腐蚀，可知腐蚀深度尚未穿透红磁漆层。打磨后表面光滑，与其他部位表面红瓷漆打磨对比，无色差，如图 1-57 所示。

（3）电晕部位发空检查。用小铜锤轻轻敲击定子线棒电晕部位及周向区域，未发现发空迹象。

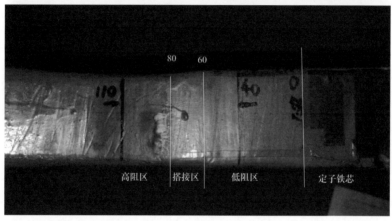

图 1-55 电晕位置

图 1-56 擦拭电晕痕迹

（4）定子线棒电晕部位解剖。用锉刀锉磨线棒两个棱边，如图 1-58 所示。锉磨长度为从出铁芯约 40mm 至 110mm 区域，使其棱边露出主绝缘层，再使用锯弓沿线棒大面 40mm 处及 110mm 处分别断开。

图 1-57 打磨电晕痕迹

图 1-58 锉磨线棒棱边

使用刨刀片沿着棱边将试件剥离。剥离过程中，发现保护层、防晕层（包括高阻层、低阻层）、主绝缘层粘接紧密，难以分层剥离。剥开后，高阻防晕层无劣化痕迹，电晕区域正下方主绝缘层未发现异常现象。如图 1-59 所示。

图 1-59 剥离线棒防晕层

对第 311 槽线棒解剖分析得出结论：电晕发生于线棒红瓷漆表面，并未穿透红瓷漆层。线棒电晕发生部位的防晕保护层、防晕层及主绝缘均无发空或分层现象；电晕痕迹只存在于线棒端部表面，没有对防晕层和主绝缘造成影响。

2. 定子线棒电晕现象分析

根据定子线棒端部电晕现象，分析认为，机组长期运行中的脏污容易附着在高电位线棒电位梯度较大的区域——高低阻搭接区。经过长期累积形成油泥污染层，逐渐发展成为黑斑，最后发展成电晕。

3. 故障处理

2017—2018 年度岁修期间 4 处电晕点处理效果良好，决定 2018—2019 年度检修期间，对 A 发电机定子线棒进行电晕专项处理。处理过程如下：

（1）电晕部位清理。将待处理的线棒表面附着的油渍、污垢清洗干净，以提高线棒表面电晕处理的质量。对电晕点进行打磨，将电晕痕迹打磨掉，再将线棒的出槽口低阻防晕区域的红瓷漆进行打磨，使低阻漆露出不少于 $1cm^2$，如图 1-60 所示。检查合格后使用无水酒精棉布对线棒进行清洗，清理完成后，在室温下晾干时间不少于 1h。

图 1-60　低阻区打磨

（2）低阻区处理。使用美纹纸对需处理线棒低阻区周围的线棒和该线棒高阻区（出槽口 80mm 以上）进行防护，刷包室温固化低电阻防晕漆 DEC J1344，刷包完成后再在低阻刷包区域表面涂刷一次低阻漆，防止遗漏。如图 1-61 所示。

图 1-61　低阻区处理

（3）高阻区处理。使用美纹纸对需处理线棒高阻区周围的线棒和该线棒低阻区（出槽口 60mm 以下）进行防护，要求 60mm 处美纹纸边沿齐平。刷包室温固化高电阻防晕漆 DEC J1345，刷包完成后再次涂刷高阻漆，防止遗漏，如图 1-62 所示。高阻防晕漆固化 24h。

图 1-62　高阻漆刷包

（4）高阻保护带绕包。对全部电晕处理点刷包环氧胶 DEC J0708，固化 24h。

（5）红瓷漆涂刷和起晕试验。线棒端部全部处理后，表面涂刷一层聚酯晾干红瓷漆

DEC J1348，如图 1-63 所示。红瓷漆配比（重量比）：红瓷漆：干燥剂＝100：1～1.5。在 $1.1U_n$ 试验电压下，肉眼观察定子线棒端部无明显晕带和金黄色亮点。使用紫外成像仪观察部分电晕处理部位的光子数，绝大多数光子数小于 500，其余部分光子数小于 1000。

（四）处理评价

图 1-63　红瓷漆涂刷

电晕处理结束后，做处理线棒起晕试验，本次电晕处理效果良好。A 发电机自电晕专项处理工作完成后，投入运行正常。

七、定子绕组汇流铜环与主引出线短路故障分析与处理

（一）故障现象

海外某电站某发电机带 88MW 负荷运行（此时该电站总负荷为 758MW）时发生自动跳机，同时发电机差动保护、发电机-变压器组差动保护、高压断路器保护等保护设备同时发出报警信号。同时，发电机风洞内有大量烟雾涌出。

发电机主保护继电器动作时间大约为 2.5ms，断路器延时为 22.5ms（1.35 个周期），性能符合要求。保护录波和动作情况如图 1-64 所示。

拆除发电机上机架盖板、中性点和出口处盖板、发电机上挡风板等部件。检查发现如图 1-65 所示。

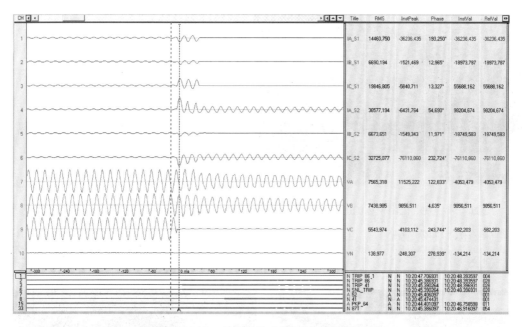

图 1-64 电站 8 号机组故障保护录波和动作情况

(a) (b)

图 1-65 发电机短路后现场检查情况

(a) A 相汇流环融化实物图；(b) 中性点附近的汇流环

从图 1-65 中可看出，A 相中性点主引出线与汇流环连接部位完全熔断；中性点附近的汇流环绝缘和汇流环固定部件损坏严重。现场清理后，使用 2500V 绝缘电阻表对各相进行了绝缘测试，发现 A、C 两相绝缘故障，B 相绝缘正常。进一步检查发现，发电机定子绕组局部放电测量系统的 1 个电容耦合器损坏，如图 1-66 所示。(注：该机组采用的是老式的电缆式局部放电测量系统，并且系统已停用多年)

(二) 故障诊断分析

该发电机于 1971 年投入商业运行，2001 年对发电机进行改造，改造范围包括更换定子铁芯、定子绕组（更换为 F 级绝缘）、磁极线圈重做 F 级绝缘。但改造中，出口和中性点主

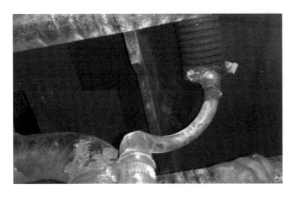

图 1-66　发电机内损坏的电容耦合器

引出线未更换。

汇流环与主引出线的连接方式为图 1-67 所示的铜板和螺栓连接。结合现场检查分析认为，因 A 相连接部位螺栓松动导致接触电阻过大，运行中接头过热导致该处绝缘损坏，高温同时导致相邻的 C 相铜环绝缘老化加剧，最终导致相间短路。

如图 1-67 所示，中性点引线连接部位为全绝缘结构。通常情况下，目视无法检查压紧螺栓的紧固情况，并且平时检查过程中该部分检查缺失。

(a)　　　　　　　　　　　　　　　　　(b)

图 1-67　发电机中性点主引出线情况

(a) 中性点连接部位实物图；(b) 固定螺栓实物图

（三）故障处理

考虑到检修工期对电站可用率的影响，采用切除损坏部分汇流环并焊接新铜环的方案处理本次故障，如图 1-68 所示。

根据故障处理方案，切除 A 相和 C 相损坏部分的汇流环，现场切除情况如图 1-69 所示。

切除损坏部分后，用 5000V 绝缘电阻表对三相分别进行绝缘测试，电阻值均达到 1.5GΩ，确定定子绕组无其他缺陷。用 500V 绝缘电阻表对转子线圈进行绝缘测试，电阻值为 389MΩ，确定转子绕组没有因事故导致损坏。

A 相和 C 相更换新的汇流环在该电站车间内完成成型制作，如图 1-70 所示为新汇流环，新汇流环与原汇流环具有相同的曲率半径。

为保证汇流环的焊接质量，在该电站车间进行焊接工艺测试。原焊接工艺：在汇流环内

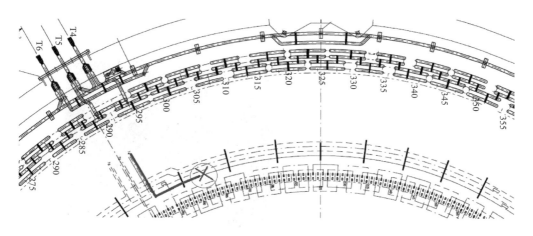

图 1-68　发电机汇流环部分更换示意图

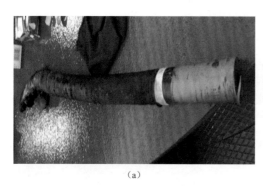

（a）

（b）

图 1-69　发电机损坏的铜环切除

（a）A 相切除部分；（b）C 相切除部分

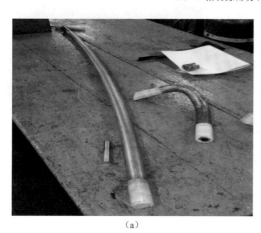

（a）

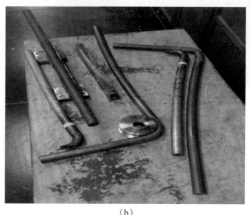

（b）

图 1-70　发电机新铜环成形

（a）C 相新汇流环和连接端部；（b）A 损坏部分和新汇流环

部插入铜棒，且汇流环对焊焊接面为 45°横切，如图 1-71 所示，在汇流环上开 1 个小孔用于焊料填充。为检验原焊接工艺焊接质量，在汇流环原焊缝位置 90°横切，检查铜棒和汇流环熔合情况；如图 1-72 所示，在原焊接工艺条件下，铜棒和汇流环熔合情况较差。

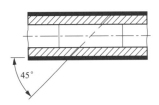

图 1-71　原焊接工艺设计　　　　　　图 1-72　原焊接质量检查实物图

新焊接工艺：在汇流管内部插入铜棒，汇流管焊接面开坡口且为平面对焊；在汇流管上开 2 个小孔用于焊料填充，如图 1-73 所示。为检验新焊接工艺焊接质量，在汇流管焊缝位置 90°横切，检查铜棒和汇流管熔合情况。如图 1-74 所示，在新焊接工艺条件下，铜棒和汇流管熔合充分，满足质量要求。

图 1-73　新焊接工艺实物图　　　　　　图 1-74　新焊接质量检查实物图

焊接试件检验合格后，在该电站车间采用新焊接工艺焊接 C 相汇流环连接端子。焊接结束后，对汇流环连接端子镀银，汇流环重做绝缘。A 相和 C 相均采用相同的焊接工艺进行焊接，如图 1-75 和图 1-76 所示。

焊接工作结束后，对焊缝表面进行研磨和抛光，包扎绝缘层，绝缘层厚度在 3.5mm 和 4.5mm 之间。在中性点附近拆除 1 个空冷器，对发电机铁芯背面进行检查，未发现异物及铁芯受损情况。

（四）处理评价

处理结束后，对发电机定子绕组进行极化指数测量试验、直流泄漏试验、直流耐压试

图 1-75　焊接预组装

图 1-76　焊接过程

验、分相直流电阻测量，试验均合格。该发电机并网运行至今无异常。

八、定子绕组汇流排局部过热故障分析与处理

（一）设备简述

某水电站机组为轴流转桨式水轮发电机组，于 1981 年 12 月投产，发电机额定电流 8125A。

（二）故障现象

2012 年 1 月 4 日，对某机组进行发电机内部检查时发现，机组上端定子线棒第 410 槽处对应的 B 相出口汇流排上粘贴的试温片整片全部变黑（示温片最高温度为 100℃，其他各处粘贴的试温片多为 90℃处变黑），经检查该段汇流排绝缘存在鼓包变空变脆现象，初步判断该段汇流排存在过热情况。现场照片如图 1-77 所示。

（三）故障诊断分析

1. 汇流排电流分布

发电机 B 相汇流排顺时针只有一支路，逆时针有四支路，410 槽对应位置的汇流排为四支路的汇流处，承受 4 倍分支支路的电流。发电机额定工况下（取功率因数为 0.875）的计算电流为 8129 A，四支路的总电流为 6503 A。

发电机内的汇流排由两根紧密接触的 $120 \times 10 mm^2$ 矩形铜排构成，可以考虑为一

图 1-77　410 槽对应 B 相汇流排现场照片

根 $120 \times 20 mm^2$ 铜排，其计算载流量为 5153.79A。当机组输出有功功率为 170MW 时，过热段汇流排运行电流为 6500A，远超矩形铜排的计算载流量，而矩形母线接头焊接处的载流能

力会更小。

根据以上分析，B相出口汇流排支路分布不均，导致410槽对应B相汇流排出现过热。由于其余发电机出口及中性点汇流排支路数为三支路或两支路，最大电流值为4877 A，没有超过汇流排的计算载流量，未出现过热现象。

2. 绝缘损坏分析

汇流排内层主绝缘为环氧云母材料，外层包绕有浸胶玻璃丝带，两种绝缘材料随着温度的升高，都发生热膨胀，由于其热膨胀系数不同，将引起绝缘分层、开裂等情况。如果绝缘过热超过其绝缘耐热极限，在两层绝缘材料之间会形成绝缘碳化。将过热部分外层玻璃丝带局部剥除后未包扎新绝缘，运行一年多未发现新的绝缘碳化痕迹。据此分析，当环氧云母材料和玻璃丝带之间发生分层现象后，分层位置将会形成一个相对密闭的空间，不利用内层环氧云母材料的散热，加剧绝缘老化。

（四）故障处理

1. 绝缘剥离

找到汇流排的原焊点位置，以此为中心向两边剥去已损坏的绝缘，两端各留一个坡口，剥去的绝缘长度约为500mm。绝缘剥去后，将铜排打磨干净，露出铜的本色。现场图片如图1-78所示。

2. 铜排搭接焊

在原有汇流铜排上搭接两块新铜排，规格为350mm×120mm×10mm，中间开100mm×2mm的通槽。

铜排的焊接使用中频焊机，在铜排和汇流排的接触面两端各放一张0.2mm厚的银焊料进行焊接，并用银焊料补满焊缝。新搭接焊接点应与原焊点保持一定的距离，避免对原焊点产生影响。焊接完成后，打磨焊接面，除去氧化层。铜排搭接后的现场图片如图1-79所示。

图1-78 汇流排绝缘剥去后的现场照片

图1-79 汇流排铜排搭接后的现场照片

3. 绝缘包扎

先用酒精擦拭整个铜排及坡口位置，用环氧粉云母带半叠绕包 17 层，层与层之间用环氧胶刷均匀透刷，外面用玻璃丝带半叠绕包 2 层，用环氧胶透刷，环氧胶配好后留取样品对照。绝缘包扎后的现场图片如图 1-80 所示。待环氧胶完全固化后，在新包绝缘的外层均匀涂上绝缘漆，绝缘漆干后贴上试温片，以便后期跟踪观察。

4. 环氧绝缘支撑回装

在拆卸过程中，绝缘螺杆的环氧套筒已损坏，重新加工新的绝缘螺杆，并保证绝缘螺杆的尺寸一致。按照拆卸时各支撑块上所作的标记，依次回装，紧固绝缘螺杆，打好螺母的锁片。

（五）处理评价

发电机汇流排局部过热情况属于机组设计固有缺陷造成，机组经过 30 多年的运行，原汇流排焊接部位及绝缘材料逐步老化，使得该设

图 1-80　汇流排绝缘包扎后的现场照片

计缺陷显现越来越明显。此次检修处理只能暂时性地缓解、改善汇流排的局部过热，要从根本上解决问题，还需对汇流排进行整体改造。

在没有整体改造前，每年检修必须对汇流排进行重点检查，并将过热接头编号，每次检修记录温度及重新布置示温片。收集温度数据，分析判断过热点变化趋势，以便及时采取相应措施。

第四节　发电机定子附件典型故障案例

一、定子绕组绝缘盒灌注胶老化流胶故障分析与处理

（一）设备简述

某电站 A 机组发电机冷却方式为全空冷，采用无风扇双路径向通风系统，定子为六瓣组装结构，定子绕组并头套采用锡焊工艺，绝缘盒材质为酚醛玻璃纤维压塑料 4330-1，内部灌注 796 环氧树脂胶。定子绝缘盒安装于焊接完成的上下层线棒电接头处。

（二）故障现象

A 机组转子吊出后，对定子线棒绝缘盒进行专项检查，发现定子线棒下端绝缘盒流胶、开裂情况严重，如图 1-81 所示，定子线棒上端绝缘盒状态良好。

2015 年 1 月 4 日，决定对流胶情况比较严重的 326 槽定子线棒下端绝缘盒进行破拆检

图 1-81　定子线棒下端绝缘盒流胶、开裂情况

查，检查发现并头套与铜芯接头部位环氧腻子有碳化痕迹，但外层环氧腻子并没有碳化痕迹，绝缘良好；接头部位焊锡并未发现有焊锡熔化迹象，包括并头套表面锡点。对第 326 槽处绝缘盒上层线棒、下层线棒铜芯与并头套接头部位直阻试验结果为 $4.4\mu\Omega$，对比 2013 年 B 发电机定子线棒下端绝缘盒 3 处电接头回路电阻试验结果 $3.9\mu\Omega$、$4.0\mu\Omega$、$3.9\mu\Omega$，无明显变化。

2015 年 2 月 4 日，对 A 机组定子线棒下端绝缘盒用小铜锤敲打检查，发现有多处绝缘盒存在空洞现象，决定对有空洞现象的第 111 绝缘盒进行破拆；破拆时发现 111 槽绝缘盒挂装非常松散，很轻易地整体脱落，如图 1-82 所示。绝缘盒与环氧腻子完全分层、绝缘盒底部有清洗剂残留。继续破拆有空洞现象的绝缘盒，大部分情况与 111 槽绝缘盒情况类似。

为防止定子线棒上端绝缘盒有相同缺陷，对定子上端开裂严重的第 68 槽绝缘盒破开检查，如图 1-83 所示。发现里面环氧腻子无老化、粉化情况，并头套表面无温度过高，无流锡现象。

（三）故障诊断分析

结合 A 发电机定子线棒下端绝缘盒缺陷现象，查阅相关文献资料，造成绝缘盒流胶、开裂、发空现象的可能原因如下：

图 1-82　绝缘盒外壳整体脱落

图 1-83 定子上端第 68 槽绝缘盒破拆情况

（1）定子通风系统通风不良。A 机组由于多年未进行大修，也未对定子通风系统及时清洗，导致定子通风系统严重堵塞。机组定子线棒温升分布试验证实，线棒下端部温度比中、上部普遍高。由于定子线棒下端绝缘盒长期处于较高温度环境下运行，其绝缘出现老化现象。

（2）配制填充胶时，所用材料不符合性能要求。环氧树脂、固化剂、填料等材料由于存放时间长而产生质变，随着运行时温度、振动等因素影响，导致填充胶变质而收缩，致使绝缘盒出现发空甚至脱落现象。

（3）绝缘盒安装工艺流程控制不严。如果绝缘盒在安装灌胶前绝缘盒、定子线棒端部没有清洗干净或者环氧树脂与固化剂混合不均匀、配比不合适，都将使环氧树脂与固化剂反应不完全，从而造成部分环氧树脂未完全固化，其软化温度更低。

（四）故障处理

2015 年 2 月 6 日决定对 A 机组定子线棒下端绝缘盒进行更换处理，包括本次岁修前期处理绝缘盒，一共更换 438 处定子线棒下端绝缘盒，1 处上端绝缘盒。具体处理过程如下：

（1）绝缘盒破拆。绝缘盒破拆时不损伤线棒绝缘、并头套及线棒股线；不使线棒受力过大而变形。如图 1-84 所示。

图 1-84 绝缘盒破拆

（2）线棒端部、并头套表面清扫。清理环氧胶时不损伤股线、并头套、线棒绝缘及附近绝缘，将线棒下端部绝缘、股线及并头套表面用砂纸清理干净。

（3）绝缘盒灌胶。绝缘盒挂装前检查绝缘盒质量应无裂纹、气泡和壁厚不均匀等现象，并用酒精对绝缘盒进行清理，清理后绝缘盒表面无脏污。绝缘盒除潮，将绝缘盒放置到烘箱中，在 60~80℃温度下烘干 24h 以上去潮气。

按照规定比例配制绝缘盒灌注胶，配置时应进行取样试验，配置过程中要搅拌均匀，融合充分。调制现场应干净整洁，不得有灰尘。

在盒内灌注 1/3 容积的环氧树脂胶，按照剥离绝缘盒位置摆放到木板上，慢慢托起木板，将枕木垫到木板下方，用木楔子调整木板高度，使新绝缘盒与原绝缘盒高度平齐，绝缘盒与线棒绝缘搭接高度不得小于 40mm，保持线棒绝缘深入绝缘盒深度不变，调整绝缘盒水平位置，使绝缘盒与并头套两侧间隙均匀，并头套与绝缘盒间距离不得小于 2mm。

（4）绝缘盒补胶。待绝缘盒位置调整完成后，将环氧胶灌注填满，与绝缘盒平齐，绝缘盒内环氧树脂胶应浇灌饱满，无气孔和裂纹。

（5）绝缘盒喷漆。绝缘盒表面清理完成后，在绝缘盒表面涂刷 9130 环氧聚酯晾干红瓷漆，9130 环氧聚酯晾干红瓷漆应涂刷均匀，无较大漆瘤。

二、水内冷定子纯水管路绝缘电阻偏小故障分析与处理

（一）设备简述

某电站 A 机组 2005 年 9 月投运。B 机组 2008 年 6 月投入运行。定子绕组采用水内冷冷却方式，主要用于冷却发电机定子线圈。冷却水系统在发电机定子下方共两条汇水环管。定子线棒下端共引出 342 根纯水软管（171 个线棒水支路）与汇水环管相连；定子线棒上端共 8 根纯水软管（简称"四进四出"）穿过定子基座与汇水环管相连。汇水环管对外与纯水装置相连，对内与每个线棒（或铜环）水支路用聚四氟乙烯塑料管相连。汇水环管和纯水软管与定子机组绝缘。

（二）故障现象

两台机组投运多年后，定子下端汇流环管管夹的绝缘组件不同程度的受损、老化，引起汇流环管接地，同时纯水管路上、下端连接管与定子机座间绝缘电阻为 0 Ω，引起纯水管路上、下端连接管接地。纯水系统汇水环管支撑绝缘如图 1-85 所示。

（三）故障诊断分析

经现场检查分析认为，机组经过多年运行后，定子下端汇水环管管夹的绝缘组件不同程度老化，引起汇水环管对地绝缘以及纯水管路上、下端连接管与定子机座间绝缘偏低。

图 1-85　纯水系统汇水环管支撑绝缘

（四）故障处理

对管夹及支撑、纯水管路上、下端连接管进行改造，具体改造如下：

（1）纯水上下连接管改造。水支路"四进四出"连接管绝缘处理方式：抽出"四进四出"连接管，在每根连接管与机座可能接触的部位先绕包 8 层浸胶（DEC J0708）云母带，再绕包 2 层浸胶玻璃丝带，最后回装，回装后对地绝缘试验合格（最大 5000MΩ，最小 150MΩ），如图 1-86 所示。

图 1-86　上下连接管绝缘绕包

（2）汇流环管管夹支撑改造。在汇流环管安装管夹位置外圆上先包一层绝缘纸，搭接长度约 50mm，搭接长度内刷环氧胶粘接。在支撑上平面上刷一层环氧胶，垫 2mm 厚 2 F 级环氧玻璃布板。将 50 F 级环氧玻璃布板放于汇流环管上焊的两限位块间。调整好汇流环管与支撑位置，预装配管夹。根据管夹与支撑的间隙确定螺栓、绝缘套管长度及垫块厚度，现场进行加工，要求安装好后管夹与垫块间有 1～2mm 间隙。装配完成后用 500V 绝缘电阻表或万用表检查汇流管与支架的绝缘电阻，要求不小于 5MΩ。如图 1-87 所示。

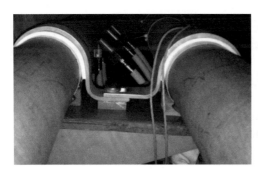

图 1-87　纯水环管绝缘改进后

（五）处理评价

在发电机组检修过程中，完成水支路"四进四出"连接管绝缘处理和汇流环管管夹改造。纯水汇流环管整体绝缘试验合格。水支路"四进四出"连接管对地绝缘试验合格。

检修完成后进行保压试验，在 1.2 MPa 试验压力下，保压 30min，水压无明显变化，检查纯水管路各部位无渗漏现象；进行分支流量试验，各之路流量与平均值的偏差为 ±10%；进行定子绝缘试验和直流耐压试验，试验合格。改造后的纯水管路投入运行后，工作正常，至今无异常发生。

第二章 发电机转子

第一节 设备概述及常见故障分析

一、转子概述

发电机转子是产生磁场、变换能量和传递扭矩的转动部件，是组成发电机通风系统的主要结构要素，是水轮发电机重要的组成部件之一。

转子设计时需充分考虑水电站调节保证计算及电网稳定性对发电机飞轮力矩 $J=GD^2$（J：飞轮力矩，单位：$kg \cdot m^2$；G：质量，单位 kg；D：直径，单位 m。）的要求，应符合 GB/T 7894《水轮发电机基本技术条件》的相关规定，在飞逸工况下运行 5min，不产生有害变形，还具有一定的安全裕度。发热部件要求温度均匀，任何工况下不能造成机械和热的不平衡而引起机组振动等现象发生。转子关键结构部件除了满足刚度和强度的要求外，任何工况下不能失去稳定性。

在机组运行时，直流励磁系统将直流电流输送到转子绕组上，转子绕组周围产生磁场，当主轴带动转子旋转时，在发电机转子与定子之间的空气气隙产生旋转磁场，切割定子绕组，在定子绕组间感应出电动势，输出电能。

二、转子结构

转子主要由转子中心体、转子支架、磁轭、磁极、转子引线和滑环装置等部件组成，如图 2-1、图 2-2 所示。其中磁极、转子引线和滑环装置构成转子的电气回路。

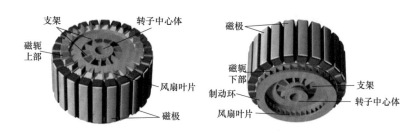

图 2-1 转子结构

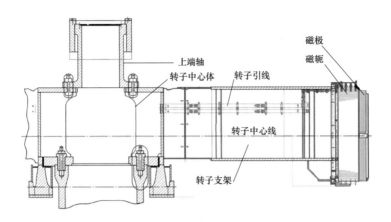

图 2-2　转子结构示意图

1. 转子中心体

转子中心体由一个中心筒、多个侧翼筋板焊接组成，转子中心体是水轮发电机转动部分的核心部件，其加工精度的好坏直接影响到整个水轮发电机的轴线以及机组运行寿命。

2. 转子支架

转子支架是连接中心体和磁轭的中间部件，要承受扭矩、磁极和磁轭的重力矩、自身的离心力以及热打键径向配合力。大型水轮发电机采用组合式转子支架，支架采用分瓣、斜立筋结构，与转子中心体通过立向连接，支臂与支臂之间通过径向连接，可焊接或组合螺栓连接。

3. 磁轭

磁轭是发电机磁路的组成部分，也是固定磁极的结构部件。运行时磁轭受到转动扭矩、磁极及磁轭本身离心力的作用。小容量水轮发电机的转子磁轭可通过键或热套等方式与转轴连成整体；大、中容量水轮发电机的转子磁轭则通过支架与轮毂和转轴连成一体。磁轭由扇形冲片叠成，用拉紧螺杆紧固，外缘并有"T"尾槽、鸽尾槽或螺孔以固定磁极。磁轭与支架之间通常采用径向键或切向键楔紧的固定结构。

4. 磁极

磁极是水轮发电机产生磁场的主要部件，属于转动部件，由磁极铁芯、磁极线圈、极身绝缘和阻尼绕组等部件组成。磁极要求有良好的电磁性能和机械性能。

（1）磁极铁芯采用铁芯片拼装压紧制成，磁极铁芯冲片是发电机磁场回路的主要零件。用铆钉铆合或用拉紧螺杆紧固成整体。

（2）磁极线圈常用无氧退火铜质材料，通过绕制连续挤压塑形加工而成的铜排，经银铜焊接而成。磁极线圈匝间垫以绝缘材料，与铜排热压成整体结构，匝间绝缘突出每匝线圈的表面。磁极首末匝线圈与极身和托板间有防爬电的绝缘垫，承受线圈对地绝缘。为了散热，磁极线圈多采用异形铜排，使绕组外表面形成带翅的冷却面。

（3）极身绝缘采用在铁芯表面绕包绝缘纸，层间涂刷室温固化环氧胶的方式。为保证磁极线圈的良好固定，磁极线圈与铁芯口部间隙常采用包裹层压玻璃布板的浸胶涤纶毡填塞间隙，同时为了防止异物、粉尘、潮气进入，间隙采用完全封堵。

（4）阻尼绕组由阻尼条、阻尼环和连接片组成。阻尼条多用软质紫铜棒制成，镶嵌在磁极铁芯的阻尼条孔内，两端伸出与阻尼环连接。阻尼环用扁紫铜带弯成扇形段，每个磁极一段，固定在磁极上下两端，阻尼环由连接片将各扇形段连接而成。连接片由多层薄紫铜片制成，形似"Ω"状，在机械力和热应力作用下可以产生补偿效果。连接片将相邻磁极的扇形段连成阻尼环，上、下阻尼环又通过阻尼条连接形成鼠笼状的阻尼绕组。当水轮发电机发生振荡时起阻尼作用，使发电机运行稳定，在发电机不对称运行时，可提高不对称负载的能力。

磁极的励磁电流由滑环装置经转子引线供给，是构成励磁绕组的基本元件，当直流励磁电流通入磁极线圈后就产生发电机的磁场。磁极有鸽尾、T 尾或双 T 尾结构，通过磁极键固定在转子磁轭上。某磁极结构示意如图 2-3（a）所示，磁极模型示意如图 2-3（b）所示。

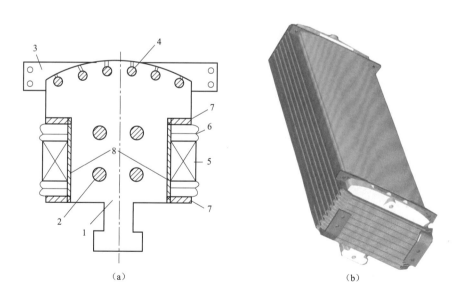

（a）　　　　　　　　　　　　　　（b）

图 2-3　转子磁极结构及模型示意图

（a）转子磁极结构示意图；（b）转子磁极模型示意图

1—磁极铁芯；2—压紧螺杆；3—阻尼杆；4—阻尼条；5—励磁线圈；6—匝间绝缘；7—磁极托板；8—极身绝缘

5. 转子引线

转子引线是指从滑环装置将励磁电流引入到转子磁极形成励磁回路的导线，其中穿过发电机大轴的那部分引线也称大轴引线，如图 2-4 所示。

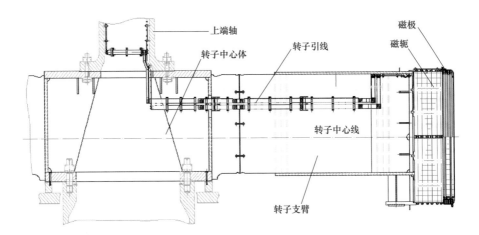

图 2-4　转子引线示意图

引线自上端轴内腔壁穿出与集电环连接，在上端轴内腔壁上设置环氧支撑块、固定螺栓和螺栓绝缘套管，用于固定和支撑垂直段转子引线。在转子中心体内，垂直段引线与水平段引线采用螺栓连接，水平段铜排采用环氧支撑块、螺栓和绝缘套管固定在转子支臂立板上，转子引线水平段从转子支臂与磁轭间穿出至磁轭上表面，沿磁轭上表面与磁极接头连接。转子引线表面绕包绝缘层，进一步加强绝缘，不同型号机组转子引线表面绝缘厚度不同。转子引线铜材表面根据电压等级可选择绕包云母带，采用绝缘垫板、绝缘线夹或绝缘支撑块将转子引线固定，与励磁回路以外的导体隔离。

转子引线结构主要有两种：一种是水平段为铜排，竖直段为软铜片叠积，软铜片各片均镀银，再与铜排焊接或铆接；另一种是转子引线均为铜排，分段成型，所有电气接触面采用镀银处理，此种结构应用更为普遍。

6. 滑环装置

滑环装置由导电环（或刷架）、电刷、集电环构成。励磁电流通过电缆引入导电环，并通过导电环上电刷引入集电环，进而通过转子引线进入磁极线圈。该装置的性能直接影响到发电机励磁电流是否能送入转子绕组，对发电机的稳定运行具有重要影响。

导电环固定在上机架内，通常由钢板或铜板制作，按励磁电流大小、电刷数量以及结构布置的要求选择导电环尺寸和数量。根据电刷数量与尺寸，导电环可以做成半圆形或扇形，"正""负"极导电环沿周向可交错布置。导电环上固定有刷握，电刷就安装在刷握中，刷握主要用来保持电刷在径向、轴向及圆周方向所在的位置，并用恒压弹簧给电刷一个恒定的径向压力，保证电刷和集电环的接触，不断地传导励磁电流。

集电环采用不导磁的抗磨能力高（强）的材料，支架式整圆结构，由绝缘螺杆固定在支架上，支架通过键或螺栓固定在上端轴上。集电环两极之间通过适当厚度的绝缘件连接，以保持所需的电气绝缘距离。

三、转子常见故障分析与处理

（一）转子

1. 转子绝缘电阻偏低

转子绝缘电阻降低可能由线圈积灰、绝缘老化、发电机长期停用受潮等造成。一般的处理方式是：

（1）彻底清扫转子绕组的积灰、油污。

（2）清扫后，若转子绝缘电阻仍偏低，应进行烘干处理：在发电机的周围搭棚并用帆布罩起来，用热风机或电加热装置对发电机进行加热。线圈的绝缘电阻大于 $1M\Omega$，且吸收比升高，经 3～5h 保持不变，则认为烘干达到要求。

（3）若通过上述方法处理后，转子绝缘电阻仍然偏低，应检查其绝缘是否受到损伤或已老化。

2. 转子一点接地故障

发电机励磁回路一点接地，常称为转子一点接地，是比较常见的故障。发生转子一点接地故障时，由于不能构成电流接地通路，对发电机不会产生直接危害，此时发电机虽然能运行，但对安全极为不利。如果再发生另一点接地，即转子两点接地，将会对发电机造成极大危害。如今，发电机组单机容量越来越大，若发生两点接地故障，将会对电力系统造成很大的冲击。

（1）转子一点接地故障分类。转子一点接地故障可分为稳定接地和不稳定接地。稳定接地就是转子的接地与转速、温度等因素无关，接地是稳定的，这种故障易于查找。不稳定接地是转子接地时而发生时而消失，主要有机组高转速时接地、机组低转速时接地、转子高温时接地、线圈轻微位移时接地等几种。

转子一点接地故障按接地电阻值可分为高阻接地和低阻接地。高阻接地又称为非金属性接地，发生接地故障后测量转子对地绝缘电阻一般为 $0.2M\Omega$ 以上。低阻接地又称为金属性接地，这种接地的接地电阻值一般低于 $0.2M\Omega$，甚至接近零。

转子一点接地故障按接地位置可分为转子绕组接地、转子引线接地、滑环装置接地等。转子绕组接地主要有磁极间连接线接地、磁极内套绝缘损伤接地、磁极线圈上层或下层层面接地。滑环装置接地主要是由集电环或导电环绝缘套管积灰、油污、破裂或受潮造成。

（2）转子一点接地故障点查找。转子励磁回路经励磁电缆、滑环装置、转子引线到磁极线圈，在励磁回路出现接地故障时，应分段分别查找。确认是磁极发生接地后，查找故障磁极有以下几种方法可供参考。

1）二分法。二分法是最简单且最有效的方法，而且对于转子多磁极接地故障的查找也是有效的。具体做法是：首先通过拆卸与磁极线圈引线对称处的连接板将所有磁极线圈分成两部分，然后分别对两部分磁极线圈测绝缘。若转子磁极出现的是一点接地故障，将会有一部分磁极线圈的绝缘是合格的，而另一部分磁极线圈的绝缘值很低或为零；若是多点接地故障，则可能两部分的绝缘值都很低或为零。无论是哪种情况，只需要将绝缘很低或为零的那部分磁极按以上方法依次二分，并分别测绝缘，最终都能查找出接地故障磁极。

2）直流电压表法。直流电压法是指在转子磁极中通入直流电流，然后利用直流电压表的表针方向和电压大小判断接地点，原理如图 2-5 所示。

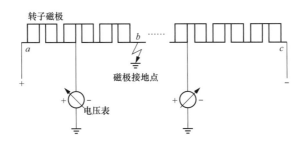

图 2-5　直流电压法查找磁极接地故障示意图

具体做法：设 b 点已接地，外加电压 a 为正极，c 为负极。电压表的探针在 ab 段时，电压表指针的方向是磁极 a 侧为正，接地侧为负；而在 bc 段时则磁极 c 侧为负，接地侧为正。采用指针式表计逐个测量，测到故障点时指针会反转，反向点即为故障点。采用此方法时，直流电压不要太高，以表计指针有偏转或能显示有读数即可。

3）直流电压比值法。直流电压比值法也是应用直流电压表确定接地点的方法，但它只能应用于只有一个磁极接地的情况，原理如图 2-6 所示。

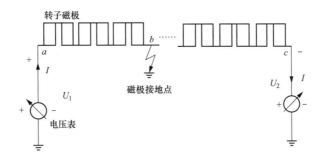

图 2-6　直流电压比值法查找磁极接地故障示意图

具体做法：磁极绕组中通入直流电流 I，电流的大小视具体情况而定，原则是既能准确的测量电压，又利于计算。通入直流电流 I 后，用毫伏表分别在转子绕组两个接头和地之间测量两部分的电压 U_1、U_2，假设接地点在 b 处，b 处与毫伏表的接地端是等电位的，则可认为 U_1 即为 ab 段的电压，U_2 即为 bc 段的电压。根据 U_1、U_2 的值计算出比值 $T=U_1/(U_1+U_2)$。由于 U_1+U_2 为通入电流 I 后整个磁极绕组上的电压，所以 T 值乘以转子磁极总数所得值即为从 a 端算起的接地磁极所在位置。

（二）转子磁极

1. 磁极本体故障

磁极本体故障主要包括绕组绝缘偏低、线圈损伤、线圈匝间短路、装配故障等。磁极组装完成后，应按试验规程进行电气试验，合格后才能回装。

2. 磁极引出线接头故障

转子磁极线圈是由铜排绕制的，其引出接头有软、硬两种。软接头采用薄的软铜片叠成，与磁极线圈铜排铆接后焊接在一起，一般采用锡焊。硬接头与磁极线圈铜板采用银焊的方式，比锡焊可靠性更高。若接头与铜排焊接不良，运行中可能出现过热现象。

软接头的处理：采用碳阻焊或中频焊，加热烫掉接头部分的焊锡，用手枪钻头钻开铆钉头，取下旧的铆钉，将磁极连接头取下。将连接头和磁极线圈铜排的接触面分别处理平整，然后重新安装。过热严重不能再用的连接头应予以更换。

硬接头的处理：将磁极线圈与连接线的接触面处理平整，在两个接触面之间夹银焊片，焊接时要注意保护线圈绝缘，焊接应饱满，无气孔、夹渣，焊后将接头部分修理平整。

3. 磁极间接头故障

磁极间接头常见故障包括过热、连接片断裂、接头电阻不合格等。其中，接触电阻值大于同次测量中最小阻值20％的，判定为接头电阻不合格。

一般处理方式是：拆除不合格磁极接头，清洗接触面上的污垢，清理表面毛刺及氧化层。如果接头连接片损坏比较严重，需进行更换。磁极接头处理后，需重新测量接触电阻，直至符合试验要求。

4. 阻尼绕组及接头故障

阻尼绕组常见故障类型包括阻尼条松动、阻尼环断裂等，阻尼接头常见故障类型包括接头过热、固定螺栓松动、连接片断股、裂纹、变形等。

一般处理方式如下：

（1）阻尼环断裂：当裂纹深度大于1mm时，应用银焊（或铜焊）补接。

（2）阻尼环接头故障：拆卸不合格阻尼绕组接头，清洗接触面上的污垢，处理毛刺及氧化层。若软连接损坏比较严重，需进行更换。

（三）转子引线

转子引线的常见故障类型包括绝缘损伤、接头过热等。

（1）大轴引线绝缘发生损伤时，应剥除损伤的绝缘段，清理干净引线处理段，重新恢复引线表面绝缘层，待绝缘层固化干燥后，用电气试验验证绝缘质量。

（2）转子引线连接接头出现过热时，应拆除励磁引线相应固定夹螺栓及过热连接头紧固螺栓，处理接触面；如果接头损坏比较严重，需进行更换。

（四）滑环装置

1. 集电环表面损失

水轮发电机集电环损蚀现象在国内水电站普遍存在，长期运行后集电环常出现凹痕、条痕、急剧磨损、烧伤、变形等，其原因有以下几种：

（1）运行中，集电环正负极之间形成电解池，作为阳极的负极集电环发生氧化反应，不断地析出氧化物，导致负极集电环损蚀；

（2）电刷内含有杂质，电刷和集电环接触面上粘附有杂质；

（3）集电环材质、圆周速度、单位压力、电流密度等不合适；

（4）电刷打火或其他故障烧伤集电环表面。

集电环表面损蚀故障的预防与处理措施有：

（1）集电环损蚀的预防。集电环制造要采用钢质材料，如用 50Mn 钢，可以大大减轻集电环的损蚀。选用优质合格的电刷，既可减弱电化学腐蚀，又可减轻集电环的机械磨损。根据法拉第电解第一定律，电极电解过程中析出物的质量与通入电流的量成正比，因此应设法减少通过电刷与集电环接触面的电流密度，即加大电刷截面积，或者增加每极电刷数。定期检查集电环损蚀情况，并进行修复保养，防止集电环打火，定期调换集电环极性，使两极集电环损蚀程度保持均匀。运行中要尽可能保持环境清洁、干燥。

（2）集电环表面轻度损伤的处理。集电环工作表面出现斑点、刷痕、轻度磨损等损伤时，先用锉刀将其伤痕刮去，然后用油石在集电环转动情况下研磨，表面故障消除后，再用金相砂纸抛光。

（3）集电环表面严重损伤的处理。集电环表面烧伤、槽纹、凹凸程度比较严重时，一般用车削方法修理。车削时车刀必须锋利，并在高速旋转情况下进行集电环表面抛光。

（4）集电环外圆成椭圆的处理。在集电环外圆成椭圆时，用车削进行修理。车削圆后用上述的方法进行抛光，使表面粗糙度达到要求。

（5）集电环有裂纹的处理。集电环出现裂纹后，根据裂纹情况进行补焊车削或更换新集电环。

2. 集电环碳粉堆积

碳粉堆积是发电机滑环装置常见故障，同时也是导致集电环打火和转子一点接地等故障的主要原因。滑环装置碳粉堆积产生的主要原因有集电环积油、电刷质量存在问题、恒压弹簧力度不合适、集电环表面有毛刺等。

针对碳粉堆积故障的处理措施有清扫集电环、更换质量合格的电刷、更换压力合适的恒压弹簧、集电环打磨等。

3. 集电环打火

集电环打火是滑环装置常见故障，若不及时消除，可能导致集电环大面积打火，对机组安全运行造成直接威胁，严重时被迫停机。就大型发电机而言，紧急停机不仅造成系统出力下降，影响系统稳定运行，而且对发电机组本身也将产生危害。

通常造成集电环打火的原因有以下几种：

（1）电刷磨损过多。部分电刷磨损超过其原长度的 1/2 但未得到及时更换，可造成集电环打火。

（2）恒压弹簧压力不适。随着机组长时间的运行，恒压弹簧疲劳不能达到压力要求，可造成集电环打火。

（3）集电环表面表面粗糙度不够。集电环表面表面粗糙度不够或有油污等附着，会导致集电环环面和电刷接触的有效面积减小，减小电刷的有效载流量，造成集电环和电刷的接触面上产生火花。

（4）电刷的材质不均匀。电刷的材质不均会导致集电环环面磨损不均，影响集电环表面的表面粗糙度，从而产生火花。

（5）受油器渗油。受油器渗油产生油雾，在集电环表面形成油膜，导致电刷接触电阻增大而发生打火。同时，电刷经过油的浸泡，体积膨胀，使得在刷握中运动受阻，造成个别电刷与集电环接触不良，也会造成集电环打火。

集电环打火的主要处理方式如下：

（1）检查恒压弹簧外观有无变色，有无严重变形，检查恒压弹簧压力，对于不满足要求的恒压弹簧及时更换。

（2）电刷有破损、裂纹，刷辫有过热痕迹，电刷长度小于原来 1/2 长，具备上述条件之一的电刷必须更换。

（3）对表面表面粗糙度不够的电刷进行打磨，保证电刷与集电环表面接触达 75％ 及以上。

（4）检查电刷在刷握内的运动，要求灵活、无串动及卡涩现象。

（5）清理受油器、操作油管渗油，保证集电环室无油雾。

4. 集电环温度过高

集电环温度过高的主要原因：电刷与集电环接触面积小于 75% 而引起电流密度过大；电刷弹簧压力过大或过小；机组振动；更换电刷时，电刷型号不对等。

集电环温度过高的处理：

（1）检查电刷型号是否正确，如果该型号电刷允许的电流密度不能满足要求，需更换电流密度较大的电刷。

（2）检查电刷接触面积，如小于 75% 则要研磨电刷，保证接触面积合格。

（3）检查并调整电刷弹簧压力，使其符合要求。

（4）如上述处理不能解决集电环温度过高问题，可考虑改进滑环装置设计，改进目的在于增加电刷与集电环环面的接触面积减小接触电阻。

5. 集电环绝缘偏低

集电环绝缘偏低也是滑环装置常见故障，如不及时处理则可能造成集电环短路，发生恶性故障。集电环绝缘过低主要原因通常有绝缘件脏污、绝缘件击穿、绝缘件破损、励磁电缆绝缘不合格等。

针对此类缺陷，首先应查找出故障点，分析事故原因，针对性地进行处理，主要处理措施有清洗集电环、更换绝缘件等。

第二节　转子磁极典型故障案例

一、磁极绝缘电阻偏低故障分析与处理

（一）设备简述

某水电站发电机转子磁极的极身绝缘采用在铁芯表面绕包绝缘纸，并在层间涂刷室温固化环氧胶的方式。磁极线圈与铁芯间口部间隙采用包裹层压玻璃布板的浸胶涤纶毡填塞，采用完全封堵的方式。

（二）故障现象

该水电站某机组磁极开展电气试验测试，要求满足：①单个磁极挂装前绝缘电阻不小于 $5M\Omega$；②单个磁极挂装前耐压为 $10U_f+1500V$，耐压时间为 1min。经试验，有 10 个磁极绝缘电阻低于 $5M\Omega$，5 个磁极在耐压试验过程中发生了击穿现象。

（三）故障诊断分析

1. 故障初步分析

磁极线圈套装后端部未填塞涤纶毡前，所有磁极绝缘电阻测量均达到 $500M\Omega$ 以上。按

照工艺要求，磁极线圈端部与极身绝缘之间的间隙用浸渍室温固化环氧胶 793 的涤纶毡填充，填充后在室温条件下晾干 24h 以上。现场每个磁极装配完成后晾干时间均在 72h 以上，但仍存在绝缘电阻不合格和耐压击穿的情况。初步判断故障原因是用来填充的室温固化环氧胶 793 并未完全固化。

2. 设备检查

将耐压试验击穿的 5 个磁极进行解体，发现击穿点均发生在磁极线圈上下端部，且在铁芯靴部有环氧胶堆积，用来填充的室温固化环氧胶 793 并未完全固化，如图 2-7 所示。

3. 故障原因

分析认为，造成环氧胶 793 未完全固化的原因有以下两点：

（1）磁极端部间隙较大，需填塞较大体积的涤纶毡。浸渍室温固化环氧胶 793 的涤纶毡在填塞前虽已尽量拧干，但由于受到挤压和重力作用，留在涤纶毡中的部分环氧胶 793 仍然向下流至磁极靴部，造成在磁极两端铁芯靴部的环氧胶 793 堆积。同时，由于磁极内部空气流动性差，潮气不易消散，使得环氧胶 793 不易固化。

图 2-7　铁芯靴部环氧胶堆积

（2）现场施工搭设的加热棚不能完全密封，保温效果较差，且热风机数量不足，无法使被加热的磁极均匀达到 60～80℃的烘干温度要求。

（四）故障处理

（1）对绝缘电阻偏低的磁极线圈重新在加热棚进行烘干，直至绝缘电阻满足要求。

（2）对交流耐压试验中被击穿的磁极重新装配。重新装配后进行绝缘电阻及交流耐压试验，结果均合格。

（五）后续建议

（1）环氧胶 793 严格按照使用规范配制，浸胶涤纶毡在填塞间隙时应晾至半干，避免留存的环氧胶流动堆积。

（2）加热棚应密封良好，并配备足够的热风机，保证其加热效果。

（3）环氧胶 793 流动性强，固化时间长。可考虑采用流动性差、固化时间短的环氧胶，避免因为环氧胶不易固化造成绝缘电阻不合格。

二、磁极线圈及托板表面绝缘处理

（一）设备简述

某水电站发电机转子磁极由磁极铁芯、磁极线圈和极身绝缘等组成，如图 2-8 所示。

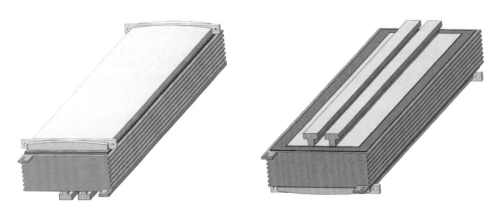

图 2-8　磁极模型

（二）故障现象

该电站某机组在运行过程中发生转子一点接地故障。

（三）故障诊断分析

该机组停机检查发现，定子铁芯及转子磁极上存在较多铁屑，尤其磁轭工型槽上铁屑较集中，如图 2-9 所示。清扫出的铁屑重 725 g，体积达 1200mL。

图 2-9　磁极 T 尾及磁轭工型槽的铁屑

分析认为，在发电机装机过程中，磁极键打磨后未清理干净，造成发电机内部有较多铁屑，而铁屑造成了转子一点接地故障的发生。

（四）故障处理

拔出磁极后，对磁极进行重点清扫。清洗磁极表面，擦拭磁极铁芯，用刀剔除附着在 T 型槽内的铁屑，擦拭磁极整体，保证无油污和铁屑。

处理后，测量转子绝缘电阻为 700MΩ，并通过转子交流耐压试验，故障消除。

三、磁极绝缘垫板松动移位分析与处理

（一）设备简述

某水电站发电机磁极线圈采用多边形截面的裸铜排绕制，磁极线圈匝间垫有 F 级绝缘材料，首末匝与极身和托板间有防爬电的绝缘垫板。

（二）故障现象

对某机组磁极进行检查时，发现 65 号磁极驱动端上托板与线圈之间的绝缘垫板松动位

移，位移距离为 35mm，如图 2-10 所示。

（三）故障诊断分析

将该磁极解体，发现磁极驱动端上托板与磁极线圈间加装了绝缘垫板，同时在磁极两侧、靠近磁极驱动端的上托板与磁极线圈间也加装了绝缘垫板，分析认为这是由于上托板与线圈以及上托板与铁芯之间间隙过大而采取的措施。绝缘垫板与磁极上托板间是通过加装销钉然后涂刷环氧胶紧固，在检查中发现，绝缘垫板销钉连接处损坏，绝缘垫板不能有效限位，从而导致了绝缘垫板松动位移。

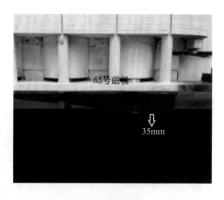

图 2-10　65 号磁极绝缘垫板向下位移

（四）故障处理

对该机组 65 号磁极解体，并重新套装磁极线圈。测量磁极线圈、磁极铁芯与上托板间隙大小，在磁极铁芯与上托板之间加垫适当厚度芳香族聚酰胺（NOMEX）绝缘纸，NOMEX 绝缘纸折成 L 形，用专用双面胶带将其牢靠固定。用浸胶玻璃纤维绳及玻璃纤维套管封堵磁极线圈与磁极铁芯口部间隙，待玻璃丝纤维绳完全固化后，在磁极线圈、磁极铁芯与上托板间隙处填充道康宁 780 硅酮密封胶，使其完全密封。密封胶固化之后，对磁极整体补刷绝缘面漆，漆刷均匀。

磁极修复后，电气试验均合格。

（五）后续建议

（1）机组磁极上托板与磁极线圈间，在装配工艺中不应加装绝缘垫板，在长时间的运行中易因锁定失效而滑出。

（2）65 号磁极处理时，将原来上托板加装的绝缘垫板更换成 L 形 NOMEX 纸，需跟踪其处理效果。

四、磁极线圈锈蚀分析与处理

（一）设备简述

某水电站发电机磁极线圈采用带散热翅的异型铜排，保证了转子散热面积，有利于降低转子温升。线圈匝间垫 F 级绝缘材料与铜排热压成整体，磁极绝缘托板采用高强度环氧玻璃坯布整体热压而成，并在厂内与磁极线圈热压成整体。磁极 T 尾两端限位块为铁托板防串动结构，以防止磁极线圈串动。

（二）故障现象

磁极线圈入厂开箱检查时发现磁极线圈散热翅出现铜绿、锈蚀现象。共约 59 个磁极线圈散热翅上存在少量点状锈蚀，并有明显打磨痕迹。经过短时间现场存放，点状锈蚀逐步发展为片状，部分铜排与匝间绝缘接触部位也出现锈蚀，如图 2-11 所示。

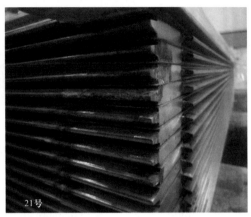

图 2-11　新线圈出线锈蚀铜绿

（三）故障诊断分析

分析认为，磁极线圈出现锈蚀、产生铜绿原因如下：

（1）新磁极线圈在厂内镀银时，镀银液沾染在散热翅上，加速了铜氧化过程，导致新磁极线圈产生锈蚀。

（2）开箱检查时，发现磁极线圈的外包装存在部分损坏，包装塑料薄膜里面有水蒸气，磁极线圈在运输存放过程中受潮，导致线圈铜质部件出现锈蚀，伴有铜绿产生。

（四）故障处理

1. 故障处理方法

对线圈表面锈蚀、铜绿进行打磨，打磨后擦拭清扫干净，吊入温控棚 80℃下加热 4h，最后对磁极线圈打磨部位刷胶刷漆。

2. 故障处理效果评价

在磁极线圈套装完成后，对转子单个磁极进行挂装前绝缘电阻和交流耐压试验，试验合格；对整体转子绕组进行绝缘电阻及交流耐压试验，耐压前后绝缘电阻保持为 250MΩ，施加 2kV 电压，通过耐压 1min 测试，试验合格。

（五）后续建议

（1）新磁极线圈在出厂制作过程中，严格遵照工艺流程，出厂时应加强检查。

（2）在运输过程中应做好设备的包装防护，谨防受潮。

五、磁极阻尼环接头严重变形分析与处理

（一）设备简述

某水电站发电机阻尼绕组由阻尼条、阻尼环和软连接组成，形成鼠笼状的阻尼绕组。

（二）故障现象

（1）阻尼接头变形。该电站某机组检修时发现所有的阻尼环接头发生变形，下端阻尼环接头上翘，上端阻尼环接头下弯，导致阻尼环软连接无法正常安装或安装后其预留的变形裕度趋于零，如图 2-12 所示。

（2）阻尼环软连接断裂。同时发现，该机组铜编织式阻尼环软连接有变形、断股、断裂、毛刺等现象。软连接的变形方向主要趋向于磁极外侧和轴向中部，即磁极上端阻尼环软连接向下和向外变形，下端阻尼环软连接向上和向外变形。断股的阻尼环软连接主要表现为细铜丝断开并在软连接表面形成大量毛刺，断裂的阻尼环软连接主要表现为整个整列面细铜丝全部散乱朝向定子线棒侧，如图 2-13 所示。

图 2-12　阻尼接头严重变形

图 2-13　阻尼环软连接断股、断裂

（三）故障诊断

在不同工况下计算阻尼环极间端环所受轴向电磁力的最大值和平均值，结果见表 2-1。

表 2-1 不同工况下阻尼环极间端环所受轴向电磁力

工况	阻尼环极间端环所受轴向电磁力（N）	
	最大值	平均值
额定负荷	178.5	−0.91
两相突然短路	14497.2	4410.6
额定负荷＋8％稳态负序	217.9	−19.2
电制动	1265.4	570.6

比较不同工况得到如下结论：

（1）额定负荷及 8％不对称运行时，阻尼环受力很小，且平均值接近于 0，电磁力是轴向往复的。

（2）两相突然短路时，阻尼环极间连接将承受最高约 14.5 kN 的电磁力，且方向为轴向、指向中部，是最严重的情况。

（3）电制动时，受力虽指向中部，但幅值较小。

分析认为，发电机—系统线路很可能出现多次单相或两相突然短路等冲击负荷，定子侧突增的冲击电流会在阻尼环中感应出很大的瞬时电流，在端环处的漏磁场也大大增加，两者的作用就会产生很大的轴向电磁力，特别是在交轴位置，在阻尼环连接处刚性不足的情况下，很容易导致阻尼环接头变形和阻尼环软连接断裂。

（四）故障处理

1. 故障处理方法

阻尼环变形后与磁极铁芯靴部较近，影响到机组的安全可靠运行，为避免阻尼环变形后与铁芯发生挤压，引发阻尼环断裂、扫膛等风险，需对阻尼环接头校形，具体处理措施如下：

（1）阻尼环接头变形处理。①将阻尼环与磁极压板间的间隙用铜板、玻璃布板垫实。②用橡胶锤逐步敲击阻尼环变形 R 内圆侧或用压板、C 形夹等进行校形，如图 2-14 所示。校形后确保阻尼环连接片能正常安装，校形处理如图 2-15 所示。

（2）阻尼环连接片更换。铜编织式阻尼环软连接强度不足，将其更换为薄铜叠片式阻尼环连接片。阻尼环连接片根据磁极安装实际情况进行配钻，确保阻尼环连接片止口与阻尼环内侧靠紧。阻尼环连接片安装时不能承受较大的拉伸，确保圆弧形状不发生较大改变。固定螺栓螺母均加平垫圈，螺母用螺纹锁固胶锁固。阻尼环连接片安装如图 2-16 所示。

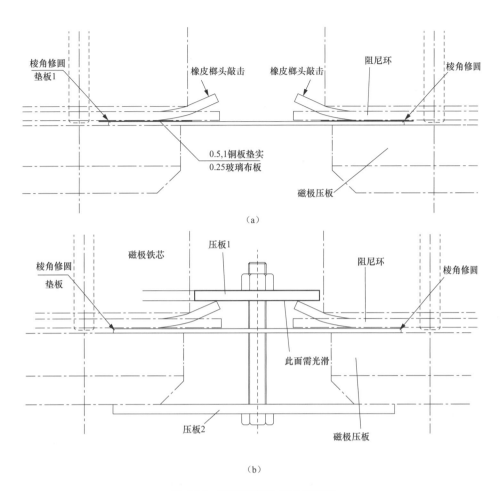

图 2-14　阻尼环接头校正示意图

（a）阻尼环接头校形示意图；（b）工具校正阻尼环接头示意图

图 2-15　阻尼环接头校形处理

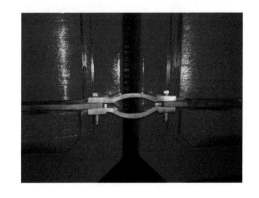

图 2-16　阻尼环连接片安装图

2. 故障处理效果评价

阻尼环接头完成矫形处理，铜编织式阻尼环软连接更换成铜片软连接后，磁极及转子整体电气试验均合格。机组投运后，阻尼环运行状态良好。

（五）后续建议

阻尼环原铜编织式软连接的电气性能和机械强度无法满足在电制动、瞬态两相短路、稳态不对称负载等工况下因冲击电流而产生的电磁力作用要求，容易发生磨损变形、断股断裂现象，因此将该电站同类型机组的铜编织式阻尼环软连接更换为薄铜叠片式阻尼环连接片。

六、磁极阻尼环软连接裂纹故障分析与处理

（一）设备简述

某水电站发电机阻尼环拉紧螺杆由连接螺杆、紧固螺母和固定方块组成。连接螺杆一端连接 T 形方块，另一端固定在基座上与转子磁轭相连并通过固定螺母锁紧。阻尼环拉紧螺杆作用是固定两个相邻磁极上的阻尼环，在转子旋转过程中给阻尼环提供拉紧的向心力，防止阻尼环变形。阻尼环拉紧螺杆结构如图 2-17 所示。

（二）故障现象

某机组转子磁极检查过程中发现 10～11 号、12～13 号磁极之间的阻尼软连接存在损伤。其中 10～11 号有 1 片软连接片、12～13 号有 5 片软连接片存在裂纹，裂纹宽度 8mm（阻尼软连接片宽度为 30mm），如图 2-18 所示。

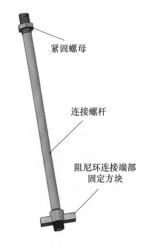

紧固螺母

连接螺杆

阻尼环连接端部
固定方块

图 2-17　阻尼环拉紧螺杆结构

图 2-18　阻尼环软连接片裂纹

（三）故障诊断分析

分析认为，导致阻尼环软连接片产生裂纹的原因是阻尼环拉紧螺杆结构存在设计缺陷。具体分析如下：

（1）在拉紧螺杆的拆装过程中，扳手无有效把合受力位置，螺杆的安装和拆除困难，部分螺杆前端 T 形方块在安装时无法调整到位，T 形方块翘起部分挤压阻尼环软连接导致其变形；

（2）拉紧螺杆与 T 形方块为螺纹连接并无锁定，部分 T 形方块在机组运行中会产生较大振动，撞击阻尼环软连接铜片。

安装时挤压变形和运行时振动撞击共同导致阻尼环软连接铜片开裂。

（四）故障处理

1. 故障处理方法

为消除故障，制造了新结构的转子阻尼环拉紧螺杆，如图 2-19 所示，主要改进如下：

（1）前端 T 形方块改为与拉紧螺杆一体结构，防止方块在机组运行中发生较大振动；

（2）在拉紧螺杆上增加一个阻尼环软连接保护支撑块，防止阻尼环软连接受电磁力作用变形；

（3）在拉杆中段增加六角头棱边的扳手把合面，便于拉杆安装到位和拆除；

（4）支撑块紧固螺母处增加诺地牢防松垫片。

更换受损阻尼环软连接，更换该机组所有阻尼环拉紧螺杆，并对拉杆基座进行了加强固定，新拉杆对软连接片无挤压且拆装方便、结构更加牢固。具体安装过程如下：

图 2-19　新阻尼环拉紧螺杆结构

（1）阻尼环拉紧螺杆固定基座加固。拉紧螺杆根部磁轭处固定基座（固定在磁轭鸽尾槽内）上原只安装了 1 颗内六角固定螺栓，为保证拉杆安装牢固，在拉杆固定座上增加安装 1 颗内六角螺栓，螺栓螺纹处涂锁固胶，安装到位后对螺纹根部用样冲破坏螺纹，锁固内六角螺栓，如图 2-20 所示。

图 2-20　阻尼环拉杆基座加固安装图

（2）阻尼环拉紧螺杆更换安装。新拉杆从 T 形方块端部到基座螺纹根部依次装配阻尼环软连接支撑块、诺地牢垫片、支撑块紧固螺母、根部紧固螺母，用扳手将拉杆根部回装到转子磁轭内的固定基座上，将拉杆旋转到极限位置且 T 形方头与两侧阻尼环接头轴线水平一致，在 T 形方头与阻尼环接头接触面间隙合格（间隙不合格可用橡皮锤敲击阻尼环）后，依次拧紧根部紧固螺母和支撑块紧固螺母，螺栓螺纹处涂螺纹锁固胶。如图 2-21 所示。

图 2-21　新阻尼环拉紧螺杆安装示意图

（3）阻尼环软连回装。更换受损阻尼环软连接，将阻尼环软连接安装好，螺栓螺纹处涂锁固胶。

2. 故障处理效果评价

处理后对转子进行绝缘电阻试验、交流耐压试验、交流阻抗试验和接头电阻试验，各项试验均合格，机组投运后无异常。

（五）后续建议

（1）对改进后的转子阻尼环持续跟踪运行情况，同时对该电站同类型机组的阻尼环拉紧螺杆采用相同方式改造以消除原设计缺陷。

（2）在转子新阻尼环拉紧螺杆安装过程中应建立完整的阻尼环拉紧螺杆拆装工艺，便于后期对电站机组转子的维护。

第三节　滑环装置及励磁引线典型故障案例

一、集电环绝缘击穿故障分析与处理

（一）设备简述

某水电站发电机滑环装置及碳粉收集装置位于上机架中心体内。集电环装配包括集电环支架、集电环、导风叶、固定螺杆、紧固件、绝缘套管、挡风圈等部件。集电环支架固定在上端轴上，通过固定螺杆、绝缘件等固定支撑两个集电环，如图 2-22 所示。

（二）故障现象

某机组集电环开展电气试验时，用绝缘电阻表 1000V 档测得上环对下环、穿心及地的绝缘电阻为 1000MΩ，用 2500V 档测试时无法升至测试电压，耐压不合格。逐个松开上环穿心螺杆检查，发现上环一穿心螺杆配套绝缘套管有发黑现象。

（三）故障诊断分析

通过对该绝缘套管检查，发现其内法兰根部 R 圆角处有一明显发黑的击穿点，在其附近有一处借助放大镜可观察到的微小裂纹。分析认为，这条裂纹是绝缘套管在集电环装配过程中因受到较大的机械应力而产生的，裂纹导致

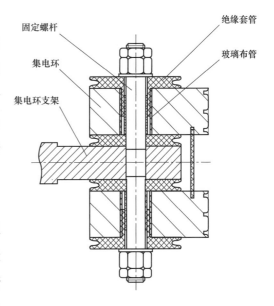

固定螺杆　绝缘套管
集电环　玻璃布管
集电环支架

图 2-22　滑环装置

套管电气绝缘水平大幅降低，在耐压时发生击穿。裂纹是导致绝缘套管发生击穿的直接原因，而其根本原因在于绝缘套管所用材质不佳、结构设计不合理，导致机械强度不够，不能承受拧紧穿心螺杆时的机械应力。

（四）故障处理

1. 故障处理措施

（1）绝缘套管处理。逐个松开上集电环穿心螺杆，取出绝缘套管进行检查、清扫。②着重处理有发黑现象的绝缘套管，对绝缘套管的发黑部分进行打磨，使用丙酮擦拭干净，并灌注环氧胶（6101∶650＝1∶1）。

（2）滑环装置优化。保留内外绝缘套管结构，但对绝缘套管局部进行优化，特别是其绝缘结构。具体优化如下：

1）固定螺杆分段围包云母带。固定螺杆中间段与集电环支架紧密配合，上下两端为螺纹段，其余部位半叠包 1 层 0.14mm×30mm 的环氧桐马玻璃粉云母带，如图 2-23 所示。

2）增加绝缘套管管状部位厚度。内绝缘套管管状部位内、外直径由 $\phi20.3$、$\phi25$ 更改为 $\phi21$、$\phi28$，壁厚由单边 2.35mm 增加为 3.5mm。外绝缘套管管状部位内、外直径由 $\phi25.5$、$\phi30.5$ 更改为 $\phi28.5$、$\phi35$，壁厚由单边 2.5mm 增加为 3.25mm，如图 2-24 和图 2-25 所示。

3）增加绝缘套管薄弱部位强度，在内绝缘套管管状部位根部增加 $R2$ 倒角，有效避免机械应力集中。

4）取消绝缘套管外的绝缘护套（玻璃布管），维持集电环螺杆孔径不变。

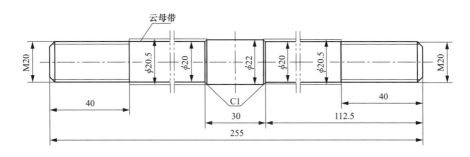

图 2-23　固定螺杆优化结构

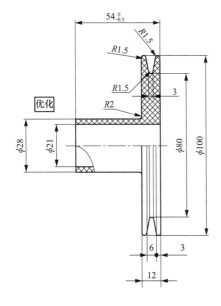

图 2-24　内绝缘套管优化结构

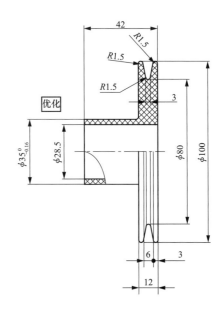

图 2-25　外绝缘套管优化结构

2. 故障处理效果评价

故障处理后，使用绝缘电阻表 1000V 测量上集电环对下集电环、穿心螺杆及地绝缘电阻，大于 500MΩ，有明显吸收现象，用 2500V 档进行耐压，试验通过。

（五）后续建议

（1）集电环绝缘套管需选用优质的材质，提高其机械强度；

（2）如需临时修复已击穿的集电环绝缘套管，可将环氧涤纶毡制成垫圈，将其浸胶后套在绝缘内套管与法兰相连的根部，增强法兰根部的机械和绝缘强度。

二、集电环电刷打火、过热故障分析与处理

（一）设备简述

某水电站发电机集电环装置主要由集电环、刷架、电刷和碳粉吸收装置组成，布置在机头集电环室内。电刷按单元设计，3 只一组垂直分布，每极电刷呈半圆布置。集电环、电刷及组件布置于碳粉吸收装置密封罩内。碳粉吸收装置由密封罩和碳粉吸收设备构成，通过由内向外抽集电环室内热风进行集电环清洁和冷却。

（二）故障现象

该类型集电环装置普遍存在集电环温度高、电刷接触面打火等问题。机组大负荷运行期间，集电环装置运行温度在 $150\sim170℃$，部分电刷最高温度达 $350℃$，远远超出电刷的运行允许温度 $120℃$。集电环装置长期存在过热、打火问题，严重危害发电机稳定运行。

（三）故障诊断分析

（1）电刷额定载流密度超出允许载流密度。发电机集电环每极有 10 组共 30 个电刷，电刷允许载流密度为 $5.5\sim11A/cm^2$。经核算，在额定工况下，扣除集电环表面沟槽，电刷实际平均载流密度为 $13.7A/cm^2$。再者，受刷架座环单向半圆导流内阻影响，电刷分流不均造成部分位置实际的载流密度远超电刷允许载流密度。电刷实际载流过大是导致温度升高的主要原因。

（2）碳粉收集效果差。集电环装置采用密闭罩结构，但密闭效果不理想，碳粉吸收装置风机功率小（2 台 0.88kW），密闭罩内形成的负压不足以将碳粉吸出，碳粉收集效果差。另外，集电环周围的通风量不足，也使集电环整体冷却效果欠佳，加剧了集电环、电刷运行温度的升高。

（3）电刷位置结构布置不合理。在密闭罩内，电刷、刷握等形成很大的风阻，导致未吸出碳粉自然下落堆积在每组下端的两个电刷表面，影响电刷散热。同时，碳粉会随机组振动附着于电刷与集电环接触面，破坏电刷表面和集电环表面的氧化膜，形成干摩擦，接触面局部温度急剧上升。

（四）故障处理

1. 故障处理措施

（1）将电刷规格由 32mm×40mm×64mm 更换为 34mm×38mm×64mm，单极电刷数量由 30 个增加至 51 个。扣除集电环表面沟槽影响，更换后电刷平均载流密度为 $7.6\ A/cm^2$。

（2）更换刷座和导电环，导电环采用整圆布置，各电刷均匀分摊励磁电流。

（3）更换碳粉吸收装置。将现有的两台功率 0.88kW、风量 800m³/h 的风机更换为三台

功率 1.5kW、风量 1200m³/h 的风机，加大碳粉吸收效果。拆除原有密闭罩及集电环内侧密封板，安装新的密闭罩和密封板。机组密闭罩与集电环间隙为 5mm，密闭罩上表面均匀布置 9 个直径 10mm 的半圆形孔，用于正负极电刷接触面测温和电刷打火情况观察，便于用高压空气吹扫密闭罩内部碳粉。

2. 故障处理效果评价

通过对该类型滑环装置优化前后运行参数对比，主要效果有以下几点：

（1）电刷火花等级降低。电刷接触面打火的火花等级由 $1\frac{1}{2}$ 级、2 级降为 1 级、$1\frac{1}{4}$ 级。

（2）电刷运行温度降低。集电环环面温度、电刷温度分别由 120℃、150～170℃ 降低到 80℃以下、80～100℃。

（3）碳粉吸收效果提高。通过加大风机功率、改善密闭罩密闭效果，密闭罩内负压强度得到提高，碳粉在导电环、刷握、绝缘件等部件上的堆积减少。

（五）后续建议

除以上提及的各类因素，集电环表面的粗糙度、电刷弹簧的压力、电刷的材质、复杂的外界环境等都可能影响滑环装置的运行状况，因此，需加强对滑环装置运行情况的监测，及时发现异常并做出正确的处理。

三、刷架接头过热故障分析与处理

（一）设备简述

某水电站发电机刷架采用分瓣结构，上下环刷架各 3 瓣，每瓣之间用带绝缘的螺栓进行紧固。刷架连接结构示意图如图 2-26 所示。

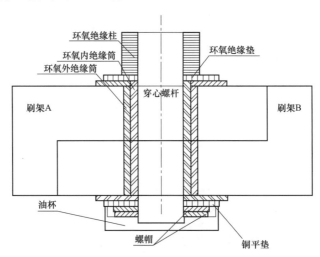

图 2-26　发电机刷架连接结构示意图

（二）故障现象

机组滑环装置为 20 世纪七八十年代设计制造，年平均运行时间高达 6500h 以上，经过 20 多年的运行后，设备已老化。

2010 年 5 月 28 日，某机组集电环室用点温仪测试滑环装置温度时，发现下游侧刷架 2、3 号支柱位置接头过热，最高温度达到 99℃。8 月 6 日，测得缺陷点温度达 160℃以上，已经超过允许值。两故障点红外测温图像如图 2-27 和图 2-28 所示。其后在其他多台同类型机组也发现了类似的刷架接头过热现象。

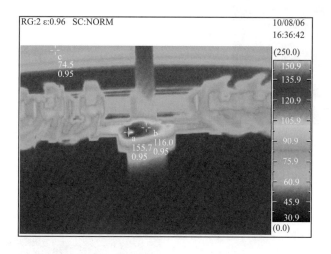

图 2-27　刷架 2 号支柱接头测温（155.7℃）

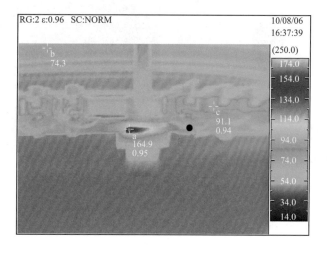

图 2-28　刷架 3 号支柱接头测温（164.9℃）

（三）故障诊断分析

检查发现，该机组刷架搭接存在接触面表面粗糙度不够、固定方式有缺陷、搭接不紧固、碳粉堆积等问题。分析认为，刷架接头主要是由于上述问题导致接触面的接触电阻增大而出现过热现象。

（1）搭接面表面粗糙度不够。刷架用 Q235 钢材制作，长期运行在碳粉、油泥、尘埃、潮气等环境中，刷架接触面产生了较大的膜电阻、化学腐蚀和局部氧化，增大了接触电阻。刷架过热处搭接面如图 2-29 所示。

图 2-29　刷架过热处搭接面

（2）搭接处固定方式缺陷。机组运行中的振动，造成分瓣刷架搭接的紧固螺栓绝缘柱止口逐渐磨损，紧固力减弱，搭接面不能完全接触，导致接触电阻增大。

（3）刷架搭接不紧固。用于分瓣刷架上下端面压紧的绝缘垫圈均为环氧绝缘材料，承受刷架连接处的主要紧固力，考虑到原环氧绝缘材料为 B 级绝缘，硬度不是很大，在长期运行振动中，绝缘垫圈出现磨损、凹陷等变形，同样造成分瓣刷架搭接面不能完全接触，从而导致接触电阻增大。绝缘垫圈如图 2-30 所示。

图 2-30　绝缘垫圈磨损凹陷

（4）碳粉堆积及油雾。集电环室上端装有受油器，受油器产生的油雾造成碳粉在刷架堆积，在刷架接触面有松动情况时，部分碳粉油泥进入接触面内，导致接触电阻增大。

（四）故障处理

1. 故障处理方法

为彻底解决刷架接触面过热缺陷，提高导电性和耐温程度，具体处理措施如下：

（1）对刷架接触面进行打磨抛光处理，保证搭接面无砂眼、裂缝、毛刺、飞边等。接触面采取先镀镍后镀铜再镀银的方式。镀银前对刷架接触面进行除油，确保镀层均匀。

（2）刷架固定绝缘件更换升级为 H 级绝缘。

（3）改用外包绝缘直径更大的穿心螺杆并设计制作专用金属垫片，加强刷架接触面紧固程度。

（4）刷架回装时对搭接面是否平整以及闭合是否严密进行仔细检查，接触合缝用 0.05mm 的塞尺检查，深度不应大于 5mm。

2. 故障处理效果评价

（1）改造前后刷架接触面粗糙度对比。

使用粗糙度仪对接触面粗糙度进行测试，如图 2-31 所示，可以看出，改造前粗糙度最大可达到 $10.5\mu m$，改造后粗糙度最大数据仅为 $0.989\mu m$，每一个接触面改造前后粗糙度均有明显改善。

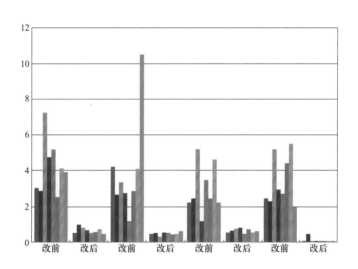

图 2-31　刷架改造前后粗糙度对比图

（2）改造前后刷架接触面接触电阻对比。改造前后对刷架接触面接触电阻测试数据见表 2-2，可以看出，改造前接触电阻最大可达到 $1869\ \mu\Omega$，改造后接触电阻最大数据仅为 $45.87\ \mu\Omega$，改造后刷架接触电阻有明显改善。

表 2-2　　　　　　　　　刷架改造前后接触面接触电阻对比　　　　　　　　　$\mu\Omega$

机组	状态	上1上2	上2上3	下1下2	下2下3
A 机组	改造前	885	805	680	480
	改造后	11	15	15	15

续表

机组	状态	上1上2	上2上3	下1下2	下2下3
B机组	改造前	—	—	—	—
	改造后	15	12	22	14
C机组	改造前	428	806	386	79
	改造后	18.85	11.72	14.75	12.09
D机组	改造前	64	84	143	1869
	改造后	45.87	39.5	28.47	36.46

（3）改造前后刷架接触面温度对比。以曾出现严重过热的机组为例，改造前后测温数据对比见表2-3，可以看出，改造前出现严重过热，改造后过热消失，尽管在机组负荷及励磁电流变大情况下，接触面温度及温升仍有明显下降。

表2-3　　　　　　　　　　某机组改造前后刷架接触面测温数据对比

状态	有功（MW）	无功（Mvar）	转子电流（A）	环温（℃）	最高温度（℃）	最高温升（K）
改造前	115	6	1150	20	138.5	118.5
改造后	115	12	1200	32	49.3	17.3

综上，通过打磨镀银、加固等措施，很好地改善了刷架接触面表面粗糙度、紧固程度，增强了刷架接触面导电性能，刷架过热处理效果良好。特别在钢材上采取先镀镍后镀铜再镀银的方式，既能确保接触面导电性能，又能保证镀层的结合力。运行多年后，接触面检查无镀层脱落、起皮现象，接头过热改善效果显著。

四、集电环室电刷打火故障分析与处理

（一）设备简述

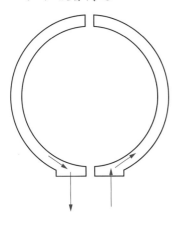

图2-32　导电板结构示意图

某水电站发电机集电环采用两瓣导电环结构，如图2-32所示。导电环的一端设置励磁电缆接入点，电流从导电环流向均匀分布的10组共30个电刷，另一瓣的电流流向则相反。

（二）故障现象

该电站机组自投运以来，集电环电刷一直存在打火现象，通过对电刷电流、磨损量及电刷与集电环间压降进行测量发现，励磁电缆近端电刷各测值均大于励磁电缆远端电刷。同时，对导电环及电刷进行温度测试，结果也是同一现象，且负极导电环电刷局部温度偏高达到110℃以上，极端

情况下可达到160℃。

（三）故障诊断分析

（1）电流从导电环一端集中流向均匀分布的电刷，在励磁电缆连接处，电流最为集中，电流最大，因此该处温度最高。

（2）导电环上只有10组共30个电刷，相对偏少，电刷电流密度高，容易发热造成打火。

（3）导电环与集电环间设置有绝缘板，该绝缘板阻挡了导电环的热量通过空气自然散热，造成导电环热量聚集温度升高。

（4）集电环表面不够光滑，表面粗糙度差，造成接触电阻大。

（5）导电环材料导电能力偏低。

（四）故障处理

1. 故障处理方法

（1）改善导电环电流分布。励磁电缆由于已经定位无法进行调整，仍采取集中布置方式。改变导电环结构，将导电过流由单端过流方式改造为中间过流方式，励磁电流从导电环中间进入，然后向两端分流，这样有利于改善各电刷间电流分布不均现象，如图2-33所示。

（2）降低电刷电流密度。正负极集电环电刷数量由10组（30个）增加为13组（39个），电刷型号规格不变，电刷电流密度降低，改造前后比较见表2-4。

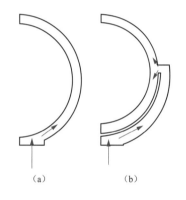

图2-33 改造前后导电环分流示意图

(a) 改造前；(b) 改造后

表2-4 改造前后电刷比较

过流方式	改造前（单端过流）	改造后（中间过流）
励磁电缆布置方式	集中	集中
电刷数量（个）	10×3	13×3
电刷规格（mm）	$32\times40\times80$	$32\times40\times80$
电刷电流密度（A/cm^2）	10.20	7.85

（3）增大外环的半径。导电环外环从R1295mm增至R1355mm，减小了外环直流电阻，降低了外环发热量。

（4）增大导电环内外环的有效散热面积。增大外环半径，一方面减小了外环直流电阻，另一方面也增大了外环散热面积。内外环之间保持20mm的空气间隙，去除内外环绝缘，有利于通风散热。导电环外环底部绝缘板半径尺寸缩小至R1250mm，露出105mm的空间，增加其散热面积。

（5）对集电环进行了打磨抛光处理，保持良好的表面粗糙度。

（6）导电环材料用超声波探伤检查，确保原材料无质量缺陷。

（7）在集电环室内增设循环散热风机。

2. 故障处理效果评价

通过上述措施改造后，电刷打火消失，电刷与导电环温度显著降低。

五、转子一点接地故障分析与处理

（一）设备简述

某水电站发电机组为立轴半伞式，转子由转子支架、磁轭、磁极等组成。滑环装置由集电环、刷架等组成，布置在转子上部的集电环室内。转子引线连接滑环装置的集电环与转子磁极。

（二）故障现象

某机组发生转子一点接地故障。

（三）故障诊断分析

经检查，该机组转子接地保护装置工作正常，判断为转子绝缘偏低。

将磁极和转子引线的连接断开，测得磁极绝缘电阻值为 280MΩ（15s）和 600MΩ（60s），数据合格；转子引线绝缘电阻值为 114 kΩ（15s），绝缘不合格，故障点在转子引线一侧。

将集电环和转子引线连接断开，集电环绝缘电阻值为 380MΩ（15s），数据合格，转子引线绝缘电阻值为 143 kΩ（15s），数据不合格，判定故障点位于转子引线。

进入转子中心体，检查发现转子中心体内大轴补气管法兰接头漏水，转子引线水平段和垂直段均有水滴。将引线上的水滴擦拭干净后断开二段的连接，测得水平段绝缘电阻值为 260MΩ（15s），绝缘合格；垂直段两极绝缘电阻值分别为 3.80MΩ 和 5.02MΩ（15s），绝缘偏低。

经上述排查，本次绝缘缺陷的原因是大轴补气管法兰接头漏水导致转子引线垂直段受潮。

（四）故障处理

对大轴补气管法兰接头漏水进行处理：用热风枪对转子引线垂直段绝缘支撑进行烘干，烘干后测得垂直段引线两极绝缘电阻值分别为 148MΩ 和 162MΩ（15s），绝缘合格。将水平段引线、垂直段引线、磁极和集电环连接后，测得转子绝缘电阻值为 87MΩ（15s）和 106MΩ（60s），绝缘合格。

该发电机转子绝缘恢复正常，机组投入运行后，未再出现转子接地故障。

六、转子引出线接地故障分析与处理

（一）设备简述

某水电站发电机为立轴半伞式，转子引出线从绕组的两端引出，经大轴表面铣出的沟槽与布置在发电机上端轴上的正、负极集电环相连接，如图 2-34 所示。

（二）故障现象

2015 年 4 月 2 日，该电站某机组转子对地摇绝缘，测得绝缘电阻值偏低，为 0.4MΩ。

（三）故障诊断分析

1. 设备检查

经分段排查，确定为集电环下环面大轴引线内部绝缘偏低。剥开大轴引线与大轴外部楔子接触部位绝缘，发现有烫锡痕迹。进一步剥绝缘后，发现大轴引线有断裂现象，如图 2-35 所示。

图 2-34　转子引出线与集电环连接

图 2-35　负极引线断裂处剥掉线绝缘后内部情况

2. 故障原因分析

该机组上端轴负极引线与外部楔子接触部位曾因受较大拉力而发生部分断裂，铜引线共 20 片，断裂 11 片，断裂的 11 个铜片用两个铆钉固定在没有断裂的 9 个铜片上，断面采用焊锡连接，并绕包 6 层沾胶云母带和 1 层沾胶玻璃丝带。

经分析，集电环下环面大轴引线内部绝缘偏低原因如下：

（1）机组每 4～5 年进行一次大修，集电环起吊检修时需对大轴引线进行断复引，由于大轴引线较硬，露出楔子部分较短，多次断复引造成接头反复扭弯受力，而引线铜片断裂处是使用搪锡焊接，在反复受力作用下，易造成折裂，并破坏绝缘。

（2）大轴引线长时间大电流运行，断裂处因接触电阻较大易发热，导致焊锡出现跑锡现象，原本断裂的 11 个引线铜片结合处又再断开，接触电阻变大，发热变更加严重，恶性循环，最终导致引线对地绝缘受损而不满足要求。

（四）故障处理

退出大轴引线外部楔子，去掉铆钉，取下 11 片断铜片，对铜片剖面打磨处理，如图 2-36 所示。

图 2-36　断面打磨

对上下铜片剖面分别进行铜银焊，使 11 片铜片连接成整体。焊接下端 11 片铜片剖面时，注意保护内层绝缘，焊接上端 11 片铜片剖面时，应用螺栓紧固连接孔，以免错位。焊接完成后，对焊接部位打磨，倒坡口处理。将上下铜片剖面对齐并用大力钳固定，开始上下铜片连接焊接，焊接应牢固无孔洞。焊接后，对焊缝进行打磨处理，焊接段绕包 6 层沾胶云母带和 1 层沾胶玻璃丝带，孔隙位置用环氧胶填充。

处理后，大轴引线断裂段测得直阻为 32 $\mu\Omega$，转子绝缘电阻为 5MΩ。机组投运后，引线无异常。

（五）后续建议

（1）跟踪监测该机组引线焊接点温度。

（2）应尽量避免检修时因反复受力造成引线焊接点开裂。

七、轴领绝缘缺陷分析与处理

（一）设备简述

水轮发电机因定子、转子间气隙不均匀、定子铁芯磁路不对称等原因，发电机的磁场存在不平衡，导致转子上产生与轴相交的交变磁通，大轴产生感应电动势，即轴电压。某水电站发电机为防止轴电压引起的电流损耗产生过热损坏上导轴承，在滑转子和上端轴之间设置了一层绝缘，并通过铜箔引出线和电刷来监视该绝缘，轴绝缘结构如图 2-37 所示。

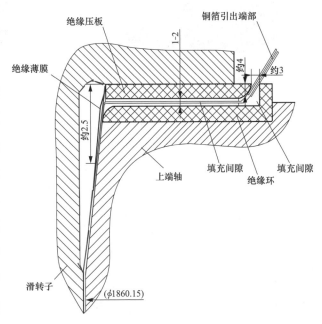

图 2-37　机组轴绝缘结构示意图（单位：mm）

（二）故障现象

该电站某机组检修中测得轴领绝缘降低，小于标准的 1MΩ。

（三）故障诊断分析

现场对轴领加热，如图 2-38 所示，轴领绝缘仍不合格。在上端轴与滑转子间的绝缘压板上开孔（铜箔引出线两侧各开一孔），向孔内吹入干燥空气，发现轴内有积水流出。

经过较长时间的通气吹扫和加热，轴领内仍有积水流出，轴绝缘仍无明显升高趋势，判断滑转子与上端轴间的空腔内已严重积水，须将上端轴与滑转子分离再进行处理。

用乙炔氧气火焰加热轴领，1h 后滑转子与上端轴出现间隙，将上端轴和滑转子分离，发现滑转子内膛空腔、上端轴倒角部位以及两者之间的铜箔和绝缘聚酰胺薄膜均有明显受潮和碳化，如图 2-39 所示。发现轴绝缘铜箔引出压板的缝隙存在裂缝，如图 2-40 所示。

图 2-38　轴领加热

图 2-39　轴绝缘进水受潮

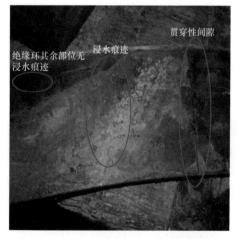

图 2-40　轴绝缘压板裂纹缺陷

经检查分析，确认是外部来水通过轴绝缘铜箔引出压板的缝隙渗入，导致轴领绝缘降低。

（四）故障处理

用 2 号砂纸打磨滑转子内膛空腔壁、上端轴倒角部位的碳化脏污部分，并用酒精布擦拭干净。在上端轴包绝缘部位分三段涂刷绝缘胶，及时绕包 4 层聚酰亚胺薄膜，严格排除薄膜与上端轴间的空气，使薄膜与上端轴紧密结合，如图 2-41 所示。

内层绝缘装配完成后安装中间测量铜箔，如图 2-42 所示。铜箔安装结束，按照内层绝缘的绕包方式，在铜箔外侧绕包 6 层聚酰亚胺薄膜，剪切上端绝缘薄膜与绝缘环等高，下端绝缘超出铜箔 6mm，用聚酰亚胺粘带将上端绝缘薄膜与绝缘环粘接。

图 2-41　内侧绝缘装配　　　　　　图 2-42　测量铜箔装配

铜箔引出端从与绝缘环平齐处至顶端绕包 2 层桐马环氧玻璃粉云母带和 1 层无碱玻璃纤维带，并在绝缘环台阶空隙处填充硅橡胶密封，然后安装绝缘压板，如图 2-43 和图 2-44 所示，测量铜箔绝缘合格。

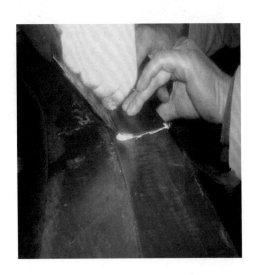

图 2-43　铜箔引出　　　　　　图 2-44　铜箔引出线封口密封

滑转子、上端轴回装后，测量铜箔绝缘合格。故障处理后机组投入运行，未再出现类似缺陷。

（五）后续建议

建议对轴绝缘缝隙部位进行胶体密封，并定期测量轴领绝缘。出现轴领绝缘明显降低时，可先对测量回路和铜箔主绝缘进行分段排查，确定被测量铜箔的内部存在绝缘缺陷时，考虑分离滑转子和上端轴进行处理。

第三章 发电机出口设备

第一节 设备概述及常见故障分析

一、发电机出口设备概述

水电站电气设备按功能分为电气一次设备和电气二次设备，电气一次设备主要指发电机（含发电机出口设备）、主变压器、输电线路、高压断路器等承受高电压、大电流的主设备。图 3-1 所示为某水电站部分电气一次设备接线图。

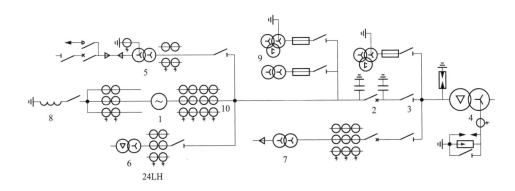

图 3-1 某水电站部分电气一次设备接线图

1—发电机；2—出口断路器；3—隔离开关；4—主变压器；5—自用变压器；6—励磁变压器；7—厂用变压器；

8—消弧线圈；9—电压互感器；10—电流互感器

如图 3-1 所示，发电机出口设备主要包括出口断路器、隔离开关、母线、电压互感器、电流互感器等。

（一）发电机出口断路器

发电机出口断路器（generator circuit-breaker，GCB），是高压断路器的一种。高压断路器在电网中一般有两个方面的作用：一是控制作用，即根据电网运行需要，将一部分电力设备或线路投入或退出运行；二是保护作用，即在电力设备或线路故障时，通过继电保护装置作用于断路器，将故障部分从电网中迅速切除，防止事故扩大，保证电网无故障部分的正常运行。水电站运用较多的发电机出口断路器，使用六氟化硫（SF$_6$）介质灭弧，其技术成熟，性能可靠，可开断电流大。

（二）隔离开关

高压隔离开关具有明显的分断间隙，因此它主要用来将高压配电装置中需要停电的部分与带电部分可靠地隔离，以保证检修工作的安全。隔离开关用来进行电路的切换操作，以改变系统的运行方式，同时也可以用来操作一些小电流的电路。隔离开关没有灭弧装置，不能用来切断负荷电流或短路电流，因此它通常与断路器配合使用。

（三）互感器

互感器分为电压互感器和电流互感器两大类。互感器把一次电路的高电压和大电流按比例变换成标准低电压或标准小电流，以便实现测量仪表、保护设备和自动控制设备的标准化、小型化，互感器同时实现了一次与二次的隔离，以保证人身和设备的安全。

（四）母线

母线是水电站的重要电气设备，是汇集、分配和传送电能的重要途径，其运行状态直接影响水电站对电网供电的可靠性。

二、设备的构成及工作原理

（一）出口断路器

1. 设备构成

发电机出口断路器主要由通流及开断部件、支持绝缘件、传动部件、基座和操动机构等组成。

通流及开断部件：主要包括进出线接线端子、灭弧室（动触头、静触头）及其绝缘件。这是断路器的核心部分，它直接关系到断路器的高压电气性能和指标。断路器通过动触头和静触头的接触与分离实现主回路的接通和断开。动触头和静触头都安装在密闭的灭弧室内。真空灭弧室内部没有空气，呈真空状态。SF$_6$灭弧室内部充有SF$_6$气体。灭弧室的作用是使主回路分断过程中产生的电弧在数十毫秒内快速熄灭，切断电路。

支持绝缘件：承担通流及开断部件与基座之间的绝缘，可分为纯瓷绝缘和固体有机绝缘。

传动元件：主要作用是通过合适的传动方式，将操动机构输出的能量按照规定的要求来操动灭弧室中的动触头。

基座：作为本体固定安装的平台将断路器其他各部件整装为一体。基座一般采用钢板加工完成。

操动机构：能够接受分合闸操作指令并通过能量转换或储存的能量，按规定要求可靠地操动断路器分合闸。操动机构是高压断路器驱动主触头的重要部件，主要由能量转换单元、传动单元和控制单元组成，根据能量转换方式的不同有手动操动机构、电磁操动机构、电动机操动机构、弹簧操动机构、启动操动机构、液压操动机构、永磁操动机构等多种型式。断路器操动机构必须与灭弧室有很好的性能匹配，这样方能实现断路器的整体性能指标。

2. SF_6 断路器的工作原理

所谓 SF_6 断路器，是指采用 SF_6 气体作为灭弧介质和绝缘介质的断路器。

SF_6 气体是电器工业使用的最佳的灭弧和绝缘介质，它的绝缘强度比同压力的空气高 $2.9 \sim 3$ 倍，较低压力的 SF_6 气体便可满足绝缘要求。SF_6 气体的灭弧能力大约是空气的 100 倍。另外 SF_6 气体具有负电性，即有捕捉自由电子并形成负离子的特性，这是其具有高的击穿强度的主要原因，因此也能促使弧隙中绝缘强度在电弧熄灭后能快速恢复。灭弧室的电流回路、灭弧触头既要能保证正常运行时长期通过足够大的负荷电流，又要保证能开断足够大的故障电流，所以一般 SF_6 断路器的通流触头和灭弧触头是分开设计的。

SF_6 断路器的灭弧室主要有压气室和自能式两种。

（1）压气式灭弧室灭弧原理。压气式灭弧室灭弧原理示意图如图 3-2 所示，断路器的灭弧室为单压力压气式结构，灭弧室内充有 0.45 MPa（20℃表压）的 SF_6 气体，分闸过程中，压气室对静止的活塞做相对运动，压气室内的气体被压缩，与气缸外的气体形成压力差，高压力的 SF_6 气体通过喷口强烈吹拂电弧，迫使电弧在电流过零时熄灭。一旦分闸完毕，此压力差很快就消失，压气室内外压力恢复平衡。由于静止的活塞上装有止回阀，合闸时的压力差非常小。

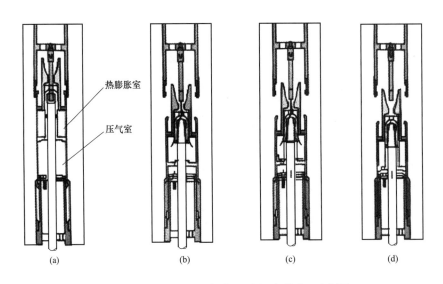

图 3-2　SF_6 断路器压气式灭弧室灭弧原理示意图

（a）合闸位置；（b）开断大电流；（c）开断小电流；（d）分闸位置

（2）自能式灭弧室灭弧原理。采用自能式的灭弧室，当开断短路电流时，依靠短路电流电弧自身的能量来建立熄灭电弧所需的部分吹气压力，另一部分吹气压力靠机械压力建立；开断小电流时，靠机械压气建立起来的气压熄灭电弧。

分闸操作：操动机构带动制作中的传动轴及其内拐臂，从而拉动绝缘拉杆、活塞杆、压气室、动弧触头、主触头、喷口向下运动，当静触指和主触头分离后，电流沿着未脱开的静弧触头和动弧触头流动，当动、静弧触头分离时其间产生电弧，在静弧触头未脱离喷口喉部之前，电弧燃烧产生的高温、高压气体流入压气室，与其中的冷态气体混合，从而使压气室中的压力提升，在静弧触头脱离喷口喉部之后，压气室中的高压气体从喷口喉部和动弧触头喉部双向喷出，将电弧熄灭。

合闸操作：操动机构带动制作中的传动轴及其内拐臂，从而拉动绝缘拉杆、活塞杆、压气缸、动弧触头、主触头、喷口向上运动到合闸状态，同时 SF_6 气体通过喷口进入压气室中，为下次分闸操作做好准备。

自能式灭弧室主要包括静弧触头、主触头、喷口、动弧触头、气缸、热膨胀室、减压阀和减压弹簧，其结构示意图如图 3-3 所示。这种灭弧室需要的操动功率较小。

自能式灭弧室的基本工作原理是以热膨胀为主，压力为辅。它采用小直径、实心的静弧触头及细而长的喷口来增大热膨胀效应，同时热膨胀室和压气室分开，两者之间有单向阀相通，压气室底部还设有释压阀。当开断大电流时，弧区热气体流入热膨胀室，变成低温高压气体。由于压差，使热膨胀室的单向阀关闭。当电流过零时，热膨胀室的高压气体吹向断口间使电弧熄灭。压气室压力达到一定气压值时自动开启释压阀，一边压气，一边放气，机构不必再提供更多的压气功。当开断小电流时，由于电弧能量小，热膨胀室压力也小，压气室气体将通过单向阀进入热膨胀室，然后吹向喷口熄弧。这种灭弧室所需要的操作功率较小，具有比较好的可靠性。

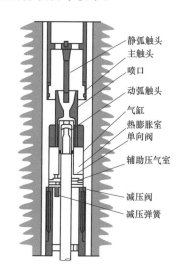

图 3-3 自能式灭弧室灭弧结构示意图

（二）隔离开关

1. 设备构成

隔离开关构成主要包含支持底座、导电部分、绝缘子、传动机构、操动机构，其结构示意图如图 3-4 所示。

（1）支持底座：作用是支撑和固定，支持底座将导电部分、绝缘子、传动机构、操动机构固定为一体，并使其固定在基础上。

（2）导电部分：包含触头、闸刀、接线座。该部分的作用是传导电路中的电流。

（3）绝缘子：包含支持绝缘子和操作绝缘子。其作用是将带电部分和接地部分绝缘开来。

（4）传动机构：接受操动机构的力矩，并通过拐臂、连杆轴齿或操作绝缘子，将运动传动给触头，以完成隔离开关的分、合闸动作。

（5）操动机构：与断路器操动机构一样，通过手动、电动、气动、液压向隔离开关的动作提供能源。

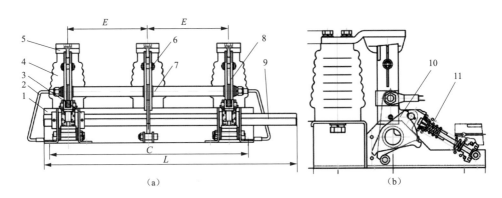

图 3-4　隔离开关结构

(a) 正视图；(b) 侧视图

1—底架；2—软连接；3—调整定位环；4—支柱绝缘子；5—静触头；

6—触头弹簧；7—汇流铜管；8—动触刀；9—主轴；10—操纵板；11—螺旋储能弹簧

2. 工作原理

当操动机构使隔离开关合闸时，作用力矩使主轴克服阻力矩带动操作板沿合闸方向转动，并使动触刀上的支持板通过弹簧死点，弹簧释放能量，使接地开关快速合闸。在合闸位置，动触刀通过触头弹簧和静触头凸缘部（刀口）牢固可靠地接触。

分闸操作时，作用力矩使主轴克服力矩及弹簧力，带动操纵板沿分闸方向转动，并使动触刀上的支持板压缩弹簧至过死点。此时，接地开关已分闸，弹簧储能结束，以备下次合闸。

（三）电流互感器

在电力系统中，高电压和大电流不能直接测量，必须借助互感器将一次电量转换为具有一定标准值的二次电量再接入二次测量或控制回路，使测量二次回路与一次回路高电压和大电流实施电气隔离，以保证测量人员和仪表设备的安全。电压互感器二次电压一般为100V，电流互感器二次电流一般为5 A，也有1 A或0.5 A的，这样可以使仪表制造标准化，而不用按被测量电压高低和电流大小来设计仪表。电流、电压互感器不是功率元件，即电流、电压互感器只起到变换电流、电压大小的作用，并不能传递电能。

1. 设备结构

电力系统中使用的电流互感器一般为电磁式，由两个绕制在闭合铁芯上、彼此绝缘的绕组（一次绕组和二次绕组）组成，其匝数分别为 N_1 和 N_2，如图 3-5 所示。一次绕组与被测电路串联，二次绕组与各种测量仪表或继电器的电流线圈串联。

电力系统中，经常将大电流 I_1 变为小电流 I_2 进行测量，所以二次绕组的匝数 N_2 大于一次绕组的匝数 N_1。

电压互感器同样由相互绝缘的一次、二次绕组绕在公共的闭合铁芯上组成，如图 3-6 所示。

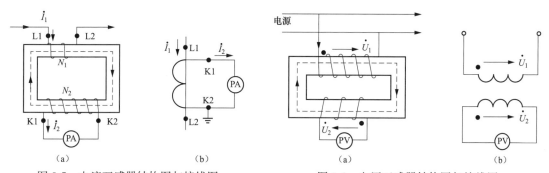

图 3-5　电流互感器结构图与接线图　　　　　图 3-6　电压互感器结构图与接线图

（a）电流互感器结构图；（b）电流互感器接线图　　（a）电压互感器结构图；（b）电压互感器接线图

电压互感器将高电压变为低电压供电给仪表，所以它的一次匝数 N_1 多，二次匝数 N_2 少。一次绕组与被测电压并联，二次绕组与各种测量仪表或继电器的电压线圈并联。电压互感器的二次侧应装设熔断器，以保护自身不因二次绕组短路而损坏；在有可能的情况下，一次侧也应装设熔断器，以保护电力系统不因互感器一次绕组或引线故障危及一次系统安全。

2. 工作原理

电流互感器工作原理与普通变压器工作原理基本相同，但电流互感器的工作状态与普通变压器有显著区别：

（1）电流互感器的一次电流取决于一次电路的电压和阻抗，与电流互感器的二次负载无关。

（2）电流互感器二次电路所消耗的功率随二次电流阻抗的增加而增大。

（3）电流互感器二次电路的负载阻抗为内阻很小的仪表，所以其工作状态接近于短路状态。

当一次绕组中有电流 $\dot{I}_1$ 通过时，一次绕组的磁动势产生的磁通绝大部分通过铁芯而闭合，从而在二次绕组中感应出电动势。如果二次绕组接有负载，那么二次绕组中就有电流 $\dot{I}_2$ 通过，有电流就有磁动势，所以二次绕组中由磁动势产生磁通，这个磁通绝大部分也是经过铁芯而闭合。因此铁芯中的磁通是由一、二次绕组的磁动势共同产生的合成磁通，称为主磁通。如果忽略铁芯中的各种损耗，则由一次磁动势安匝等于二次磁动势安匝，且相位相反，即 $\dot{I}_1 N_1 = \dot{I}_2 N_2$。

所以理想电流互感器两侧的额定电流大小和它们的绕组匝数成反比，并且等于常数 K，称为电流互感器的额定变比。

$$K = \frac{I_1}{I_2} = \frac{N_2}{N_1}$$

普通电流互感器的铁芯通常制成芯式，材料是优质硅钢片。为了减小涡流损耗，片与片之间彼此绝缘。

电压互感器工作原理与普通变压器工作原理基本相同，其主要区别是二者容量不同，且电压互感器是在接近空载的状态下工作的。当一次绕组加上电压 $\dot{U}_1$ 时，铁芯内有交变主磁通通过，一次、二次绕组分别有感应电动势 $\dot{E}_1$ 和 $\dot{E}_2$。将电压互感器二次绕组阻抗折算到一次侧后，可以得到如图 3-7 所示的 T 形等值电路图和相量图。

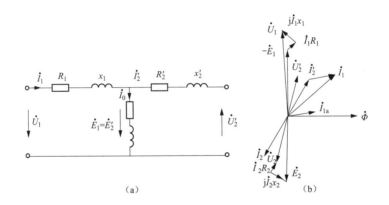

图 3-7　电压互感器 T 形等值电路图和相量图

（a）等值电路图；（b）向量图

从图 3-7（a）中得到：

$$\dot{U}_1 = \dot{I}_1 (R_1 + jX_1) + \dot{E}_1$$

$$\dot{U}_2 = \dot{E}_2 - \dot{I}_2 (R_2 + jX_2)$$

式中　R_1、X_1——一次绕组的电阻和阻抗；

　　　$R_2{}'$、$X_2{}'$——二次绕组折算到一次侧的电阻和阻抗。

若忽略励磁电流和负载电流在一次、二次绕组中产生的压降，得到 $\dot{U}_1$、$\dot{E}_1$、$\dot{U}_2$、$\dot{E}_2$，则

$$K = \frac{U_1}{U_2} = \frac{E_1}{E_2} = \frac{N_1}{N_2}$$

这是理想电压互感器的电压变比，称为额定变比，即理想电压互感器一次绕组电压 $\dot{U}_1$ 和二

次绕组电压 $\dot{U}_2$ 的比值是个常数，等于一次绕组和二次绕组的匝数比。实际上，电压互感器是有铁损和铜损的，绕组中有阻抗压降。从相量图 3-7（b）中可以看出，二次电压旋转 $180°$ 以后与一次电压 $\dot{U}_1$ 大小不等，且有相位差，就是说电压互感器存在比差和角差。

（四）母线

在电力系统中，发电机出口母线分为一般母线和封闭母线。在 200MW 及以上发电机引出线回路中，一般采用封闭母线。

母线主要由导体和支持绝缘子组成，封闭母线则具有防护屏蔽外壳，母线一般还包含伸缩补偿装置、短路板、穿墙板等部件。

母线作为回路电流的通道，宜采用铜材或铝材，铝材的纯度应不低于 99.5%。支持绝缘子主要对导体起支撑作用，一般为磁或其他绝缘材料制作成圆柱形，使母线与接地端绝缘。封闭母线的外壳具有防护作用，防护等级不应低于 IP54，可防止相间短路和消除外界潮气、灰尘引起的接地故障，同时由于外壳多点接地，保证了人触及时的安全。

三、常见故障分析与处理

（一）发电机出口断路器

1. 操动机构不能储能

原因分析：空气开关跳闸、无供电电源、电机损坏和电刷损坏。

处理方法：查明原因后合上空气开关，合上电源，修复或更换电机，更换电刷。

2. 电机旋转，碟形弹簧不能储能

原因分析：泄压阀（泄压手柄）处于开启状态；油位过低，油量不足；低压油缸低于大气压力；油泵损坏。

处理方法：关闭泄压阀（泄压手柄），补油，给低压油缸通气，更换油泵。

3. 操动机构不能分合闸

原因分析：控制电源断开、分合闸线圈损坏、辅助开关故障。

处理方法：合上控制电源，更换线圈，修复或更换辅助开关。

4. 操动机构生锈，观察窗有湿气、模糊

原因分析：加热器保险断开、加热器无电压、加热器损坏、外壳密封不良。

处理方法：合上加热器保险，合上加热器电源，更换加热器，检查或更换外壳密封。

5. 油泵启动过于频繁

原因分析：泄压阀（泄压手柄）开启、内部有泄漏点。

处理方法：关闭泄压阀（泄压手柄），操作几次分合闸，若故障仍存在应检查内部密封情况。

（二）隔离开关

1. 传动机构及传动系统造成的拒分、拒合

原因分析：机构箱进水，各部轴销、连杆、拐臂、底架甚至底座轴承锈蚀卡死，造成拒分拒合。

处理方法：对传动机构及锈蚀部件进行解体检修，更换不合格元件；加强防锈措施，涂润滑脂；传动机构问题严重或有先天性缺陷时应及时更换。

2. 电气问题造成的拒分、拒合

原因分析：三相电源隔离开关未合上；控制电源断线；电源保险丝熔断；热继电器动作切断电源；二次元件老化损坏使电气回路异常而拒动；电动机故障。

处理方法：当按分合闸按钮不启动时，首先要检查操作电源是否完好，然后检查各相关元件；发现元件损坏时应及时更换，并查明原因。

3. 传动机构及传动系统造成的分、合闸不到位

原因分析：机构箱进水，各部轴销、连杆、拐臂、底架甚至底座轴承锈蚀，造成分合不到位；连杆、传动连接部位、闸刀触头架支撑件等强度不足断裂，造成分合闸不到位。

处理方法：对传动机构及锈蚀部件进行解体检修，更换不合格元件；加强防锈措施，采用二硫化钼润滑脂；更换带注油孔的传动底座。

4. 隔离开关分、合闸不到位或三相不同期

原因分析：分、合闸定位螺钉调整不当，辅助开关及限位开关行程调整不当，连杆弯曲变形使其长度改变，造成传动不到位等问题。

处理方法：检查定位螺钉和辅助开关等元件，发现异常进行调整，对有变形的连杆，应查明原因及时消除；在现场操作，当出现隔离开关合不到位或三相不同期时，应拉开重合，反复几次，操作时应符合要求，用力适当；如果还未合到位，不能达到三相完全同期，应安排计划停电检修。

5. 导电回路发热

原因分析：静触头压紧弹簧压力（拉力）达不到要求；长期运行后，接触面氧化、锈蚀使接触电阻增加；运行中弹簧长期处于压缩（拉伸）状态，并由于工作电流引起发热，使弹簧变差，恶性循环，最终造成烧损；触头镀银层工艺差，厚度不够，易磨损露铜，导致被腐蚀；涂抹导电物质不当造成隔离开关接触电阻增大发热。

处理方法：触头接触面要清洁干净并及时涂抹导电脂，螺栓使用正确、紧固力度要适中；对接线座底部，要重点检查导电两端的连接情况，保证两端面整洁、平整、涂抹导电脂、压接紧密；对触头部位，要保证触头的表面粗糙度，并涂抹中性凡士林，检查触头的烧伤情况，必要时更换触头、触指，左触头的触指座要打磨干净，有过热、锈蚀现象的弹簧应更换；测量回路接触电阻，保证各接触面接触良好。

（三）互感器

1. 电压互感器某一相电压降低或者接近零

原因分析：电压互感器一次侧熔丝熔断或者互感器二次侧熔丝熔断。

处理方法：断开电压互感器隔离开关，取下低压熔丝，检查外部无故障，更换同一规格的熔丝。若送电时发生连续熔断，可能互感器内部有故障，需将互感器停用做进一步检查。确认二次保险是否有熔断或接触不良；电压回路接头松动或断线。

2. 电流互感器运行声音变大

原因分析：电流互感器二次侧有开路故障。

处理方法：根据现象判断是保护回路还是测量回路有开路，在故障范围内，应检查容易发生故障的端子及元件，检查回路有工作时触动过的部位。对接线端子等外部元件松动、接触不良的，应进行紧固等处理。

3. 电压互感器铁磁谐振

原因分析：系统出现线路和空载母线的投入、接地故障发生或者消除、电源投入等一切可能对电压互感器励磁电抗或者系统对地电容造成影响的扰动后，系统对地电抗可能一相或者两相呈现感性。此时，在线路电容与电压互感器参数匹配下，电压互感器可能产生基频谐振、高频谐振或者分频谐振。

处理方法：通过改变系统参数或选用励磁特性较好的电磁式电压互感器，避免铁磁谐振的发生。针对仍存在铁磁谐振可能性的电压互感器加装消谐装置。

（四）母线

1. 绝缘电阻降低

原因分析：支持绝缘子脏污或受损；离相封闭母线密封不严导致受潮。

处理方法：清扫绝缘子或更换绝缘子；更换密封圈。

2. 过热

原因分析：接触不良；散热不迅速。

处理方法：接触面防氧化处理，保持接触面平整光洁；增加散热和通风措施。

第二节　发电机出口断路器典型故障案例

一、发电机出口断路器拒分故障分析及处理

（一）设备简述

某水电站发电机出口断路器为 SF_6 断路器，额定最大工作电流 9000A，短路开断电流为

100kA，断路器操动机构采用液压碟簧操动机构，于 2004 年 4 月投入使用。

（二）故障现象

2017 年 11 月 9 日凌晨 2 时 13 分 04 秒，运行人员对某机组出口断路器进行分闸操作时，断路器出现拒分现象，监控系统报"弹簧压力低动作"，2 时 13 分 08 秒报"弹簧压力低复归"。随后运行人员于 2 时 15 分、2 时 26 分分别进行远方、现地各操作 1 次，断路器均出现拒分现象，且监控系统均报"弹簧压力低动作"，3～4s 后报"弹簧压力低复归"。根据该断路器安装点附近的运行人员描述，发送分闸令后储能电机存在短时启动现象。

（三）故障诊断分析

1. 断路器液压碟簧操动机构原理

正常合闸过程：断路器操动机构分闸状态下内部油路如图 3-8 所示，在分闸状态下，碟形弹簧被压缩，传动杆密封部位的上部始终处于高油压之下，传动杆密封部位下部处于低油压状态，此时传动杆被控制在分闸状态。当合闸线圈接到合闸信号得电动作，换向阀切换到合闸状态，传动杆底部与高压油相连，此时传动杆的上部和下部都充以高压油，由于压差的作用，传动杆向上运动，完成合闸操作。

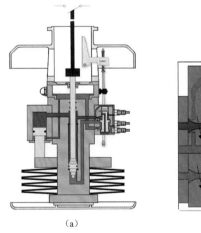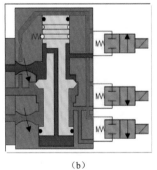

（a）　　　　　　　　　　　　（b）

图 3-8　断路器操动机构分闸状态下内部油路

（a）内部油路图；（b）换向阀的局部放大图

红色—高压油；蓝色—低压油

正常分闸过程：断路器操动机构合闸状态下内部油路如图 3-9 所示，分闸操作时，分闸线圈接到分闸信号，得电动作，换向阀切换至分闸状态，传动杆底部失压，传动杆上部的高压油推动传动杆向下运动，完成分闸操作。

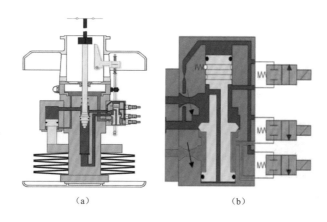

（a）   （b）

图 3-9　断路器操动机构合闸状态下内部油路

（a）内部油路图；（b）换向阀的局部放大图

红色—高压油；蓝色—低压油

液压油失压闭锁：在合闸状态下，当系统压力降低到一定程度时，闭锁杆上的弹簧推动其向里运动，顶住传动杆上的卡口，使传动杆不能运动。

2. 断路器操动机构检查

2017 年 11 月 9 日上午对该断路器进行检查，断路器本体外观无放电、漏油等异常现象；灭弧室 SF_6 气体压力正常、机构液压油位正常（油位 1/3）、分合闸位置指示器指示正确、防慢分销无异常、传动连杆的连接紧固无松脱变形；对 GCB 操动机构进行检查时，断路器处于合闸状态，储能弹簧处于完全储能状态，液压油油位正常，操作连杆及拐臂位置正确，分闸 1 线圈（Y2）、分闸 2 线圈（Y3）正常，合闸线圈（Y1）阀杆未复位，如图 3-10 所示。

现场进行远方、现地各分闸一次，断路器均未分闸，储能电机均启动 3s 左右，与运行人员所描述缺陷现象一致。

3. 合闸线圈解剖检查

经对拆除的合闸线圈进行解剖检查发现，合闸线圈阀杆无法复归的主要原因是阀杆在安装孔内卡涩严重。拆除阀杆及安装孔端部的密封圈后发现，密封圈存在严重磨

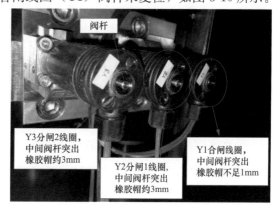

图 3-10　现场检查分合闸线圈情况

损，阀杆与安装孔内表面存在较多碎屑状杂质，杂质应为密封圈磨损后的残渣。

4. 故障原因

（1）正常情况下由合闸状态转为分闸状态的油路分析。当断路器处于合闸状态，储满能且各部件均正常时，高低压油分布情况如图 3-11、图 3-12 所示。

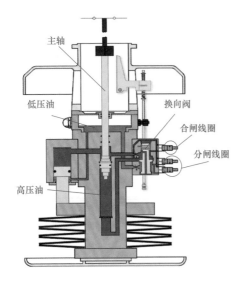

图 3-11 合闸状态时高、低压油分布

当发出分闸命令后，分闸线圈 Y2 两端油路接通（如图 3-12 中红色箭头所示），则截面积 A_1 处由高压油变为低压油，截面 A_2 与截面 A_3 处仍为高压油，因面积 $A_3>A_2$，因此换向阀向上运动，油路完成切换，如图 3-13 所示。油路切换后，断路器主轴下方液压油压力迅速降低，断路器主轴上方液压油仍为高压油，由于主轴两侧液压油压强差很大，因此在压强作用下，主轴向下运动，断路器最终分闸。

（2）故障情况下的油路分析。合闸线圈阀杆未复归，分闸线圈正常时，接到分闸令后故障分析。

断路器处于合闸状态时，由于合闸线圈阀杆未

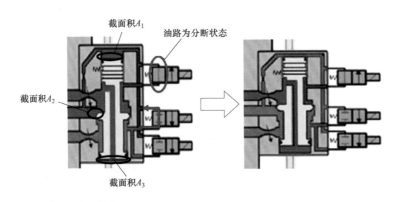

图 3-12 正常情况下由合闸转分闸时，油流走向及切换后高低压油分布

复位，合闸线圈两端油路始终接通，当断路器操动机构接到分闸令时，分闸线圈得电（线圈通电时间为毫秒级），分闸线圈阀杆动作使分闸线圈两端油路接通，则整个换向阀内油压基本一致。由于换向阀内液压油油压强一致，而截面面积 $A_3<A_2+A_1$，因此换向阀无法向上运动，无法实现主轴活塞与低压油室之间的高低压油路切换，因而主轴两侧仍均为高压油，因此断路器无法实现分闸操作。油路切换如图 3-14 所示。

由于分闸线圈得电后两端油路接通，使高压油进入低压油区，但因分闸线圈得电时间很短，高低压油接通时间短、油路细，且换向阀没能向上运动，因此只有少量高压油进入低压油区，高压油压强只有少量下降，从而造成储能电机启动但启动时间较短，致使电机启动储能打压，与故障现场人员描述的打压时间为 3～4s 现象一致，该打压时间远小于正常时间。

（四）故障处理

1. 故障处理方法

由于该断路器所有分合闸线圈均已运行超过 10 年，为避免分闸线圈出现同样故障，于 2017 年 11 月 9 日下午，更换断路器操动机构所有分合闸线圈，并对内部液压油进行排气操作。

2017 年 11 月 10 日上午，检查更换后的分合闸线圈及操动机构无异常，未发现渗漏油现象，并对断路器进行断口间绝缘电阻测量、导电回路电阻测量、断路器时间特性检查、分合闸线圈直流电阻及绝缘电阻测量，试验结果均合格。

2. 故障处理效果评价

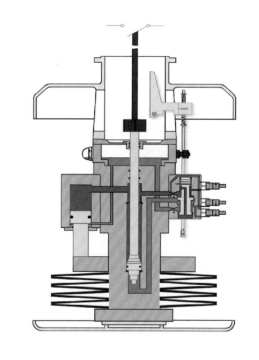

图 3-13 分闸状态（储能完成）时，高低压油分布

本次故障直接原因为合闸线圈阀杆卡涩导致无法复归。理论分析及合闸线圈解剖检查与故障现象相符。本次故障处理为后续断路器操动机构检修积累了经验。

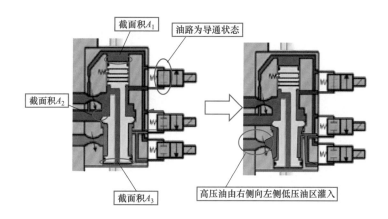

图 3-14 合闸线圈阀杆未复归，由合闸转分闸时，油流走向及切换后高低压油分布

（五）后续建议

（1）常规检修进行分合闸线圈阀杆灵活性检查。在检修期间对该型号操动机构分合闸线圈阀杆灵活性进行检查，主要检查方法：首先打开分合闸线圈阀杆密封帽，再手动按压分、合闸线圈阀杆，检查阀杆复位情况。若分合闸线圈阀杆存在卡涩，或者未复位，需更换操动机构分合闸线圈。

（2）建议断路器操动机构分合闸线圈生产厂家，选择耐老化、抗摩擦性能好的密封圈。

二、发电机出口断路器操动机构油泵频繁打压故障分析及处理

（一）设备简述

某机组发电机出口断路器额定电流 24kA，操动机构为液压操动机构，于 2012 年投运，至故障发生时其动作次数为 463 次。

（二）故障现象

GCB 液压操动机构油泵电机出现频繁打压现象，油泵打压电机约间隔 40s 启动一次，超出厂家推荐的 24h 不超过 10 次的打压频次注意值。

（三）故障诊断分析

1. 故障初步分析

故障发生后，维护人员立即对液压操动机构进行了带电检查，在打开操动机构外壳后，检查情况如下：

1）机构表面无油迹，无渗漏痕迹。

2）油位计显示机构油位无明显下降。

3）油泵电机启停频繁，约间隔 40s 打压一次，每次打压时间约 3s。

4）油泵电机打压后肉眼可见行程开关标尺向压力降低方向轻微移动。

根据上述情况，初步判断机构存在内部渗漏，油泵电机启动打压属于机构内部渗漏后正确动作。机构存在内部渗漏有两种可能：一是液压油中存在杂质，脏污阻塞密封导致内部渗漏，这类缺陷可以自恢复；二是密封圈损坏、金属磨损、缸体开裂等导致内部渗漏，这类缺陷不可自恢复。

2. 设备停电检查

为了进一步查找故障原因，维护人员对 GCB 进行停电检查，并做如下操作：

1）对 GCB 进行分闸操作，分闸操作后，观察发现油泵电机未出现频繁打压情况。

2）对 GCB 进行合闸操作，合闸后油泵电机频繁启动情况复现，约间隔 40s 打压一次，每次打压时间约 3s。

3）再次行分、合闸操作，在分闸状态，油泵电机未出现打压频繁情况，合闸后油泵电机频繁启动情况复现。

4）反复泄压、打压以冲洗油路，然后再次对 GCB 进行分合闸操作，故障现象未消除。

3. 故障原因

通过操作检查，基本可以排除液压油中杂质、脏污的因素导致内漏，初步判断机构内部出现了永久性的泄压缺陷。而操动机构在合闸状态时出现频繁打压，分闸状态时未出现这种情

况，可以推断出现内漏的位置可能在控制阀或者合闸油路。因该机构不具备现场拆解条件，无法进行现场处理，于是对故障操动机构进行了备品更换，并将该操动机构返回厂家检查、维修。

检修人员在拆除机构端盖、二次线缆、打压电机、碟形弹簧、弹簧连接件等部件后，打开高压缸上封堵和下封堵，对断路器高压缸体和主活塞进行了检查。检查发现缸体合闸油路的工艺孔堵头部位侧壁与高压缸上封堵固定螺栓孔之间存在一肉眼可见的贯穿性裂纹，如图 3-15 所示，裂纹深度约 27mm，裂纹方向沿螺栓孔和合闸油路的深度方向，裂纹同时穿过了工艺孔堵头的密封面，用手触摸有明显触感。

（四）故障处理

由于故障操动机构高压缸体存在裂纹，不能继续使用，因此对缸体进行了更换，同时在机构重组过程中更换了所有密封圈，更换完成后，按新机构相关标准进行了出厂试验。

（五）后续建议

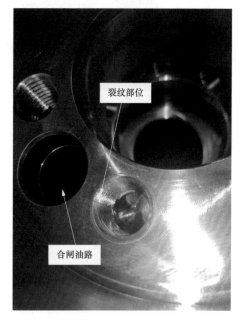

图 3-15　缸体裂纹位置

（1）密切关注同型号操动机构的运行情况，必要时提前解体检查。

（2）适当提高该型操动机构的备件储备数量。

三、发电机出口断路器操作拐臂卡死及断裂故障分析及处理

（一）设备简述

某水电站发电机出口断路器（GCB）为 SF$_6$ 断路器，于 2005 年投运。该 GCB 额定最大工作电流 9000 A，额定对称短路电流为 100kA，断路器操动机构为液压碟簧操动机构，三极断路器机械联动。

图 3-16　GCB 操动机构液压油

（二）故障现象

在该电站某机组大修期间，对其 GCB 检修时发现以下问题：

（1）操动机构内部航空液压油油色偏黄、浑浊，如图 3-16 所示。

（2）GCB 分闸后，三相操作拐臂卡死，且 C 相拐臂断裂，如图 3-17 所示。

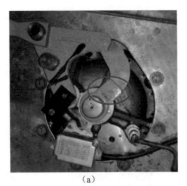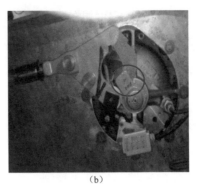

图 3-17　GCB 操作拐臂

（a）正常位置；（b）异常位置

（三）故障诊断分析

1. 故障初步分析

经检查分析发现，断路器在分闸动作时，其操作连接杆在液压机构中缓冲不足，而缓冲是由操作连杆上的分级缓冲器、缓冲环、液压油配合实现的。GCB 分闸到位时，当分闸缓冲块与高压缸底部堵头贴紧后，液压油将不能从缓冲块的 8 个孔中经过，只能从中间大孔流过，此时带有逐级变粗台阶的工作连杆穿过分闸缓冲大孔，使分合闸油路液压油流量突然减少，液压油的反击作用，将起到分闸缓冲作用，操动机构分闸缓冲原理如图 3-18 所示。

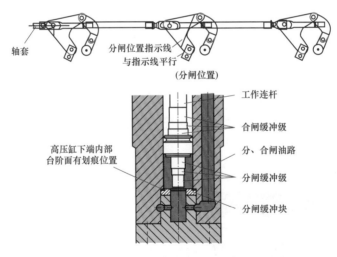

图 3-18　GCB 操动机构分闸缓冲原理图

2. 故障原因

（1）机构液压油乳化，易产生酸性物质腐蚀密封圈，加速密封圈老化，而运动部件磨损密封圈就会产生颗粒物，颗粒物长期积累，形成油泥。油泥把分闸缓冲块卡在高压缸体内，不能复位，此时在分闸后，分闸缓冲块将无缓冲作用，工作连杆将直接撞击分闸缓冲块，导致工作连杆与分闸缓冲块均发生变形，同时断路器分闸不能在末端减速，但由于底部的堵头限位，使得机构连杆突然停止，导致本体拐臂由于惯性过死点、断裂。

（2）由于分闸缓冲块与高压缸底部堵头不能压紧，高压油流会通过分闸缓冲块周边的八个圆孔，对堵头上端密封圈进行冲击，使堵头的密封圈快速老化并损坏。而在正常情况下分闸后，分闸缓冲块紧压下端堵头，高压油流不会通过圆孔。

（3）已损坏的分闸缓冲块在高压油的推动下，对台阶面作用，使高压缸下端内部台阶面产生划痕。若不消除此划痕，在运行中会影响分闸缓冲块的稳定性，使分闸缓冲块失去缓冲作用。

（四）故障处理

1. 故障处理方法

（1）更换操作拐臂和操动机构液压油。由于 GCB 操作拐臂出现卡死现象，并导致了 C 相拐臂断裂，故将其操作拐臂进行了更换；由于 GCB 操动机构内航空液压油浑浊变色，已失效，更换新航空液压油。

（2）更换断路器操动机构。操作拐臂及操动机构液压油更换完成后，进行第一次电动分闸操作时，C 相拐臂再次被卡死，检修人员怀疑该断路器操动机构有缺陷，对其更换备品操动机构。

（3）机构解体检查处理。将 GCB 操动机构返厂解体大修，大修期间发现机构存在以下问题：

1）高压缸下堵头特氟隆密封圈碎裂，如图 3-19 所示。

2）分闸缓冲块卡死在高压缸内，如图 3-20 所示。

3）工作连杆与缓冲块相互接触端面均出现变形，如图 3-21 所示，高压缸下端内部台阶面有划痕（此平面与分闸缓冲块接触），如图 3-22 所示。

图 3-19　GCB 操动机构高压缸密封圈碎裂　　　　图 3-20　分闸缓冲块卡死在缸体内

图 3-21　工作连杆下端面变形

图 3-22　高压杆下端内壁有划痕

2．故障处理效果评价

断路器更换操动机构后运行状况良好。

（五）后续建议

（1）GCB 操作拐臂卡死主要原因为操动机构缓冲功能失效，应按照 GCB 的检修周期，间隔 10～15 年对操动机构进行解体大修，更换液压油、密封圈、易损件等。

（2）GCB 日常维护检修中重点关注操动机构连杆位置，并做标记，巡检中关注操动机构油位、油色等。

四、发电机出口断路器冲击电容漏油故障分析及处理措施

（一）设备简述

某水电站发电机出口装有出口断路器，GCB 内靠近发电机及主变压器侧每相各安装 1 个电容，其主要型号参数如下：GCB 额定电压：24kV，额定电流：24kA，额定频率：50Hz；发电机侧电容值：130nF；主变压器侧电容值 260nF。

（二）故障现象

在日常检查中发现 GCB 内冲击电容有漏油现象，支撑绝缘柱与油箱的焊缝有轻微裂纹。

（三）故障诊断分析

1. 设备检查

该电站 GCB 冲击电容为充油型电容，采用倒挂式安装，高压引线在下端，油箱底部与 GCB 外壳用螺栓连接。对发电机出口断路器两端冲击电容解体时发现，电容高压引线通过瓷套管引出，电容极板浸泡在绝缘油中。电容极板内部采用两层锡箔纸交叉串联缠绕，组成一个标准的串联电容器，其高压引线通过瓷套管引入至电容器首端极板（高压端），此极板靠近电容背部，电容背部与 GCB 外壳相连，电容尾端极板焊接至电容外壳，内部结构图见图 3-23、图 3-24 所示。

图 3-23　电容高压引线

图 3-24　绝缘纸板

2. 故障原因

GCB 冲击电容高压引线通过瓷套管引出，电容极板浸泡在绝缘油中，瓷套管与电容油箱采用焊接方式连接，GCB 在长期运行过程中的振动造成瓷套管与电容油箱焊接处出现裂纹，进而造成漏油。该电容漏油对其性能及对发电机-变压器组的影响分析如下：

（1）GCB 电容渗油对电容介质损耗的影响。对漏油的电容进行介质损耗及电容量测量，测量结果见表 3-1。

从表 3-1 可以看出，漏油电容介质损耗明显偏大，由于漏油现象较为轻微，所以没有超过标准规定值。当漏油故障扩大时，介质损耗值会有明显的上升。对于标准电容，电容在电场作用下，在单位时间内因发热所消耗的能量叫作损耗。各类电容都规定了其在某频率范围

表 3-1　　　　　　　　　　　　　　已漏油电容介质损耗值测量

介质损耗值	介质损耗（A机组）	介质损耗（B机组）
正常电容（%）	0.012	0.02
漏油电容（%）	0.164	0.037
差值（%）	1266	85%
标准	介质损耗值不大于0.25%	

内的损耗允许值，电容的损耗主要由介质损耗，电导损耗和电容所有金属部分的电阻引起。在电路中，电容器产生无功电流提供负载利用，不消耗有功电能。理想电容并没有介质损耗，但在实际中电容均有一定程度的介质损耗，当介质损耗明显增大时，其电容内部的发热功率也会增大，且与介质损耗成正比，在某种程度上影响电容的寿命。

（2）GCB电容渗油对电容值的影响。该型号GCB两端电容为浸油式平板电容，其内部采用锡箔纸缠绕方式，中间利用绝缘介质隔开，最终组成串联式电容器。由此结构可以在计算中将其等效为标准电容器极板。电容器理论计算公式为

$$C = \frac{\varepsilon S}{4\pi kd}$$

式中　ε——一个常数；

　　　S——电容极板的正对面积；

　　　d——电容极板的距离；

　　　k——静电力常量。

对于GCB并联电容器，按照电容器理想模型，电容器渗油对其极板间的正对面积S，电容极板距离d无影响。根据公式，电容器的电容量与极板间介质的介电常数ε成正比，此时我们考虑极端情况，当电容器中油全部泄漏完时，电容的极板间介质的介电常数ε变为空气介电常数，约为1.0，按照电容器中介质油为变压器油计算，其介电常数ε约为2.2。此时可以看出，按照电容理想数学模型计算时，电容器渗油时，其电容值逐渐变小，当电容器中油全部泄漏后，其电容量下降约为原来值的0.45。根据GCB电容器铭牌及历年预防性试验数据，A机组GCB发电机侧电容值C_2约为130nF，当油全部泄漏完后，其电容值C_2变为59.0nF；变压器侧电容值C_1约为260nF，当油全部泄漏完后，其电容值C_1约为117nF。

（3）GCB电容值变化对发电机—变压器组的影响。该电站发电机-变压器组并网运行时，变压器绕组会产生励磁涌流，其主要特征为数值很大的高次谐波分量（主要是二次和三次谐波），进而在主变压器低压侧绕组产生一个高频的振荡电压，由于GCB靠近主变压器冲击电容的存在，低压绕组的涌流会经过冲击电容对地形成回路，此时，GCB冲击电容器等效

于短路状态，此冲击电压通过 GCB 靠近主变压器侧电容与外壳形成通路，将此能量全部施加在冲击电容上，避免了该冲击电压在主变压器内部进行振荡进而干扰主变压器正常运行。

该电站 GCB 等效电路如图 3-25 所示。

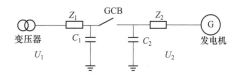

图 3-25　该电站右岸 GCB 等效电路图

C_1—变压器侧电容；C_2—发电机侧电容；

Z_1—变压器侧等效波阻抗；Z_2—发电机侧等效波阻抗

实际运行过程中，GCB 两端波阻抗 Z_1、Z_2 为不变量，当系统或电源侧有过电压波传播时，行波经过一个对地电容后，波前陡度为

$$\alpha = \frac{2U_1{'}}{Z_1 C} e^{-\frac{t}{\tau C}}$$

式中　α——波前陡度；

　　　C——对地电容值。

行波穿过电感或旁过电容时，波前均被拉平，波前陡度减小，L 或 C 越大，陡度越小。当电容值下降时，波前陡度降低幅度变小，行波传递的陡度削减程度变低，此时对系统内发电机、变压器等电气设备带来很大的威胁，对发电机出口三相的首根定子线棒绝缘影响最大。

（四）故障处理

对漏油电容进行整体更换。

（五）后续建议

根据前述分析，该电站 GCB 两端冲击电容漏油会使其电容值下降，严重时可能会造成发电机定子一点接地。电容值降低会造成波前陡度降低幅度变小，行波传递陡度削减程度变低，过电压波峰值对系统内发电机、变压器等电气设备带来很大的威胁，尤其对发电机出口的首根线棒绝缘影响最大。通过对现有电容解体分析发现，在现有电容结构漏油时，会产生电容击穿的风险。建议如下：

（1）改进现有电容内部结构，将电容首端极板接入至电容底座接地，使其在漏油时电容首端极板全部浸没在绝缘油中，保证高压侧极板的绝缘强度。

（2）现有电容漏油点集中在电容引出线套管与本体油箱焊接位置处，建议供货厂家加强焊接位置工艺。

五、发电机出口断路器操作连杆松动问题分析及处理

（一）设备简述

某水电站 A 号发电机出口断路器和 B 号发电机出口断路器为同一型号断路器。其操动机构为三相机械联动，操作连杆从操动机构开始依次经过 C、B、A 三相拐臂，共有 6 个连接

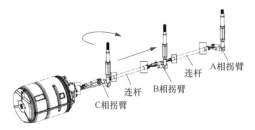

□表示备帽、垫片等连接结构,共6处。

图 3-26　GCB 操作连杆示意图

部位，如图 3-26 所示，其中靠近操动机构的连接结构只标注出 1 处。

（二）故障现象

投运 4 年后，某次巡检发现 A 号 GCB 操动机构连杆标记线错位，说明操动机构连杆松动，共有 3 处错位，其中 C 相拐臂靠 B 相处的备帽已转动 180°（约 1/2 圈）。同时对 B 号 GCB 操动机构进行排查，发现 4 处错位，其连杆转动接近 90°（约 1/4 圈）。

（三）故障诊断分析

1. 设备检查

A 号 GCB 操作连杆错位部位是 C 相拐臂靠 B 相处、B 相拐臂靠 C 相处、B 相拐臂靠 A 相处。除了备帽、垫片错位外，C 相与 B 相间的连杆也明显错位，连杆转动角度较小，其中，C 相拐臂靠 B 相处的备帽已转动 180°，用手指即可拨动，备帽上的标记线已旋转至顶部，如图 3-27 所示。

B 号 GCB 操动机构与 C 相拐臂间的两连接部位的备帽未错位，由于连杆上未画标记线，无法判断是否发生径向位移，如图 3-28 所示；其余 4 个部位备帽未错位，但连杆转动接近 90°，约 1/4 圈，如图 3-29 所示。

转动180°的备帽

图 3-27　C 相拐臂靠 B 相处连杆错位

图 3-28　操动机构与 C 相拐臂间的两连接部位

图 3-29　备帽未见错位、连杆转动约 90°

2. 故障原因

A 号 GCB 投产以来总动作次数为 827 次，B 号 GCB 投产以来总动作次数为 760 次。根据以上情况对该型号 GCB 连杆转动的原因进行分析如下：

1）该型号 GCB 连杆拐臂为直线型结构，其减震效果不如圆弧形操作连杆减震效果好，从而导致其操作连杆容易松动。

2）GCB 在分合闸时振动较大，由于分合闸产生的振动使连杆的锁紧螺母松动，进而使锁紧力不够，造成连杆偏移转动。

3）该型号 GCB 断路器连杆在 C 相和 B 相中间直径大的连杆两端带有内螺纹，拧紧锁紧螺母时，由于锁紧螺母所在的连杆与中间直径大的连杆是螺纹连接，因此锁紧螺母不会不断地向锁紧的方向前进，即不能对锁紧螺母所在的连杆进行拉伸，也就造成锁紧螺母对中间直径大的连杆的压力不够。由于 GCB 断路器操作时速度快、力量大、振动大，当螺母松动后，中间直径大的连杆就可能发生转动；而且由于操动机构安装在 C 相侧，合闸时连杆受压力，分闸时连杆受拉力，在分闸操作时，弹垫对中间直径大的连杆的压力会减小，连杆会更容易转动。

同时由于现场施工条件、工器具限制，可能存在安装或者检修时连杆锁紧螺母的锁紧力矩没有达到要求。

（四）故障处理

1. 故障处理方法

1）根据锁紧螺母锁紧力不够的原因，现场用大力矩扳手对锁紧螺母进行紧固，并且力矩值达到厂家设计要求。

2）加装止动装置，根据现场使用要求，设计运用一个止动装置使锁紧螺母与中间大直径的连杆紧紧抱死。

3）由于连杆结构缺陷，前述初步处理方式不能完全解决问题，后采用新设计的连杆对原有连杆进行更换。新设计的连杆的连接头采用唐氏螺纹，并采用双螺纹锁紧，右旋螺母下增加洛帝牢防松垫片，如图 3-30、图 3-31 所示。

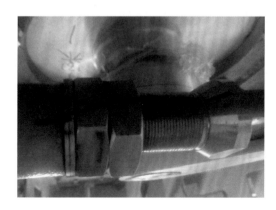

图 3-30 新设计连杆连接头

图 3-31 新设计连杆右旋螺母

2. 故障处理效果评价

经过两年的运行，未发现该型号断路器操动机构连杆标记线错位，GCB操作连杆松动问题得到解决。

（五）后续建议

运行过程中应持续关注GCB的连杆标记有无位移，定期对锁紧螺母进行力矩校核。

六、发电机出口断路器操动机构连杆螺栓松动问题分析处理与预防

（一）设备简述

某水电站采用发电机-变压器组合单元接线，发电机出口装设断路器，其额定电压24kV，额定电流25kA，额定短路开断电流130kA，断路器采用液压弹簧操动机构，三级机械联动方式。该型号GCB机构连杆结构如图3-32和图3-33所示，三相连杆两端分别采用平垫＋弹垫＋锁紧螺母＋备帽的方式锁紧，GCB液压弹簧操动机构横向作用力通过三级连杆传递到各相主轴，通过转动轴承将横向作用力转换成轴向转动力，从而带动开关内部分合闸。

图3-32　机构连杆结构图

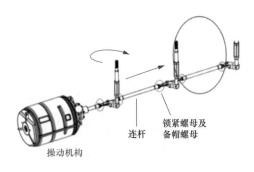

连杆

锁紧螺母及
备帽螺母

操动机构

图3-33　机构连杆动作示意图

（二）故障现象

某机组GCB A相灭弧室内部机构损坏，其间进行检查发现，GCB三级机械联动机构中，操动机构与C相断路器连杆两端螺母均有松动，且连杆有轻度移位。经检查，其余机组GCB三级机械联动机构中均存在不同程度锁紧螺母松动，连杆轻度位移的问题，如图3-34所示。

（三）故障诊断分析

1. 设备检查

（1）机构外观检查。对断路器操动机构及连杆进行外观检查，发现A-B、B-C、C-机构

输出轴、三段连杆两端锁紧螺母均有不同程度的转动，沿圆周方向松动距离最大 30mm。

（2）机构机械特性检查。因连杆及螺栓转动，可能造成三相连杆长度发生变化，从而引起 GCB 分合闸特性发生改变，严重时可能造成三相不同期从而引发更加严重的设备故障。由于连杆转动带来的相间距离变化影响最大，因此考虑最严重的情况，假设此处螺母没有松脱，30mm 全部为连杆转动带来的相对松动距离。首先折算到轴向的松动，

图 3-34　锁紧螺母松动

连杆直径为 60mm，周长 188.4mm，因此螺母相对连杆转动 0.16 圈，螺纹螺距 3mm，则相间连接长度变化最大 0.96mm。弧触头在分闸断口位置速度为 10m/s 左右，1mm 变化引起的同期性误差为 0.1ms。因此，理论上，该连杆转动距离不会对同期性造成影响。

为确认机构连杆松动是否造成断路器分合闸及同期性能发生改变，进行了断路器机械特性试验，通过与历史数据对比，结果表明，连杆转动未造成断路器机械特性发生改变。

2. 故障原因

（1）振动。现有资料表明，横向振动是引起螺纹松动的主要原因。通过试验得知，该开关分闸时间为（40±5）ms，合闸时间为（52±10）ms。机构额定操作压力高达 58.0 MPa，分闸速度 3m/s，合闸速度 1.5m/s。液压弹簧操动机构动作时，连杆两端将承受巨大的作用力，该作用力造成机构连杆的振动是螺纹松动的主要原因。

（2）连杆弯曲。由于断路器分合闸时间短，加速度大，惯性力引起的连杆弯曲在一次操作中发生多次，连杆的弯曲造成连杆与螺母接触面接触压力分布不均匀，也对松脱有一定的影响。

（四）故障处理

1. 故障处理方法

虽然该连杆的转动量暂未对断路器同期性等重要运行参数造成影响，但若转动量进一步加大，可能造成严重后果。针对断路器连杆转动情况，专业人员经研究分析制定了改造方案，主要改造以下几点：

（1）连杆两端螺栓采用唐氏螺纹加洛帝牢防松垫片。该方式下，同一螺纹段具有左右两种旋转方向的螺栓，在有冲击或振动时，紧固螺母和锁紧螺母均有松动的趋势，但由于紧固螺母的松退方向与锁紧螺母的拧紧方向相同，锁紧螺母的拧紧正好阻止了紧固螺母的松退，同时结合洛帝牢防松垫片使用，达到防松目的。

（2）连杆改用轻质材料，降低由于惯性力带来的弯曲变形。

（3）取消弹垫。在欧美紧固方式中，不用弹垫，在 GCB 厂家厂内试验中，取消弹垫也有一定效果，因此紧固时，取消弹垫。

（4）紧固力矩设置为 850N·m，同时涂抹螺纹紧固胶。

（5）新型连杆结构通过厂内 5000 次动作疲劳试验。

图 3-35　新型连杆结构图

新型连杆结构如图 3-35 所示。

2. 故障处理效果评价

将该电站 GCB 全部更换为新型连杆及锁紧结构，经过 1 年的运行验证，连杆未发生转动，螺栓未发生松动现象，运行情况良好。

（五）后续建议

（1）加密连杆检查频次，记录 GCB 各项运行数据，定期进行数据分析。

（2）按照规程的有关要求，按周期进行 GCB 特性试验，必要时可缩短试验周期。

（3）安装 GCB 状态监测系统，实时监测 GCB 各项运行数据。

七、发电机出口断路器隔离开关对外壳放电故障分析及预防

（一）设备简述

某水电站机组发电机出口断路器隔离开关和接地开关为电动操动机构，操作时为三相机械联动。

（二）故障现象

某机组并网投运过程中，监控系统报"发电机定子接地保护跳闸"信号，机组保护动作跳闸并紧急停机。

（三）故障诊断分析

1. 设备检查

现场检查发现 GCB 隔离开关 C 相与 B 相间操作连杆由于卡簧失效而脱落，引起 A、B 相隔离开关合闸不到位，脱落的连杆如图 3-36 所示，B 相隔离开关导电环、静触头触指、灭弧室壳体严重烧损，具体如图 3-37～图 3-40 所示。

图 3-36　操作传动连杆脱落

图 3-37　隔离断路器连杆脱落

图 3-38　隔离开关导电环受损

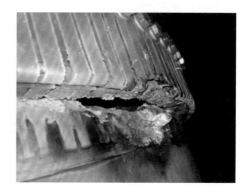

图 3-39　触指受损

2. 故障原因

1）该型号 GCB 隔离开关连杆结构如图 3-41 所示，连杆结构的设计存在薄弱环节，可靠性不高，如果挡圈失效，操作连杆即存在脱落的风险。

图 3-40　灭弧室壳体受损

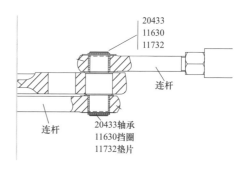

图 3-41　连杆结构

2）挡圈弹性不足，重复使用会出现变形失效，0.3mm 的卡槽中，轻微变形不易察觉，在连杆重力和操作力作用下会导致挡圈变形扩大，最终失效脱落，重复使用后的挡圈安装后

图 3-42　重复使用的挡圈安装后现场图

现场图如图 3-42 所示，新挡圈与重复使用后的挡圈如图 3-43 所示。

3）由于 GCB 隔离开关为三相机械连杆驱动，在合闸过程中，操作连杆轴销挡圈脱落导致连杆连接处断开，隔离开关合闸不到位。当断路器合闸后隔离开关通过载电流，由于隔离开关未合闸到位导致隔离开关动、静触头之间接触不良而使动、静触头之间产生大量热量，温度急剧升高使触头产生金属蒸汽，导致触头烧毁和导体与外壳之间的放电。

事发时状态　　　　临时恢复连杆后　　　　新挡圈
　　　　　　　　　再次拆下

图 3-43　挡圈对比

（四）故障处理

1. 整体更换

该机组出口断路器 B 相灭弧室、隔离开关 B 相本体；检查、清洁 GCB 两侧封闭母线设备；检查 A、C 两相出口断路器、隔离开关、接地开关等部位操动机构连杆无异常。

故障处理完成后，该机组 GCB 各项预防性试验结果合格。

2. 改进措施

该型号 GCB 隔离开关连杆销材质为碳钢，所装挡圈厚 1mm，挡圈卡槽深 0.3mm，挡圈卡槽下连杆销长度为 1.2mm，连杆销上、下端均倒角，倒角后直径为 13mm，如图 3-44 所示。

为了有效防止 GCB 隔离开关操作连杆轴销挡圈脱落，维护人员在拐臂连杆轴下方增设防连杆脱落的螺栓和垫片。将 $\phi 10 \times$ 30mm 不锈钢螺杆锯下 18mm，把螺杆锯缝处打磨平整，然后用瑞士强力粘胶将不锈钢螺杆在隔离开关连杆轴销下进行粘接。

图 3-44　GCB 隔离开关连杆轴销粘接螺杆后示意图（单位：mm）

初步固化后，装上平垫和螺母，螺母用罗泰 242 胶锁固，在螺母处用油漆笔画防松动线，如图 3-45 所示。垫片不与挡圈接触，不影响挡圈的正常工作；即使挡圈脱落，连杆落下的距离仅为 1.2mm，不会影响连杆的正常运行。

图 3-45　安装螺母、平垫后情况

正常运行时靠原设计垫片和挡圈将连杆支撑住，万一发生挡圈失效脱落，螺杆上安装的螺母和垫片能将连杆托住，保证设备的安全。同时，若挡圈受垂直方向的力过大，致使螺杆脱落，也可直观发现问题，避免造成通电后烧损的情况。

（五）后续建议

1. 对同型号设备开展隐患排查治理

排查所有同型号 GCB 隔离开关操作传动连杆及紧固部件，共更换 3 个挡圈，其他的隔离开关未发现异常。

2. 运行维护人员加强巡检，预防类似事件发生

八、发电机出口断路器隔离开关连杆断裂故障分析处理与预防

（一）设备简述

某水电站采用发电机-变压器组合单元接线，发电机出口装设断路器（简称 GCB），其额定电压 24kV，额定电流 25kA，额定短路开断电流 130kA。

（二）故障现象

某机组 GCB 在分闸操作时，发生隔离开关拒动。监控显示 A、B 相分闸不成功，C 相分闸成功；多次尝试电动分闸，操动机构双电机及传动机构无响应；手动分闸，摇把阻力明显，A、B 相分闸不成功。检查二次控制回路，无异常。考虑到 C 相分闸成功，排除控制回路故障可能，重点检查操动机构及联动机构是否存在问题。经查隔离开关三相联动机构中 C 相至 B 相传动连杆在 B 相处断裂，如图 3-46 所示。

（三）故障诊断分析

1. 隔离开关操动机构原理

隔离开关断口处于空气中，配用电动操动机构。隔离动触头采用伸缩式直动结构，静触头采用内外两层触指结构。合闸时，动触头的内外面均和

图 3-46　隔离开关连杆断裂

触指接触，保证了足够的通流能力，并采用双导向装置，保证动触头的顺利合闸。隔离开关采用双电机驱动，操动机构额定电压（AC/DC）220V。传动方式为三相机械联动，机械寿命不小于2000次。隔离开关电动分合闸装置主要包括双驱动电机、变速器、离合器、减速器、行程开关、微动开关、三相联动连杆、动触头等部件，机构示意图如图3-47所示。

图 3-47　隔离开关机构示意图

2. 故障检查

（1）隔离开关操动机构控制回路检查。分析隔离开关控制回路，发现分合闸操作时，隔离开关分合闸到位时，行程开关反馈信号给控制系统，随即切断驱动电机及离合器回路。若控制回路中分合闸位置节点故障，将导致电机及离合器无法断开，驱动力持续传递到连杆上，造成连杆过冲。

（2）操动机构连杆检查。检查发现，断路器连杆材料为普通碳素钢管，壁厚约4mm，端部内螺纹部分的壁厚约2mm（扣除螺牙高度），螺纹长100mm。连杆的端部安装有弯头，两者通过螺纹连接，该螺纹具有调节连杆长度作用。分闸时连杆端部承受推力，合闸时连杆端部承受拉力。

3. 故障原因

（1）驱动电机及三相联动机构故障保护机制不完善。分析隔离开关操动机构二次控制回路图，可知在正常分合闸时，在行程开关作用下，隔离开关分合到位立即切断驱动电机，保证分合到位的同时也起到保护传动机构的作用。如果传动机构出现故障，如卡死、阻力过大等，操动机构隔离开关动触头行程未到位，行程开关相应节点未导通，离合器仍处于吸合状态，电机电源回路仍然导通，驱动力小于阻力，驱动电机堵转。在堵转工况下，堵转电流为额定电流的4～8倍，堵转转矩为额定转矩的2～4倍。

为满足隔离开关动触头的通流能力，以及三相联动机构的操动可靠性，隔离开关动触头部分及联动机构的质量大，连接件多，负载转矩和摩擦转矩大，驱动电机起动转矩高。电机堵转时，一方面，驱动电机持续输出的高堵转转矩，使三相联动连杆承受数倍额定力矩，连杆机械强度最薄弱处可能发生变形，甚至断裂；另一方面，驱动电机线圈承受的堵转电流数倍于额定电流，长时间堵转，电机线圈可能烧毁。

GCB三相联动连杆分闸驱动力的传导方向为C相连杆→B相连杆→A相连杆。当第1次起动分闸操作时，由于三相联动连杆卡死，在高堵转转矩作用下，隔离开关连杆弯曲，并在B相最薄弱处断裂；断裂后分闸过程继续进行，由于隔离开关之间联动连杆断裂，电机输出的分闸驱动力完全施加到C相隔离开关上，C相分闸正常。A、B相因连杆断裂，无驱动力而拒动。

GCB隔离开关二次控制回路缺少对驱动电机在行程范围内故障的保护机制，三相连动机构在行程范围出现阻力过大、卡死等异常情况时，驱动电机不能自动切除电源，离合器不能及时将驱动电机与三相联动机构分离，这是导致故障的重要原因。

（2）三相联动机构存在受力"死区"。三相联动机构在将驱动力传递到隔离开关动触头过程中，转动部件间通过力矩实现力的传递。B相隔离开关合闸状态时传动机构部件相对位置如图3-48所示。

图3-49为三相联动机构合闸状态和分闸状态示意图，理论上合闸状态时联动拐臂与$-Y$轴夹角α为47.25°，分闸状态时拐臂与$-Y$轴夹角β为72.75°。分闸时，在驱动力作用下拐臂逆时针旋转$\alpha+\beta$，即120°。

图3-48　合闸状态时B相连杆相对位置

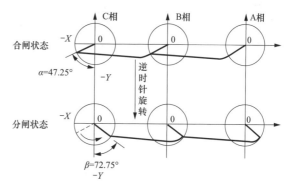

图3-49　三相联动连杆分合闸状态示意图

在GCB安装过程中，需要对断路器、接地开关、隔离开关、GCB过流导体与离相封闭母线IPB过流导体等进行三维轴线调整（俗称"对中"），三相联动连杆长度可手动调节。如果三维轴线调整误差较大，为了满足动触头分合闸位置，连杆长度将发生变化，拐臂与$-Y$轴夹角大小也随之改变。如图3-50所示，M为正常合闸时连杆相对位置，N为连杆较短时三相联动连杆相对位置。

在极端情况下，当连杆推力与拐臂平行，即拐臂与$-X$轴夹角为0时。此时，无论三相联动连杆施加多大的推力，也无法驱动拐臂旋

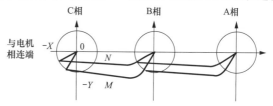

图3-50　连杆变短后合闸状态连杆相对位置示意图

转，该位置称为"死点"。在死点附近，存在一个 λ_0，使得驱动力矩等于阻力矩，拐臂与 $-X$ 轴夹角不大于 λ_0 的区域称为"死区"。

测量断路器 AB、BC 连杆长度，发现连杆变形前的长度比其他几台断路器连杆短 20mm 左右，拐臂与 $-X$ 轴夹角不大于 λ_0，连杆进入"死区"，导致连杆分闸操作时在推力作用下发生疲劳弯曲变形，弯曲后的连杆有效长度缩短，随着分合闸次数的增加，分闸所需驱动力也随之增大，缺陷累积，最终导致连杆在机械强度最薄弱处断裂。

（3）三相联动连杆制造工艺及材料问题。断路器连杆材料为普通碳素钢管，可能由于材质、厚度等原因，造成连杆强度不够，在驱动力较大、循环分合闸操作时，连杆端头容易疲劳，电机堵转时输出的堵转转矩导致弯头与连杆连接处断裂，断裂处细节图如图 3-51 所示。

图 3-51 三相联动连杆断裂部分

（四）故障处理

1. 故障处理方法

（1）隔离开关控制回路优化。①将离合器的控制回路由合分闸共用一回路更改为两路独立回路。②增加可编程继电器的 3 个输出结点，更改控制程序，对合闸和分闸启动离合器分开控制。加入时间继电器，分合闸操作超过 6s 立即断开控制回路及离合器。

（2）避免三相联动连杆进入"死区"。电动机构、三相连杆、隔离开关动触头三者之间受力存在匹配关系。驱动力在传递过程中摩擦损耗大且难以准确计算，找出连杆、拐臂准确的"死区"范围不易。考虑到隔离开关动、静触头齿合时存在 20mm 裕度，调整三相联动连杆的长度时，可适当减少动、静触头齿合深度，尽量保证合闸状态时拐臂与 $-Y$ 轴夹角 α 为 47.25°，分闸状态时拐臂与 $-Y$ 轴夹角 β 为 72.75。

（3）提高三相联动连杆机械强度及加工装配精度。选用疲劳强度高的优质钢材，加强连杆端部的机械强度，提高传动机构的可靠性。提高零配件加工精度，降低操动机构及传动系统的摩擦损耗；加强装配工艺质量控制，特别是控制好隔离开关动、静触头对中精度；在保证动触头的分合闸速度的前提下，尽量降低驱动电机的驱动力。

2. 故障处理效果评价

对该电站同型号 GCB 隔离开关进行改造后，经过近 4 年运行验证，隔离开关控制系统运行正常，连杆未发生断裂情况。

（五）后续建议

（1）加密检查。设备维护部门应加密进行 GCB 隔离开关连杆、操动机构等部位检查，记录 GCB 各项运行数据，定期进行数据分析。

（2）定期进行隔离开关试验。按照规程要求进行隔离开关操动机构检查及动作测试及主回路电阻测量等试验，必要时可缩短试验周期。

（3）安装 GCB 状态监测系统，实时监测 GCB 各项运行数据。

第三节 互感器典型故障案例

一、电压互感器绕组断线及匝间短路故障分析与处理

（一）设备简述

某水电站发电机出口 20kV 电压互感器随同制动开关成套供货，20kV TV 安装在制动开关内部，每相 3 个，分别编号为 1TV、2TV 和 3TV，用于测量机端电压和机组保护，TV 的主要参数见表 3-2。

表 3-2   出口 TV 主要参数

生产日期	2002 年	额定电压	24kV
1TV、3TV 变比	$20000：\sqrt{3}/100：\sqrt{3}/100：\sqrt{3}$	2TV 变比	$20000：\sqrt{3}/100：\sqrt{3}/100：3$
1TV、3TV 容量	35VA	2TV 容量	45VA
1TV、3TV 绕组	A-N、a-n、da-dn	2TV 绕组	A-N、1a-1n、2a-2n

（二）故障现象

某机组在运行过程中报"发电机定子一点接地故障"后保护动作。

（三）故障诊断分析

1. 故障初步分析

通过分析保护记录的波形和现场检查发现，该发电机出口 B 相 2TV 存在故障，更换新 TV 后发电机并网电压波形恢复正常。

对更换下来的 B 相 2TV 进行了预防性试验，试验数据见表 3-3。

表 3-3   B 相出口 2TV 试验数据

试验项目	试验位置	测量结果	参考值
直流电阻	电压互感器一次侧 A-N	746kΩ	约 3 kΩ
	电压互感器二次侧 1a-1n	236mΩ	约 230mΩ
	电压互感器二次侧 2a-dn	129mΩ	约 130mΩ

续表

试验项目	试验位置	测量结果	参考值
绝缘电阻	电压互感器一次侧对二次侧及地	20GΩ（2.5kV）	≥100MΩ
	电压互感器二次侧对一次侧及地	100MΩ（1kV）	≥10MΩ
介质损耗 $\tan\delta$	电压互感器一次侧对二次侧	2.35%	≤3.0%
电容 C_x	电压互感器一次侧对二次侧	912.3pF	——

由于电压互感器一次侧尾端与铁芯均通过底座接地，无独立引出点，无法测量绕组与铁芯间绝缘，分析试验结果可知电压互感器一次侧绕组直流电阻比正常值大了数百倍。

在进行电压互感器感应耐压试验时，二次侧施加电压频率为150Hz。当电压升至13V时，对应一次侧电压为2.6kV；一次侧升至47kV时，电流已达13A，停止加压。而正常情况下，当一次侧感应耐压升至47kV时，二次侧电流仅为2.5A左右，故判断电压互感器一次侧绕组断线并同时有部分绕组匝间短路。

2. 设备检查

试验完成后，对该电压互感器进行了拆解，如图3-52、图3-53所示。

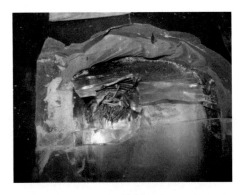

图3-52　电压互感器部分拆解后局部照片

图3-53　电压互感器一次部分绕组过热照片

图3-54为一次绕组未剥离时，其表面聚酯薄膜轻微变色，图3-55为一次绕组完全剥离后，一次绕组和二次绕组隔离聚酯薄膜表面有碳化痕迹，该处应为一放电点。由于该处环氧绝缘解剖过程中已经完全破坏，并且铁芯本身为黑色，故铁芯表面未发现放电点。

拆解过程中进一步证实了电压互感器存在匝间短路和过热现象，发热较为严重部位有5层绝缘纸被烧焦，绕组铜丝连接成块，所以该电压互感器一次侧绕组断线并同时有部分绕组匝间短路，由于无法测量电压互感器一次绕组与铁芯间绝缘，所以不排除电压互感器一次绕组有通过铁芯接地的可能。

（四）故障处理

1. 故障处理方法

对故障TV采取了整体更换备件的方式，同时把安装位置从狭小的制动开关内部转移至

图 3-54 疑似放电点 1

图 3-55 疑似放电点 2

较为宽敞的励磁变压器处。

2. 故障处理效果评价

更换后，设备运行正常，暂未出现同类型故障。但从检修的情况看，还存在以下几方面问题需要考虑：

（1）分析该型号电压互感器历史故障可知，其普遍存在由于焊点不牢等原因导致的绕组断线问题。同时由于发生故障的 B 相 2TV 还存在匝间短路现象，所以不排除该型号电压互感器绝缘材料存在一定隐患。

（2）电压互感器铁芯为传统的老式结构，铁芯有一明显的合缝处，通过钢带拉紧结合，其可靠性与稳定性不如一次绕制成型的铁芯结构。

（3）电压互感器一次侧尾端与铁芯均通过底座接地，无独立引出点，无法监测绕组与铁芯间绝缘。

（4）在电压互感器拆解过程中发现部分位置绝缘材料比较柔软，初步怀疑存在绝缘材料浇铸固化不彻底的现象。

（5）电压互感器安装在制动开关内部，空间狭小，不便于检修维护。

（五）后续建议

鉴于该型号的 20kV 电压互感器存在上述问题，同时该型号电压互感器已运行超过 10 年，所以建议对该批次 20kV 电压互感器进行整体更换改造，同时把安装位置从狭小的制动开关内部转移至较为宽敞的励磁变压器处。

二、电压互感器绝缘击穿故障分析与处理

（一）设备简述

某电站发电机出口非厂用电机组每相安装 4 个 20kV 电压互感器，三相共 12 个安装在 20kV 励磁变压器避雷器柜内；厂用电机组每相安装 5 个电压互感器，三相共 15 个，其中

1TV、2TV、3TV、4TV 安装在 20kV 励磁变压器室电压互感器柜内，5TV 安装在 20kV 高压厂用变压器避雷器柜内。其中 1TV 和 2TV 二次侧有两个绕组，分别为基二次绕组（a-n）和接地保护二次绕组（da-dn），3TV、4TV 和 5TV 二次侧只有基二次绕组（a-n），主要参数见表 3-4。

表 3-4　　　　　　　　　　　　　　电压互感器参数表

额定电压		24kV	
1TV、2TV 变比	$20000：\sqrt{3}/100：\sqrt{3}/100：3$	3TV、4TV、5TV 变比	$20000：\sqrt{3}/100：\sqrt{3}$
1TV、2TV 绕组	A-N、a-n、da-dn	3TV、4TV、5TV 绕组	A-N、a-n

（二）故障现象

2013 年 7 月 31 日上午 11 时 09 分，某发电机在报定子接地故障后保护动作并跳机，通过保护记录波形及励磁变压器附近的烧煳味初步判断故障点位于该机组励磁变压器处，现场检查发现该发电机 A 相 2TV 上表面爆裂并流出黑色物质。

（三）故障诊断分析

1. 故障初步分析

（1）诊断试验。断开该机组出口 A 相电压互感器一次引线，测量发电机定子绕组绝缘正常；测量 A 相 2TV 一次对二次及地绝缘为零，一次绕组直阻约为正常值的十分之一，判断 A 相 2TV 一次侧存在匝间短路故障，从而引起电压互感器烧损并接地，试验测量数据见表 3-5。

表 3-5　　　　　　　　　　　　机组 A 相出口电压互感器试验数据

1. 绕组直阻测量（Ω）			
测试部位	一次绕组	二次绕组 a-n	二次绕组 da-dn
1TV	1750	0.27	0.29
2TV	177	0.28	0.34
3TV	1790	0.28	—
4TV	1780	0.26	—
2. 绝缘电阻测量（MΩ）			
测量部位	一次对二次及地		二次对一次及地
1TV	1200		275
2TV	0		1.8
3TV	384		275
4TV	900		275

（2）基于保护录波的故障分析。由于发电机出口 A 相 2TV 二次侧有基二次绕组（a-n）和接地保护二次绕组（da-dn），两个二次绕组同时发生故障且故障类型及数值比例一样的可

能性非常小。同时，B、C相2TV均正常，如果通过计算得出A、B、C三相2TV基二次绕组（a-n）测量电压向量和U_0与A、B、C三相2TV接地保护二次绕组（da-dn）测量电压向量和U_L的比值刚好等于两绕组的变比$\sqrt{3}$，即可以证明该发电机A相出口2TV的二次绕组未发生故障。

①故障发生前TV电压分析。选取故障发生前一段该发电机机端电压波形图，如图3-56所示，U_a、U_b、U_c由2TV基二次绕组测量取得，U_L由三相2TV接地保护二次绕组开口三角形连接测量取得，取时间T_1时U_a、U_b、U_c电压向量相加得到发电机机端电压向量和U_0，U_a、U_b、U_c、U_0和U_L具体数值如图3-57所示。

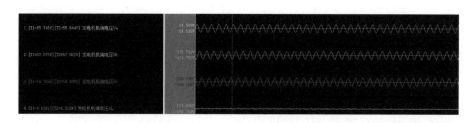

图3-56　该发电机A相电压互感器故障发生前机端电压波形图

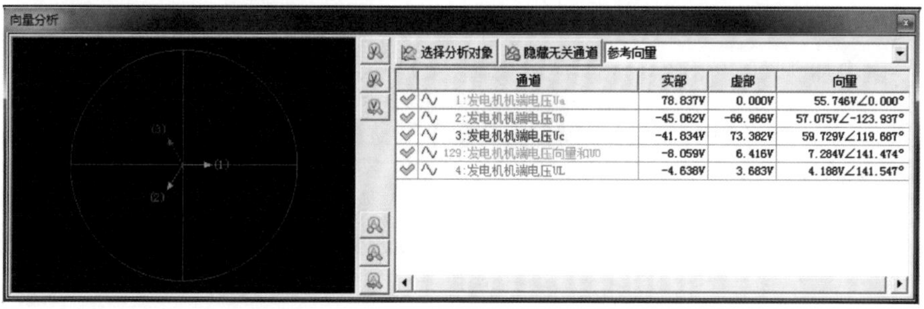

通道	实部	虚部	向量
1 发电机机端电压U_a	78.837V	0.000V	55.746V∠0.000°
2 发电机机端电压U_b	−45.062V	−66.966V	57.075V∠−123.937°
3 发电机机端电压U_c	−41.834V	73.382V	59.729V∠119.687°
129 发电机机端电压向量和U_0	−8.059V	6.416V	7.284V∠141.474°
4 发电机机端电压U_L	−4.636V	3.683V	4.188V∠141.547°

图3-57　该发电机A相电压互感器故障发生前机端电压向量分析图

图3-57中，发电机机端电压向量和U_0/发电机机端电压U_L＝7.284V/4.188V＝1.739，基本等于两绕组的变比3，误差可能来自测量及计算过程，可判断A相2TV两个二次绕组均正常，而此时U_L为4.188V的原因应为A相2TV一次绕组绝缘下降引起中性点位移导致的三相不平衡电压。

②故障发生时电压互感器电压分析。计算2TV基二次绕组和接地保护二次绕组电压，保护内部故障录波记录了故障时刻5个周波，且零序电压较大，达30V左右。

a）第一个频率电压互感器电压分析：

U_a＝41.3804−21.7086i；U_b＝−67.2220−10.5964i；U_c＝−13.7578＋75.3676i

$3U_0$＝U_a＋U_b＋U_c＝−39.5993＋43.0626i

计算零序电压为 $3U_0=58.502V$，考虑基本二次绕组和接地保护二次绕组变比的关系，$3U_0/\sqrt{3}=33.777V$，与开口三角电压采样值 33.564V 无明显区别。

b）第二个周波电压互感器电压分析：

$U_a=45.7209-10.2593i$；$U_b=-61.7784-27.6335i$；$U_c=-32.6995+69.2388i$

$3U_0=U_a+U_b+U_c=-48.7567+31.3461i$

计算零序电压为 $3U_0=57.9637V$，考虑基本二次绕组和接地保护二次绕组变比的关系，$3U_0/\sqrt{3}=33.46V$，与开口三角电压采样值 33.232V 无明显区别。

c）第三个周波电压互感器电压分析：

$U_a=46.9056+1.6036i$；$U_b=-50.5177-44.0353i$；$U_c=-49.5051+56.3564i$

$3U_0=U_a+U_b+U_c=-53.1172+13.9247i$

计算零序电压为 $3U_0=54.91V$，考虑基本二次绕组和接地保护二次绕组变比的关系，$3U_0/\sqrt{3}=31.704V$，与开口三角电压采样值 31.459V 无明显区别。

d）第四个频率电压互感器电压分析：

$U_a=46.6253-10.4134i$；$U_b=-58.2063-31.0218i$；$U_c=-33.3977+65.1247i$

$3U_0=U_a+U_b+U_c=-44.9787+23.6894i$

计算零序电压为 $3U_0=50.8358V$，考虑基本二次绕组和接地保护二次绕组变比的关系，$3U_0/\sqrt{3}=29.35V$，与开口三角电压采样值 29.109V 无明显区别。

e）第五个周波电压互感器电压分析：

$U_a=42.7982-2.3186i$；$U_b=-60.8420-27.1994$；$U_c=-38.6734+68.7914i$

$3U_0=U_a+U_b+U_c=-56.7172+39.2734i$

计算零序电压为 $3U_0=68.9873V$，考虑基本二次绕组和接地保护二次绕组变比的关系，$3U_0/\sqrt{3}=39.78V$，与开口三角电压采样值 39.527V 无明显区别。

综上所述，在电压互感器故障发生前及故障发生过程中，基本二次绕组和接地保护二次绕组采样电压无明显区别，二次绕组无损伤。

（3）基于试验数据及电压互感器拆解的故障分析。从表 3-5 的试验数据可以看出，发生故障后的 A 相 2TV 一次绕组绝缘为零且直阻约为正常电压互感器的十分之一，判断 A 相 2TV 一次侧匝间短路烧损并接地，二次绕组除绝缘偏低（1.8MΩ），其余均正常。

2. 设备检查

对该故障 TV 进行外观检查，其外观整体比较完整，靠近一次高压端子侧至产品底部形成贯穿性裂纹且裂纹处有黑色烧熔物喷出。其烧损情况如图 3-58 所示。

图 3-58　故障 TV 烧损情况

将一次绕组完全剖开，一次绕组最外部的第 3 级漆包线及层间绝缘纸完好无损，解剖第 2 级发现外几层的漆包线及层间纸完好，越靠近里层损伤越严重，解剖至第 1 级发现靠近主绝缘处漆包线及层间纸已有明显的碳化粉化现象，如图 3-59 所示。

图 3-59　该发电机出口 A 相 2TV 内部碳化粉化情况

继续解剖至二次绕组，二次绕组主要包括接地保护二次绕组和基本二次绕组，其中最外一层为接地保护绕组，解剖时发现接地保护绕组靠近端部有 12～15 匝线有明显过热烧损现象，层间纸有碳化现象；进一步解剖至基二次绕组，基二次绕组漆包线及层间纸完好无损。

3. 故障原因

（1）从故障发生前基本二次绕组测量到的各相机端电压 $U_a = 55.764\text{V} \angle 0.000°$，$U_b = 57.075\text{V} \angle -123.937°$，$U_c = 59.729\text{V} \angle 119.687°$，接地保护二次绕组开口三角形连接测得 $U_L = 4.188\text{V} \angle -141.547°$，可以看出 A 相电压降低，C 相电压升高，中性点偏移且实际电压抬升至 U_L 与变比的乘积 $4.188\text{V} \times 200\sqrt{3} = 1450.723\text{V}$，由此可以得出 A 相 2TV 一次绝缘降低导致 A 相电压降低，此时 A 相 2TV 已是"带病"运行，由于绝缘降低，对地电流增加及热效应的积累导致电压互感器一次侧最终对地短路并烧毁。

（2）将电压互感器运回厂家后采用专用工具对其进行拆解，完全取出一次绕组，确认电压互感器一次绕组符合现场的解剖状况，即第一级烧毁最为严重，依次的第二级绕组由里至外逐渐减轻，而最外层的第三级绕组基本没有损伤，将二次绕组取出后确认二次绕组的接地保护绕组漆皮发黑及层间损坏情况，判定接地保护绕组是因为故障发生瞬间一次绕组烧损后对地击穿，高电位先对铁芯（地电位）及外屏击穿，因为二次绕组靠近铁芯，所以当一次绕组高电位对地击穿时产生的高温浸入二次绕组致使接地保护二次绕组部分位置有过热的迹象，这也与故障时保护录波得出的基二次绕组和接地保护二次绕组应无损伤一致。

（四）故障处理

对该故障电压互感器进行更换，更换后发电机定子绕组绝缘正常，开机并网后运行良好。

（五）后续建议

（1）岁修期间对机组电压互感器外观进行检查，并严格按照预防性试验规程对电压互感器进行试验，在测量电压互感器伏安特性时关注二次侧电流的变化。

（2）加强电压互感器的红外测温工作，对温度异常的电压互感器进行检查处理。

三、电流互感器等电位均压线对地放电故障分析及处理

（一）设备简述

某水电站发电机和主变压器之间装有离相封闭母线，在发电机出口及发电机出口断路器两侧封闭母线装有 20kV 电流互感器，电流互感器与母线一次导体之间装有等电位均压线。

（二）故障现象

某机组进行发电机－变压器组 20kV 设备整体维修，在离相封闭母线 51kV 交流耐压试验过程中出现放电现象。经观察发现放电点位于发电机出口断路器发电机侧电流互感器位置附近。

（三）故障诊断分析

1. 设备检查

发电机出口断路器发电机侧电流互感器在母线上的布置如图 3-60 所示，电流互感器等电位均压线如图 3-61 所示。

外观检查发电机出口断路器发电机侧电流互感器没有发现放电点，用内窥镜进一步检查，发现两电流互感器间缝隙处有明显的放电痕迹，放电点处电流互感器均压线滑落，如图 3-62、图 3-63 所示。

2. 故障原因

等电位均压线在安装时已固定牢固，但由于均压线过长，导致其滑落至电流互感器间缝隙，从而缩短了均压线与母线外壳间距离，试验时造成均压线对外壳放电，同时烧伤电流互感器表面绝缘漆。

图 3-60　发电机出口断路器发电机侧电流互感器布置

图 3-61　电流互感器等电位均压线

图 3-62　滑落的等电位均压线

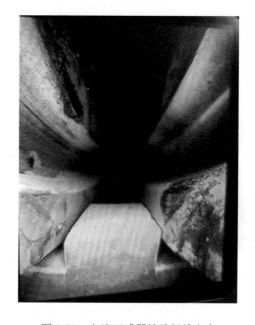

图 3-63　电流互感器缝隙间放电点

（四）故障处理

将均压线打结以缩短均压线的相对长度，使均压线与母线导体紧密接触；同时在电流互感器和均压线之间加装环氧板将均压线抱起，防止均压线滑落，加装的环氧板绑扎固定在导体上，防止振动引起环氧板滑落。

（五）后续建议

建议对所有同类型电流互感器进行排查并处理。

四、电流互感器匝间短路引起发电机差动保护报警分析与处理

（一）设备简述

某水电站机组中性点安装 7 个电流互感器，电流互感器由铁芯、屏蔽绕组和工作绕组组成，屏蔽绕组在二次绕组内侧，如图 3-64 所示，工作绕组和屏蔽绕组均使用相同线径的漆包线绕制而成，层与层之间通过绝缘材料隔离。铁芯由硅钢片绕成，由两个半圆连接而成，连接部分留有气隙，如图 3-65 所示。

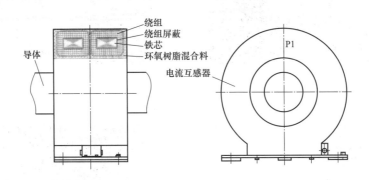

图 3-64　中性点电流互感器结构

图 3-65　中性点电流互感器铁芯气隙

电流互感器环形铁芯圆周上正交布置有 2 对屏蔽绕组，每个绕组各占铁芯圆周的 1/4，两对屏蔽绕组连接，分别相当于互成短路的两个开磁路低精度电流互感器。按照互感器原理，其二次安匝与一次安匝基本上数值相等、方向相反，正好平衡外来磁通势，起屏蔽铁芯的作用。

（二）故障现象

2017 年 5 月 17 日 16 时 28 分，某发电机组差动保护报警，现场检查保护装置二次回路无异常，发电机内部检查无异常。

（三）故障诊断

1. 故障初步分析

对发电机中性点电流互感器进行试验，发现 B 相三分支电流互感器变比及励磁特性试验不合格，其试验数据见表 3-6。

根据该电流互感器试验数据，初步分析判断发电机差动保护报警原因为该电流互感器二次绕组匝间短路。

表 3-6   B 相三分支电流互感器检查试验数据

试验项目	绕组	测量结果						结论
直流电阻测量	$1S_1-1S_2$	121.7Ω						合格
	$2S_1-2S_2$	120Ω						合格
准确度试验	$1S_1-1S_2$	额定电流百分数（%）		比值差（%）		相位差（′）		合格
		100		−0.13		10.1		
	$2S_1-2S_2$	比值差及相位差已超出仪器测量范围，无法测出数据						不合格
匝间过电压	$1S_1-1S_2$	二次绕组施加试验电压 4.5kV（峰值） 二次电流 3.5mA，试验时间 30s						合格
	$2S_1-2S_2$	二次绕组施加试验电压 4.5kV（峰值） 二次电流 440mA，试验时间 30s						不合格
励磁特性	$1S_1-1S_2$	I_2（A）	0.05	0.06	0.07	0.08	0.09	0.1
		U（A）	5600	7000	8200	9400	10700	11900
	$2S_1-2S_2$	施加励磁电流 0.1A 时电压值为 2000V 左右						不合格

（励磁特性 $1S_1-1S_2$ 行结论：合格）

2. 设备检查

为深入剖析故障原因，对电流互感器 $2S_1-2S_2$ 绕组进行解体，解体前其外观检查无异常，剥开其表层的环氧树脂，取出 $2S_1-2S_2$ 绕组，将 $2S_1-2S_2$ 绕组放置于工具台进行解体，剖开第一层绝缘材料，观察匝间绝缘材料和漆包线外观均良好，继续解剖，绝缘材料和漆包线外观均良好；解剖至第七层左右，发现圆周部位部分绝缘材料出现老化现象，初步判断为高温过热引起，继续深层解剖，发现整个圆周均出现层间绝缘材料老化现象，如图 3-66 所示；解剖至铁芯部位，发现铁芯外部绝缘材料出现碳化，漆包线出现漆皮掉落现象，如图 3-67 所示。

图 3-66 $2S_1-2S_2$ 绕组绝缘材料不同程度老化

图 3-67　$2S_1-2S_2$ 绕组铁芯碳化

为对比分析，对试验合格的 $1S_1-1S_2$ 绕组也进行解体，发现其外部几层绝缘材料和二次绕组外观良好，继续解剖发现靠近铁芯处绕组层间绝缘老化严重，铁芯外绝缘材料碳化，但漆包线无漆皮掉落现象，如图 3-68 所示。

图 3-68　$1S_1-1S_2$ 绕组绝缘老化及铁芯碳化现象

3. 故障原因

该电流互感器设计的边界条件为一次导体相间距不小于 1300mm，一次返回导体与电流互感器距离不小于 500mm，从该发电机中性点电流互感器现场安装位置来看，不满足一次导体相间距不小于 1300mm 要求。如果电流互感器现场安装距离小于设计边界值，则邻相产生的杂散磁场强度会超过电流互感器屏蔽绕组的承受能力，导致屏蔽绕组超负荷工作，屏蔽绕组温升偏大，若屏蔽绕组长期处于高温状态下工作，会逐渐导致电流互感器匝间绝缘损坏，造成匝间短路，缩短电流互感器使用寿命。

解剖结果显示发电机中性点电流互感器两个绕组状态相似：①绕组外观良好，外面几层绕组绝缘完好；②越靠近铁芯，绝缘材料老化越严重，铁芯外绝缘材料出线碳化，$1S_1-1S_2$ 绕组无漆包线漆皮脱落现象，$2S_1-2S_2$ 绕组的屏蔽绕组漆包线部分漆皮老化脱落导致绕组匝间短路，从而造成发电机差动保护报警。

（四）故障处理

对故障电流互感器进行了更换，更换后设备运行正常。

（五）后续建议

对于现场安装距离小于设计边界值的发电机中性点电流互感器，加强对其温度的监测，选择安装距离大于设计边界值的电流互感器对该类电流互感器进行更换。

五、系统运行方式引起电压互感器铁磁谐振故障分析

（一）设备简述

某水电站机组均采用发电机-变压器组合单元接线方式，机组出口母线电压 13.8kV，主变压器高压侧电压为 220kV。发电机中性点采用经消弧线圈接地方式，消弧线圈补偿方式为欠补偿。主变压器压器低压侧安装有中性点直接接地的三相电磁式电压互感器，该电压互感器一次绕组额定电压为 $13800/\sqrt{3}V$，二次绕组额定电压 $100/\sqrt{3}V$，辅助绕组额定电压 $100/\sqrt{3}$ V，频率为 50Hz，额定负荷为 40VA。

（二）故障现象

2016 年 4 月 22 日 2 时 11 分，某机组出口断路器分闸，主变压器倒挂，无其他负荷。2016 年 4 月 22 日 2 时 14 分，电压互感器开口三角电压波形见图 3-69，监控系统报"主变压器低压侧零压报警"，二次电压约为 86V，频率约为 24.4Hz。

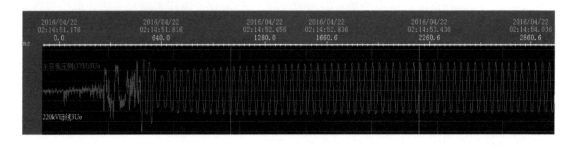

图 3-69　主变压器低压侧 $3U_0$

（三）故障诊断分析

1. 故障初步分析

1）电压互感器励磁特性。经试验获得该型号电压互感器二次绕组励磁特性曲线如图 3-70 所示，辅助绕组的励磁特性曲线如图 3-71 所示。

根据拐点电压的定义，电压互感器拐点电压为作用于互感器二次端子的额定频率正弦波电动势最小方均根值，当此值增加 10% 时，励磁电流方均根值增加不大于 50%。此时互感

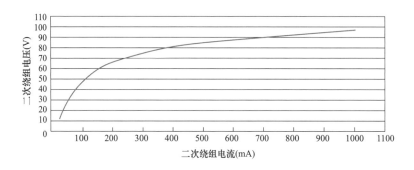

图 3-70　二次绕组 a-n 励磁特性曲线

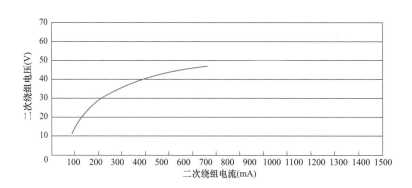

图 3-71　辅助绕组 da-dn 励磁特性曲线

器所有其他端子开路。电压互感器的实际拐点电动势应不小于额定拐点电动势。可知，a-n 绕组拐点电压约为 56～60V，拐点电压在额定电压（57.7V）附近。da-dn 绕组拐点电压约为 27.2～27.6V，拐点电压均小于额定电压值（33.3V）。拐点电压未满足《防止电力生产事故的二十五项重点要求》中的规定要求。

2）电压互感器铁磁谐振原因。为了绝缘监测的需要，即在接地点和系统之间形成回路，确保采集到零序电压，需要安装中性点直接接地的三相电磁式电压互感器。正常运行时，电压互感器励磁电抗与线路对地电容并联后，三相均呈现容性，系统不会产生谐振。中性点经消弧线圈接地系统如图 3-72 所示。

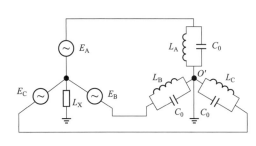

图 3-72　中性点经消弧线圈接地系统

E_A、E_B 和 E_C 为三相对称的电源等效电动势；L_A、L_B 和 L_C 为电压互感器三相励磁电抗；C_0 为系统线路及母线三相对地等效电容；E_0 为中性点电动势。L_X 为消弧线圈等效电抗。Y_A、Y_B 和 Y_C 分别为三相对地等效导纳。根据基尔霍夫电流定律可得：

$$E_0 = -\frac{E_A Y_A + E_B Y_B + E_B Y_B}{Y_A + Y_B + Y_C + \frac{1}{j w L_X}}$$

$$Y_{A,B,C} = \frac{\frac{1}{j w C_{A,B,C}} + j w L_{A,B}}{\frac{1}{j w C_{A,B,C}} j w L_{A,B}}$$

当系统出现线路和空载母线的投入、接地故障发生或者消除、电源投入等可能对电压互感器励磁电抗或者系统对地电容造成影响的扰动后，系统对地电抗可能一相或者两相呈现感性。此时，在线路电容与电压互感器参数匹配下，可能产生基频谐振、高频谐振或者分频谐振。

图 3-73 为磁感应强度 B 和磁导率 μ 与磁场强度 H 的关系曲线。从图 3-73 中可以看出，从 a 点到 b 点，μ 与 H 基本呈直线关系，进而 B 也与 H 呈直线关系，在这一段随着电压和电流的增大，电感 L_m 也在增大，因此不会发生谐振。从 b 点到 c 点，随着电流和电压的增加，磁导率迅速降低，电感 L_m 也跟着降低，铁磁体出现饱和。正常运行时，E_0 公式为正，

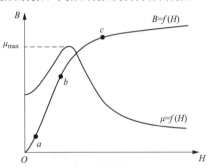

图 3-73 铁磁材料磁化特性曲线

呈现容性；随着 L_m 的不断降低，这样可能造成 $Y_{A,B,C}$ 计算公式的分母接近于零，此时中性点电动势 E_0 非常大，进而造成加在电压互感器上的电压和通过的电流迅速增大，系统发生铁磁谐振。

2．故障原因

根据电压互感器相电压 86V 计算得一次侧相电压为 11.8kV，未超出设备允许最高电压，本次铁磁谐振产生的过电压暂时未对其他设备的绝缘状况造成损害。故障发生时，电压互感器的 a-n 绕组二次侧相电压为 86V，da-dn 绕组二次侧相电压为 33.3V。根据 a-n 绕组励磁特性曲线可知，86V 相电压下 a-n 绕组二次侧电流为 560mA，折算至一次侧电流为 4.058mA，33.3V 相电压下的 da-dn 绕组二次侧电流为 250mA，折算至一次侧电流为 1.046mA。未超出设备允许电流，高压侧电流熔断器未熔断。

综上所述，本次电压互感器在主变压器倒挂且不带厂用分支的情况下，发生 1/2 分频的铁磁谐振。但本次铁磁谐振自身特点及能量较小，所产生的过电压尚未导致高压熔断器熔断或电流互感器烧损。

（四）故障处理及评价

2016 年 4 月 22 日 14 时 13 分，主变压器低压侧厂用分支断路器合闸后，改变系统运行状态，"主变压器低压侧零压报警"报警解除，设备恢复正常。

（五）后续建议

（1）对电厂各电磁式电压互感器进行建模仿真，针对各种系统状态进行分析，通过改变系统参数或选用励磁特性较好的电磁式电压互感器，避免同类事故的发生。

（2）针对仍存在铁磁谐振可能性的电压互感器加装消谐装置，保证设备安全稳定运行。

第四节　发电机出口母线典型故障案例

一、离相封闭母线橡胶波纹管抱箍脱落引起跳机故障分析与处理

（一）设备简述

某水电站发电机出口离相封闭母线与发电机、励磁变压器、高压厂用变压器、主变压器及封母垂直段软连接处外壳一般均采用橡胶波纹管连接，主要功能为防潮、防尘及在母线温度变化、机组振动时能有一定的补偿余量。橡胶波纹管为一体成型波纹管，在波纹管端部采用不锈钢卡箍进行固定，如图 3-74 所示。

图 3-74　橡胶波纹管及金属抱箍

（二）故障现象

某台机组发生跳机，并报"定子一点接地"故障，对机组上、下风洞，定子线棒端部，发电机中性点及出口进行了详细检查，发现发电机出口封闭母线 A 相橡胶波纹管发生位移、脱落，其紧固的金属抱箍滑落至母线导体上，与封母外壳搭接，造成发电机出口单相接地。

（三）故障诊断分析

根据现场检查结果发现，故障发生的直接原因是，橡胶的紧固金属抱箍滑落至母线导体上，其根本原因是橡胶波纹管在机组运行时的振动力及其自身热胀冷缩的长期作用下产生裂纹、破损及移位等故障，导致其密封效果下降，造成波纹管两侧卡箍松脱，导致卡箍掉落进母线内造成短路、接地故障。

（四）故障处理

1. 故障处理方法

当波纹管老化后，更换时需将封母软连接拆卸，施工极为不便，工作量较大。此外，橡胶本身含硫，硫释放后易与封母镀银部件中的银产生化学反应，形成硫化银，造成镀银层变黑或脱落，影响安全运行。

为解决老式橡胶波纹管含硫、老化、拆装不便以及两端卡箍易脱落的问题，针对波纹管密封性能要求不同而采取不同处理措施，研制了新型波纹管。

（1）采用新型 PI 板材波纹管。新型 PI 板材波纹管主要应用于对波纹管密封性能不高的半敞开式部位，其结构图如图 3-75 所示，实物图如图 3-76 所示。

图 3-75　新型波纹管结构图

图 3-76　新型波纹管实物图

主要性能如下：

① 新型波纹管具有拆、装方便简单的特点。波纹管本体制作成半圆形结构，两个半圆连接处采用承插结构，内外夹板与本体焊接，形成承插口，不需要安装金属抱箍，且两瓣是分合结构，便于拆卸与安装。

② 新型波纹管本体采用 MC/PTFE（甲基纤维素/聚四氟乙烯）复合材料制作成 2 件半圆形，表面美观，MC/PTFE 复合材料密度小，对强酸、强碱、强氧化剂有很高的抗蚀性，其耐腐蚀性能优异。

③ 新型波纹管具有良好的安全性。波纹管两端外侧套 U 型密封条，以增加与封闭母线外壳之间的摩擦，同时装置两端外表面各焊接一个挡圈，防止金属锁紧装置因振动而脱落。

④ 新型波纹管具有良好密封效果，两个半圆承插口中间垫硅胶密封条，加上两端外侧套 U 型密封条，起到良好密封作用。

（2）采用外壳铝波纹焊接结构。外壳铝波纹焊接结构适用于对波纹管密封性能要求高的部位，将橡胶材质更换为铝材质，波纹管结构如图 3-77 所示。

2. 故障处理效果评价

更换新式波纹管后，从根本上解决了波纹管老化的问题，根除了金属卡箍脱落造成接地的潜在安全隐患，同时使得母线检修拆装波纹管的效率大大提升，应用效果良好。

（五）后续建议

结合发电机组检修安排，将其他机组封闭母线上的橡胶波纹管更换为新型波纹管。

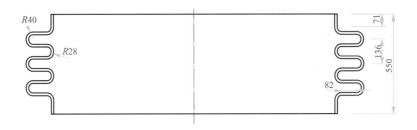

图 3-77　铝波纹管焊接结构图

二、离相封闭母线金具头端子板镀银层鼓包、起皮原因分析及处理

（一）设备简述

某水电站发电机与变压器间的连接母线为离相封闭母线（每相母线具有单独金属外壳且各相外壳间有空隙隔离的金属封闭母线）。离相封闭母线主要技术参数见表 3-7。

表 3-7　　　　　　　　　　　　故障离相封闭母线主要技术参数

序号	项目	单位	卖方保证值
1	额定电流		
	主回路	A	24248.7
	分支回路	A	1750.05
2	额定电压	kV	20
3	额定频率	Hz	50
4	额定短时耐受电流（有效值）及时间		
	主回路	kA/s	160/2
	分支回路	kA/s	315/2
5	封闭母线冷却方式		自冷
6	封闭母线外壳连接方式		全连式
7	允许温度和相对 40℃的温升		
	铝导体	℃/K	90/50
	用螺栓紧固的导体接触面（镀银）	℃/K	105/65
	金具头端子板镀银厚度	μm	12～25

离相封闭母线导体与主变压器低压套管电气连接结构称为金具头，每相对应 1 个金具头，每个金具头有 8 片接线端子板。为降低金具头端子板与软连接的接触电阻，防止端子板表面氧化，保证良好的导电性能，需要在端子板表面镀银，镀银厚度为 12～25μm 之间。金具头结构图如图 3-78 所示，主变压器低压套管与金具头连接示意图如图 3-79 所示。

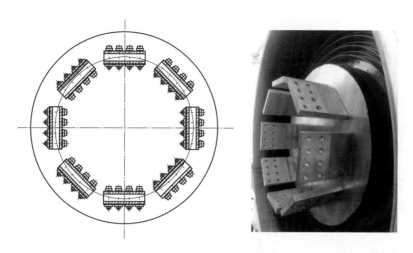

图 3-78 母线金具头结构图

（二）故障现象

在对某机组进行停机检查过程中，发现主变压器低压侧对应的离相封闭母线金具头端子板镀银层存在鼓包、起皮的现象。鼓包部位用手指按压有扩大趋势，起皮部位可用手轻易撕下镀银层。经过对总计 24 片金具头端子板进行初步检查后，发现共 13 片金具头端子板镀银层有不同程度的鼓包、起皮的现象，其中 A 相 4 片，B 相 5 片，C 相 4 片。

（三）故障诊断分析

1. 故障初步分析

铝母线到货验收记录显示母线金具头与部分母线段焊接装配后作为独立分段到货，到货时间为 2018 年 3 月 30 日，到货验收时检查金具头端子板防护状态良好，如图 3-80 所示。

金具头端子板到货后防护状态良好，在主变压器低压侧复引前一天拆除防护，主变压器低压侧复引日期为 2018 年 5 月 20 日，用酒精清洗端子板表面后安装软连接

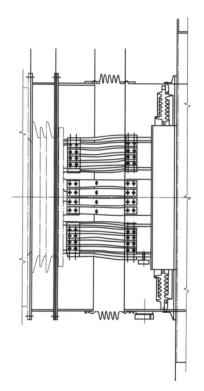

图 3-79 主变压器低压套管与离相封闭母线金具头连接示意图

完成复引，金具头端子板现场存放时间不足 3 个月，不存在超期不维护的状况。

该机组修后启动试验时间为 5 月 21 日，机组启动试验完成后转入正式运行。运行 15 天后，于 6 月 6 日停机检查，发现主变压器低压侧对应的封闭母线金具头端子板镀银层存在鼓包、起皮缺陷。

图 3-80　金具头到货时防护状态良好

金具头端子板镀银层鼓包、起皮缺陷发生在设备投入运行 15 天后，综合上述分析认为，镀银层出现问题是在长时间通过大电流后引起的，与防护和施工过程无关，为端子板镀银层本身质量问题。铝镀银工艺过程较为复杂，简单介绍工艺流程如下。

2. 故障原因

金具头端子板采用铝镀银工艺，该工艺过程较为复杂，简单介绍工艺流程如图 3-81 所示。

经现场察看并排查每道工序后，认为本次镀银层出现的问题产生于镀镍之后氰活化前的水洗工序，原因是"三道水洗"未冲洗到位，存在残留物，导致成品镍层和银层局部附着力不够，在长时间通过大电流发热后容易出现镀银层鼓包和起皮。

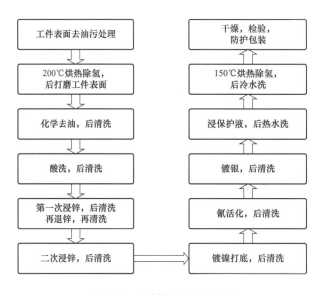

图 3-81　铝镀银工艺流程图

（四）故障处理

1. 故障处理方法

（1）因采用现场刷镀银方式无法保证镀银质量，故对镀银层鼓包、起皮的离相封闭母线金具头端子板进行更换。

（2）安排专业质保和质检人员对新金具头端子板镀银进行全程监控，严格监管每道工序的工艺纪律，确保工艺流程和质量执行到位。针对出现问题的水洗工序，厂家重点进行了监控，确保各个部位均冲洗到位。

（3）针对重新制作的金具头端子板同批次试样，除正常外观检验和热振附着力试验以外，依据 GB/T 5270《金属基体上的金属覆盖层　电沉积和化学沉积层　附着强度试验方法评述》中的相关条款，增加划线划格试验以检查镀银层的附着力是否合格。

（4）所有检验合格后，对产品镀银面进行保护和包装，并安排专车进行运送，防止运输过程中的意外情况对镀银面造成的不利影响。

（5）为进一步对镀银质量进行验证，货到现场后，厂家再次对同批次试样进行热振附着力试验或划格划线试验，试验结果合格后，再进行后续金具头端子板替换焊接作业。

2. 故障处理效果评价

更换后的离相封闭母线新金具头运行状态良好、稳定。2019 年 3 月，在设备投运后 9 个月，该机组停机检查，维护人员对更换后的金具头及端子板进行了细致检查，金具头焊接点状态良好，端子板镀银层无鼓包、起皮的现象，证明缺陷原因分析准确，处理方案实施得当。

（五）后续建议

（1）母线设备采购时，对镀银质量应严格控制，供货单位应提供技术性能保证，质保期不少于 1 年。

（2）加强设备出厂验收，对端子板镀银面应进行仔细检查，生产厂家应提供出厂合格证明，并提供同批次生产的镀银试件进行划线试验，验证镀银层附着力。

第二篇

输变电设备及厂用电系统

第四章　主变压器

第一节　设备概述及常见故障分析

一、主变压器概述

变压器是电力系统中最为重要的设备之一，在电力系统中起着改变电压、传递电能的重要作用。在发电厂中，主变压器（升压变压器）是电能外送的关键设备，与发电厂和电网的安全稳定运行息息相关。

变压器的基本工作原理是电磁感应原理。变压器一、二次侧绕组的电压与匝数成正比，电流与匝数成反比。对于升压变压器，其二次侧（高压侧）绕组的匝数远大于一次侧（低压侧），因此升压变压器二次侧绕组电压高、电流小，一次侧绕组电压低、电流大。

变压器损耗主要包含铁损和铜损两部分。铁损也称空载损耗，指变压器在额定电压下铁芯中消耗的功率，主要包含磁滞损耗和涡流损耗。变压器铁损主要与铁芯的磁滞现象和涡流有关，与负载无关。铜损也称负载损耗，是指变压器一、二次侧绕组的电阻所消耗的能量之和，由于绕组的线圈多用铜导线制成，故称铜损，铜损与绕组电流的平方成正比。变压器损耗可用于判断变压器的运行效率，还可用于判断变压器是否存在故障或隐患，因此变压器损耗监测对于变压器故障判断具有较大的意义。

变压器通常可分为电力变压器和特种变压器。电力变压器分类为：按结构可分为芯式变压器和壳式变压器；按绕组数可以分为双绕组变压器、三绕组变压器、多绕组变压器和自耦变压器；按相数可分为单相变压器、三相变压器和多相变压器；按冷却方式可将变压器分为油浸自冷（ONAN）、油浸风冷（ONAF）、强迫油循环风冷（OFAF）、强迫油循环水冷（OFWF）、强迫导向油循环风冷（ODAF）、强迫导向油循环水冷（ODWF）等变压器；按冷却介质可分为油浸式变压器、干式变压器、充气式变压器等。本章讨论的为油浸式电力变压器中的一种——发电厂升压变压器（也称主变压器），本章后续提到的变压器均指此种变压器。

电力变压器型号按照 JB/T 3837《变压器类产品型号编制方法》的规定进行编号，编号由字母和数字组成。电力变压器产品型号组成形式如图 4-1 所示。

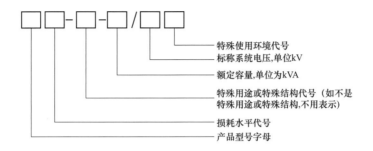

图 4-1 电力变压器产品型号组成形式

图 4-1 中，电力变压器产品型号字母排列顺序及含义按表 4-1 的规定。损耗水平可根据 JB/T 3837《变压器类产品型号编制方法》确定。

表 4-1 电力变压器型号字母排列顺序及含义

序号	分类	含义		代表字母
1	绕组耦合方式	独立		—
		自耦		O
2	相数	单相		D
		三相		S
3	绕组外绝缘介质	变压器油		—
		空气（干式）		G
		气体		Q
		成型固体	浇筑式	C
			包绕式	CR
		高燃点绝缘液体		R
		植物油		W
4	绝缘系统温度	油浸式	105℃	—
			120℃	E
			130℃	B
			155℃	F
			180℃	H
			200℃	D
			220℃	C
		干式	120℃	E
			130℃	B
			155℃	—
			180℃	H
			200℃	D
			220℃	C

续表

序号	分类	含义		代表字母
5	冷却装置种类	自然循环冷却装置		—
		风冷却器		F
		水冷却器		S
6	油循环方式	自然循环		—
		强迫循环		P
7	绕组数	双绕组		
		三绕组		S
		分裂绕组		F
8	调压方式	无励磁调压		—
		有载调压		Z
9	线圈导线材料	铜线		—
		铜箔		B
		铝线		L
		铝箔		LB
		铜铝组合		TL
		电缆		DL
10	铁芯材质	电工钢		—
		非晶合金		H
11	特殊用途或特殊结构	密封式		M
		无励磁调容用		T
		有载调容用		ZT
		发电厂和变电站用		CY
		全绝缘		J
		同步电机励磁用		LC
		地下用		D
		风力发电用		F
		海上风力发电用		F（H）
		三相组合式		H
		解体运输		JT
		内附串联电抗器		K
		光伏发电用		G
		智能电网用		ZN
		核岛用		1E
		电力机车用		JC
		高过载用		GZ
		卷（绕）铁芯	一般结构	R
			立体结构	RL

注 1. 特殊用途或特殊结构代号含义：Z—低噪声用；L—电缆引出；X—现场组装式；J—中性点为全绝缘；CY—发电厂自用变压器。
2. 特殊使用环境代号含义：TA—干热带地区用；TH—湿热带地区用；T—干湿热带通用；W—防轻腐蚀用；GY—高原地区用。

二、主变压器结构及主要原理

主变压器主要结构分为：①变压器器身，主要包括铁芯、绕组、绝缘结构、引线、分接开关等；②油箱，包括油箱本体（箱盖、箱壁、箱底）和油箱上安装的附件（如放油阀门、油样活门、接地螺栓、铭牌等）；③冷却装置，按照风冷或水冷方式可分为散热器或冷却器等；④保护装置，如储油柜（油枕）、油位表（计）、压力释放阀、吸湿器（呼吸器）、温度计、气体继电器等；⑤出线装置，包括高压套管、低压套管、中性点套管、接地装置等。变压器各部件的主要结构和功能介绍如下。

1. 铁芯

铁芯是变压器的最基本组成部分，它的作用是构成变压器主磁通回路，减少磁通损失。为了减少铁芯的磁滞和涡流损耗，铁芯一般用厚度 0.30～0.50mm 的硅钢片冲剪成几种不同尺寸，并在表面涂 0.01～0.13mm 绝缘漆，烘干后采用多级全斜接缝进行叠片。铁芯由铁芯柱、铁轭和夹件组成，绕组套装在铁芯柱上。铁芯通常分为芯式铁芯和壳式铁芯两种，大型主变压器通常使用芯式铁芯结构。此外，铁芯根据相数分为单相两柱式铁芯、三相三柱式铁芯和三相五柱式铁芯。三相三铁芯柱变压器的铁芯和绕组见图 4-2，三相五铁芯柱变压器的铁芯和绕组见图 4-3。

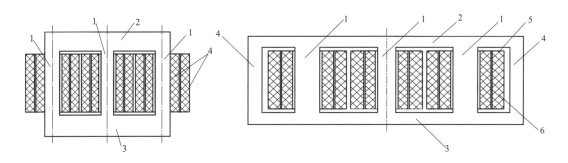

图 4-2　三相三铁芯柱变压器的铁芯和绕组

1—铁芯柱；2—上铁轭；3—下铁轭；4—绕组

图 4-3　三相五铁芯柱变压器的铁芯和绕组

1—铁芯柱；2—上铁轭；3—下铁轭；

4—旁轭；5—低压绕组；6—高压绕组

变压器在运行过程中，必须确保铁芯一点接地。这主要是由于铁芯处于强电场中，其感应产生的电位较高，若不能有效接地，易形成火花放电；若存在两点及以上的多点接地，则容易形成闭合回路并引起环流，极易导致变压器局部过热。同样，变压器铁芯夹件也应可靠一点接地。

2. 绕组

绕组是变压器的电路，是变压器最基本和最重要的部件之一。绕组一旦发生故障，将直接影响变压器的运行。变压器绕组由高压绕组、低压绕组、对地绝缘、绕组间绝缘及油道以及高、低压引线等构成。绕组按形式可分为同芯式和交叠式两种。同芯式绕组是把高压绕组与低压绕组套在同一个铁芯上，一般将低压绕组放在里边，高压绕组套在外边，以便绝缘处理。同芯式绕组结构简单、绕制方便，按照绕制方法的不同，同芯式绕组又可分为圆筒式、螺旋式、连续式、纠结式等。交叠式绕组也称交错式绕组，在同一铁芯柱上，高压绕组、低压绕组交替排列，间隙较多，绝缘较复杂。

大型主变压器绕组通常由表面绕包绝缘材料的高电导率矩形截面铜导线并根据一定的规则绕制而成，绕组每匝线圈内部股线之间相互绝缘。绕制好的绕组应具有足够的绝缘强度、机械强度和耐热能力。变压器高、低压绕组根据接线方式的不同可分为星形连接和三角形连接两种。对于发电厂主变压器，高压绕组通常为星形连接，低压绕组为三角形连接，这主要是考虑经济性、变压器绝缘性能、降低或消除零序阻抗及 3 倍频谐波等。

3. 油箱与变压器油

油箱是油浸式变压器的外壳，其内放置变压器铁芯、绕组及相关部件并充满变压器油。油箱结构可分为底座、箱体和上盖。为了提高油箱的密封性能，现代大型主变压器箱体通常是一个整体结构并留有进人孔，从而降低其渗漏油概率。油箱在设计及制造的过程中还考虑了排气需求，所有可能储气的最高点包括高、低压套管等都设置有放气塞并使用排气管将气体汇集至气体继电器。

变压器油主要起到绝缘、冷却和散热的作用。运行中的变压器油对油中的杂质、水分、含气量等有明确的要求，在运行、检修中需要对其进行监测，进而判断变压器的运行状态。

4. 绝缘套管

绝缘套管主要有高压套管、低压套管和中性点套管等，是油浸式电力变压器箱体外的主要绝缘装置。变压器绕组的引出线必须穿过绝缘套管，使引出线之间及引出线与变压器外壳之间绝缘，同时起到固定引出线的作用。绝缘套管应具有足够的绝缘强度、机械强度和良好的热稳定性等。

5. 冷却装置

变压器油在吸收了变压器绕组、铁芯的热量以后，必须将热量散发出去。变压器热量可以通过冷却装置、油箱壁等对外散热。大型电力变压器，油箱壁散热量十分有限，必须通过专用的散热装置对外散热。通常，小型变压器一般通过自然通风冷却，中型变压器可通过风冷散热，大型变压器则需要使用强迫油循环水冷或强迫油循环风冷等方式散热。水冷却器（见图 4-4）散热效果较风冷却器更加优越，在越来越多的大容量变压器中得到采用。但是水冷却器结构较风冷却器结构更加复杂，对工艺的要求也更高。

6. 储油柜

储油柜俗称油枕，安装于油箱上方，通过油管与油箱连通，起储油和补油的作用，以保证油箱内充满油。为了保证变压器绝缘性能，储油柜内通常采用胶囊隔绝油和空气，从而防止油氧化和受潮。储油柜上装有油位计，用以观察油位的变化。

7. 压力释放阀

压力释放阀安装于变压器顶部，用于释放油箱中的过大压力，保护油箱不被破坏。其原理是当油箱中的压力达到并超过压力释放阀的最大允许开启压力时，压力释放阀阀盖会快速开启并释放油箱压力，当油箱压力降至开启压力以下时，压力释放阀将重新关闭。

8. 调压分接开关

变压器调压分接开关分为有载调压和无载调压两种。有载调压分接开关可以实现带

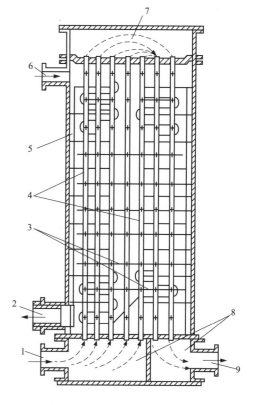

图 4-4　水冷却器

1—进水口；2—出油口；3—隔板；4—水管；
5—油室；6—进油口；7—上水室；8—下水室；9—出水口

电调压，无载调压分接开关需两侧均停电后才能调整电压。调压开关的主要作用是保证电网电压在合理的范围内变动。发电厂升压变压器，通常选用无载调压分接开关。

9. 呼吸器

呼吸器也称为吸湿器，由油封、容器和干燥剂组成，是连通储油柜内部与大气的通道，使内外部压力平衡，通过油封和干燥剂，确保进入储油柜胶囊内的空气干燥、清洁。干燥剂吸收潮气后变色，一般干燥剂变色超过 2/3 后需更换。

10. 气体继电器

气体继电器安装在油箱和储油柜的连接管上，是变压器的主要保护装置。当变压器内部出现故障时，变压器油分解产生气体或油流冲击继电器引起继电器动作，从而发出报警或切断电源。按照故障的严重性，气体保护可以分为轻瓦斯保护和重瓦斯保护。轻瓦斯保护通常对应于变压器内部过热或局部放电，使变压器油油温上升，产生一定的气体，汇集于继电器内，达到了一定量后触动继电器，发出信号。重瓦斯保护通常对应于变压器内发生严重短路后，对变压器油产生冲击，使一定油流冲向继电器的挡板，动作于跳闸。

11. 温度计

变压器温度计用于监视变压器绕组和变压器油的温度。变压器常用的温度计有水银式、压力式、电阻式等。

三、主变压器常见故障及原因分析

除突发性故障以外，变压器大多数故障都有一个发生、发展和累积的过程，若在变压器运行过程中做好相应的检查，通常能够及时发现这些异常，从而避免酿成事故。变压器常见的异常现象主要有：密封面渗漏油，变压器油质、油位、含气量及含水量异常，噪声异常，油温、绕组温度异常，铁芯、夹件等接地电流异常增大，变压器附件如套管、冷却器等异常。

变压器结构复杂，运行环境多变，在运行过程中还受到高电压、大电流及机械应力的共同作用，因此其故障涉及的原因也较为复杂。总的来说，其故障原因主要与参数规格选择、设计制造、运输安装、运行维护和自然老化等相关。变压器故障类型的划分方式较多。按变压器的故障性质划分，可分为：受潮类故障，绝缘老化、劣化类故障，绕组变形故障，放电故障，过热故障等。按结构划分，则可分为绕组故障、固体绝缘故障、铁芯故障、绝缘油故障、油箱故障等。

1. 按故障性质分析故障

（1）受潮类故障。变压器油纸绝缘中，本身含有一定量的水分，正常情况下，水分含量很少，还不足以引起绝缘故障。但若较多的水分进入变压器油纸绝缘内，则会导致绝缘故障。故障的原因主要包含：制造安装期间干燥不彻底，检修期间暴露在空气中的时间过长，密封不严或水冷却器损坏导致水分进入等。

受潮类故障可通过测量绕组绝缘及吸收比、泄漏电流试验和介质损耗试验进行判断。DL/T 596《电力设备预防性试验规程》规定，正常变压器的绕组绝缘电阻值在同一温度下与前一次测试结果应无明显变化，同时吸收比不低于 1.3 或极化指数不低于 1.5。介质损耗正切值（$\tan \delta$）与历年数值比较不应有显著变化（500kV 变压器 $\tan \delta$ 应不大于 0.6%，220kV 变压器 $\tan \delta$ 应不大于 0.8%）；泄漏电流与前一次测试结果相比应无明显变化。

（2）绝缘老化、劣化类故障。主要包含固体绝缘老化和绝缘油老化、劣化或污染等。固体绝缘故障主要表现为绝缘纸聚合度和抗张强度降低、糠醛含量增长、产生一氧化碳和二氧化碳等；故障的主要原因包括材料问题、局部过热等。油绝缘故障主要表现为整体介质损耗升高，绝缘电阻和吸收比降低；故障的主要原因包括油中混入杂质、空气等。

固体绝缘老化可通过测量二氧化碳/一氧化碳比值进行监测，若发现该比值过低或过高，则怀疑与固体绝缘老化有关。若需要进一步确认，可通过检测变压器油中糠醛含量进行判断。通常油中的糠醛含量超过表 4-2 中的规定值时，可认为绝缘存在异常老化现象。

表 4-2　　　　　　　　　　　　　　　　　变压器油中糠醛含量

运行年限（年）	1~5	5~10	10~15	15~20
糠醛量（mg/L）	0.1	0.2	0.4	0.75

注　跟踪检测时，注意糠醛量增长率；测试值大于 4mg/L 时，认为绝缘老化已比较严重。

（3）绕组变形故障。绕组变形对于变压器的损坏是不可逆的，危害性较大。绕组变形的原因主要包括短路冲击、短路故障、机械应力和前述问题的累积效应。

由于绕组变形后其形状发生了不可逆改变，相应的绕组电感、电容等也同步发生了改变，因此可以通过测量绕组电容量变化、低电压短路试验、低压脉冲、频响法等方法测量绕组变形。通常在变压器受到较为剧烈的短路冲击后和变压器大修后需要进行绕组变形试验。

（4）放电故障。放电故障通常可分为局部放电、火花放电和高能量放电。

1）局部放电。变压器局部放电故障在放电初期通常为低能量放电，但长期累积后可能会导致绝缘受损并逐步发展成为较为严重的故障。局部放电主要原因可归结为电场强度不均匀、绝缘不良等，总体上可以分为气泡局部放电和油中局部放电。局部放电会产生以氢气和甲烷为主的气体，因此通常可以通过分析绝缘油中气体成分诊断故障类型。

2）火花放电。火花放电主要是由于变压器内存在悬浮电位，如地电位金属件接地不良、油中存在杂质等。火花放电会导致油中气体含量上升，可通过特征气体氢气、乙炔和甲烷的增长情况进行判别；也可通过局部放电监测、轻瓦斯动作等故障现象诊断火花放电。

3）电弧放电。电弧放电一般为高能量放电，多为绕组匝间或层间绝缘击穿、对地短路、绝缘表面形成贯穿性放电通道等故障，严重时会造成设备烧损甚至爆炸。此类故障多为突发性故障，一般无明显征兆，很难事先预判。故障后，通常气体继电器中的氢气和乙炔等气体含量较高，变压器油变黑，油中气体主要成分为氢气、乙炔、乙烷、甲烷等。

（5）过热故障。

1）变压器过热故障的主要原因可分为电路过热、磁路过热和其他过热。电路过热的主要原因包含股线间短路、断股、虚焊、油路通道堵塞等引起的绕组过热，分接开关接触不良、引线接头松动和断股等引起的过热等。磁路过热通常的原因有：漏磁、零序磁通引起的箱体等金属件过热，铁芯（含穿心螺杆）局部绝缘破损或多点接地形成环流引起的铁芯局部过热，铁芯油道阻塞引起的铁芯过热。其他过热包含冷却器或冷却风扇故障、油路阻塞、风路或水路阻塞引起的过热故障等。变压器过热通常会加速绝缘的老化，导致绝缘寿命变短。

2）过热故障可分为低温过热、中温过热和高温过热三种类型。过热故障的过程中通常会伴随着气体的产生，一般可通过"三比值法"判断过热故障的类型。

2. 按结构划分分析故障

（1）绕组故障。绕组故障一般指变压器绕组、绕组绝缘和引线中的故障。绕组故障主要包含匝间短路、相间短路、绕组接地、铜线断股、绕组接头焊接不良等。资料表明，绕组故障占变压器故障的比例较大；而匝间短路则是发电厂变压器绕组故障中最典型的故障。从绕组故障的型式上看，纠结式绕组为最多，连续式和螺旋式绕组也有发生。绕组故障的原因可归结为材质、施工质量以及外部原因等，主要包含以下几个方面：

1）线圈材质问题，如铜线表面绝缘损伤、铜线粗细不均匀、材料不良等。

2）施工质量问题，如绕组绕制导致绝缘损伤、线圈接头虚焊或不饱满等缺陷、绕线松动等。

3）绕组绝缘受潮。

4）外部故障（如短路）导致绕组变形，雷击或操作过电压导致线圈匝间短路或绝缘损坏，持续过载导致变压器异常温升及绝缘受损等。

（2）固体绝缘故障。变压器固体绝缘主要由绝缘纸、绝缘板、绝缘筒、绝缘成型件、撑条、垫块、支撑件、夹件等组成。固体绝缘的主要故障通常与绕组故障有很大的相关性。固体绝缘故障主要的原因有：

1）变压器设计不合理导致绝缘设计裕度不够、油流带电等。

2）变压器生产制造问题，如纸带跑层（少层）、搭接不够、绝缘污染等。

3）绝缘在长期运行后脱落、移位或断裂等。

4）绝缘受潮。如变压器由于密封破损、胶囊破裂导致水分进入变压器。

5）绝缘老化。如局部过热造成的绝缘异常老化或绝缘正常老化。

（3）铁芯故障。铁芯故障也是变压器主要的故障类型之一，其主要的原因有以下几类：

1）绝缘损坏。绝缘损坏包括铁芯叠片绝缘损坏及穿心螺杆绝缘损坏，使铁芯与铁芯之间或铁芯与穿心螺杆之间形成两点及以上接地并形成环流，导致局部过热甚至铁芯损坏。

2）材料问题或生产工艺控制不严，如硅钢片表面绝缘受损、铁芯表面毛刺等问题导致铁芯局部过热。

3）铁芯夹件松动。

4）铁芯绝缘受潮。

（4）绝缘油故障。

1）绝缘油污染、加速氧化造成油质劣化。

2）绝缘油受潮。

3）绝缘油正常老化。

4）不同绝缘油混用导致油质劣化或产生酸性物质和油泥。

5）金属粉末导致油介质损耗超标等。

（5）油箱故障。油箱故障主要包含油箱本体、阀门、磁屏蔽等故障，主要原因有焊接质量问题、密封不良、密封老化、磁屏蔽异常放电、油箱变形等。

3. 主变压器常见故障的分析方法

变压器本体常见故障往往都伴随着气体的产生，可通过监测和分析油中气体含量的变化趋势，判断变压器的过热故障、放电故障的类型和密封是否良好，推测固体绝缘老化趋势。油色谱化验分析油中气体含量变化趋势，是一种监测变压器状态的有效手段。该方法主要通过分析氧气（O_2）、氮气（N_2）、氢气（H_2）、甲烷（CH_4）、乙烷（C_2H_6）、乙烯（C_2H_4）、乙炔（C_2H_2）、一氧化碳（CO）和二氧化碳（CO_2）等气体含量变化，推断可能的故障类型。变压器常见故障与所产生气体的对应关系见表 4-3。

表 4-3　　　　　　　　　　变压器常见故障与产生气体对应关系

序号	故障类型	主要特征气体	次要特征气体
1	油过热	CH_4、C_2H_4	H_2、C_2H_6
2	油和纸过热	CH_4、C_2H_4、CO	H_2、C_2H_6、CO_2
3	油纸绝缘中局部放电	H_2、CH_4、CO	C_2H_4、C_2H_6、C_2H_2
4	油中火花放电	H_2、C_2H_2	
5	油中电弧	H_2、C_2H_2、C_2H_4	CH_4、C_2H_6
6	油和纸中电弧	H_2、C_2H_2、C_2H_4、CO	CH_4、C_2H_6、CO_2
7	受潮	H_2	
8	油中气泡	H_2	
9	密封故障	O_2、N_2	

（1）三比值法与故障判断。三比值法是在热动力学和实践的基础上总结得出的用于判断变压器故障的一种方法，主要通过比较 C_2H_2/C_2H_4、CH_4/H_2、C_2H_4/C_2H_6 的比值，并根据相应的规则和分类方法确定故障性质。三比值法的编码规则和故障类型的判断方法分别见表 4-4 和表 4-5。

表 4-4　　　　　　　　　　三比值法编码规则

气体比值范围	比值范围的编码		
	C_2H_2/C_2H_4	CH_4/H_2	C_2H_4/C_2H_6
<0.1	0	1	0
[0.1，1)	1	0	0
[1，3)	1	2	1
≥3	2	2	2

表 4-5   故障类型判断方法

编码组合			故障类型判别	典型故障原因
C_2H_2/C_2H_4	CH_4/H_2	C_2H_4/C_2H_6		
0	0	0	低温过热（<150℃）	纸包绝缘导线过热，注意 CO 和 CO_2 的增量和 CO_2/CO 值
	2	0	低温过热（150～300℃）	分接开关接触不良；引线连接不良；导线接头焊接不良，股间短路引起过热；铁芯多点接地，硅钢片间局部短路等
	2	1	中温过热（300～700℃）	
	0，1，2	2	高温过热（>700℃）	
	1	0	局部放电	高湿、气隙、毛刺、漆瘤、杂质等所引起的低能量密度的放电
2	0，1	0，1，2	低能放电	不同电位之间的火花放电，引线与穿缆套管（或引线屏蔽管）之间的环流
	2	0，1，2	低能放电兼过热	
1	0，1	0，1，2	电弧放电	线圈匝间、层间放电，相间闪络；分接引线间油隙闪络，选择开关拉弧；引线对箱壳或其他接地体放电
	2	0，1，2	电弧放电兼过热	

在使用三比值法判断故障时，必须是能够确定设备存在故障且气体成分超注意值或气体增长率超注意值。对于气体含量正常或无增长趋势的情况，比值法没有意义。若气体比值存在变化，则可能存在新的故障重叠，计算时需要减去旧的检测数据并重新计算比值。

（2）四比值法与故障判断。由于三比值法在判断过热故障时存在不足，例如当故障类型为大于150℃的过热故障时，三比值法无法判断故障是由导电回路还是磁路异常引起的，因此在判断过热类故障时，可以将四比值法作为辅助工具对故障原因进行进一步判断。

四比值法与三比值法的主要区别为：四比值法在三比值法 C_2H_2/C_2H_4、CH_4/H_2、C_2H_4/C_2H_6 的基础上增加了 C_2H_6/CH_4 比值，其故障类型判断见表 4-6。

表 4-6   四比值法故障类型判断表

故障类型	CH_4/H_2	C_2H_6/CH_4	C_2H_4/C_2H_6	C_2H_2/C_2H_4
一般损坏	0.1～1.0	<1	<1	<0.5
局部放电	≤0.1	<1	<1	<0.5
轻过热（150～200℃）	1～3/≥3	<1	<1	<0.5
过热（150～200℃）	1～3/≥3	≥1	<1	<0.5
过热（150～200℃）	0.1～1.0	≥1	<1	<0.5
导线过热	0.1～1.0	<1	1～3	<0.5
绕组中不平衡电流或接线过热	1～3	<1	1～3	<0.5
铁件或油箱出现不平衡电流	1～3	<1	≥3	<0.5
小能量击穿	0.1～1.0	<1	<1	0.5～3.0
电弧短路	0.1～1.0	<1	1～3/≥3	0.5～3.0/≥3.0
长时间刷形放电	0.1～1.0	<1	≥3	≥3
局部闪络放电	≤0.1	<1	<1	0.5～3.0/≥3.0

四比值法应用简单，其故障性质判断见表 4-7。当两组分浓度比值大于 1 时，用 1 表示，比值小于 1 时则用 0 表示。若比值接近 1，表示故障性质暴露不太明显；反之，比值越大，则故障暴露越明显。若同时存在两种类型的故障时，其编码比值与该标准表格会存在一定的差异，此时需要综合考虑故障叠加的情况。

表 4-7　　　　　　　　　　　　　四比值法故障性质判断表

CH_4/H_2	C_2H_6/CH_4	C_2H_4/C_2H_6	C_2H_2/C_2H_4	判断结果
0	0	0	0	$CH_4/H_2<0.1$，表示局部放电，其他值表示其他老化
1	0	0	0	轻微过热，温度小于 150℃
1	1	0	0	轻微过热（150～200℃）
0	1	0	0	轻微过热（150～200℃）
0	0	1	0	一般导线过热
1	0	1	0	循环电流及（或）连接过热
0	0	0	0	低能火花放电
0	1	0	1	电弧性烧损
0	0	1	1	永久性火花放电或电弧放电

（3）大卫三角形法与故障判断。大卫三角形法利用 CH_4、C_2H_2 和 C_2H_4 这三种特征气体的含量对故障类型进行判断。与比值法相比，大卫三角形法的主要优点是保留了一些由于落在提供的比值限值以外而被漏判的数据。使用大卫三角形判断故障时，其比值落在哪个区域内，则该区域所对应的故障类型就是该比值对应的故障类型。大卫三角形如图 4-5 所示，图中，D1 区域表示低能放电；D2 区域表示高能放电；T1 区域表示温度低于 300℃的热故障；T2 区域表示温度介于 300～700℃的热故障；T3 区域表示温度高于 700℃的热故障；PD 区域表示局部放电。

大卫三角形的三条边分别表示 CH_4、C_2H_2 和 C_2H_4 浓度的相对比例，其计算公式如下：

$$CH_4\ 浓度相对比例 = \frac{Z}{X+Y+Z}\times100\%$$

$$C_2H_4\ 浓度相对比例 = \frac{Y}{X+Y+Z}\times100\%$$

$$C_2H_2\ 浓度相对比例 = \frac{X}{X+Y+Z}\times100\%$$

式中　X——C_2H_2 浓度，$\mu L/L$；

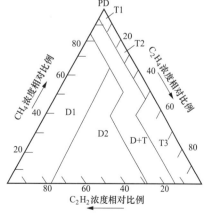

图 4-5　大卫三角形

Y——C_2H_4 浓度，$\mu L/L$；

Z——CH_4 浓度，$\mu L/L$。

大卫三角形各故障区域的区域极限值见表 4-8。

表 4-8   大卫三角形区域极限表

故障类型	区域极限			
PD	$98\%CH_4$	—	—	—
D1	$23\%C_2H_4$	$13\%C_2H_2$	—	—
D2	$23\%C_2H_4$	$13\%C_2H_2$	$38\%C_2H_4$	$29\%C_2H_2$
T1	$4\%C_2H_2$	$20\%C_2H_4$	—	—
T2	$4\%C_2H_2$	$20\%C_2H_4$	$50\%C_2H_4$	—
T3	$15\%C_2H_2$	$50\%C_2H_4$	—	—

局部放电、低能放电和高能放电三种放电故障与低温过热、中温过热和高温过热三种过热故障在大卫三角形中均有明确的对应区域，如图 4-5 所示，图中的"D+T"区域则表示放电和过热故障的混合区域。使用大卫三角形进行故障判断的前提是能够确定设备存在故障且气体成分超注意值或气体增长率超注意值。

四、主变压器常见故障处理措施

对于发生故障的变压器，通常先根据故障特征或故障现象分析变压器可能的故障原因，然后再对变压器进行检查和处理，最后通过试验或试运行等方式对处理结果进行检验和验证。由于变压器结构复杂，且运行过程中同时存在电场、磁场、热场及机械应力，其产生的故障类型较多，处理的方式也不尽相同。但变压器故障处理过程中所涉及的高、低压侧引线断复引、修前及修后试验、主变压器排油、进人检查及相关零部件的检查和检修要求基本一致，其主要检修流程如图 4-6 所示。

下面以主变压器过热性故障和放电性故障为例，介绍故障的判断及常见处理措施。

（1）变压器过热性故障的判断与处理。当出现总烃超出注意值并持续增长，油中溶解气体分析提示过热，温升超标等过热异常情况时，可对照表 4-9 对过热故障进行判断和处理。

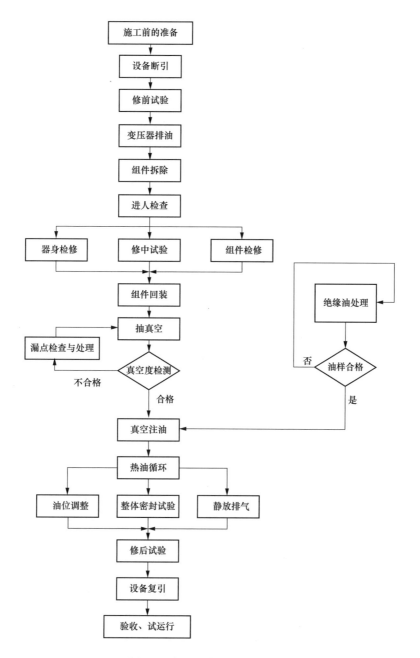

图 4-6　变压器主要的检修流程

表 4-9　　　　　　　　　　　变压器过热故障判断与处理对照表

序号	故障原因	判断、检查方法	判断及处理措施
1	铁芯、夹件多点接地	运行中测量铁芯接地电流	运行中大于 300mA 时，应加装限流电阻进行限流，将接地电流控制在 100mA 以下，并适时安排停电处理
		油中溶解气体分析	通常热点温度较高，乙烷、乙炔增长较快，视故障发展程度开展设备大修

序号	故障原因	判断、检查方法		判断及处理措施
1	铁芯、夹件多点接地	绝缘电阻表及万用表测绝缘电阻		若具有绝缘电阻较低（如几十千欧）的非金属特征，可在变压器带油状态下采用电容放电方法进行处理，放电电压应控制在 $6\sim10kV$ 之间。 若具有绝缘电阻接近为零（如万用表测量几千欧内）的金属性直接短接特征，必要时应吊罩（芯）检查处理，并注意区别铁芯对夹件或铁芯对油箱的绝缘降低问题
		接地点定位	万用表定位法	用 $3\sim4$ 只万用表串接起来，其连接点分别在高、低压侧夹件左右上下移动，如其两连接点间的电阻不断变小，表明测量点在接近接地点
			敲打法	用手锤敲打夹件，观察接地电阻的变化情况，如敲打过程中有较大的变化，则接地点就在附近
			放电法	用实验变压器在接地极上施加不高于 $6kV$ 的电压，如有放电声音，查找放电位置
			红外定位法	用直流电焊机在接地回路中注入一定的直流电流，然后用红外热成像仪查找过热点
2	铁芯局部短路	油中溶解气体分析		热点温度较高时，氢气、乙烷、乙烯增长较快，严重时会产生乙炔
		过励磁试验（1.1 倍）		试验中若存在过热加剧和油色谱中特征气体组分明显增长，则表明铁芯内部存在多点接地或短路缺陷现象，应进一步吊盖（芯）或进油箱检查
		低电压励磁试验		严重的局部短路可通过低于额定电压的励磁试验，以确定其危害性或位置
		用绝缘电阻表及万用表检测短路性质及位置		目测铁芯表面有无过热变色、片间短路现象，或用万用表逐级检查，重点检查级间有无短路现象。若有片间短路，可松开夹件，每两三片之间用干燥绝缘纸进行隔离。 对于分级短接的铁芯，如存在级间短路，应尽量将其断开。若短路点无法消除，可在短路级间四角均匀短接（如在短路的两级间均匀打入 $60\sim80mm$ 的不锈钢螺杆或钉）或串电阻
3	导电回路接触不良	油中溶解气体分析		观察乙烷、乙烯和甲烷增长速度，若增长速度较快，则表面接触不良已严重，应及时检修。 结合油色谱二氧化碳和一氧化碳的增量和比值进行区分是在油中还是在固体绝缘内部和附近过热，若近邻绝缘附近过热，则一氧化碳、二氧化碳增长较快
		红外测量		检查套管连接部位是否有高温过热现象
		改变分接开关位置		可改变分接开关位置，通过油色谱的跟踪，判断分接开关是否接触不良
		油中糠醛测试		可确定是否存在固体绝缘部位局部过热，若测定的值有明显变化，则表明固体绝缘在局部过热，加速了绝缘老化
		直流电阻测量		若直流电阻值有明显的变化，则表明导电回路存在接触不良或缺陷
		吊盖（芯）或进油箱检查		分接开关连接引线、触头接触面或（和）引线的连接和焊接部位的接触面存在过热性变色和烧损情况，可认为该部位存在过热情况，需对故障部位进行处理。若故障情况较轻，可对过热部位进行打磨清理，检查和紧固可能松动螺栓；若严重，则需要进一步评估其处理方式

序号	故障原因	判断、检查方法	判断及处理措施
4	导线股间短路	油中溶解气体分析	该故障的特征是低温过热，油中特征气体增长较快
		过电流试验（1.1倍）	1.1倍过电流会使油加速过热，色谱会有明显的增长
		解体检查	打开围屏，检查绕组和引线表面绝缘无变色、过热现象
		分相低电压下的短路试验	在接近额定电流下比较短路损耗，区别故障相
5	油道堵塞	油中气体溶解分析	该故障特征是低温过热逐渐向中温至高温过热演变，且油中一氧化碳、二氧化碳含量增长较快
		油中糠醛测试	通过测试可确定是否存在固体绝缘部位局部过热。若测定的值有明显变化，则说明表面固体绝缘存在局部过热，加速了绝缘老化
		过电流试验（1.1倍）	1.1倍的过电流会使油加剧过热，油色谱会有明显的增长，应进一步邮箱或吊罩（芯）检查
		净油器检查	检查净油器有无破损，硅胶有无进入器身。硅胶进入绕组内会引起油道堵塞，导致过热，如发生应时处理
		目测	解开围屏，检查绕组和引线表面有无变色、过热现象并进行处理
		油面温度	油面温度过高，而且可能出现变压器两侧油温差较大
6	悬浮电位接触不良	油中溶解气体分析	该故障特征是伴有少量氢气、乙炔产生和总烃稳步增长趋势
		目测	逐一检查连接端子是否良好，有无变色过热现象，重点检查无励磁分接开关的操作杆 U 型拨叉、磁屏蔽、电屏蔽、钢压钉等有无变色和过热现象
7	结构件或电、磁屏蔽形成短路环	油中溶解气体分析	该故障具有高温过热特征，总烃增长较快
		绝缘电阻测试	绝缘电阻不稳定，并有较大的偏差，表明铁芯柱内结构件或电、磁屏蔽等形成了短路环
		励磁试验	在较低的电压下励磁，励磁电流也较大
		目测	逐一检查结构件或电、磁屏蔽等无短路，变色过热现象；逐一检查结构件或电、磁屏蔽等接地良好
8	油泵轴承磨损或线圈损坏	油泵运行检查	声音、振动正常；工作电流平衡、正常；温度无明显变化；逐台停运油泵，观察油色谱的变化
		绕组直流电阻测试	三相直流电阻平衡
		绕组绝缘电阻测试	采用 500V 或 1000V 绝缘电阻表测量对地绝缘电阻应大于 1MΩ
9	漏磁回路的异物和用错金属材料	过电流试验（1.1倍）	若绕组内部或漏磁回路附件存在金属性异物或用错金属材料，1.1倍的过电流会加剧它的过热，油色谱会有明显的增长，需进一步检查
		目测	检查可见部位无异物；检查包括磁屏蔽等金属结构件无移位和固定不牢靠现象；检查金属结构件表面无过热性的变色现象。在将强漏磁区域内，如绕组端部部位，使用有磁材料会引起过热，也可用有磁性材料做鉴别检查
10	有载分接开关绝缘筒渗漏	油中溶解气体分析	属高温过热，并具有高能量放电特征
		压力试验	在本体储油柜吸湿器中施加 0.035MPa 的压力，观察分接开关储油柜的油位变化情况，如发生变化，则表明已渗漏

（2）变压器放电性故障的判断与处理。当变压器总烃超标并持续增长，故障分析提示存在放电性故障等情况时，可根据表 4-10 对放电性故障进行判断和处理。

表 4-10　　　　　　　　　变压器放电性故障判断与处理对照表

序号	故障原因	检查方法或部位	判断与处理措施
1	油泵内部放电	油中溶解气体分析	属高能量放电，这时产生主要气体是氢气和乙炔；若伴有局部过热特征，则是摩擦产生的引起的高温
		油泵运行检查	油泵内部存在局部放电，可能是定子绕组的绝缘不良引起放电
		解体检查	定子绕组绝缘状态，在铁芯、绕组表面上无放电痕迹；轴承磨损情况，或转子和定子之间是无异常引起的高温摩擦
2	悬浮杂质放电	油中含气量测试	属低能量局部放电，时有时无，这时主要的气体是氢气和甲烷
		油颗粒度测试	油颗粒度较大或较多，并含有金属成分
3	悬浮电位放电	油中溶解气体分析	具有低能量放电特征
		目测	所有等电位的连接良好；逐一检查结构件或电、磁屏蔽，无短路、变色、过热现象
		局部放电测试	可结合局部放电定位进行局部放电测试，以查明放电部位及可能产生的原因
4	油流带电	油中溶解气体分析	油色谱特征气体增长
		油中带电度测试	测量油中带电度，如超出规定值，内部可能存在油流带电、放电现象
		泄漏电流或静电感应电压测量	开启油泵，测量中性点的静电感应电压或泄漏电流，如长时间不稳定或稳定值超出规定值，则表明可能发生了油流带电现象
5	有载分接绝缘筒渗漏	油中溶解气体分析	油中存在溶解气体属高能量放电，伴有局部过热特征
6	导电回路接触不良	油中金属微量测试	测试结果若金属铜含量较大，表面导电回路存在放电现象
		油中溶解气体分析	油中存在溶解气体属低能量火花放电，伴有局部过热特征，这时伴有少量的乙炔产生
7	不稳定的铁芯多点接地	油中溶解气体分析	油中存在溶解气体属低能量火花放电，伴有局部过热特征，这时伴有少量的氢气和乙炔产生
		运行中测量铁芯接地电流	接地电流时大时小，可采取加限流电阻办法限制，或适时按上述方法停电处理
8	金属尖端放电	油中溶解气体分析	油色谱中特征气体增长
		油中金属微量测试	若铁含量较高，表明铁芯或结构件放电；若铜含量较高，表明绕组或引线放电
		局部放电量测试	可结合局部放电定位进行局部放电测试，以查明放电部位及可能产生的原因
		目测	重点检查铁芯和金属尖角有无放电痕迹

续表

序号	故障原因	检查方法或部位	判断与处理措施
9	气泡放电	油中溶解气体分析	具有低能量局部放电，产生主要气体是氢气和甲烷
		目测和气样分析	检查气体继电器内的气体，取气样分析，如主要是氧气和氮气，则为表面气泡放电
		油中含气量测试	如油中含气量过大，并有增长趋势，应重点检查胶囊、油箱、油泵和在线油色谱装置等是否渗漏； 油中含气量接近饱和值时，若环境温度或负荷变化较大，会在油中产生气泡
		残气检查	检查放气塞是否有剩余气体放出； 在储油柜上进行抽真空，检查气体继电器内是否有气泡通过
10	绕组或引线绝缘击穿	油中溶解气体分析	具有高能量电弧放电特征，主要气体是氢气和乙炔； 涉及固体绝缘材料，会产生一氧化碳和二氧化碳气体
		绝缘电阻测试	如内部存在对地树枝状放电，绝缘电阻会有下降的可能，故检查绝缘电阻，可判断放电的程度
		局部放电量测试	可结合局部放电定位进行局部放电量测试
		油中金属微量测试	测试结果若存在金属铜含量较大，表明绕组已烧损
		目测	观测气体继电器内的气体，并对气样进行色谱分析，这时主要的气体是氢气和乙炔； 结合吊罩（芯）或进行油箱内部，重点检查绝缘件表面和分接开关触头间有无放电痕迹，如有应查原因，并予以更换处理
11	油箱磁屏蔽接地不良	油中溶解气体分析	以乙炔为主，且通常伴有乙烯、甲烷等
		目测	磁屏蔽松动或有放电形成游离碳
		测量绝缘电阻	打开所有磁屏蔽接地点，对磁屏蔽进行绝缘电阻测量

本章后续按变压器绕组及绝缘、铁芯、引线、套管、油箱、散热装置等部件故障进行划分，选取若干典型故障案例，对变压器故障的发现和处理过程进行分析和说明。

第二节　绕组及绝缘典型故障案例

一、500kV 变压器总烃超标的分析与处理

（一）设备简述及故障情况

某电站 500kV 主变压器型号为 SSP-840MVA/500kV，额定电压为 550/20kV，2008 年 4 月生产，同年 11 月投入运行。自 2016 年 5 月 12 日开始，变压器油中烃类气体开始明显增长，其增长趋势如图 4-7 所示。2016 年 5 月 12 日至 6 月 16 日期间，变压器总烃由 $18\mu L/L$ 快速增长至 $68\mu L/L$，绝对产气速率最高达到 157mL/d 以上。

2016 年 6 月 10 日至 8 月 8 日，变压器总烃绝对产气速率达 133mL/d。根据 DL/T 722《变压器油中溶解气体分析和判断导则》判断，变压器的绝对和相对产气速率均已超过该导

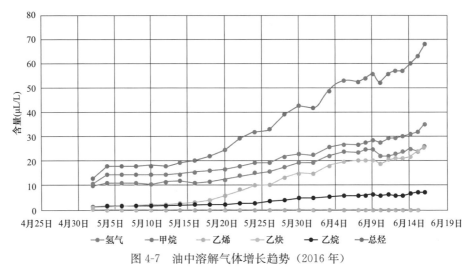

图 4-7　油中溶解气体增长趋势（2016 年）

则中规定的注意值。通过连续监测变压器运行中的总烃含量，发现该主变压器总烃含量增长明显，实验室油化数据趋势如图 4-8 所示。

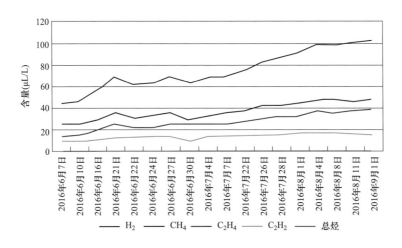

图 4-8　实验室油化数据趋势（H_2 及烃类气体）

（二）故障诊断分析

1. 故障初步分析

运维记录显示，该变压器自投运以来未发生过重大设备缺陷，各部件运行良好，变压器运行期间绕组温度、绝缘油温度正常，各项试验结果都满足标准要求。

对变压器中的油气含量进行分析，排除了变压器固体绝缘问题、绝缘油及绝缘纸老化问题。通过三比值法发现变压器中 C_2H_2/C_2H_4、CH_4/H_2、C_2H_4/C_2H_6 的编码组合为 021，对照表 4-5 可初步判断变压器内部存在 $300 \sim 700 ℃$ 的中温过热缺陷。

2. 设备检查

（1）首次进人检查。同年 10 月该主变压器停运并对其进行检查。对变压器内部电磁屏蔽、铁芯及其拉杆、上下夹件、分接开关、套管与引线、铜排连接等可视部位进行了检查和测试。发现两处疑似影响总烃增长的隐患：一是变压器 A 相低压绕组一根引出线至低压铜母管连接处螺栓松动；二是 A 相低压套管软连接处螺栓松动（见图 4-9），其余部位检查和测试均正常。

图 4-9 A 相低压套管引线连接处一螺栓松动

变压器检修中，将两处未完全紧固的螺栓按工艺要求进行了紧固处理，检修完成后于同年 11 月 2 日投入运行，跟踪检测发现变压器总烃含量依然持续上涨，如图 4-10 所示。至 12 月 16 日，变压器油中总烃含量从初始零值上升至 $114\mu L/L$，总烃绝对产气率达 $360mL/d$，从总烃增长量及增长速率判断，该变压器局部过热故障并未消除。

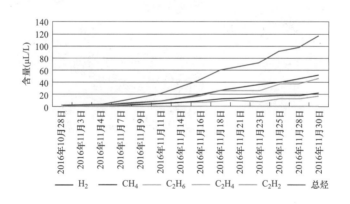

图 4-10 变压器进人检查后实验室油化数据趋势

（2）进一步对变压器各部件进行检查。测试变压器高压侧分接开关各挡位回路电阻阻值并与初始值比较无明显异常。主变压器超声波检测显示，在 B 相高压套管升高座附件发现一个约 200mV 的信号，信号位于 B 相升高座中线偏 A 相侧 20cm，距变压器油箱顶部 110cm，深度为距高压侧垂直箱壁约 60cm，最大峰一峰值信号约为 1000mV，稳定时峰一峰值约 600mV。同时，变压器转入空载运行，空载状态下，绝缘油总烃含量无明显增长，基本排除变压器磁路和铁芯故障。此外，空载状态下超声波信号峰一峰值均不大于 20mV。空载运行时，铁芯对地电流 0.31～0.54mA，夹件对地电流 12.51～15.61mA，均处于正常水平。

此外，在变压器运行期间，测量主变压器冷却器潜油泵启动电流及运行电流，均正常。变压器停运后，再次启动变压器冷却器潜油泵，监测变压器油中总烃无变化，排除潜油泵异常。

3. 故障原因初步分析

（1）绝缘油中 CO、CO_2 含量及比值无变化，初步排除固体绝缘（绝缘纸）故障。

（2）从空载总烃无增长判断，故障与变压器磁路及铁芯无关。

（3）空载运行时，超声信号较负载运行时明显下降，说明故障与主变压器电流关系明显。

（4）主变压器停运后潜油泵运行总烃无变化，排除潜油泵故障。

综合以上分析，初步推断变压器过热故障点可能位于电回路或电磁屏蔽等部位，主要包括分接开关、高压绕组电接头及引出线部分、低压绕组及低压绕组接头、电屏蔽、磁屏蔽等部位。基于以上分析，决定再次对变压器进行进人检查。

4. 设备第二次进人检查

第二次进人检查，发现变压器高压侧 B 相一引线接头接触不良及虚焊（见图 4-11），未发现变压器存在过热、放电痕迹等异常情况。

桩头表面发黑　　　　　　　　　　桩头虚焊

图 4-11　引线接头接触不良及虚焊

测量 B 相高压侧绕组，直流电阻无异常。分析认为，引线桩头接触不良虽然会出现发热现象，但桩头附近的棉纱带无碳化变脆现象。由于 500℃ 的高温足以使棉纱带碳化，故分析认为该部位不是过热的主要原因，此次进人检查未能发现故障原因。

分析认为变压器故障部位可能位于线圈内部，现场进人检查无法解决。决定启动更换备用变压器程序并将变压器返厂检修。

5. 变压器返厂检修

（1）变压器返厂后的试验显示变压器各项试验合格，同时再现了变压器的局部过热现象，推断变压器电回路出现过热故障可能性较大。

（2）对变压器铁芯及结构件、绕组及引线、分接开关等进行全面检查，结果显示变压器器身外观无异常，低压绕组每根电缆间绝缘未见异常。变压器各相绕组直流电阻测量结果显示，各相低压绕组不断换位导线（每相 10 根，上下各 5 根）直流电阻测量值均在 8.1～8.4mΩ 之间，且差值均不大于 2%，见表 4-11。但 A 相低压绕组线圈第 4 根 CTC 导线直流电阻为 8.316mΩ，较其他 29 根的直流电阻明显偏大。

表 4-11　　　　　　　　变压器低压绕组不断换位导线直流电阻测量　　　　　　　　mΩ

编号	A相		B相		C相	
	上部线圈	下部线圈	上部线圈	下部线圈	上部线圈	下部线圈
1	8.146	8.198	8.115	8.179	8.138	8.182
2	8.154	8.197	8.112	8.203	8.145	8.179
3	8.131	8.179	8.110	8.167	8.126	8.162
4	8.135	**8.316**	8.121	8.183	8.128	8.181
5	8.136	8.200	8.123	8.181	8.128	8.207

（3）变压器器身拆卸，先后拆除并检查分接开关、低压侧矩形铜管、高低压引出线及上夹件、上铁轭硅钢片、线圈等均未见异常。拔上铁轭，检查铁芯接地回路和夹件接地回路未见异常。

（4）线圈检查。依次拆除高压绕组线圈绑扎带、撑条、围屏，检查高压绕组线圈外观未见异常。采用高频焊机熔断线圈纠结段与连续段之间的 8 个过渡焊接头并测量各断开点与中部出线之间的直流电阻未见异常。

拆除低压绕组线圈围屏及上端圈，检查发现 A 相低压绕组 1 支路引出线第 4 根不断换位导线表面皱纹纸有过热现象，其表面变色长度约 10cm，如图 4-12 所示。其他未见异常，基本判定故障点位于 A 相低压绕组 1 支路引出线第 4 根不断换位导线。

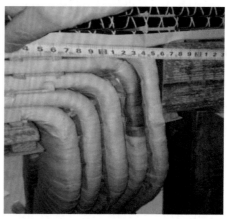

图 4-12　A 相绕组线圈内表面检查

逐层剥开引出线皱纹纸发现皱纹纸内部已烧穿，穿孔直径约 15mm，靠近铜线的几层皱纹纸部分已碳化，故障点导线中的一股导线被烧熔，金属残渣依然附着在原处，清理后发现该铜线有较整齐的长约 10mm 的断口，相邻铜线变色，股线间绝缘已受损，如图 4-13 所示。

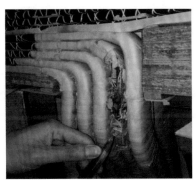

图 4-13　故障点烧蚀情况

6. 故障原因分析

额定工况下，变压器低压侧线电流为 24249A，不断换位导线的单股导线设计电流 24.74A，大于单股导线的实际电流 24.56A，满足额定工况下的载流能力。导线故障点由于过流截面积降低导致导线过热。

变压器运行约 8 年后出现过热故障，说明该导线可能只是部分损伤。随着运行时间的累计和负荷的增大，逐步从低温过热发展为中温过热，致使故障铜线的截面越来越小，导致过热逐步加剧并最终熔断。由于烧断后的金属残渣因绝缘包扎依然搭在原处，使该导线仍处于导流状态，但其电阻已显著增大且随着变压器运行电阻进一步增大，这与现场总烃加速上涨相吻合。

故障变压器特征气体组分以 C_2H_4、CH_4 为主，$CO_2/CO=3525/550=6.4>3$，C_2H_2/C_2H_4、CH_4/H_2、C_2H_4/C_2H_6 的编码组合为 021，根据三比法判定变压器内部存在纯金属局部中温过热（300～700℃）。但实际发现的过热故障点明显涉及纸绝缘。分析认为，这主要是由于参与故障点的纸绝缘相对较少，外加包扎的绝缘较厚，层数较多，过热时间较短，皱纹纸暂未全部烧穿，CO 未被完全释放出来，以致较少 CO 在约 100t 油中没有明显的增加。

铜的熔点约 800℃，一股不断换位导线被烧断，说明故障点温度应达到 800℃，但是绝缘油中未发现 C_2H_2。分析其原因认为：一方面，可能是由于变压器局部过热时间较短，运行时间断断续续，产生的 C_2H_2 极少；另一方面，可能是故障引出线包扎绝缘较厚，层数较多，皱纹纸未完全烧穿，使得 C_2H_2 未能大量释放出来所致。

综合以上分析，可以确认变压器 A 相低压绕组 1 支路引出线第 4 根不断换位导线过热为故障变压器总烃上涨的唯一原因；而该根不断换位导线存在质量缺陷为局部过热的直接原因。

（三）故障处理

导线是自粘连导线，故障点周围堆积物难以清理。如果强行把引线扳开清理会破坏引线形状，并且容易引起其他问题。虽然断裂的线股用高频填料焊可以焊接，但是焊接时其高温会破坏周围的股间绝缘，而此处在变压器正常运行时漏磁通密度较高，股间绝缘破坏后的导线等效于大尺寸的单股铜线，涡流发热产生热点的风险高。因此决定重新绕制 A 相低压绕组。更换变压器损坏的绝缘件并对局部油漆脱落部位补漆。

（四）总结建议

经分析该缺陷为设备制造缺陷，属于导线局部缺陷导致的变压器过热故障。修复后的变压器在投入运行后的一段时间内，要加强巡检和绝缘油色谱检测，跟踪变压器运行动态，确保变压器运行状态良好。在线圈内部故障的初期，通过三比值法判断故障存在一定误差，此点给故障原因分析和进人检查增加了难度。

二、220kV 变压器总烃含量超标的分析与处理

（一）设备简述及故障情况

某 220kV 主变压器型号为 SSP3-200000/220，额定电压 242/13.8kV。变压器 1980 年 2 月出厂，同年 2 月投入运行，1988 年变压器冷却方式由水冷改为风冷。

自 2007 年开始，主变压器油中溶解气体呈逐步上升趋势，如图 4-14 和图 4-15 所示。自 2011 年 5 月 25 日开始，油中总烃增长趋势明显（图 4-15）。以 2011 年 5 月油色谱数据为基础，6 月至 9 月的总烃绝对产气速率分别为 12.5 、10.2 、14.3 、19.7mL/d，产气速率已接近或超过了 12mL/d 的注意值。此外，油中二氧化碳含量增长了 1753μL/L。

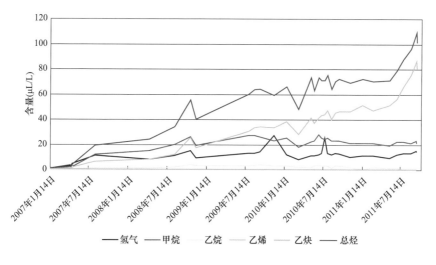

图 4-14　变压器油中氢烃类气体变化趋势图

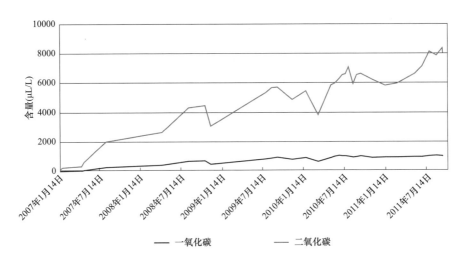

图 4-15　变压器油中非氢烃类气体含量变化趋势图

2012 年 2 月 17 日 4 时，主变压器油色谱在线监测装置报警，监测数据显示总烃含量为 $240.1\mu L/L$ ，超过注意值 $150\mu L/L$ 。9 时 30 分，离线绝缘油试验确认该变压器本体乙炔含量高达 $6\mu L/L$ ，超过注意值 $5\mu L/L$ ，总烃含量已高达 $383\mu L/L$ 。

（二）故障诊断分析

1. 故障初步分析

根据故障现象并结合主变压器油气在线监测系统监测氢、烃类气体变化趋势，变压器绝缘油中乙烯和甲烷含量占比最高，同时氢气含量大幅上升，初步判断故障点为裸金属放电故障。

图 4-16 所示为该变压器高、低压绕组压板及梯级垫块布置示意图，其中①②③④表示梯级垫块，每相 8 个，共 24 个，垫块为 3 层环氧块叠装而成，层与层之间用环氧销连接固定，其中最底层内嵌圆形钢块用以支撑压钉。

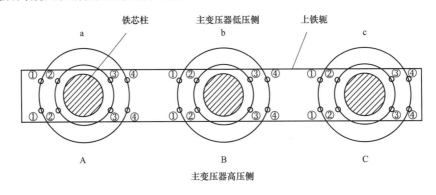

图 4-16　高、低压绕组压板梯级垫块布置示意图

2. 设备检查

对变压器实施吊罩和全面检查。在变压器绕组及上铁轭处找到了放电故障点及其他故

障，主要现象描述如下：

（1）A相②③垫块及B相②垫块及内嵌圆钢块脱落，如图4-17、图4-18所示，脱落后的圆钢块搭接上铁轭放电，圆钢块与对应硅钢片有明显过热烧蚀痕迹。

图4-17　A相②③垫块及内嵌圆钢块脱落

图4-18　B相②垫块及内嵌圆钢块脱落

（2）A相②③、a相①、C相①②③、c相①②③梯级垫块松动、脱落，如图4-19所示。

（3）部分梯级绝缘垫块内嵌钢块未被上层环氧板遮盖，如图4-20所示，导致其对上铁轭放电，圆钢块及对应的上铁轭有明显放电痕迹。

图4-19　垫块松动

图4-20　放电痕迹

3．故障分析

垫块插销因振动脱出通孔，底层垫块向下滑落且内嵌圆钢块滚落并与上铁轭搭接致使搭接面过热。此外，部分内嵌金属圆形钢块未被上层绝缘垫块遮挡住，且离铁轭较近，导致其对上铁轭放电，以致绝缘油总烃及乙炔含量超标。因此，可以确认导致该放电故障的直接原因是梯级绝缘垫块松动、脱落。

（三）故障处理

1．过热烧蚀处理

（1）用塑料薄膜隔离放电部位与器身。

（2）铲除上铁轭硅钢片烧蚀凸起部分并清理硅钢片表面毛刺，防止金属屑等杂物落入器身。

（3）彻底清除施工产生的金属屑并清理硅钢片表面。

2. 绝缘垫块固定

（1）打磨并修复内嵌金属圆块放电点。

（2）拆除垫块间的环氧插销并采用白布带绑扎固定，如图 4-21 所示。

（3）在垫块侧面适当部位各加工一同样孔径的圆孔，使之与原通孔连通，然后将白布带穿过侧面圆孔和原通孔对绝缘垫块进行绑扎，并避免白布带和上铁轭接触。

（4）绑扎完成后，回装梯级绝缘垫块，并在绝缘垫块与铁芯之间垫双层厚度 0.75mm 的绝缘纸，如图 4-22 所示，消除绝缘垫块内嵌圆形钢块对铁轭放电的可能。

图 4-21　固定后的绝缘垫块

图 4-22　回装后的绝缘垫块

3. 绕组压板压钉紧固处理

（1）测量同相其他紧固未松动压钉、梯级绝缘垫块处绕组压板与铁轭同级硅钢片间的距离，取其平均值并以此作为压钉紧固标准。

图 4-23　绕组压板压钉紧固处理

（2）逐个检查并紧固所有压钉，要求同相压钉受力均匀，绝缘垫块无松动，如图 4-23 所示。

（四）处理评价及后续建议

通过主变压器吊罩检修，对器身进行了全面检查，对隐患进行排查和处理：改变了器身梯级垫块固定方式，消除了绕组压板与铁轭间绝缘垫块及垫块内嵌金属圆块松动、脱落的可能，消除了金属圆块与上铁轭硅钢片搭接放电的可能。

检修投运后一年内对变压器绝缘油色谱进行了多次跟踪检测，油中的溶解气体组分及总烃均正常。投运一年后的绝缘油色谱分析报告见表 4-12。

表 4-12   变压器绝缘油色谱分析报告

组分	实验结果（μL/L）	注意值（μL/L）
氢气	7	150
甲烷	5	—
乙烷	1	—
乙烯	25	—
乙炔	0	5
一氧化碳	453	—
二氧化碳	2534	—
总烃	31	150

鉴于绝缘垫块存在固有缺陷，建议按照原尺寸加工整体结构形式的环氧绝缘垫块以备用。建议对电站同型号变压器加强跟踪并在后续检修中使用新加工的绝缘垫块替换原绝缘垫块。

三、变压器绝缘老化判断分析

（一）设备简述及故障情况

1. 主变压器主要技术参数

某水电站共安装 5 台主变压器，其主要技术参数见表 4-13。

表 4-13   主变压器主要技术参数

序号	技术参数	1、2、4 号变压器，备用变压器	3 号变压器
1	出厂日期	1986～1987 年	2004 年
2	相数	3	3
3	容量	88.9MVA	75/98MVA
4	电压比	138±2×2.5%/13.8kV	138±2×2.5%/13.8kV
5	冷却方式	OFAF	ONAN/ONAF
6	绝缘液体	矿物绝缘油	矿物绝缘油

2. 4 号变压器糠醛含量超标

4 号变压器于 1987 年投入运行，1991 年变压器油中糠醛含量达到 2.92μL/L，变压器退出运行并于 1994 年返厂维修，更换了绕组等部件。1996 年恢复运行。近年来变压器油中糠醛含量已高于 1μL/L 且持续显著增加，如图 4-24 所示，期间因绝缘油处理，糠醛含量出现正常降低。2017 年 2 月 18 日，在高压 A 相引线上进行了绝缘纸取样测试，聚合度为 279。

3. 备用变压器糠醛含量超标

备用变压器于 1994 年投入运行，2004 年停运转入备用。2014 年再次短期投入运行。

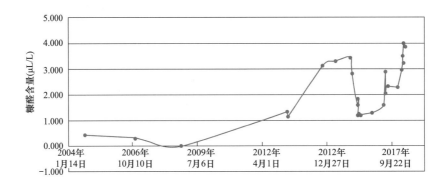

图 4-24　4 号变压器糠醛含量变化

2014 年，该变压器转备用后，糠醛含量异常增加至 $25\mu L/L$，如图 4-25 所示。

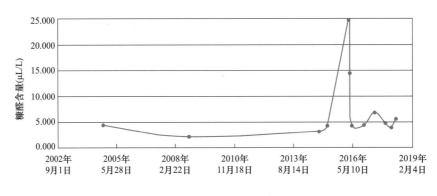

图 4-25　备用变压器糠醛含量变化

2016 年，在变压器不同部位对绝缘纸进行了取样测试，聚合度测试结果见表 4-14。

表 4-14　　　　　　　　　　　　　　　备用变压器聚合度测试结果

取样日期	2016 年 4 月 19 日	2016 年 4 月 19 日	2016 年 4 月 19 日	2016 年 9 月 29 日
取样部位	A 相铁芯隔板	A 相低压引线	C 相低压引线	A 相高压引线
聚合度	604	503	511	298

4．2 号变压器糠醛含量超标

2 号变压器于 1991 年投入运行。变压器 2004 年至 2017 年的糠醛含量变化如图 4-26 所示。2017 年 4 月 25 日，对 C 相高压引线部位绝缘纸进行了取样测试，聚合度为 407。

5．1 号变压器糠醛含量超标

1 号变压器于 1994 年投入运行，2004 年该变压器的糠醛含量超过 $1\mu L/L$，变压器糠醛含量变化如图 4-27 所示，其中 2006 年糠醛含量降低是由于对变压器油进行了过滤处理。

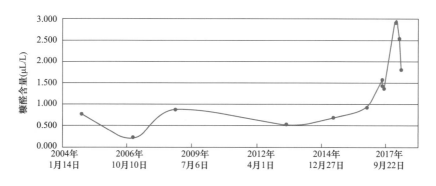

图 4-26　2 号变压器糠醛含量变化

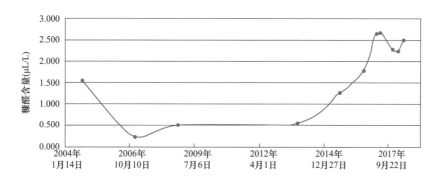

图 4-27　1 号变压器糠醛含量变化

2015 年和 2017 年分别在变压器不同部位对变压器绝缘纸进行了取样测试，结果见表 4-15。

表 4-15　　　　　　　　　　　1 号变压器聚合度测试结果

取样日期	2015 年 6 月 12 日	2017 年 4 月 2 日
取样部位	低压引线	A 相高压引线
聚合度	597	383

（二）故障诊断分析

1. 油中糠醛含量分析

根据 DL/T 984《油浸式变压器绝缘老化判断导则》，变压器的油中糠醛含量随变压器运行时间的增加而增长。不同变压器制造上的固有差异、运行环境温度、负载率等不同，造成在相同运行时间内不同变压器的糠醛含量具有一定的分散性。此外，由于变压器油纸比例不同，测试结果的表示方式都使得相同老化状况的不同设备的测试结果存在差异性，并且检修期间的变压器油处理也是影响糠醛含量的重要因素。

由 DL/T 984 可知，大部分变压器的运行时间与糠醛含量的对数之间具有一定的线性相关性，而且大部分变压器的运行时间与油中糠醛含量均处于图 4-28 中的区域 B 内。区域 B

和区域 C 内的数据占总数据的 90％以上，区域 A 内的数据占比不到 10％。将运行年限落入区域 A 的变压器油中糠醛含量的下限值作为可能存在纸绝缘非正常老化的注意值，该下限值的计算公式如下

$$\log(f) = -1.65 + 0.08t$$

式中　f——糠醛含量，mg/L；

　　　t——运行年数。

当油中糠醛含量落入区域 A 时，应该对变压

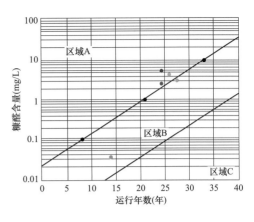

图 4-28　油中糠醛含量与运行年数关系

器的历史运行状况进行详细了解，内容应包含变压器在运行中是否经受过载、运行温度是否经常过高、冷却系统和油路是否异常、含水量是否过高等。同时，还应加强监测油中糠醛、CO 和 CO_2 含量及增长速度。对于运行年限较短的变压器，若油中的糠醛含量过高更应该引起重视。

由于油中糠醛含量会因绝缘油滤油处理而有所降低，因此通常以历次糠醛含量最高值来判断绝缘老化情况。可以看出，4 台同批次变压器均落在或接近区域 A，表示变压器绝缘存在异常老化的可能。

2. 油中 CO 和 CO_2 含量分析

变压器纸绝缘在老化降解过程中，可得到溶解在油中的多种老化产物，例如 CO 和 CO_2 等。通过测试油中 CO 和 CO_2 的含量，可以判断绝缘是否存在异常老化。正常情况下，随着运行年数的增加，绝缘材料老化，使 CO 和 CO_2 的含量逐渐增加。由于 CO_2 较易溶于油，而 CO 在油中的溶解度小，易逸散，因此 CO_2/CO 的比值一般随着运行年限的增加而逐渐变大。当 CO_2/CO 的比值大于 10 时，可认为绝缘老化或大面积低温过热故障引起的非正常老化。由于油中溶解 CO 和 CO_2 受绝缘处理影响明显，在分析判断时，应剔除绝缘油处理后短期内的试验结果，以使油中的含气量能反应变压器纸绝缘老化的真实状况。

3. 绝缘纸聚合度分析

纸绝缘的老化，首先为纤维大分子的断裂，表现为绝缘纸聚合度降低，同时绝缘纸聚合度不受变压器绝缘油处理的影响，能直观反映纸绝缘的老化程度。目前 IEC、CIGRE 等国际组织以及中国电力行业标准都对绝缘纸聚合度判断标准有明确规定，虽有一定差异，但基本认为绝缘纸聚合度低于 350 时已严重老化，低于 200 时绝缘纸已呈碎片状。当前各国及地区技术标准对绝缘纸聚合度的评估见表 4-16。对照可知，该电站主变压器纸绝缘均已呈现明显老化，部分变压器已进入寿命终止阶段。

表 4-16   绝缘纸聚合度的评估

序号	标准名称	标准
1	DL/T 984—2005《油浸式变压器绝缘老化判断导则》	＞500：良好 250～500：可以运行 150～250：注意 ＜150：退出运行
2	IEC 60450：2009《新的和老化的纤维素电气绝缘材料的粘均聚合度的测量》	800～1000：干燥新纸 151～799：部分老化 ＜150：完全老化

注　DL/T 984—2005《油浸式变压器绝缘老化判断导则》现虽已作废，但是该案例在判断之时，采用的是该版本的标准。

4. 变压器诊断

4 号变压器于 1994 年返厂检修，检修内部时发现高、低压绕组的线圈发黑、绝缘纸脆化。检测显示，变压器高、低压绕组的线圈引线部位外层绝缘纸聚合度为 293，内层绝缘纸聚合度为 383。

初步分析，出现异常老化的原因可能与制造工艺或所用原材料的质量有关。本次变压器检修更换了变压器全部绕组。

在 2017 年的变压器绝缘纸聚合度测试中，各台变压器绝缘纸聚合度明显降低，这主要是由于变压器已达正常寿命使用年限所致。

（三）故障处理

发现变压器油中糠醛含量异常升高后，决定逐步对变压器进行更换。在变压器更换前，密切监测变压器糠醛含量变化情况及变压器整体绝缘状况。

（四）总结建议

变压器的寿命取决于绝缘系统的寿命，而绝缘油可以通过滤油或更换保持其品质，因此变压器的纸绝缘就直接决定了变压器的寿命。纸绝缘降解的结果，首先表现为聚合度的下降和机械强度的降低；其次是伴随着降解过程，可得到溶解在油中的多种老化产物，如 CO、CO_2 和糠醛等。因此，测试变压器中纸绝缘的聚合度和油中相应老化产物的含量，可以推测变压器纸绝缘的老化状态。

本案例通过持续跟踪油中糠醛含量变化，准确及时地发现了变压器绝缘的异常老化，其经验值得借鉴。

四、变压器绝缘受潮及氢气含量超标分析及处理

（一）设备简述及故障情况

某 500kV 主变压器型号为 SSP-840000/500，额定电压为 550/20kV，冷却方式为

ODWF（强迫导向油循环水冷）。

该变压器自 2004 年 8 月投运以来，变压器油中 H_2 含量呈加速上涨趋势。2008 年 5 月 7 日油气相色谱试验测得 H_2 含量为 141μL/L，6 月 11 日升至 163μL/L，超过了 150μL/L 的注意值。与此同时，试验发现变压器绕组极化指数与吸收比均不合格。2009 年 3 月对该变压器进行干燥处理，干燥合格后重新投运。投运后变压器油中 H_2 含量仍持续增长，其绝对产气速率高达 97mL/d，远远超过了氢绝对产气速率注意值 10mL/d。至 2009 年 8 月 12 日，H_2 含量已达 117μL/L。

（二）故障诊断分析

电晕放电、固体绝缘热分解、局部放电或受潮等均可以产生 H_2，本台变压器油中 H_2 含量增加时，其他气体并未见明显增长，初步排除放电类故障和固体绝缘分解的可能性。此外，修前试验发现本台变压器绕组极化指数与吸收比均不合格，初步推断变压器 H_2 含量增长与变压器受潮相关。

（三）故障处理

1. 变压器绝缘受潮处理

（1）对于室外变压器，考虑到检修期间环境温度较低且较为潮湿，在变压器检修前搭建变压器保温棚，并在油箱底部及箱壁安装适当数量的加热板或热风机，以提高变压器检修和干燥期间的油箱及环境温度，降低环境湿度。

（2）第一轮真空干燥。变压器抽真空 156h，使用麦氏真空计测量真空残压为 3Pa。真空注油至箱盖下约 300mm 处，静置 1h 后测量变压器绝缘电阻及极化指数和吸收比，确认干燥效果良好。

（3）第一轮热油循环干燥。进行变压器油 72h 热油循环，将变压器上层油温提高到 56℃，完成 72h 热油循环。对变压器排油后再次测量变压器绝缘电阻、极化指数和吸收比，确认器身受潮基本消除，第一个干燥周期结束。

（4）按相同的方法对变压器进行第二轮器身真空干燥。干燥完成后测量铁芯对夹件及地的绝缘电阻为 786MΩ，夹件对铁芯及地的绝缘电阻为 20MΩ。

（5）变压器干燥完成后，变压器各项试验合格，器身受潮彻底消除。

2. 故障再次处理及分析

变压器受潮处理完成并投入运行后，变压器绝缘已恢复正常，但仍然监测到变压器油中 H_2 含量持续增长，说明变压器油中 H_2 的产生与变压器受潮无关。检查变压器冷却器发现该变压器冷却器与其他变压器冷却器生产厂家不同，查阅资料显示该变压器冷却器油水热交换筒材质为不锈钢材质。在变压器油逐渐氧化过程中，不锈钢材料中的镍分子会促进变压器油产生脱氢反应。在这个过程中，铁、铜等金属能够加强油的氧化反应作用，由于它们具有可变的化合价，能够促进过氧化物分解并产生大量的 H_2。因此推断变压器产生 H_2 与不锈钢油水热交换筒有关。

3. 冷却器热交换器不锈钢金属筒更换

（1）逐台拆除全部 6 台原冷却器油水热交换不锈钢金属筒。

（2）逐台安装新的非不锈钢冷金属筒，更换进出水管及进出油管密封圈，更换前仔细检查新冷却器金属筒并清理密封面。

（3）冷却器热交换器更换后，采用压差式滤油机对冷却器进行油循环处理，清除冷却器内可能存在的异物或杂质。

（4）对冷却器充压力为 30kPa 干燥空气并保持 2h 后检漏，确保无渗漏后可打开阀门与变压器本体连通。

4. 处理后效果

更换冷却器后，变压器 H_2 含量稳定，无增长趋势。

（四）总结建议

变压器油中产生 H_2 的原因较多，需要结合变压器油中的气体成分和其他故障现象综合判断。本案例中，由于变压器冷却器热交换器采用了不锈钢材质导致变压器氢气含量异常增长。对于此类故障的防范，主要有以下两种方式：

（1）尽量减少不锈钢材质的使用，包括检修过程中使用的泵、管路接头等。

（2）变压器内部裸露的金属，如铜、铁等材料，在其表面必须覆盖绝缘漆，以防止与变压器油中水分反应或作为催化剂加速变压器油的氢化裂解。

分析本台变压器的受潮原因，最可能的原因是变压器现场安装期间变压器绝缘可能存在轻微受潮。在变压器运行初期，变压器绝缘合格，但随着变压器长期的运行和温度的升高，固体绝缘中的水分逐渐析出导致绝缘降低。主要的防范措施为在变压器的生产、安装及检修过程中严格执行变压器工艺规程，尽量降低变压器绝缘材料的含水量。此外，在安装或检修过程中，还应尽量缩短变压器本体暴露在空气中的时间，以防止水分的侵入。

第三节　铁芯典型故障案例

一、主变压器夹件绝缘偏低缺陷的分析与处理 （一）

（一）设备简述及故障情况

某变压器型号为 SFP-840000/500，额定电压 550/20kV，额定容量 840MVA，冷却方式为强迫导向油循环风冷（ODAF），变压器自 2011 年 7 月正式投运。2012 年 3 月预防性试验发现变压器夹件对地绝缘为 2MΩ；2014 年 4 月预防性试验发现变压器夹件对地绝缘进一步下降至 0.01MΩ，与该主变压器历史数据和其他同类主变压器相比较其对地绝缘下降明显（见表 4-17），不满足 DL/T 596—1996《电力设备预防性试验规程》对变压器铁轭夹件的绝缘电阻一般不低于 500MΩ 的要求。

表 4-17　　　　　　　　　某电站 6 台变压器铁芯、夹件对地绝缘测量值对比

主变压器名称	1 号变压器	2 号变压器	3 号变压器	4 号变压器	5 号变压器	问题主变压器		
试验日期	2013 年 1 月	2012 年 4 月	2010 年 4 月	2011 年 9 月	2011 年 9 月	2011 年 2 月（竣工）	2012 年 3 月	2014 年 4 月
铁芯—夹件、地绝缘（MΩ）	12000	3500	1400	4000	5000	19000	16000	3000
夹件—铁芯、地绝缘（MΩ）	10000	3000	840	3500	3500	17000	2	0.01
铁芯—夹件绝缘（MΩ）	14000	3500	2670	5000	6000	3000	20000	3000

（二）故障诊断分析

2014 年 11 月 23 日至 12 月 14 日，对变压器实施现场内检及检修。

1. 设备检查

设备检查工作按照上部定位支撑—侧面支撑—下部定位支撑的顺序进行逐项检查。

（1）上部、侧面支撑检查。分别从高、低压侧进入变压器，逐个检查上部定位、支撑以及侧面支撑，未检查到明显接地点，夹件接地引线和低压侧金属导油管绝缘良好。

（2）下部定位装置及减震橡胶板检查。在夹件下部与箱底之间，放置有 48 块减振降噪用橡胶板，如图 4-29 所示。在每块橡胶板上放置 1 层 5mm 绝缘纸板，如图 4-30 所示，以保证夹件对地绝缘。

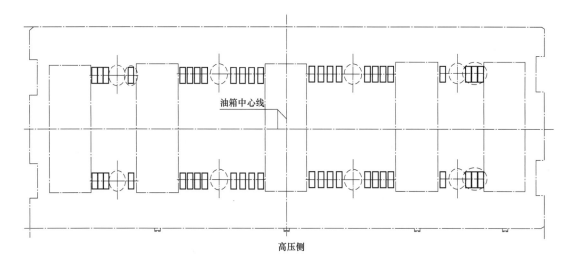

图 4-29　减振橡胶板布置图

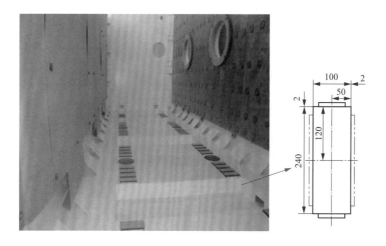

图 4-30　绝缘纸板布置图

用内窥镜检查橡胶板、下部树脂定位装置和铁芯垫脚，查看纸板槽偏移、橡胶板变形以及夹件与油箱的接触情况。发现该变压器 A、C 两相器身低压侧底部的减振橡胶边沿向上翘起并越过绝缘纸板与夹件搭接（见图 4-31），初步怀疑此处即为故障点。

2. 故障原因

当变压器器身用吊车吊入油箱时，需多次调整器身对油箱的距离，由此使得绝缘纸板槽与减振橡胶板之间发生偏移（见图 4-32）。在变压器长期运行情况下，悬空处的橡胶板向上变形并最终与夹件接触。由于橡胶板的绝缘电阻较低，使得夹件对地绝缘电阻值变小。

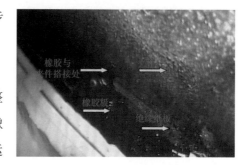

图 4-31　橡胶与夹件搭接示意图

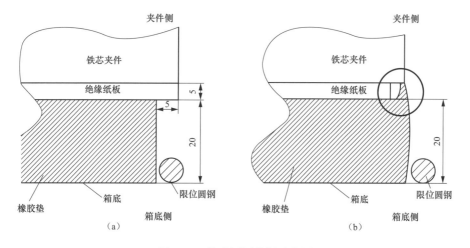

图 4-32　故障原因分析示意图

（a）图纸位置；（b）实际位置

（三）故障处理

1. 故障处理方法

通过变压器进人检查并对故障进行定位，再使用锋利刀具将变形橡胶板边沿与铁芯夹件搭接处祛除。

2. 故障处理效果评价

处理全部橡胶搭接部位，复测夹件对地绝缘电阻上升至 2000MΩ，符合规程要求，验证了变压器夹件绝缘偏低为减振橡胶板与夹件搭接所致的推测。通过此次现场内检，成功消除了缺陷，变压器投运后运行稳定、未发现异常。

（四）后续建议

对同类型变压器，应持续关注夹件绝缘情况，防止再次发生同类型绝缘故障。在同类变压器转移、更换备用件等情况下，应注意对该部位进行检查，防止再出现类似情况。

二、主变压器夹件对地绝缘偏低的分析与处理 （二）

（一）设备简述及故障情况

某变压器型号为 SSP-890000/500，额定电压 550/23kV，投运日期为 2012 年 11 月。

变压器投运前的交接试验显示夹件对地绝缘电阻为 4.8GΩ。但设备投运以来，夹件对地绝缘一直较低（见表 4-18），不满足 DL/T 596—1996 对变压器铁轭夹件的绝缘电阻一般不低于 500MΩ 的要求。

表 4-18　　　　　　　　　　变压器夹件对地绝缘电阻值

测量时间	2013 年 3 月	2014 年 1 月	2015 年 2 月	2016 年 3 月	2017 年 1 月
夹件绝缘电阻（MΩ）	3.2	2.1	1.1	0.3	2.7

（二）故障诊断分析

2018 年 12 月对该变压器实施排油内检。排油前测量夹件对地绝缘电阻为 1MΩ，排油后复测夹件对地绝缘电阻为 9GΩ，变压器器身上下部定位、铁芯、夹件等结构布置如图 4-33 所示。检修期间对油箱底部及器身进行全面检查，检查按夹件接地引线—上部定位支撑—侧面支撑—下部定位支撑的顺序进行。

拆开铁芯夹件接地小套管，检查接地引线电缆与接头压接和绝缘包扎均无异常；通过引线测量夹件的绝缘电阻合格。从高、低压侧进入变压器并检查上部定位和支撑以及侧面支撑，结果无异常。检查下夹件垫脚定位与油箱之间无异物、无接触。检查器身其他部位均未发现异常。

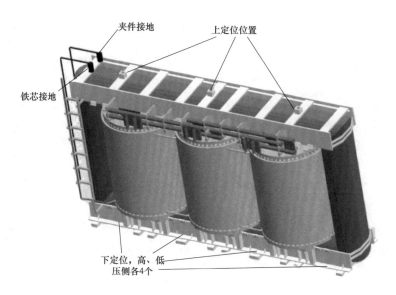

图 4-33　变压器器身上下部定位、铁芯、夹件等结构布置图

变压器排油前，夹件对地绝缘电阻为 1MΩ。排油检查过程中，夹件对地的绝缘电阻监测结果见表 4-19。

表 4-19　　　　　　　　　　　　某主变压器排油后夹件对地绝缘电阻监测

序号	主变压器状态	夹件对地绝缘电阻（GΩ）
1	排油前	0.001
2	本体排油后	9.370
3	检查完成并充油后	2.530
4	本体注油后、滤油前，部分铁芯未浸油，储油柜胶囊处理，储油柜无油	4.650
5	本体油已充满，铁芯已全部浸泡于变压器油中	5.230
6	本体滤油 48h 后，油温 56℃	1.219
7	滤油结束后	1.435
8	静置 72h 后	4.700
9	检修后	5.520

根据变压器内部检查及绝缘电阻监测结果分析：该变压器运行时，极性物质极有可能聚集在器身上定位钉处，导致夹件对地绝缘电阻下降；变压器排油时，油流带走了极性物质，使得夹件对地绝缘电阻值恢复正常。

（三）故障处理

为防止主变压器投运后油中极性物质再次聚集，对该变压器定位钉上加塞绝缘纸及绝缘板，如图 4-34 所示。处理后变压器各相实验数据合格，满足投运要求。变压器投入运行后各项数据正常，故障处理效果良好。

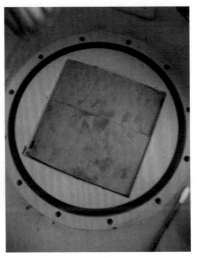

图 4-34　上定位钉加塞绝缘纸及绝缘板

三、变压器 L 形磁屏蔽缺陷分析与处理

（一）设备简述

某水电站主变压器额定电压 550/20kV，额定容量为 840MVA。该变压器在设计时，为降低变压器负载损耗及消除该损耗可能造成的局部过热，变压器高压侧上夹件腹板磁屏蔽上设计安装有 15 个 L 形磁屏蔽。磁屏蔽采用 0.3mm 硅钢片叠成，外部 1mm 的绝缘纸板通过皱纹纸或绝缘纸带捆扎固定。以一相为例，变压器高压侧上夹件腹板磁屏蔽处装有 5 块 L 形磁屏蔽，其编号从左至右依次为 1～5 号，如图 4-35 所示。

图 4-35　变压器高压侧 L 形磁屏蔽实际分布（单相）

（二）故障现象

2008 年 6 月 17 日，1 号变压器绝缘油色谱试验发现油中含有 0.4μL/L 乙炔。此后 2～5 号

变压器的绝缘油中相继检测出乙炔（见表 4-20），且在一段时间内呈现上涨趋势，到达峰值
后再趋于稳定或出现回落。1～3 号主变压器油中乙炔含量趋势如图 4-36～图 4-38 所示。

表 4-20　　　　　　　　　某水电站多台主变压器绝缘油中乙炔峰值

主变压器编号	1 号	2 号	3 号	4 号	5 号
绝缘油取样日期	2008 年 10 月	2008 年 9 月	2009 年 11 月	2012 年 6 月	2012 年 10 月
乙炔含量（μL/L）	3.8	0.66	2.0	3.2	0.55

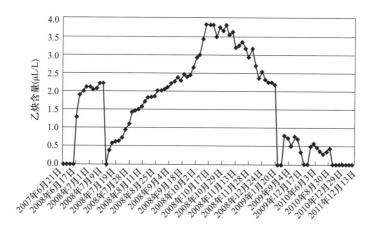

图 4-36　1 号主变压器油中乙炔含量趋势图

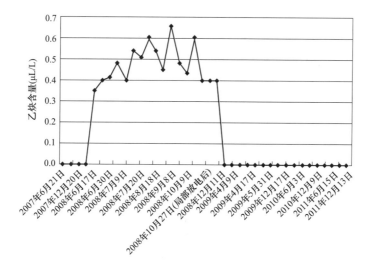

图 4-37　2 号主变压器油中乙炔含量趋势图

（三）故障诊断分析

1. 故障初步分析

以 1～3 号变压器的故障情况为例，分析变压器的故障情况如下：

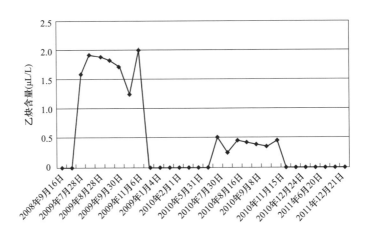

图 4-38 3 号主变压器油中乙炔含量趋势图

3 台主变压器绝缘油中乙炔含量上涨至一定量后趋于稳定，推断主变压器内部存在间歇性放电故障且故障在监测期间未出现明显扩大。

监测上述变压器铁芯接地电流均出现超标的情况，其中最大的铁芯对地电流达 2.8A，达到规程规定值的 28 倍，推断主变压器内部磁路存在异常。

运用超声波测量仪对变压器进行检测，结果显示主变压器周期峰值最大部位均在高压侧上夹件处。结合铁芯接地电流超标现象，进一步判断故障为磁路放电故障，初步推测故障位置位于高压侧上夹件的 L 形磁屏蔽处。

2. 设备检查

对以上变压器实施进人检查，发现并确认这几台变压器的高压侧上夹件腹板处 L 形磁屏蔽与上铁轭或铁芯柱倒数第二级间存在间歇性放电现象，进而导致油中乙炔含量上涨，其中 1 号变压器磁屏蔽放电 2 处、2 号变压器磁屏蔽放电 3 处、3 号变压器磁屏蔽放电 1 处。

3. 故障原因

分析 3 台变压器 L 形磁屏蔽缺陷产生的原因主要有如下几点：

（1）L 形磁屏蔽水平段距离上铁轭及铁芯柱倒数第二级铁芯较近（其中 2 号和 4 号变压器 L 形磁屏蔽距离上铁轭最近，约 5mm）。

（2）L 形磁屏蔽硅钢片无粘接，端面仅一点焊接，在电磁力和振动作用下易开焊散开，与铁芯搭接放电。

（3）L 形磁屏蔽绝缘纸板厚度仅 1mm，外部通过皱纹纸半叠绕包或纸带捆扎固定，皱纹纸易磨破，纸带振动时易断裂，绝缘纸板易脱落，形成裸金属放电。

（4）L 形磁屏蔽自身质量较大（单片约 3295g），仅采用一颗直径为 8mm 的螺栓固定，固定效果有限。

（四）故障处理

1. 故障处理方法

为了彻底消除设备安全隐患，对电站同类型主变压器进行 L 形磁屏蔽更换及改进处理。

（1）改进磁屏蔽结构及绝缘结构。

1）尺寸改进。对磁屏蔽尺寸进行改进优化。新磁屏蔽水平段长度比原来减少 20mm，增加磁屏蔽与上铁轭倒数第二级在水平方向的距离。

2）水平段绝缘改进。新磁屏蔽水平段绝缘内层保持原 1mm 的 1 层绝缘纸板不变，外层采用 3 层 1mm 皱纹纸加 3 层 0.5mm 绝缘纸板包绕，再用白布带绑扎固定。

3）固定用绝缘垫片改进。将原酚醛树脂垫片改为环氧垫片，内、外径尺寸保持不变，厚度由原来的 4mm 增加至 6mm。

4）固定螺栓绝缘筒改进。原固定螺栓的绝缘筒为绝缘纸筒与环氧筒的组合，绝缘纸筒套于环氧筒内，二者套在磁屏蔽固定螺栓上，如图 4-39 所示。新绝缘筒由绝缘纸绕制而成，改变缠绕圈数并调整纸筒外径以实现与安装孔径匹配，绝缘筒长度不足时加垫 0.5mm 厚绝缘纸垫使端面与磁屏蔽平齐，绝缘纸筒与安装孔需配合紧密，如图 4-40 所示。

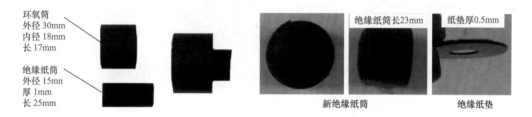

图 4-39　原磁屏蔽固定螺栓绝缘筒　　　　图 4-40　新磁屏蔽固定螺栓绝缘筒及绝缘纸垫

2. 现象及处理

（1）1 号变压器 L 形磁屏蔽放电处理。A 相 2 号 L 形磁屏蔽对上铁轭放电，最外侧硅钢片烧出 8mm×10mm×1mm 缺口。B 相 2 号 L 形磁屏蔽对铁芯柱倒数第二级放电，如图 4-41所示，L 形磁屏蔽角部烧出 8mm×10mm 缺口，对应芯柱局部轻微烧蚀。同时，B 相 2 号 L形磁屏蔽的环氧绝缘垫开裂。C 相 2号 L 形磁屏蔽皱纹纸被磨破，纸板翘起，未放电。B 相 2 号 L 形磁屏蔽放电最严重。

故障处理方法：更换 B 相 2 号 L 形磁屏蔽的绝缘纸板，更换 A、B、C 三相 2 号 L 形磁屏蔽的外包皱纹

L形磁屏蔽烧蚀

铁芯烧蚀

图 4-41　B 相 2 号 L 形磁屏蔽对铁芯放电

纸，检查及固定其他 L 形磁屏蔽。清理铁芯局部烧蚀部位，清理表面氧化物后显示铁芯内部结构较好，评估其放电能量较小，对铁芯片间绝缘影响较小，无需做进一步处理。

图 4-42　磁屏蔽边沿烧蚀

（2）2 号变压器 L 形磁屏蔽放电处理。2 号变压器 B 相 2 号、5 号磁屏蔽对应的上铁轭有放电或烧蚀痕迹，其中 2 号水平段最外层硅钢片烧蚀后存在直径约 1mm 孔洞。C 相 5 号磁屏蔽水平段最外层硅钢片出现 1mm×4mm 的缺口，如图 4-42 所示。

故障处理方法：拆除已损坏的硅钢片，安装水平段绝缘纸板，半叠绕包皱纹纸，使用双层 2mm 绝缘纸板替换损坏的环氧绝缘垫，如图 4-43 所示。

损坏的环氧垫

替换后

图 4-43　环氧垫替换

（3）3 号变压器 L 形磁屏蔽放电处理。3 号变压器 B 相 2 号 L 形磁屏蔽对铁芯柱放电，磁屏蔽角部绝缘破损发黑，铁芯柱有放电痕迹，铁芯未黏接，如图 4-44 所示。磁屏蔽与铁芯柱搭接使铁芯与夹件间的绝缘电阻为零。

故障处理方法：更换上夹件腹板 12 个单螺栓固定的 L 形磁屏蔽。

3. 故障处理效果评价

对电站同类型主变压器 L 形磁屏蔽缺陷处理后，一次投运成功，投运后绝缘油气体含量跟踪监测结果显示油色谱正常，乙炔含量归零。

图 4-44　磁屏蔽绝缘损伤

（五）后续建议

该类型主变压器 L 形磁屏蔽故障属设计缺陷，发现乙炔含量上升后对故障原因进行分析、查找和处理，对磁屏蔽结构及绝缘结构进行优化，并对电站同类型变压器的 L 形磁屏蔽进行了更换，避免此类问题的再次发生。

第四节　引线典型故障案例

一、变压器局部过热故障分析与处理　（一）

（一）设备简述及故障情况

某 220kV 主变压器型号为 SFP7-150000/220，额定电压为 220/13.8kV，变压器为 1980 年生产，1983 年投入运行。

2003 年 8 月 13 日，在线监测系统显示该主变压器油中总烃含量突然增大至 $307\mu L/L$，超过了注意值，详细数据见表 4-21。

表 4-21　　　　　　　　　　　色谱分析数据

试验日期	氢气 $(\mu L/L)$	甲烷 $(\mu L/L)$	乙烷 $(\mu L/L)$	乙烯 $(\mu L/L)$	乙炔 $(\mu L/L)$	CO $(\mu L/L)$	CO_2 $(\mu L/L)$	总烃 $(\mu L/L)$
2000 年 7 月 6 日	0	17	8	12	0	989	4299	37
2000 年 12 月 7 日	6	21	6	13	0	1306	3570	40
2001 年 6 月 7 日	3	27	6	12	0	1218	3585	45
2002 年 4 月 29 日	0	13	3	6	0	500	3455	22
2003 年 3 月 20 日	5	21	6	16	0	1538	4931	43
2003 年 8 月 13 日	76	98	19	190	0	559	3637	307

（二）故障诊断分析

1. 油色谱分析

根据色谱分析数据，通过三比值法进行计算，其三比值编码 022，判断故障属于 700℃ 以上的高温过热，且不涉及固体绝缘，估算热点温度约为 847℃。通过四比值法计算，比值编码为 1010，故障判断为循环电流或电气连接点过热。

2. 故障检查

（1）查看变压器近期运行状况，变压器近期运行正常，无过载运行。

（2）初步检查冷却器潜油泵工作电流等无异常，无导致总烃上涨的过热等故障；铁芯及夹件接地电流正常，铁芯无多点接地；通过热成像仪对变压器进行全面检查，未发现明显过热点。

（3）变压器吊罩检查：铁芯及夹件接地线无异常，铁芯无多点接地现象；铁芯与夹件间绝缘、铁芯油道级间绝缘良好，铁芯剪切面无异物搭接、硅钢片黏接及过热现象；铁芯紧固件螺栓无明显松动及过热现象；分接开关电气连接及动、静触头接触正常，无过热现象；套管均压球及均压等位线正常，无松动；低压侧 A、B、C 三相汇流铜排检查无过热现象；器身整体检查无过热现象。

检查高压套管发现 A、C 相套管穿缆引线与导电杆连接部位严重过热，靠近导电杆穿缆引线的外包布绝缘过热变色且部分炭化，导电杆尾部穿缆引线过热变色，绝缘过热长度约90mm，过热点沿引线向下呈延伸趋势，导电杆与将军帽之间为螺纹方式连接，因过热粘连在一起难以拆除，如图 4-45 所示。

绝缘剥除前　　　　　　　　　　　　　绝缘剥除后

图 4-45　穿缆引线过热

考虑维修时间较长，将备用变压器安装至原变压器处运行。

3. 局部过热原因分析

变压器 A、C 相高压引出线接头与导电杆连接部位高温局部过热为变压器绝缘油总烃含量升高的直接原因。进一步分析认为，高压套管穿缆引线（多股软铜线）与导电杆引线接头之间磷铜焊接头可能存在虚焊，在长期运行过程中低温过热不断加剧，接触电阻逐步增大，当故障部位产生的热量足够大时，必将导致焊接部位及导电杆严重过热，因此引线接头虚焊是故障发生的根本原因。

（三）故障处理

更换 A、B、C 三相高压穿缆出线接头导电杆并采用磷铜焊接，焊接打磨后重包穿缆引线绝缘，消除了变压器过热故障及相应缺陷，变压器真空注油后各项试验合格并转备用。

（四）局部过热原因分析及处理

（1）过热原因分析：高压引出线接头与导电杆连接部位高温局部过热为变压器绝缘油总

烃含量升高的原因。

（2）故障处理及结论：更换 A、B、C 三相高压穿缆出线接头导电杆，消除了变压器过热故障及相应缺陷，变压器真空注油后试验合格，满足备用条件。

二、变压器局部过热故障分析与处理（二）

（一）设备简述及故障情况

某 220kV 变压器型号为 SSP3-150000/220，额定电压为 220/13.8kV，1980 年生产，1983 年投入运行。2006 年 3 月 17 日，变压器总烃含量超标，其含量高达 $269\mu L/L$，远超过标准值 $150\mu L/L$。通过色谱检测发现油气主要成分为甲烷、乙烯，有少量乙炔。变压器色谱分析数据见表 4-22。

表 4-22　　　　　　　　　　　　变压器色谱分析数据

试验日期	氢气 ($\mu L/L$)	甲烷 ($\mu L/L$)	乙烷 ($\mu L/L$)	乙烯 ($\mu L/L$)	乙炔 ($\mu L/L$)	一氧化碳 ($\mu L/L$)	二氧化碳 ($\mu L/L$)	总烃 ($\mu L/L$)
2005 年 6 月 16 日	8	15	4	51	0	1328	7057	70
2005 年 12 月 15 日	7	28.3	4.2	46.5	0	1281	6006	79
2006 年 3 月 17 日	43	69	12	186	2	1331	6491	269
2006 年 3 月 18 日	44	70	12	189	2	1362	6481	273
2006 年 3 月 20 日	45	68	11	182	2	1339	6440	263

（二）故障诊断

以 2006 年 3 月 17 日的数据计算三比值编码为 022，属于高于 700℃ 高温过热。热点温度约为 908℃。四比值法计算编码为 1010，故障判断为循环电流及（或）电气连接点过热。变压器绝缘油总烃呈加速上涨趋势，已危及设备安全运行。总烃主要成分为甲烷、乙烯，有少量乙炔，一氧化碳、二氧化碳的含量在故障前后变化不大，初步判断故障不涉及固体绝缘。

（三）原因分析及处理

1. 变压器吊罩检修及故障查找

检查变压器铁芯、夹件、压板、穿芯螺杆、铁芯垫脚、金属螺栓表面未见异常。变压器电气连接及分接开关检查未见异常。绕组及铁芯绝缘测量合格。

检查铁芯接地片，发现铁芯接地铜片与铁芯局部搭接，接地铜片边缘被烧蚀约 $5mm^2$ 的缺口，见图 4-46。分析认为铁芯接地片搭接铁芯导致涡流过热，且铜片烧蚀导致变压器总烃上涨。

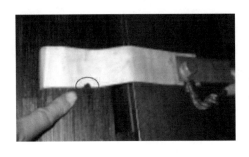

图 4-46　接地铜片烧蚀

2. 铁芯接地片故障现象及处理

更换新的接地铜片，使用皱纹纸和白布带在铜片表面绕包绝缘，消除接地铜片搭接上铁轭的可能性。

三、变压器引线支架开裂及松动的处理

（一）设备简述及故障情况

某 500kV 主变压器型号为 SFP-360000/500，额定电压为 550/13.8kV，出厂日期 2013 年 2 月，同年 4 月变压器在现场进行安装。

变压器安装期间进人检查发现变压器中性点引线及高压侧 B 相分接开关引线支架的下端横木均有轻微开裂现象。

（二）故障诊断

变压器引线支架下端横木为纸板 T4 层压结构，层压方向与螺栓开孔方向一致，在受力干燥过程中可能会出现轻微开裂现象。

（三）故障处理

在变压器进人检查期间，使用干燥的白布带对变压器引线支架下端横木开裂处进行绑扎，处理后如图 4-47 所示。

（四）总结建议

（1）对采用层压纸板件的变压器，可在结构设计时避免层压方向与螺栓开孔方向一致，也可采取其他的固定措施防止开裂。

（2）重视现场安装期间的变压器进人检查，全面仔细检查有助于提前发现变压器隐患。

图 4-47　开裂处处理后

第五节　高、低压套管典型故障案例

一、套管爆炸引起变压器爆炸事故的分析与处理

（一）设备简述及故障情况

某油浸式变压器额定容量 112MVA，电压为 440/13.8kV。

2018 年 2 月 20 日，机组正常并网发电，负荷 98.37MW。15 时 59 分，中控室收到"主

变压器/发电机差动保护动作""主变压器重瓦斯切机继电器动作""主变压器安全阀动作"报警，随后，机组启动自动停机流程，机组停机。

现场检查发现，变压器C相高压套管爆炸，变压器起火燃烧，C相高压套管爆炸残余部分被冲出并落于低压侧封闭母线上，如图4-48所示。故障后检查发现变压器A、B相套管严重烧损，外瓷套炸裂，主变压器高压侧绝缘支柱、避雷器、部分低压侧封闭母线等设备受损严重。

（二）故障诊断分析

1. 设备检查及故障后主要情况

（1）故障后检查主变压器本体外观未发现开裂变形。

（2）C相高压套管内电容芯子已剥除，外屏蔽铝管局部烧蚀，内铝管外壁相同位置灼黑但未熔穿，内铝管内壁及穿缆未见灼伤痕迹，如图4-49所示。

图4-48 主变压器烧损现场

图4-49 外屏蔽铝管烧蚀痕迹

（3）C相高压套管瓷套中部连接法兰（铝质）有电弧击穿现象，击穿点有部分铜质残渣，如图4-50所示。

图4-50 金属连接法兰烧蚀

图 4-51　C 相高压套管油位计指针

（4）C 相高压套管顶部油箱完好。

（5）C 相高压套管油位浮子严重变形，有轻微卡涩现象，卡涩位置外部油位指示为正常油位位置，如图 4-51 所示。

（6）C 相高压套管下均压环有灼伤点，穿缆与高压绕组连接部位有断裂现象，如图 4-52 所示。

（7）C 相高压套管侧面转塔上端与套管连接部位螺栓完好，手孔盖板处连接螺栓均有断裂现象，如图 4-53 所示。

（8）变压器 C 相、B 相低压侧封闭母线外壳烧损。

2. 故障原因

根据现场勘查情况，发现 C 相高压套管上有三处疑似放电点，如图 4-54 所示。调查分析认为，变压器 C 相高压套管内绝缘油渗漏、电容芯子击穿放电是导致此次火灾事故的直接原因。

局部灼伤

穿缆断裂

图 4-52　均压环局部灼伤及穿缆断裂

套管侧面转塔上端

手孔连接螺栓断裂

图 4-53　套管侧面转塔上端及手孔连接螺栓断裂

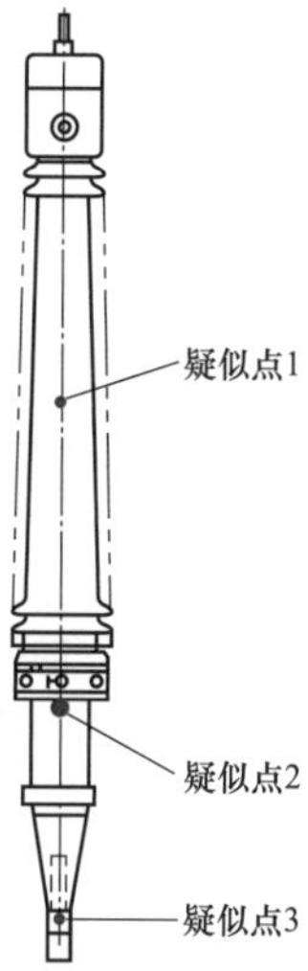

从故障现象分析，套管中部外屏蔽铝管烧穿位置（疑似点 1）为初始放电点，电容芯子绝缘击穿放电，在外屏蔽铝管上形成直径约为 1cm 的烧熔孔洞；中部连接法兰为放电接地点，致使瓷套中部连接法兰大面积受电弧烧损击穿，击穿点的铜质残渣为末屏接地铜线电弧烧熔后留下的残渣；变压器套管下端均压环灼伤，内部穿缆与变压器高压绕组撕裂，分析此处不是放电点，系套管被巨大压力冲出时切断故障电流拉弧所致。

事故发生前无雷电等极端天气，无系统操作，无人为破坏痕迹，故判断本起事故是由于高压套管电容芯子击穿放电所引发。

事故过程推断为变压器 C 相高压套管与变压器本体发生油－油渗漏，套管内油位降低，电容芯子中部击穿，外屏蔽铝管与套管中部连接法兰间放电引起接地短路，短路电流的电弧将套管内绝缘油瞬间气化，套管内骤然出现的压力超过瓷套耐受冲击力，形成套管爆炸，电弧击穿套管连接法兰进入侧面转塔，引起侧面转塔内绝缘油气化、燃烧，套管及侧面转塔手孔被强大压力冲出。由此判定，该主变压器 C 相高压套管内电容芯子击穿放电是导致此次事故发生的直接原因。

引起高压套管内电容芯子击穿放电主要因素可能有制造缺陷、绝缘老化、绝缘油性能劣化和绝缘受潮。结合变压器投产运行年限及日常电气试验数据排除前两项，但由于现场已无残余套管绝缘油，无法通过试验确认是否与绝缘油老化有关。

经现场检查，事故 C 相套管放电位置的穿缆绝缘白布带，在放电位置上下部颜色及状态有差别（上部颜色偏白色，下部颜色偏褐色），另外油箱油位计浮子与另外残存的 A 相油位计浮子表面颜色有明显差异。分析认为，白布带存在上下色差部位，极可能为变压器本体油位最高点，套管内部存在油渗漏造成密封失效，且该渗漏过程缓慢，已存在一段时间。

套管密封失效，发生于套管与本体间的油－油渗漏，或套管顶部与空气油－气渗漏，这些现象均可使套管内绝缘油受潮，电容芯子绝缘水平降低，使泄漏电流增大，导致击穿发生。故障变压器运行温度长期偏高，套管下部密封加速老化失效，如套管下部密封不良，套管中绝缘油向本体渗漏，使得套管内部产生负压，从密封的薄弱部位吸入潮气，引起电容芯子绝缘受潮；当渗漏日益严重，套管内油气界面出现气体游离，则容易发展为内绝缘击穿，致使套管爆炸。

图 4-54　疑似放电点分布图

疑似点1

疑似点2

疑似点3

（三）故障处理

故障发生后，电站运行人员立即按照电站变压器火灾应急处置程序开展事故处置工作。

（四）故障后同类变压器运维建议

日常巡检中应详细记录套管油位，注意长期油位变化，特别是不同负荷下油位指示变化情况；应利用红外测温技术辅助对套管油位进行监视，尽早发现绝缘油渗漏问题及时处理；主变压器套管介质损耗及电容量的测量应不少于 3 年一次。

在技术经济比较的基础上，研究增设故障录波装置、视频监控系统和变压器油气在线监测系统等。

二、变压器高压套管快速劣化的诊断、 分析与处理

（一）故障现象及诊断

1. 某变压器高压套管电容量增长追踪

（1）故障现象。某 500kV 自耦变压器高压套管安装了套管在线监测装置，2006 年 4 月开始，A 相套管电容量明显上升（见图 4-55），从 560pF 增长至 594pF，增长幅度超过 6%。

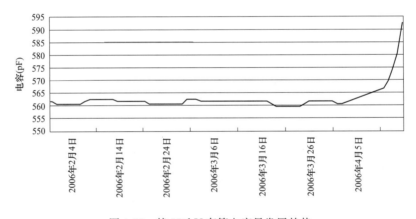

图 4-55　某 550kV 套管电容量发展趋势

（2）故障诊断。为确认套管故障，持续 10d 观察缺陷发展趋势，随后停电进行离线电容量测试和油样试验。离线测试结果和油样中 C_2H_2 含量超高，确认了套管故障的存在，油样测试结果见表 4-23。

表 4-23　　　　　　　　　某故障套管油中溶解气体浓度

气体	H_2	O_2	N_2	CH_4	CO	CO_2	C_2H_4	C_2H_6	C_2H_2	可燃气体
浓度（$\mu L/L$）	7401	2100	47969	5477	2000	10665	4597	1728	6904	28107

（3）故障处理。更换变压器故障套管。

2. 某变压器高压套管泄漏电流快速增长

（1）故障现象。某 230kV 主变压器高压套管安装了套管在线监测装置，该装置测试周期为 15min，其测试原理如图 4-56 所示。

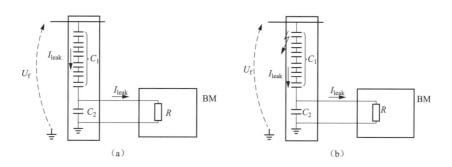

图 4-56　套管运行中的电容电流

（a）套管正常状态；（b）套管内电容层短路

自 2018 年 10 月该系统运行以来，在线监测系统显示变压器三相套管的泄漏电流均在 38～43mA 之间，如图 4-57 所示。

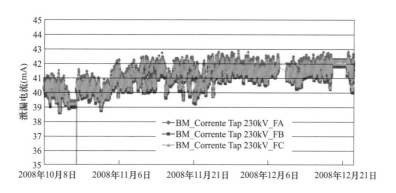

图 4-57　变压器高压侧套管泄漏电流

2008 年 12 月 23 日 22：20，变压器 B 相套管接地电流值突然增至 57mA，增长幅度达 30％，如图 4-58 所示。

（2）故障诊断。在线监测系统直接监测套管的接地电容电流，电流值增长 30％意味着套管内 30％的电容屏被击穿短路。

（3）设备检查及故障处理。发现故障后，变压器立即退出运行，对变压器进行检修。检查发现，B 相高压套管下端部已破裂，随后对故障套管进行了更换。

（二）套管在线监测系统应用效果

虽然套管故障在变压器总故障中占比不大，但超过 37％的套管故障会引起严重后果，如

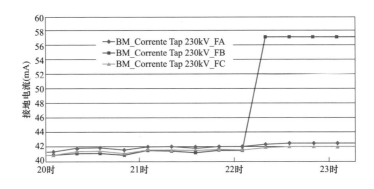

图 4-58　2008 年 12 月 23 日 B 相高压套管电容电流突增

火灾、爆炸等。套管在线监测技术不仅可提前发现套管内部缺陷，更可实时监测缺陷发展趋势，从而提前判断套管运行状态，提高变压器运行可靠性，减少套管故障带来的损伤。目前，变压器套管在线监测技术已在该电站得到应用，通过套管在线监测系统的使用，能够准确发现套管内部故障，避免故障的进一步扩大。

（三）后续建议

案例表明，套管在线监测技术为有效反应套管内部故障及其发展趋势的有效手段之一，国家能源局 2014 年印发的《防止电力生产事故的二十五项重点要求》中推荐"在变压器投运时和运行中开展套管末屏接地状况带电测量"。建议研究并推广使用套管在线监测最新技术，积累运营经验，保障变压器等重要设备安全。

三、变压器高压套管末屏故障处理

（一）设备简述及故障情况

某 500kV 主变压器型号为 SFP-300MVA/500，额定电压为 550/13.8kV，1987 年 7 月投入运行。2007 年，变压器预防性试验发现 B 相高压套管末屏对地绝缘电阻值为 400MΩ，介质损耗角正切值 $\tan\delta=2.04\%$。

（二）故障诊断

变压器高压套管末屏对地绝缘电阻不合格，通常与末屏受潮有关。拆除 B 相套管后，进一步检查发现引出线小套管存在纵向裂纹，怀疑此部位缺陷引起末屏对地绝缘降低。

（三）故障处理

（1）拆除 B 相高压套管。高压套管为导杆式套管，挂上套管吊具，打开手孔，拆下套管下端均压球，断开引线接头及等电位连线，拆下套管法兰固定螺栓。

（2）起吊套管并水平放置，调整角度使末屏处于最高点，防止套管跑油。

（3）打开末屏盖，清理末屏小套管周围脏物，在更换套管末屏的工作中应防止异物落入套管内腔。

（4）拆除旧末屏。将末屏小铜管上的末屏柱往外稍微拔出，在靠近末屏柱根部处剪断末屏引线，如图 4-59 中黄色部分所示，再使用专用工具拆下末屏小套管固定件（压圈），后取下末屏小套管（绝缘件），更换末屏小套管。

（5）清理末屏小套管安装孔，安装新末屏。将原末屏引线穿入末屏小铜管内并引出，末屏引线端部可靠地压接在末屏柱上，后将末屏柱塞入小铜管内，用专用工具拧紧小套管固定件（压圈）。

（6）更换完末屏后起吊，套管直立固定在套管专用支架上。

（7）往末屏空腔内注入合格的变压器热油静放 1h 后放掉（反复多次操作），将空腔内的潮气及灰尘带出。

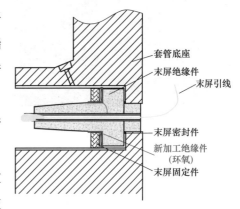

图 4-59　末屏结构示意图

（8）套管试验，测量末屏对地电阻值、介质损耗角正切值、套管电容量。若末屏无法处理合格，可考虑更换新高压套管。

（9）回装高压套管。

（四）总结建议

处理后的变压器套管密封良好，套管末屏对地绝缘电阻值为 1500MΩ、介质损耗角正切值为 0.48%，符合相关标准要求。变压器修后试验合格，投运后运行状况良好。

四、变压器低压套管漏油故障处理

（一）设备简述及故障情况

某变压器低压套管采用导杆式载流，绝缘结构为环氧树脂浸渍纸-RIP 绝缘结构。

在变压器运行过程中发现 B 相低压套管本体渗油，渗漏部位位于低压套管瓷套根部与连接法兰密封面处，如图 4-60 所示。变压器停运时漏油速率约 25 滴/min。

（二）故障处理

1. 前期保守处理

在初期对该主变压器 B 相低压套管渗漏处进行封堵，具体方法如下：

（1）由于绝缘油从法兰与瓷体接缝处的胶木密封渗出，处理前先打磨胶木密封相邻两侧的金属法兰和瓷裙面，去除脏污、氧化层、釉漆等，露出金属光泽和白色陶瓷，打磨面应具

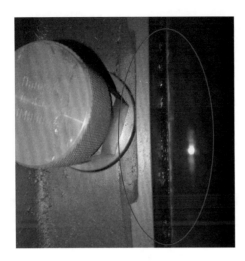

图 4-60 B相低压套管法兰与
瓷裙缝隙处渗油

有一定的粗糙度，以便与密封胶更好黏接，并沿套管圆周打磨一整圈。

（2）用酒精擦拭胶木密封及打磨面，初步确定漏油点。

（3）调胶。使用的水油兼容修补胶由主胶和固化剂按体积 2∶1 混合而成，待法兰及瓷裙打磨面清理干净后，涂抹水油兼容修补胶打底。

1）涂胶打底的作用：一是因水油兼容修补剂完全固化时间约 24h，先涂胶打底可节约时间；二是水油兼容修补剂与后期漏点封堵用的金属胶棒黏接很好，优于金属等其他物质。

2）涂胶过程中，尽量使法兰及瓷裙面清洁无油迹，避免胶与黏接面间形成油膜，确保黏接性能。涂胶厚度 1～2mm。

3）在打底时，不漏油位置直接填胶加厚。

（4）金属胶棒封堵漏油缝隙，漏油范围较大时，分段封堵。

1）封堵：待打底的水油兼容修补剂固化后，打磨其表面氧化层，使用酒精清除油迹，迅速用金属胶棒封堵漏油点，并按压保持压力，使胶棒与底胶在无油情况下黏接。

2）金属胶棒 3～5min 即可初步固化，因此可暂时堵住绝缘油。待胶棒完全固化后，打磨胶棒表层，检查是否有绝缘油泄漏，若有泄漏，将泄漏处胶棒打磨掉，重新封堵。

3）一般漏点需要经过反复封堵，才能成功。

（5）涂抹水油兼容修补剂。胶棒封堵成功后，将其表层打磨后涂抹水油兼容修补剂。水油兼容修补剂，耐绝缘油，有防渗透作用。

（6）安装玻璃丝纤维增强带，具有抗拉伸、收缩作用。

（7）涂抹水油兼容修补剂加强加厚。加厚两层，待一层固化后再涂抹一层。

（8）涂抹柔性密封胶（1596硅橡胶平面密封胶）。

法兰与瓷裙缝封堵后如图 4-61 所示。封堵后检查，低压侧 B 相套管仍有渗油，漏油速度有改善，约

图 4-61 法兰与瓷裙缝隙封堵后

45s/滴。

2. 彻底更换 B 相低压套管

为彻底消除 B 相低压套管渗漏油缺陷，于 2019 年对该套管进行整体更换。更换流程如图 4-62 所示。

3. 故障处理效果评价

考虑到变压器套管更换的复杂性，变压器 B 相低压套管漏油现象经两次封堵均未得到彻底解决，在第三次检修时进行更换合适的低压套管。更换之后，变压器常规电气试验、局部放电试验、绝缘油试验数据均合格，新套管未发生渗油现象。

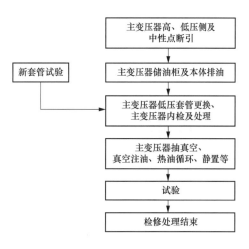

图 4-62　变压器低压套管更换流程图

第六节　油箱及散热装置典型故障案例

一、变压器冷却器油泵故障分析与处理

（一）设备简述及故障情况

某电站 500kV 主变压器采用型号为 SSP-H-860000/500 的三相组合式变压器，额定容量 860MVA，额定电压 550/20kV。三相变压器共用 1 套冷却系统、储油系统，冷却方式为 ODWF 冷却方式。

变压器于 2013 年 7 月投入运行，至同年 10 月 31 日，变压器油化试验发现油中含有少量乙炔（C_2H_2），跟踪变压器乙炔含量变化见表 4-24。期间，冷却器 3 号油泵电动机空气开关频繁跳闸。

表 4-24　　　　　　　　　　变压器乙炔（C_2H_2）含量变化　　　　　　　　　　μL/L

检验日期	A 相	B 相	C 相
2013 年 8 月 3 日	0	0	0
2013 年 8 月 30 日	0	0	0
2013 年 9 月 13 日	0	0	0
2013 年 10 月 31 日	0.11	0.09	0.10
2013 年 11 月 5 日	0.09	0.10	0.10

（二）故障诊断

变压器中乙炔含量短期内增长明显，其他气体含量无明显变化，最可能的原因为高温过热或放电，结合冷却器 3 号油泵电动机空气开关频繁跳闸，分析原因可能为冷却器油泵电动机存在异常放电现象。

测量冷却器 3 号油泵电动机工作电流，发现油泵电动机 A 相工作电流较高，其直流电阻不平衡达 14.9％。将 3 号油泵停运，先后多次取主变压器绝缘油色谱分析，确认乙炔含量无增长，基本确认 3 号油泵异常为变压器乙炔含量增长的原因。

（三）故障处理

（1）关闭 3 号冷却器与变压器的下部联通阀，排除变压器储油柜、变压器上部（注意变压器本体不宜暴露在空气中）和 3 号冷却器中的变压器油。

（2）更换 3 号冷却器油泵。

（3）冷却器更换完成后，检查各法兰面紧固是否良好。

（4）缓慢打开 3 号冷却器与变压器下部连通阀，让本体中变压器油缓慢进入冷却器直至两侧油位相同，同时注意观察冷却器是否渗漏。

（5）变压器注油直至油位线达到运行规定要求，然后对变压器油进行热油循环、脱气处理，最后对变压器进行试验直至试验合格。

（四）总结建议

变压器故障处理完成后，变压器油中乙炔含量为零，重新投运后对变压器中油气含量进行跟踪并未再产生乙炔。再次确认了 3 号油泵故障为变压器乙炔增长的唯一原因。

二、变压器油箱渗油处理

（一）设备简述及故障情况

某水电站主变压器型号为 SF-180000/220，额定电压为 242/13.8kV，投运日期为 2012 年 5 月。

在主变压器安装过程中，发现 A 相上节油箱长轴与短轴箱壁拼接直角根部有渗油现象。

（二）故障诊断分析

故障部位焊缝集中，焊接应力较大。在厂内保压试漏环节未出现渗油，可能为运输及安装过程中因受力不均导致。

（三）故障处理

对变压器渗漏部位进行现场补焊。补焊过程及补焊工艺要求如下：

（1）若油箱上部发现渗漏时，只需放少许油，即可进行补焊。若油箱下部发现渗漏，而且不太严重，可以带油补焊。对渗油严重的，则应采用抽真空造成负压后再进行补焊，负压的真空度以内外压力相等为宜，以免吸入铁水或水分，补焊前可先用铁丝等堵塞，再补焊。

（2）补焊时，一般采用直径较小的焊条。补焊方法有两种，一种是放油补焊，另一种是带油补焊，一般禁止使用气焊。用电焊补焊时，要防止穿透着火，施焊部位应在油面下150～200mm 处最佳，每次焊接时间不宜超过 20s，应待焊接部位温度降低后再焊，以免绝缘油燃烧或油箱爆炸。

（3）在密封胶垫、胶条等周围施焊时，应将石棉绳蘸水围在胶垫（条）四周用于冷却，并间断焊接防胶垫老化或烧损。

（4）对漏油较轻的，可先用凿子等工具捻合后再焊。

（5）变压器补焊完成后，应进行探伤检查。

（四）处理评价

补焊后主变压器运行正常，焊点及其他地方均未出现渗油现象。

三、变压器含气量超标原因分析及处理

（一）设备简述及故障情况

某 500kV 变压器型号为 SFP-360000/500，于 2013 年 5 月 8 日正式运行，投运后油中含气量呈增长趋势，6 个月后增长至 4.54%。期间，油色谱跟踪无异常。

（二）故障诊断分析

从变压器的试验数据分析看，油中总含气量增长来自外部气体侵入，主要是密封不严造成的空气进入，表现特征为 N_2 和 O_2 含量剧烈增加，其他特征气体稳定。

现场拆下连通阀检漏，发现连通阀无法关严，存在漏气现象。关闭黄铜球阀，装气压表后充气至正压 30kPa；将阀体浸入油中，阀腔出现大量气泡，气压表读数直线下降至零，确认该连通阀存在质量问题。

胶囊充气至正压 20kPa，开储油柜顶部排气塞，有大量气体排出，同时胶囊压力直线下降，初步判定胶囊已破损。拆除旧胶囊，外观检查发现胶囊外表面存在 3 处明显裂纹，均处于胶囊上表面，其中 2 处已贯穿，长度分别为 20mm 和 15mm，1 处未贯穿，长度约为 10mm。确认该变压器油中含气超标的原因为连通阀渗漏和胶囊破损。其中胶囊破损是导致主变压器含气超标的主要原因。

（三）故障处理

更换连通阀，更换新胶囊。更换胶囊前应检查新胶囊是否完好，检查方法为新胶囊充干燥空气至正压 6kPa 并保持 12h，气压无明显变化。同时，还应对储油柜内部进行仔细检查及清理，确保储油柜内壁无尖角毛刺。

故障处理效果评价：变压器恢复运行后，油中含气量均在正常范围以内。

（四）后续建议

变压器零部件应选用质量可靠的品牌产品。对于更换新的配件，应在安装前进行相应试验，确保更换后的新零部件质量合格。对于胶囊等易损零件，在工厂及存储期间内应严格按产品技术要求生产和存储，避免胶囊损伤。

四、变压器油位计故障分析与处理

（一）设备简述及故障现象

某变压器型号为 SSP-890000/500，额定电压 550/23kV。运行维护人员长期观察发现变压器实际油位与油位计指示不一致，即出现了假油位。

（二）故障诊断分析

油位计假油位产生的原因通常有以下几种原因：①油位计压力传递系统故障及其他异常不能正确显示油位；②胶囊破损并大量进油导致假油位；③储油柜内气体过多，膨胀后将胶囊向上鼓起，导致假油位，还可能导致呼吸器喷油；④浮球浮力失效导致油位计指示失灵，无法正常显示油位。

根据以上分析，排出变压器储油柜内绝缘油并打开储油柜盖板检查，结果显示变压器胶

囊无破损。使用手上下缓慢移动浮球，油位计显示器随浮球上下运动而正常指示，且油位计压力传递系统外观及线路无异常，排除传递系统故障。怀疑油位计浮球可能存在异常。

图 4-63　浮球浮力对比

将油位计浮球拆下并放入变压器油中，检验浮球的浮力，发现变压器前端的一个浮球已失去浮力，如图 4-63 所示。

将异常浮球拆除并剖开检查，发现浮球内部已经完全充满变压器油，而正常浮球内部无变压器油，如图 4-64 所示。由于浮球内部存在较多孔隙，浮球渗入变压器油后无法浮起，导致假油位。

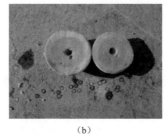

图 4-64　浮球剖面对比

（a）异常浮球；（b）正常浮球

（三）故障处理

根据故障诊断与分析，已确认故障的原因为浮球内部充油导致，判定该浮球存在质量问题。更换油位计后，变压器油位指示恢复正常。

第五章　GIS开关站设备

第一节　设备概述及常见故障分析

气体绝缘金属封闭开关设备（Gas Insulated Switchgear，GIS）通常也称为全封闭组合电器。GIS 多采用圆筒式结构，它是一种紧凑的、由多个零部件组成的集合，一般是由断路器、隔离开关、接地开关、电流互感器、电压互感器、避雷器、母线及套管等多种高压电器组合而成的成套装置。它的基本结构是以金属筒为外壳，将上述高压电器和绝缘件封闭在金属圆筒内部，并充入一定压力的 SF_6 气体作为绝缘和灭弧介质。

一、GIS 开关站设备概述

GIS 将一座开关站中所有一次设备优化设计成一个有机组合的整体，一般为积木式结构。水电站 GIS 升压开关站设备是接受和分配水轮发电机组发出的电能，经升压后向电网或负荷点供电的高压配电装置的场所。由开关设备、隔离开关、互感器、避雷器、母线装置和有关建筑结构等组成。电能经过主变压器升高至规定的电压后，通过开关站进行分配和远距离输送电能。

GIS 有如下特点：

（1）结构小型化：采用性能卓越的 SF_6 气体作为绝缘和灭弧介质，可大幅度缩小开关站的容积，实现开关站的小型化。

（2）可靠性高：带电部分全部密封于惰性气体 SF_6 中，与盐雾、积尘、积雪等外部影响隔离，大大提高了运行的可靠性，此外还具有优良的抗震能力。

（3）安全性好：带电部分密封于接地的金属壳内，无触电危险；SF_6 气体为惰性气体，无火灾危险。

（4）对外部的不利影响低：因带电部分全封闭在金属壳体内，实现对电磁场的屏蔽，基本不会产生电磁噪声和无线电干扰等问题。

（5）安装与维护：由于实现设备小型化，可在工厂内进行整机装配和试验合格后，以单元或间隔的形式运达现场，因此既可缩短现场安装工期，又能提高可靠性。其结构布局合理，灭弧系统先进，可大大提高产品的使用寿命，因此检修周期长，维修工作量小；而且由于设备小型化，离地面低，日常维护方便。

GIS 开关站一般按电气设备的装置地点可分为户外开关站与户内开关站两大类。按结构可分为三相共筒式和单相筒式。

二、GIS 开关站设备基本结构

一套完整的 GIS 由若干个不同的间隔组成，一般设计时，根据用户的主接线方式和要求，将不同的气室或间隔（也称标准模块）组合成不同的间隔，再将这些间隔组成用户所需要的 GIS。一个间隔，是指一个具有完整的供电、送电和其他功能（如控制、计量、保护等功能）的一组元件。一个气室或气隔，是指将各种不同作用和功能的元器件，独立地组合在一起，拼装在一个独立的封闭壳体内构成的各种标准模块，例如断路器模块、隔离开关与接地开关模块、电压互感器模块、电流互感器模块、避雷器模块、连接模块、分相模块等。

（一）SF_6 断路器

断路器是 GIS 的核心部件，以 SF_6 气体作为绝缘介质。单级、双断口结构的断路器，每台断路器均由三个单级组成，每级配用一台液压弹簧操动机构。断路器适用于在输变电线路上投、切负荷电流、切断故障电流和转换线路，实现对输变电线路和电气设备的控制和保护。

1. 断路器结构

断路器主要由灭弧装置、操动机构、传动机构、绝缘部件和导电回路等基本结构组成，如图 5-1 所示。

2. 断路器类型

（1）SF_6 断路器按结构通常分为瓷柱式和落地罐式两种。

1）瓷柱式断路器在结构上与户外少油断路器相似，具有单断口电压高、开断电流大、运行可靠性高和检修维护工作量小等优点，但不能内附电流互感器，且抗地震能力差。

2）落地罐式断路器是在瓷柱式基础上发展起来的，具有瓷柱式的优点，而且可以内附电流互感器。落地罐式断路器产品高度不高，抗震能力提高，但造价相对较贵。

（2）SF_6 断路器按发展历程通常分为单压式、双压式和自能灭弧式三种，目前广泛采用的是单压式断路器。单压式断路器结构简单，使用内部压力一般为 0.5～0.7MPa，它的行程，特别是预压缩行程较大，因而分闸时间和金属短接时间均较长。为缩短分闸时间，将尽量加快操动机构的运行速度，加大操作功。

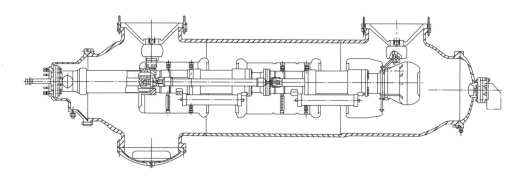

图 5-1　断路器结构图

1) 单压式断路器开断时，利用压气缸与活塞的相对运动，把 SF$_6$ 气体压缩，产生气流，在喷口达到音速，使电弧熄灭。单压式断路器的断口可以垂直布置，也可以水平布置。水平布置的特点是两侧出线孔需支持在其他元件上，检修时，灭弧室由端盖方向抽出，因此没有起吊灭弧室的高度要求。侧向布置时，则要求有一定的宽度。断口垂直布置的断路器，出线孔布置在两侧，操动机构一般作为断路器的支座，检修时灭弧室垂直向上吊出，开关室高度要求较高，但侧面距离一般比断面水平布置的断路器小。

2) 双压式断路器开断时，以 14 个表压的 SF$_6$ 气体通过主气阀，在喷口中形成音速气流，使电弧在电流过零时熄灭。但通过喷口的 SF$_6$ 气体不是排放到大气，而是排向两个表压的低压区，另以压缩机将 SF$_6$ 气体从低压区补充到 14 个表压的高压区储气桶内。

3) 自能灭弧式断路器是利用电弧本身的能量加热 SF$_6$ 气体，建立高压力，形成压差，通过高压力 SF$_6$ 气体膨胀，而达到熄灭电弧的目的。这样做的优点：一是不用操动机构提供压缩功，大大减轻机构负担，可不用大容量液压机而采用低操作功的弹簧机构；二是简化了灭弧室结构，缩小了尺寸。新的自能灭弧室大多采用混合灭弧原理，即膨胀加助吹的原理，有效解决了开断大电流和小电流的矛盾。

（二）隔离开关与接地开关

1. 隔离开关

隔离开关在分闸状态下有明显可见的断口，在合闸状态下能可靠地通过额定电流和短路电流，其内部结构如图 5-2 所示。隔离开关没有灭弧装置，只能开断很小的电流。隔离开关分为两种类型：一种为普通隔离开关，配电动机构，在无负荷电流、无故障电流情况下，进行分、合闸操作；另一种为快速隔离开关，配电动弹簧机构，除具有隔离线路的功能外，还具有切合母线转移电流的能力。

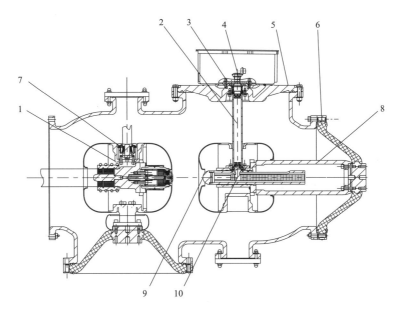

图 5-2　隔离开关内部结构

1—隔离开关静触头；2—绝缘轴；3—连接件；4— 操作轴；5— 端盖板；

6—盆式绝缘子；7—接地开关静触头；8—隔离开关动触头侧；9—动触头；10—传动系统

2. 接地开关

接地开关在合闸状态下使与其相连的主回路可靠接地，其结构如图 5-3 所示。

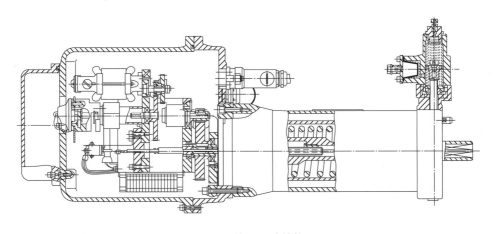

图 5-3　接地开关结构

接地开关按用途分为两种：

第一种是检修接地开关，用于电站内各种断电部件的接地。这类接地开关通常不具备故障合闸或感应电流开断能力，但在合闸位置能够承受故障电流及测试不运行断路器、电流互感器用少量持续电流。主回路通过这种接地开关直接接地。

第二种是快速接地开关，具有关合短路电流的能力。当 GIS 设备内部发生故障出现电弧时，快速接地开关可将主回路快速接地，及时切断电弧电源。在一些 GIS 设备中，快速接地开关被用来启动保护继电器功能，它们通常不用于断路器或电压互感器接地。快速接地开关还被设计用于开断平行输电线路断电时产生的以及通电输电线路附近产生的静电感应容性电流和电磁感应电感电流，并进行相应试验。快速接地开关也能去除输电线路上的直流捕获电荷。

（三）电流互感器

GIS 中的电流互感器可以单独组成一个元件或与套管、电缆头联合组成一元件，其实物及结构如图 5-4 所示。通流导体相当于电流互感器的一次绕组，二次绕组固定在环形铁芯上。电流互感器测量精度可达到 0.2 级。

（四）电压互感器

电压互感器通常分为电磁式和电容式，其结构如图 5-5 所示。两种均可竖放或横放，直接接在母线管上。220kV及以下电压等级一般采用环氧浇注的电磁式电压互感器，550kV 及以上电压等级普遍采用电容式电压互感器。

（五）母线

母线有两种结构形式。

（1）三相母线封闭于一个筒内，母线导体采用柱形或盆形支撑固定。它的优点是外壳涡流损失小，相应载流量大。但三相布置在一个筒内，不仅电动力大，

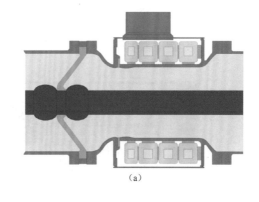

(a)

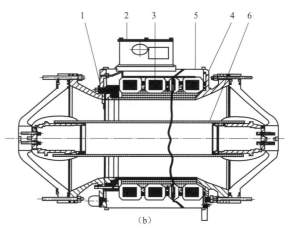

(b)

图 5-4　电流互感器实物及结构

(a) 仿真模型；(b) 结构

1—绝缘子；2—端子盒；3—环芯；4—环芯支撑（罐）；

5—金属保护板；6—一次导体管

而且存在三相短路的可能性。220kV 以下一般采用三相共筒。

（2）每相母线封闭于一个筒内。它的主要优点是杜绝三相短路的可能，但占地面积较大、加工量大、温度损耗大。

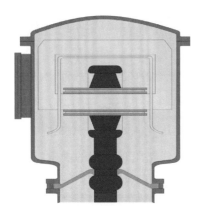

图 5-5　电压互感器结构

（六）避雷器

GIS 避雷器广泛采用氧化锌避雷器，为罐式封闭式结构，垂直安装。避雷器结构如图 5-6 所示。避雷器主要由罐体、盆式绝缘子、安装底座及芯体等部分组成。芯体是由氧化锌电阻片作为主要元件，具有良好的伏安特性和较大的通流容量。

（七）套管

GIS 与主变压器相连的套管为 SF₆ 油气套管，与架空输电线路连接的套管为出线套管。为了防止 GIS 上的环流扩大到变压器以及变压器的振动传递至 GIS，在 SF₆ 油气套管上设有绝缘垫和伸缩节。

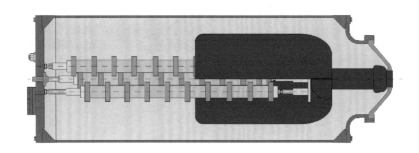

图 5-6　避雷器结构

三、常见故障分析与处理

随着国民经济的快速发展，我国的电力事业也得到了持续高速发展。另外，随着我国城市化进程的大力推进，土地资源的供求矛盾日趋显著，具有紧凑结构的 GIS 应运而生，并得到广泛应用。由于 GIS 特殊的结构，在应用初期，业内普遍认为它是免维修设备，但是随着运行时间的推移，GIS 依然不可避免地存在故障。国际大电网会议（CIGRE）做了相应的调查，其结果表明，故障造成的损失会随着电压等级的提高而增大，同时其维修成本也越高，绝缘故障占比例最高（57.3%），机械故障占比 18.1%，漏气等其他故障占比 24.6%。其中，导电微粒在整个绝缘故障中约占 20%，故障也多见于固体绝缘，主要是绝缘子及浇注式树脂绝缘缺陷。

（一）按故障类型分析

1. 绝缘故障

GIS 设备产生绝缘缺陷机理复杂、原因繁多，其中常见的绝缘典型缺陷类型是导体和外壳金属突起类缺陷、自由微粒缺陷、浮动电极缺陷、绝缘子类缺陷（绝缘子气隙和微粒缺陷）、SF₆气体混有水蒸气等，如图 5-7 所示。主要由于对制造环节管理不严或安装工艺控制不力而导致。

对于此类故障，需打开气室进行作业，根据故障情况选择打磨或者更换新的绝缘件。如果存在微水超标导致绝缘降低的情况，可采用纯氮气对气室进行干燥处理、更换干燥剂等。

（1）金属突起类缺陷。根据金属尖刺位置的不同，可分为高压导体尖刺和外壳尖刺，由于金属尖刺的曲率半径小，容易在其周围形成强场分布，从而造成电晕放电。在工频电压下，金属尖刺在电晕放电的过程中，一般会随着放电而慢慢烧蚀钝

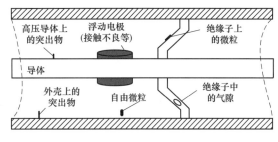

图 5-7 GIS 设备绝缘典型缺陷类型

化，最终放电逐渐减弱甚至消失。故此类绝缘缺陷在工频运行电压下造成内部击穿的概率较小，但是在快速暂态过电压下，其造成的危害较为严重。

（2）异物及自由微粒缺陷。该类缺陷较为常见，主要包括在生产过程中由于清扫不干净等原因而在 GIS 腔体内的金属碎屑以及 GIS 开关动作过程中产生的金属碎屑。在工频运行电压作用下，金属微粒可能产生跳动、移位等动作，自由金属颗粒在跳动后下落的过程中，局部放电较易发生，另外还可能形成导电通道，严重时会导致 GIS 内部击穿。通过 GIS 模型内部安置金属颗粒来模拟 GIS 中外来颗粒放电情况，探索典型局部放电量的大小、放电波形特征以及影响因素等。研究结果表明：局部放电的初始电压以及放电量与充气压力及金属颗粒大小和气压密切相关。

（3）悬浮电极缺陷。GIS 内部采用了大量的屏蔽电极，主要作用是改善 GIS 内部的电场分布，使之更加均匀。在运行初期，屏蔽电极与导体间的接触一般是比较好的，但是随着开关动作等引起的振动作用，连接部位可能出现松动，则会形成这种缺陷。这种缺陷下的放电比较明显，而且超声脉冲发生是不均匀、不连续的。

（4）绝缘子类缺陷。绝缘子类缺陷一般有两种，绝缘子内部缺陷和绝缘子表面脏污缺陷。

1）绝缘子内部缺陷主要是由在生产过程中渗入杂质等原因造成的，而且这种内部缺陷通常都比较微小，出厂时很难被检测到。另外，由于环氧树脂在固化阶段的收缩以及环氧树脂和电极是不同的材料，相异的热膨胀系数等因素最终也可能在绝缘子内部形成微小空隙。除此之外，由装配误差以及 GIS 运行中的机械振动也可能导致绝缘子损伤，从而产生气隙及

裂纹缺陷。

2）绝缘子表面脏污缺陷主要来源于生产及运输过程。如果绝缘子表面将这些污染物吸附住，微粒附近可能引起电荷积累，长期的放电会导致绝缘子劣化，出现电树枝，从而破坏盆式绝缘子本体，最终导致其损坏。

（5）SF_6 气体混有水蒸气。在 GIS 设备内部，SF_6 气体混入其他少量绝缘性能强的气体（如氮气）时，绝缘非但不会降低，反而会提高 SF_6 气体绝缘性能的作用。但如果混入的气体是水蒸气，则会造成其绝缘性能的劣化。在温度变化过程中，有可能导致 GIS 内部的杂质物质存在于水蒸气凝露里，当附着在盆子表面时，会影响盆式绝缘子表面的绝缘特性，造成绝缘性能的降低。

2. 机械故障

机械故障主要由于原材料质量不齐、装配质量差、调试不佳而导致，表现为操动机构拒合、拒分、误动、部件损坏、严重渗漏等。

对于此类故障，需检查操动机构是否存在内漏，机构油路内是否有空气导致油泵空转，或者电动机油泵本身是否存在故障。若存在内漏或者油泵本身故障，需更换相应的模块和油泵；若是油路内存在空气，则需要排气或者更换液压油。

3. 漏气故障

漏气故障的主要原因是密度继电器、气路接头、伸缩节、法兰等连接部位的密封圈材质不良、装配组装工艺不佳、部件加工精度差而导致漏气。

对于此类故障，需找到相应的气室，对于可能存在的漏气部位（如法兰连接处、气路接头、伸缩节等）进行检漏，找到漏点后进行封堵。

（二）按故障部件分析

1. 母线故障处理

（1）母线因故障停电，恢复送电前须对母线及所连接设备进行全面检查。

（2）母线故障，母线保护动作母线切除，须查明原因，故障点消除后方可联系调度试送电。

（3）母线保护动作跳闸，若确属其中一套保护装置故障导致误动且需母线恢复运行，经调度同意，将该保护停用后恢复母线送电；若两套保护均动作且设备故障时有冲击，必须将故障点消除后方可试送电。

2. 断路器拒合闸处理

（1）故障现象：发合闸令后，断路器合闸不成功。

（2）故障处理。若出现断路器非全相合闸情况，且三相不一致未动作，按以下步骤处理：

1）检查现地汇控柜交、直流电源开关是否合上，交、直流电源是否正常。

2）检查相关保护出口跳闸回路故障信号是否复归。

3）检查现地汇控柜控制方式切换开关位置是否正确。

4）检查监控流程及相关控制方式是否正确。

5）检查操作回路是否被低气压或低油压闭锁。

6）检查断路器操作回路是否故障。

7）检查断路器操动机构是否正常。

8）检查现地和远方通信是否正常。

9）必要时汇报调度，拉开串联隔离开关，做断路器分、合闸试验，正常方可投入运行。

10）根据检查的实际情况，进行处理。

3. 断路器拒分闸处理

（1）故障现象：发分闸令后，断路器分闸不成功。

（2）故障处理。若出现断路器非全相分闸情况（重合闸除外），按以下步骤处理：

1）检查现地汇控柜交、直流电源开关是否合上，交、直流电源是否正常。

2）检查现地汇控柜控制方式切换开关位置是否正确。

3）检查监控流程及相关控制方式是否正确。

4）检查操作回路是否被低气压或低油压闭锁。

5）检查断路器操作回路是否故障。

6）检查断路器操动机构是否正常。

7）检查现地和远方通信是否正常。

8）确因闭锁信号无法复归或断路器机械故障拒绝分闸时，应按断路器失灵处理。

4. 断路器三相不一致处理

（1）故障现象：监控系统报警，现地控制单元和远方监控系统有"××断路器三相不一致"信号，三相不一致保护动作不成功，现地控制柜上有"断路器三相不一致"信号。

三相不一致保护指断路器就地配置的本体三相不一致保护，其构成原理：采用三相分闸位置辅助动断触点并联及合闸位置辅助动合触点并联，之后再串联启动延时继电器，延时后启动三相不一致动作继电器出口跳闸，无其他辅助判据。发电机－变压器单元高压侧断路器三相不一致保护动作后，通过硬触点去启动失灵保护，GIS串内断路器配置有断路器失灵保护，不取本体三相不一致保护触点。线路侧断路器三相不一致保护延时按大于线路单相重合闸及断路器动作固有时间整定，其他断路器三相不一致保护延时按大于断路器动作固有时间整定。

（2）故障处理：

1）若发电机－变压器组并网时一相或两相合不上，应将断路器断开。

2）若机组解列时一相或两相拒分，则操作如下：复归有关保护信号和出口信号；拉开故障断路器两侧隔离开关；恢复停运的母线正常运行；恢复解列发电机－变压器组并网运行；恢复停运线路正常运行；检查断路器拒动原因。

3）断路器非全相运行时，应按照电网调度规定具体执行。

5. 断路器操动机构储能油压降低至分闸闭锁处理

（1）故障现象：监控系统报警，有"操作油压低""油泵启动超时""断路器合闸闭锁"/"断路器分闸闭锁"信号，现地的断路器操动机构储能油压指示低，现地控制单元"油泵启动超时""断路器合闸闭锁"/"断路器分闸闭锁"指示灯亮。

（2）故障处理：

1）若现地控制柜交流电源消失，应设法恢复电源。

2）检查油泵电动机电源、控制回路是否正常。

3）若因油泵电动机打压超时导致油压低，复归报警信号。若油泵电动机仍打压超时，向调度申请停电处理。

4）若油压无法恢复至正常，按断路器失灵处理。

6. SF_6 气体隔室压力下降处理

（1）故障现象：监控系统报警，有"××隔室 SF_6 气体压力降低"报警信号；现地控制单元上"××隔室 SF_6 气压低"指示灯亮，"×相 SF_6 压力低"指示灯亮。

（2）故障处理：

1）根据设备报警信号与 SF_6 气体隔室布置图，确定故障位置。

2）在现场进行相关检查、处理前，必须确认 GIS 室内安装的空气含氧量或 SF_6 气体浓度自动检测报警装置是否有报警，检查相关区域排风机是否正常启动，并根据情况做好个人防护措施。

3）检查故障相气体隔室密度继电器指示是否压力低，正常则复归信号。

4）检查密度继电器功能是否正常，密度继电器具备带电校验时，宜对密度继电器进行校验。

5）发现有明显泄漏向调度申请停电处理。

6）检查无明显漏气点时可带电进行补气处理，同时加强监视，并查明原因。

7）断路器隔室气压过低导致分闸闭锁时，按断路器失灵处理。

7. 电磁式电压互感器谐振处理

(1) 故障现象：电压互感器出现异声和异常振动，随着时间的增加外壳温度升高；故障录波显示电压异常，监控系统显示电压互感器电压周期性波动及电压异常升高。

(2) 故障处理：

1) 发生电压互感器谐振后，应尽快改变 GIS 运行或热备用状态，避开谐振工况（将有关断路器合闸或将有关隔离开关拉开）。

2) 记录电压互感器谐振的时间和 GIS 运行工况。

3) 发生过电压互感器谐振的 GIS，今后运行操作中应尽量减少断路器热备用的时间。同时运行操作时应通过故障录波、监控系统电压互感器电压信号对谐振进行密切监测，发现谐振则立即采取措施。

4) 对谐振的电压互感器，可通过改变电压互感器参数（如增加线圈匝数降低电压互感器磁通密度）、增加抗谐振线圈等技术措施彻底消除电压互感器谐振。

电磁式电压互感器谐振分为工频谐振与分频谐振：工频谐振为运行工况下产生的谐振，一般发生在正常运行的电压互感器，应禁止在该方式下运行；分频谐振一般发生在电压互感器热备用状态，尤其是由运行转热备状态，此时应将电压互感器转入冷备用、运行状态或将与电压互感器相连的设备转入热备用状态，避免长时间分频谐振损坏电压互感器。

8. 电压互感器二次断线处理

(1) 故障现象：监控系统报警，并出现电压互感器二次断线信号，电压指示三相不平衡；有关的有功、无功表指示偏低；频率指示可能不正常；有关的保护和自动装置发电压互感器断线信号。

(2) 故障处理：

1) 记录故障时间和电站总有功出力的变化情况。

2) 立即报告调度，将失去电压可能误动的保护和自动装置停用。

3) 查明原因，迅速恢复测量电压，启用保护和自动装置。

4) 若二次开关再次跳闸，通知维护人员处理。

5) 若维护人员无法带电处理，应申请设备停电处理。

与主变压器高压侧电压互感器断线相关的保护通常有：主变压器方向过电流保护、主变压器过励磁保护；与线路电压互感器断线相关的保护通常有：距离保护、带方向的零序过电流保护、过电压保护；与电压互感器断线相关的自动装置通常有：同期装置和计量装置。550kV 母线保护设计要求不设复合电压闭锁。

9. 电流互感器二次回路开路处理

有关电流表指示为零，有功、无功表指示下降或自动装置、保护回路异常，开路处出现火花，电流互感器本体有异常的电磁声，此时应减少电流互感器一次电流，立即向调度申请停电处理。

第二节 母线及开关设备典型故障案例

一、GIS 盆式绝缘子闪络故障分析及处理

（一）设备简述

某水电站 GIS 设备额定电压为 550kV，其绝缘主要由 SF_6 气体及环氧树脂浇注而成的固体盆式绝缘子组成。盆式绝缘子又分为通气盆式绝缘子、气密盆式绝缘子。气密盆式绝缘子不仅具备通气盆式绝缘子的固定与绝缘功能，同时还具备分隔气室缩小故障范围的功能。盆式绝缘子如图 5-8 所示。

图 5-8 盆式绝缘子

（二）故障现象

该电站 GIS 设备投入运行以来，设备运行稳定，投运第 5 年某日下午，5 号发电机－变压器组出线侧更换新电压互感器后进行零起升压试验，电压升到额定电压运行 10min，未发现任何异常情况。

当日 20 时 30 分，5132 断路器合闸，5 号主变压器复电。正常运行约 107s 后，5 号变压器保护 A/B 套主变压器差动保护动作，5132 断路器跳闸。根据保护录波得知 C 相故障电流 25kA。经检查发现 51316～51321 隔离开关之间的回路 C 相绝缘电阻接近于零。

盆式绝缘子闪络位置如图 5-9 所示，闪络放电的盆式绝缘子如图 5-10 所示。

（三）故障诊断分析

1. 故障初步分析

通过故障现象初步判断 5132 断路器与 5 号主变压器进线之间发生短路故障，再检测气室 SF_6 分解产物和解体检查，确认 51321 隔离开关 C 相上方的三通壳体内两盆式绝缘子闪络放电。

2. 设备检查

确认故障点后开始解体工作，解体检查发现三通壳体内通气盆式绝缘子表面有闪络烧蚀

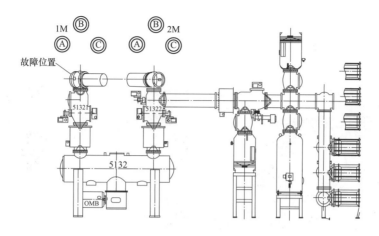

图 5-9　盆式绝缘子闪络位置图

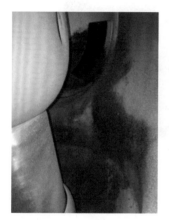

图 5-10　闪络放电的盆式绝缘子

痕迹，并且在凸面存在一条从中心导体延伸至绝缘盆子外侧边缘的疑似裂纹。壳体内表面及下方气隔盆式绝缘子均有严重烧蚀和喷溅痕迹。

3. 故障原因分析

（1）基本排除盆式绝缘子生产制造时已存在缺陷、质量不合格。发生放电的盆式绝缘子返厂后进行清洗打磨处理，疑似裂纹处呈现凹槽，盆子整体表面光滑、干净。同时对其进行了尺寸检测、X 射线探伤检查、局部放电及耐压试验，随后破坏取样进行材质密度检测，检测结果均合格。且距离故障绝缘子最近的局部放电探头在故障发生前未检测到任何异常局部放电信号，闪络跳闸后局部放电探头连续 3 个采样周期均检测到明显的局部放电信号，说明局部放电监测系统工作正常，盆式绝缘子在故障之前无局部放电。故障绝缘子打磨处理前后对比如图 5-11 所示。

本次故障盆式绝缘子位于斜拉母线壳体与三通壳体之间，在 GIS 设备已安全稳定运行近

5年的情况下，理论上此处发生绝缘子本身绝缘性能下降造成故障的概率非常低。因此，推断盆式绝缘盆子生产制造时不存在缺陷，不存在质量问题。

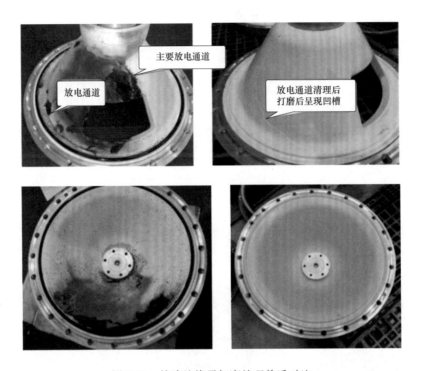

图 5-11　故障绝缘子打磨处理前后对比

（2）可能安装时存在粉尘、异物颗粒。GIS 内部如果存在粉尘、异物颗粒，就有可能发生绝缘故障。这种原因导致的绝缘故障具有一定的随机性，与粉尘类型、GIS 结构等有关。粉尘异物若在装配时未清洁干净，运行过程中在振动及电场力的作用下会发生移动，这种移动有可能降低设备的绝缘水平。

而本次故障从开关合闸送电到跳闸仅 107s，说明故障从产生、发展到最终闪络放电跳闸，过程短暂，发展速度很快。结合上述分析，本次故障最大的可能性是 GIS 安装时盆式绝缘子表面清理不彻底，在断路器合闸操作中较大的振动使粉尘、异物微粒在电场力作用下从低场强区漂移到高场强区，附着在盆式绝缘子表面，形成爬电通道，造成通气盆式绝缘子凸面在短暂时间内发生闪络放电，相邻的气密盆式绝缘子表面受放电影响也发生闪络烧蚀。

（四）故障处理

解体后分别对壳体和内部导体进行清理，对烧蚀的盆式绝缘子及导体进行更换，如图 5-12 所示。对同气室受放电粉尘污染的隔离开关和电流互感器进行清理，并用内窥镜进行检查确认。清洁作业完成后逐步回装，最后对气室进行抽真空、真空保压、充气、静置、气体检测、包扎检漏作业，对解体部位的绝缘电阻及直流电阻进行测量。故障发生后第 4 天完成抢修工作，并于抢修完成后通过了零起升压试验（升压至额定运行电压），利用系统电压对抢修段 GIS 合闸冲击试验 3 次无异常后顺利投入运行。

图 5-12　故障部位解体清洁、更换烧蚀严重的部件

（五）后续建议

结合本次故障分析，建议加强 GIS 设备安装或解体检修时的品控管理，确保设备组装符合质量标准。

二、断路器闪络故障案例

（一）设备简述

某水电站 GIS 主接线方式为发电机和变压器组合方式采用一发电机一变压器单元接线，两个单元接线组成联合单元接线进入 500kV GIS 3/2 接线。GIS 主母线采用双母线分段，离相结构，设有母线联络断路器。GIS 额定电压 550kV，额定电流 4000A。

（二）故障现象

2019 年 5 月 23 日 22:02，该电站 500kV GIS 第 7 串进线差动保护动作，经现场检查，确认为 8212 断路器 C 相本体故障。

（三）故障诊断分析

1. 保护动作分析

第 7 串第一套短线差动保护启动时间为 22:02:25.190，动作时间为 8ms，动作报告 A、B 相无差流，C 相有差流，5223、5222、8211 断路器有故障电流，结合故障录波计算 C 相差动电流约 25.5kA（基波有效值）。第二套短差差动保护启动时间为 22:02:25.190，动作时间为 8ms，A、B 相无差流，C 相有差流。两套保护动作行为完全一致，保护动作正确。

2. 8212 断路器 C 相现场检查

打开 8212 断路器 C 相罐体端盖后对内部进行检查，发现灭弧室支撑绝缘筒（靠近操动机构侧）有电弧灼烧痕迹，端部均压环边沿有烧蚀现象，故障点附近的罐体内部有白色的 SF_6 分解物，如图 5-13 和图 5-14 所示。

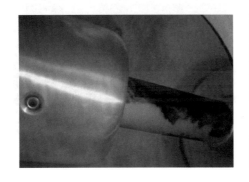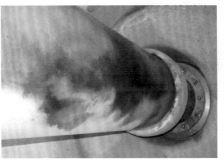

图 5-13　灭弧室（靠近操动机构侧）支撑绝缘筒闪络

图 5-14　灭弧室（靠近操动机构侧）
支撑绝缘筒闪络示意图

3. 8212 断路器 C 相返厂解体检查

拆卸系统侧盆式绝缘子，检查与导体刀触头触指插接部位，发现刀触头两端与触指接触部位存在严重磨损痕迹，刀触头下方有明显金属粉末，如图 5-15～图 5-18 所示。

拆除支撑绝缘筒及主绝缘拉杆，经检查判断机构侧支撑绝缘筒因金属粉尘桥接导致带电部分对绝缘筒端部支撑金属件（接地）闪络，如图 5-19 和图 5-20 所示。

（四）故障处理

对故障断路器进行整体更换，如图 5-21 和图 5-22 所示，更换后运行正常。

图 5-15　弹簧触指

图 5-16　刀触头

图 5-17　刀触头凹坑

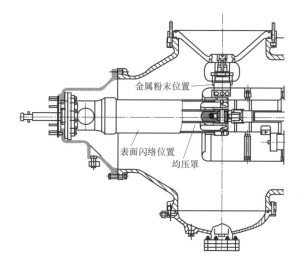

图 5-18　断路器局部结构图纸

图 5-19　表面闪络痕迹

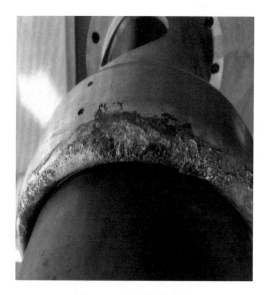

图 5-20　表面灼烧痕迹

图 5-21　断路器更换

图 5-22　导体夹具

三、GIS 设备局部放电故障分析与处理

（一）设备简述

某水电站开关站采用 550kV 气体绝缘金属封闭开关设备，该 GIS 开关站安装有特高频局部放电监测装置，能够检测 300～1500MHz 的特高频信号。装置将一个工频周期分为 64 个时间段，每个时间段为 $312\mu s$，分别记录每个时间段内局部放电信号的放电率、幅值和相位信息。通过局部放电专家分析软件对其进行分析，在每个规定时间段内，每有 10 个以上局部放电信号超出设定值，计 1 次局部放电事件，以事件数和局部放电图谱来判断 GIS 可能存在的缺陷。

（二）故障现象

该电站某机组 GIS 进线区域 B 相编号为 OCU12B 的局部放电传感器长期监测到局部放电信号，期间维护人员多次对局部放电信号进行追踪检查。局部放电信号定位故障点设备接线如图 5-23 所示。

（三）故障分析

1. 对 OCU12B 于 2017 年 4 月 21 日出现的局部放电信号进行分析

（1）OCU12B 局部放电信号概况。自 2017 年 4 月 21 日开始，OCU12B 记录的局部放电事件数突然增加，从每天 0～40 个局部放电事件急剧增加到 217 个事件，4 月 22 日及以后，每天记录事件数达到系统设置的最大值 288 个，放电信号的平均幅值超过量程，且呈持续放电状态。

1）事件类型：在线监测系统记录事件的放电类型主要是金属颗粒放电和浮动电极放电两种，并逐渐由金属颗粒放电为主过渡为浮动电极放电为主。

2）计数率与幅值：自局部放电突然增加至今，峰值振幅一直为 100%，平均振幅从 26 日开始稍有下降，自 100% 降到最终 97% 左右。计数率呈逐渐增加趋势，峰值计数率由 20% 增加到 30% 左右，平均计数率由 10% 增加到 12%，如图 5-24 所示。

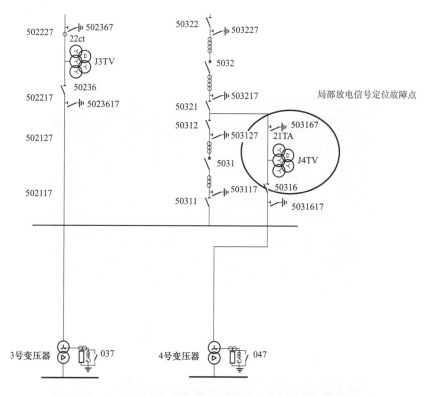

图 5-23　OCU12B局部放电信号定位故障点设备接线图

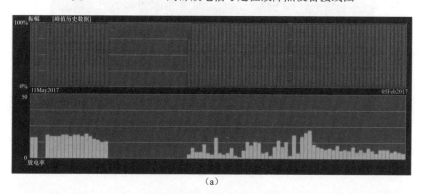

（a）

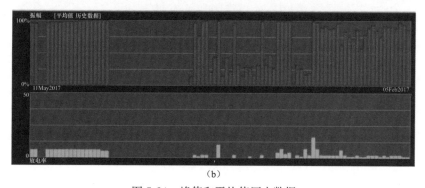

（b）

图 5-24　峰值和平均值历史数据

（a）峰值；（b）平均值

（2）放电类型。OCU12B 典型放电事件的单周期的图谱如图 5-25 和图 5-26 所示，系统判断为浮动电极放电。

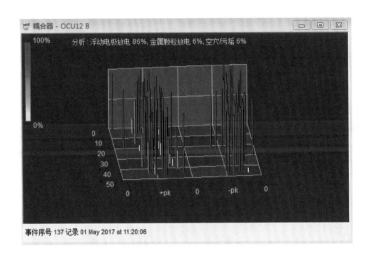

图 5-25　单周期图谱

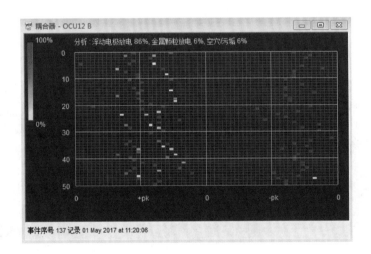

图 5-26　单周期图谱平面显示

（3）局部放电信号源的位置推断。传感器 OCU12B 位于 4 号发电机进线位置，与之相邻的传感器 OCU11B 相和 OCU3B 均未报局部放电事件。OCU3B 的在线单周期图谱有脉冲显示，脉冲相位角与 OCU12B 所示基本一致，幅值较低，如图 5-27 和图 5-28 所示。OCU11B 在线单周期图谱有间歇脉冲显示，幅值比 OCU3B 更低。经过比较分析，OCU3B 和 OCU12B 的局部放电信号应为同一信号，OCU3B 衰减较多故信号强度较低。同理 OCU11B 的信号衰减更多，可以推测信号源来自 4 号发电机—变压器组进线。经过比较分析，初步推测局部放电源区域如图 5-29 所示，局部放电类型为浮动电极放电。

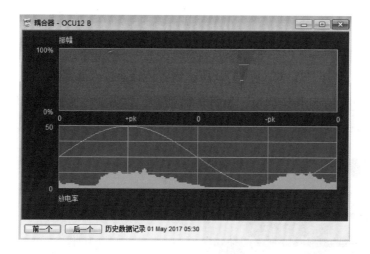

图 5-27　OCU12B 峰值保持图

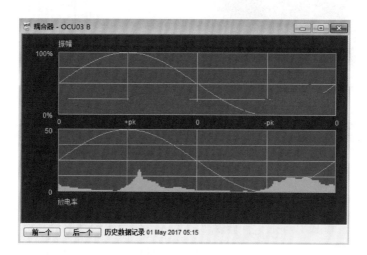

图 5-28　OCU3B 峰值保持图

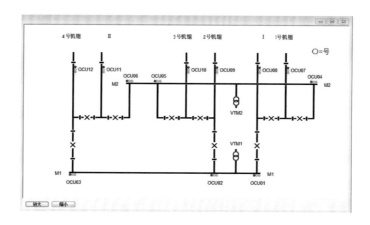

图 5-29　局部放电传感器位置图

2. 对 OCU12B 的局部放电信号进行定位监测

2017 年 5 月 4 日对该疑似局部放电信号进行了带电定位检测。

（1）局部放电信号测量。将 OCU12B 所在内置传感器接入局部放电定位仪 PD71 的通道 1，进行 PRPS 实时测量和持续测量，如图 5-30 所示。将另一传感器放置在空气中接入通道 3 测量外部空间信号。

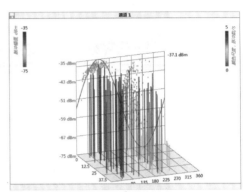

图 5-30　单通道测量 OCU12B

从图 5-30 可见，外部噪声干扰为－56dBm 左右，通道 1（OCU12B）的信号幅值为－37.1dBm（约 3mV，放电量经验值约 5～10pC）。从 PRPD 图谱来看局部放电类型为绝缘缺陷或表面污秽放电。

（2）局部放电源定位。测点结构如图 5-31 所示。位置 B 传感器幅值为－55.8dBm，位置 E 传感器幅值为－55.6dBm。B 到 E 之间距离约 2.95m，定位绝缘缺陷局部放电源距离位置 B 约 1.1m。从结构图上看，该局部放电源位于电流互感器附近。综合上述测量分析和定位情况，绝缘缺陷或污秽局部放电源位于图 5-31 中位置 C 通盆和电流互感器附近位置的可能性大。

维护人员使用橡皮锤敲击处理后，OCU12B 局部放电信号消失，但运行不久后在线监测检测到其局部放电信号再次出现。处理效果不明显。

2018 年 11 月，维护人员再次对其进行定位分析，局部放电源位置未变化。

（四）故障处理

鉴于上述局部放电信号情况，对 4FB 机组 GIS 进线 OCU12B 局部放电告警相关气室进行解体检查，以彻底解决 OCU12B 局部放电告警问题。

（1）2018 年 11 月，对 GIS 进线 OCU12B 局部放电告警相关气室进行首次拆卸解体检查，发现在 50316 气室 21TA 旁边的盆式绝缘子（靠隔离开关侧）的触头内部发现有碎屑，如图 5-32 和图5-33 所示，其密封圈及盆式绝缘子表面有灰尘污渍（疑似金属粉末），如图 5-34 所示。

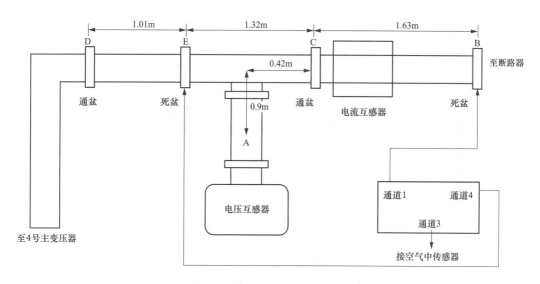

图 5-31　测点结构图

图 5-32　绝缘盆表面的颗粒物

图 5-33　绝缘盆上的粉尘

对拆卸下来的 50316 气室所有法兰面位置进行彻底清理，并更换新密封圈和吸附剂，4 号主变压器零起升压和倒挂运行后，GIS 进线 OCU12B 局部放电装置在线监测显示，局部放电信号暂时消失，如图 5-35 所示。

（2）2019 年 9 月，GIS 局部放电在线监测系统检测到 OCU12B 局部放电信号再次出现，2019 年 11 月对其进行离线定位检测，确认局部放电信号确实存在，定位集中区域如图 5-36 所示。OCU12B 局部放电信号定位现场设备区域如图 5-37 所示。

图 5-34　绝缘盆表面脏污情况

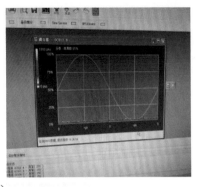

(a)

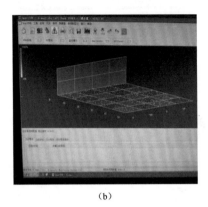

(b)

图 5-35　OCU12B 局部放电告警信号检修处理前后对比

（a）检修前；（b）检修后

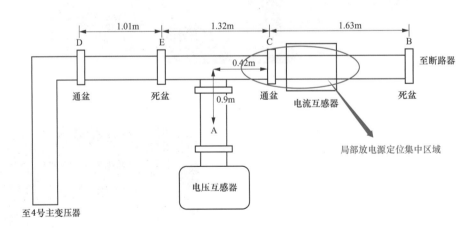

图 5-36　OCU12B 局部放电信号定位集中区域

根据现场实际情况，2019 年 12 月 4 号主变压器检修期间对局部放电部位再次进行拆解检查（见图 5-38～图 5-40）：

1）更换定位故障点附近绝缘件（包括靠电流互感器侧绝缘盆一个，隔离开关下方绝缘盆一个，隔离开关绝缘传动杆一根）。

2）拆解过程中，重点检查 GIS 管形母线内壁、绝缘盆子、导体触头、导体插件、导体、隔离开关触头、接地开关触头等部位，对内装件进行检查清洗，回装时，更换本次所有打开过的盖板密封条，更换与气体接触过的吸附剂。

图 5-37　OCU12B 局部放电信号定位现场设备区域

图 5-38　拆除更换部件示意图

图 5-39　拆卸局部放电信号定位区域设备

图 5-40　拆卸盆式绝缘子

3）在更换和清理局部放电信号定位区域相关设备后，OCU12B 测点未再发现局部放电信号。

（五）后续建议

本次对 OCU12B 局部放电信号处理包括数据分析，信号源定位及定位之后拆解检查，并更换相关设备，判断产生局部放电信号的原因，可能是局部放电传感器 OCU12B 处绝缘盆内部件缺陷引起，但还需对拆下旧绝缘盆及隔离开关绝缘传动杆进行局部放电试验、X 射线照射等检查项目，进而确定盆式绝缘子及绝缘传动杆内部是否存在气泡、裂痕等缺陷。

GIS设备在长期运行过程中，会产生局部放电。设备运行环境复杂，局部放电干扰信号较多，对于放电信号的类型分析、定位放电源技术含量高，气室解体前需做电气试验以便前后对比验证，同时注意 SF$_6$ 气体回收。

此次局部放电信号的产生不排除现场设备生产或安装期间由于过程控制不严谨导致设备内部件缺陷，在某种运行工况下引起局部电场畸变，从而造成局部放电信号。因此，需加强现场产品安装的质量及过程控制，安装及监造人员需对产品装配的关键环节、工艺纪律全面掌握，熟练运用。

四、接地开关非同期动作故障分析及处理

（一）设备简述

某水电站开关站电气一次设备采用 550kV 气体绝缘金属封闭开关设备（即 GIS 开关设备），主接线形式为 3/2 接线，见图 5-41。断路器采用双断口设计，操动机构为分相操作液压弹簧。隔离开关和接地开关为电动操动机构，具备手动操作功能，三相共用一台操动机构，通过相间传动连杆进行联动。接地开关采用交流电动机驱动，分闸时间 2s，合闸时间 2s，接地开关采用铜镀银触头，允许长期接地电流 1000A。

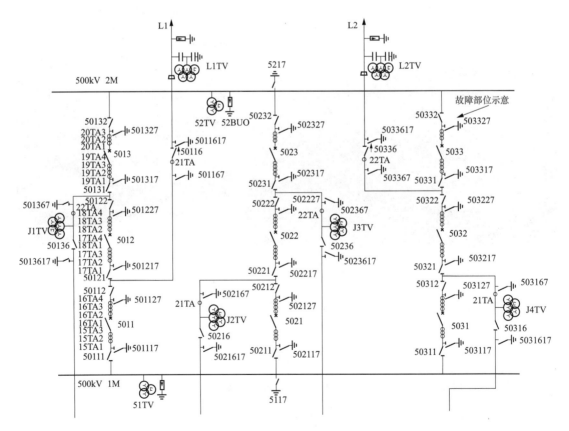

图 5-41　某水电站 500kV GIS 开关站主接线图

（二）故障现象

在一次常规检修完成后，运行人员对线路进行送电操作。操作前两母线处于带电状态，5032、5033断路器处于断开状态。操作过程中，断开503327接地开关，各设备显示无异常，合上50332隔离开关时，发现刚断开的503327接地开关B相外壳有放电现象，同时母差保护动作。

（三）故障诊断分析

1. 初步检查情况

查看故障录波，发现B、C两相有较大短路电流。检查放电接地开关接地连片位置，设备外壳有黑色痕迹。对故障部位解体发现该接地开关内部B、C两相动触头未与其静触头分离，且B、C两相隔离开关动、静触头及其屏蔽罩有烧蚀痕迹。接地开关B、C相拒动，接地开关动触头未分闸是造成放电的直接原因。

2. 设备结构分析

该GIS所用接地开关均采用电动操动机构，操动机构通过减速齿轮、缓冲离合器驱动接地开关动触头进行分合操作。三相接地开关共用1个操动机构，操动机构安装在A相，依次通过传动杆将力矩传递到B相和C相的传动齿轮箱以控制动触头动作，如图5-42所示。

图 5-42　接地开关连接示意图

传动部分采用矩形驱动杆、可调整长度的驱动轴和鼓形齿轮驱动相邻的齿套和驱动杆的方式进行。传动杆外装配有用于防护的圆形传动杆保护套。可调整长度的驱动轴靠外部的矩形管夹和定位开口销实现定位（鼓形齿轮、齿套、驱动杆、管夹见图5-43，开口销限位见图5-44）。矩形驱动杆、驱动轴、鼓形齿轮为钢制，齿套为尼龙塑料材质。

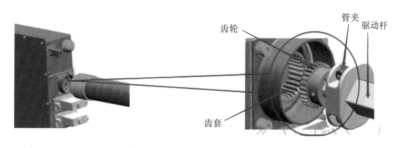

图 5-43　鼓形齿轮、齿套、驱动杆、管夹结构图

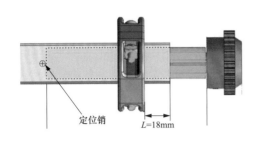

定位销

L=18mm

图 5-44　开口销限位位置

3. 故障原因分析

经过对传动机构的拆解及检查发现：

（1）接地开关操动机构 A 相至 B 相传动杆鼓形齿轮与尼龙齿套脱离。由于该接地开关的分合闸信号是由位于 A 相机构内的辅助开关实现，在 B、C 相均没有可以检测动、静触头分合情况的装置，无法对三相隔离开关的同期性进行确认。此外在其传动杆保护套未拆除的情况下，运行人员无法直接观察到传动连杆转动的情况。

（2）尼龙齿套端部有打滑起毛痕迹，传动杆保护套内存有少量的尼龙粉末。该粉末是在鼓形齿轮与尼龙齿套在接触面积非常小的情况下，产生相对滑动，使尼龙齿套受损而形成。此外，工艺要求在安装时鼓形齿轮与尼龙齿套之间存在一定间隙。多种因素叠加导致了鼓形齿轮与尼龙齿套脱离。

（3）用于固定鼓形齿轮的定位销有变形现象。说明传动轴和鼓形齿轮在长期的转动过程中存在位移，而锁定结构并不能完全保证传动轴和鼓形齿轮不发生位移。由于矩形传动杆两端均安装传动轴和鼓形齿轮，传动齿轮箱均安装尼龙齿套，这样的结构会导致整个传动杆在轴向的位移量是安装后两侧传动轴位移量之和。

结合上述接地开关传动系统结构和拆解情况检查，接地开关 B、C 相拒动原因是 A 相至 B 相传动杆鼓形齿轮与尼龙齿套脱离，未能起到传动力矩的作用。

总结上述分析，本次故障原因为：

（1）矩形传动杆采用的管卡和开口销锁定方式无法完全固定住传动轴和鼓形齿轮，传动轴和鼓形齿轮的轴向位移导致传动失效。

（2）该接地开关缺少直接监视 B、C 相接地开关传动齿轮箱和触头动作的装置，分合闸信号不能完整反映接地开关动作情况。

（3）传动杆保护套妨碍了运行人员检查接地开关动作情况。

（四）故障处理

首先，针对传动杆保护套妨碍了运行人员检查接地开关动作情况的问题。由于保护套主要用于户外 GIS 设备防尘防水，而该水电站 GIS 设备为户内安装，因此取消保护套。

其次，针对传动轴和鼓形齿轮的轴向位移会带来传动失效的风险，需要对传动轴和鼓形齿轮的锁定方式进行改进。经重新设计，将传动轴加长并加工外螺纹，在轴上加装限位螺母，靠螺母与矩形传动杆锁紧。螺母上预留顶丝孔，在现场调整好后紧固限位螺母上的顶丝以抑制螺栓转动，同时保留原有矩形管夹设计，以确保传动轴和鼓形齿轮固定可靠。传动轴锁定方式改进如图 5-45 所示。

另外，针对分合闸信号不能真实反馈接地开关动作情况问题，在 C 相增加一个指示装置，用于监视 B、C 相连杆是否正常动作。在 C 相转动轴端面中心上增加一个螺纹孔，连接位置指示器，指示器设透明外罩和位置指示（见图 5-46）。正常动作时，转动力矩以此通过 B、C 相连杆，带动指示器转动。指示器就能直观反映三相机构的动作情况。

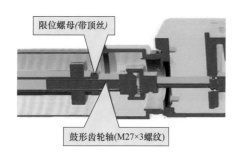
限位螺母(带顶丝)
鼓形齿轮轴(M27×3螺纹)

图 5-45　传动轴锁定方式改进

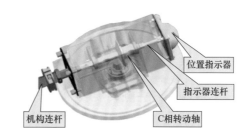
位置指示器
指示器连杆
机构连杆
C相转动轴

图 5-46　增加的 C 相位置指示示意图

在 B、C 相传动齿轮箱增加分合位置信号。在 B、C 相传动齿轮箱支座内传动轴上加装丝杠滑块装置，丝杠、滑块结构示意如图 5-47 所示。接地开关进行分合闸操作时，丝杠随传动轴一起转动，与丝杠配合的滑块驱动杆在导向槽内直线运动。分合闸到位时，滑块驱动杆触发分合闸位置的微动开关并输出分合闸位置信号，将该信号接入 A 相机构箱，A、B、

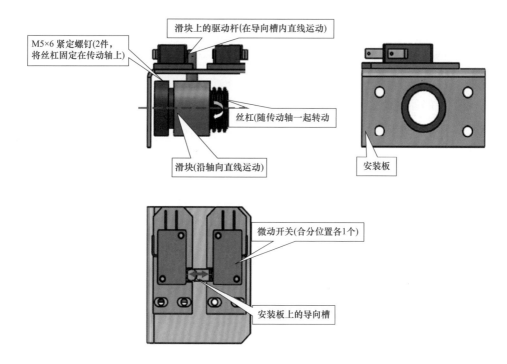
M5×6 紧定螺钉(2件，将丝杠固定在传动轴上)
滑块上的驱动杆(在导向槽内直线运动)
丝杠(随传动轴一起转动)
滑块(沿轴向直线运动)
安装板
微动开关(合分位置各1个)
安装板上的导向槽

图 5-47　丝杠、滑块结构示意图

C 三相分合闸信号串接（实现逻辑与）后的信号接入 GIS 控制柜。在 B、C 相微动开关的部位采用可拆卸式透明观察窗，以便观察微动开关状态。

该水电站于 2015 年完成 GIS 接地开关改进，后持续运行 4 年时间，未再发生三相接地开关不同期动作情况，改造效果良好。

（五）后续建议

在日常检查和设备检修时，对传动轴锁定装置和鼓形齿轮、齿套配合情况进行检查，防止锁定松动失效。同时在检修中注意检查微动开关的固定和信号的通断是否正常，以避免发生误报警信号。

五、GIS 隔离开关触头接触不良导致三相电流不平衡故障分析及处理

（一）设备简述

某水电站 SF_6 气体绝缘 GIS 设备额定电压为 550kV，进出线、主母线及所有串内接线的额定电流 5000A。GIS 的导体均为插接件，且主要元器件均组合在密闭空间内，巨大的额定电流对导体接头接触和设备散热等都提出了更高要求。GIS 隔离开关为户内单极式、三相联动操作、直线型。

（二）故障现象

该 GIS 设备投运一年后，某日 5 时 12 分，5223 断路器 B 相电流突变为 0，造成 GIS 串内开关三相电流不平衡，4M 母线差动电流报警。运行采取紧急措施，将 4M 母线关联的边断路器全部切除，切除后电流不平衡消失。5223 断路器相关电气主接线图如图 5-48 所示。

查看 GIS 断路器电流监视情况，发现 5223 断路器 B 相电流为 0，使用红外热成像仪对 52232 隔离开关进行测温，发现 A、C 两相平均温度为 38℃，B 相平均温度为 40.5℃，B 相最高温度 42.1℃，如图 5-49 所示。温度升高情况与电流监测情况相符，初步判断为此处隔离开关内部导体接触不良，导致触头发热和三相电流不平衡。

对故障情况有了初步判断后，首先合上靠 4M 侧除 5224 以外的所有边断路器，8 时，合上 5224 断路器让 GIS 合环运行。各断路器三相电流正常，但 52232 隔离开关 B 相气室温度仍缓慢升高，至 10 时 15 分，最高温度升高接近 1℃。

正常运行至 10 时 15 分，5223 断路器 B 相电流再次突变为 0，GIS 三相电流失去平衡。11 时 25 分，拉开 5223 断路器，GIS 三相电流恢复正常。保持 5223 断路器断开状态，GIS 设备持续运行至 17 时 30 分，52232 隔离开关三相温度恢复平衡，平均温度 37℃。

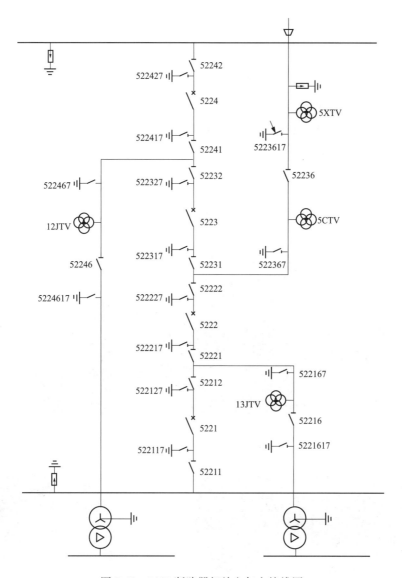

图 5-48　5223 断路器相关电气主接线图

（三）故障诊断分析

1. 隔离开关结构

隔离开关及其电动操动机构实物如图 5-50 所示。

隔离开关的工作原理：隔离开关操动机构的输出轴与隔离开关的操作轴连接，通过连接件、绝缘轴、传动系统，把操动机构的旋转运动转变为动触头的直线运动（采用齿轮齿条传动结构），实现隔离开关的合分操作。同时，操动机构与连接机构连接，通过换向器实现隔离开关三相联动。合闸时，隔离开关的静触头、动触头和中间触头连通；分闸时，隔离开关的静触头和动触头间形成隔离断口。动、静触头为铜钨弧触头，具有开合母线转换电流和母

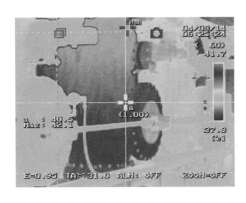

图 5-49　52232 隔离开关红外测温

线充电电流的能力。

2. 检查情况

开盖前测量 52232 隔离开关回路电阻，B 相回路电阻 885.7μΩ，A 相 7.7μΩ，C 相 6.7μΩ，证明 B 相隔离开关内部导体接触不良。对 B 相隔离开关气室开盖检查，发现动触头和静触头仅表面接触，动触头未插入到静触头内，动、静触头表面有发热烧蚀痕迹，如图 5-51～图 5-53 所示。

图 5-50　隔离开关及其电动操动机构实物图

图 5-51　52232 隔离开关 B 相动静触头表面插接不到位　　图 5-52　隔离开关静触头表面烧蚀情况

从检查情况可见，隔离开关合闸时动、静触头插接不到位，是导致隔离开关触头发热的根本原因。

3. 动、静触头插接问题分析

52232 的 B 相隔离开关触头插接不到位，在通过电流时发热，造成隔离开关触头直流电阻不断增大，当隔离开关外壳温度达到 42℃，B 相电流不再从 52232 通过，全部从 5224

断路器通过。此时拉开 5224 断路器，52232 的 B 相仍然可以通过电流，但触头存在发热烧蚀的风险。

（1）更换 52232 的 B 相隔离开关动、静触头，如图 5-54 所示。更换完毕后，测量隔离开关回路电阻，B 相 2566$\mu\Omega$、A 相 5.2$\mu\Omega$、C 相 5.3$\mu\Omega$。结果显示，B 相仍未合闸到位。初步怀疑，B 相隔离开关行程不够，齿轮存在打滑。

图 5-53　隔离开关动触头表面烧蚀情况　　　　图 5-54　更换隔离开关的动、静触头

（2）更换 52232 的 B 相隔离开关端盖，如图 5-55 所示。更换完毕后，再次测量回路电阻，B 相 2348$\mu\Omega$、A 相 5.0$\mu\Omega$、C 相 6.8$\mu\Omega$，测试结果仍显示 B 相隔离开关动静触头接触不到位。

图 5-55　52232 B 相隔离开关端盖

（3）更换 52232 的 B 相隔离开关传动齿轮，如图 5-56 所示。对隔离开关合闸操作过程各传动部分进行仔细检查，发现隔离开关传动齿轮尺寸型号存在异常，52232 的 B 相隔离开关齿轮比为 17:25，正常情况下齿轮比为 22:22。遂对隔离开关传动齿轮进行更换，更换完成后手动分合隔离开关，对 52232 隔离开关回路电阻进行测量，A 相为 $5.9\mu\Omega$、B 相为 $5.8\mu\Omega$、C 相为 $6.0\mu\Omega$，测试结果三相平衡，表明 B 相合闸到位，动、静触头接触良好。

(a)　　　　　　　　　　　　　(b)

图 5-56　52232B 相隔离开关更换传动齿轮

(a) 原 17:25 传动齿轮；(b) 更换后 22:22 的传动齿轮

（四）故障处理

隔离开关动、静触头合闸接触不良，根本原因在于传动齿轮组型号错误。对隔离开关传动齿轮进行更换后，隔离开关动、静触头接触到位，插接良好，设备持续稳定运行无异常。

（五）后续建议

设备厂家装配时，使用错误型号的齿轮零件，在出厂检查、现场安装期间，作业人员均未能检查出异常。隔离开关是在分闸位置挂接齿轮组，安装后合闸测量直阻。自安装完成后，一直运行正常，直至此次故障发生。

建议对所有 GIS 隔离开关齿轮装配情况进行检查，从根本上排除隐患。根据预防性试验规程，结合检修对 GIS 所有隔离开关回路电阻进行测量。

六、母线补偿单元漏气故障分析及处理

（一）设备简述

某水电站连接主变压器升高座与 GIS 母线接口处的管形母线，在水平段设置水平补偿单

元，用于补偿运行中正常形变以及安装误差。

　　GIS 典型补偿单元结构中，在管形母线的两端接口处，母线外壳采用喇叭口形搭接方式，母线外壳滑动法兰可以沿轴向滑动，搭接面采用密封圈进行密封，在母线管法兰面采用带弹簧的螺栓固定。

　　该补偿单元的壳体与滑动法兰之间靠密封圈来密封。为保护密封面，在滑动插接部位设置橡胶保护套。补偿单元密封结构如图 5-57 所示。

　　（二）故障现象

　　线路检修中发现某主变压器 A 相上方母线补偿单元气室压力偏低，补气后在较短时间内继续出现压力降低现象。

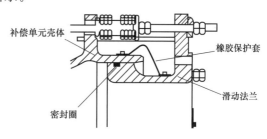

图 5-57　补偿单元密封结构图

　　（三）故障诊断分析

　　采用红外 SF_6 气体检漏仪对该气室进行检查，最终确认漏气点位于管形母线补偿单元靠 GIS 侧的滑动密封法兰面处。经拆卸检查，发现补偿单元橡胶保护套内部有积水。该补偿单元处于半户内运行环境，周围环境湿度和昼夜温差较大，从而产生凝露。GIS 外壳存在的感应电荷和积水形成微电池效应，持续的微小电流造成积水部位的密封面腐蚀，进而导致出现漏气现象。

　　（四）故障处理

　　为解决该问题，研究设计了新的密封结构。在补偿单元两端改装两个波纹管，波纹管两端为法兰连接，两个法兰之间安装密封圈，密封结构为静密封结构，波纹管及局部结构如图 5-58 所示，效果图如图 5-59 所示。

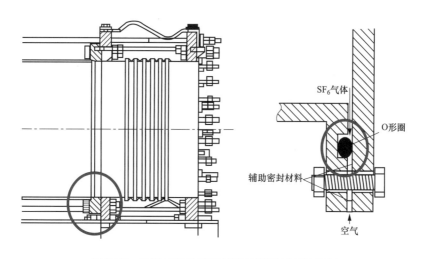

图 5-58　改进后的补偿单元波纹管及局部结构图

图 5-59　改进后的补偿单元效果图

原补偿单元采取的滑动密封结构，由于橡胶保护套的密闭作用，形成了一个密闭的空腔，在环境温度及湿度剧烈变化的情况下，形成凝露积水，导致滑动面电腐蚀。新设计补偿单元密封型式从动密封改为了静密封，降低了摩擦及老化造成的漏气概率，提高了可靠性。新补偿单元结构稳定可靠，补偿量满足现场要求，改造后未再发生漏气现象。

七、GIS 母线砂眼漏气故障分析与处理

（一）设备简述

SF_6 气体作为一种高电气绝缘强度的气体介质，是 GIS 设备绝缘的主要组成部分。当气体压力下降时，设备的绝缘强度也随之下降，造成 GIS 承受过电压的能力下降。当气体压力下降超过一定的阈值后，GIS 甚至不能保障工频电压的绝缘强度，设备的内部导体将会对设备外壳放电造成接地短路故障。若继电保护装置未及时动作切除故障部分，故障可能会发展成为相间故障，造成系统内部振荡和毁坏电气设备。

（二）故障现象

某水电站 GIS 设备巡检过程中发现某气室 SF_6 气体压力偏低，补气后在较短时间内继续出现压力降低现象。

（三）故障诊断分析

为明确泄漏点位置，用塑料薄膜将故障气室与相邻气室连接处法兰面及手孔、故障气室各分段连接处法兰面及手孔、U 形弯可拆卸单元伸缩节上下法兰连接处及三通罐各法兰连接处进行包扎，共计 16 处。24h 后将塑料薄膜穿孔，检查发现故障气室 U 形弯可拆卸单元右侧伸缩节下法兰面 SF_6 泄漏值超标。用气体成像仪检测 U 形弯可拆卸单元右侧伸缩节时发现靠近伸缩节下端法兰面管壁外壳有一明显漏气点（见图 5-60），用气体泡沫检测剂对漏气点检测找到漏气点具体位置（见图 5-61）。

该泄漏点为 GIS 管道母线在铸造过程中产生的砂眼，投运初期尚未完全贯穿，未产生明显漏气。但在长时间运行过程中，管形母线在内部 SF_6 气体持续高压的作用下，砂眼贯穿，从而出现漏气现象。

（四）故障处理

（1）确认停电范围、明确工作区域，断开停电间隔二次控制柜全部电源，确认断路器机构及隔离开关、接地开关控制电源处于断开状态。

（2）将气室压力降至0.01MPa，清除泄漏点覆盖物，打磨漏气部位的表面至表面基材露出且表面光滑平整。由于焊缝部位较薄，不宜过度打磨。

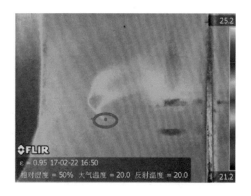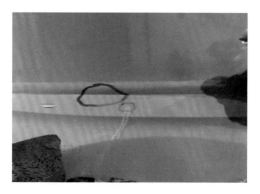

图 5-60　U形弯可拆卸单元右侧伸缩节
泄漏点红外成像图

图 5-61　U形弯可拆卸单元右侧
伸缩节泄漏点

（3）清理漏气部位的表面，并用清洗剂进行表面清洗。

（4）清洗完毕后，采用带压堵漏胶棒进行封堵。胶体固化后将胶体表面多余且不平整的胶体用砂纸打磨光整。

（5）对该气室充气至0.2MPa并进行刷涂检漏，确认无漏气现象后，对该气室补充气体至额定压力。

（6）充入合格的SF$_6$气体（需要纯度测量），充气注意各气室压差，要梯级进行。

（7）对封堵部位完成后可用1527密封胶对外部进行涂抹。

（8）对相应气室进行测量微水、检漏、试验。

（五）后续建议

GIS管道设备在铸造过程中可能产生砂眼，有些砂眼在设备运行较长时间后才会产生漏气现象。在GIS设备的日常维护巡检过程中要持续关注气室压力及其变化趋势，尽早发现泄漏缺陷。

第三节　互感器及避雷器典型故障案例

一、GIS开关站机组进线段谐振故障分析与处理

（一）设备简述

某水电站开关站采用550kV GIS开关设备，主接线形式为3/2断路器接线，开关站为3

串接线。发电机和变压器组合采用一发电机一变压器单元接线，有 500kV 进线 4 回，出线 2
回。GIS 位于坝后式厂房副厂房顶层，主变压器安装于副厂房地面层，主变压器高压侧通过
GIS 管形母线接入开关站。GIS 每回机组单元进线设有电压互感器，位于主变压器高压侧
进线隔离开关靠 GIS 侧，电压互感器布置在 GIS 室进线位置。设备部分主接线图如图 5-62
所示。

GIS 开关设备基本参数如下：额定电压，550KV；额定电流，5000A；额定耐受电流
峰值，171kA；额定短时耐受电流，63kA；额定短路持续时间，3s；额定雷电冲击耐受电
压（峰值），1675kV；额定操作耐受电压（峰值），1300kV；工频 1min 耐受电压（有效
值），740kV。

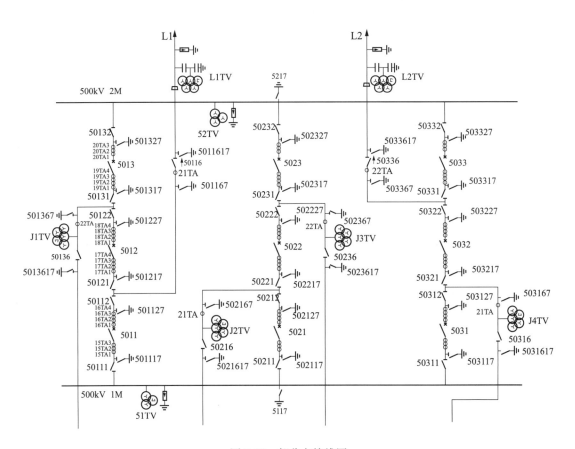

图 5-62　部分主接线图

（二）故障现象

该水电站机组调试和检修期间，在 GIS 断路器和隔离开关操作过程中，曾发生数次主变
压器高零序电压异常报警并闭锁安全稳定装置异常现象。该现象发生在 GIS 进线短引线停电
时，即主变压器高压侧隔离开关在拉开状态、进线断路器相继停电时。GIS 进线短引线停电

的操作有以下两种方式：①进线断路器依次转热备用后再转冷备用；②中断路器直接由运行转冷备用后，边断路器再由运行转冷备用。在进行短引线停电操作时，监控系统数次报主变压器高零序电压异常、安全稳定装置闭锁等故障信号，且随着GIS进线断路器转冷备用完成而消失。现场对互感器部位进行测温和外观检查，均无明显异常。

（三）故障诊断分析

1. 故障波形分析

该异常情况首次出现在2014年6月，4号发电机—变压器组进线主变压器高零序电压异常报警，并闭锁安全稳定装置。事件发生时间段正是该电站4号机启动试运行阶段，检查故障录波波形如图5-63所示，故障恢复后波形如图5-64所示。

从故障录波图可以看出，安全稳定装置异常和闭锁时刻，4号机进线电压互感器三相电压不平衡，产生零序电压，且达到安稳装置零序电压异常定值，安稳装置报警信号动作正确。经分析4号机进线电压互感器三相电压波形，发现其C相互感器存在三分频谐振（如图5-64中时标所示）。

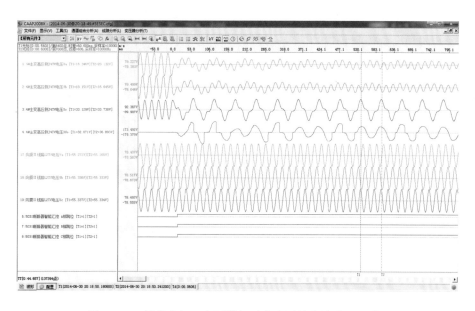

图5-63　4号发电机—变压器组零序电压异常波形（L2线）

2. 设备工况分析

结合故障录波图、监控系统记录分析可发现，事件的发生与运行操作方式密切相关。事件发生前，发电机进线隔离开关在拉开状态，500kV GIS第3串不带主变压器串内合环运行。在串内断路器由合环运行转冷备用操作过程中，当中断路器已转冷备用（中断路器两侧

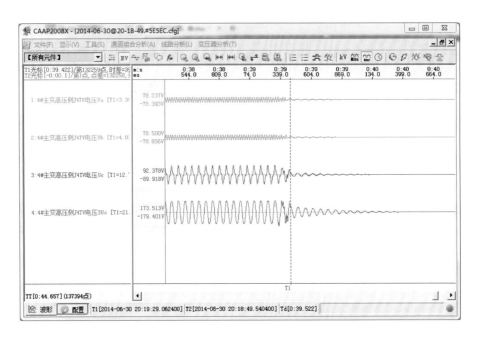

图 5-64　4 号发电机—变压器组零序电压异常恢复后波形

隔离开关已拉开）、边断路器进行分闸操作后（断路器拉开，隔离开关未拉开）出现零序电压异常报警并闭锁安全控制装置的信号；边断路器由热备用转冷备用（隔离开关已拉开）之后，闭锁安全控制装置信号复归。

　　为进一步确认异常情况发生的工况，维护人员对 4 号发电机—变压器组进线带主变压器进行停电操作时的设备状态进行了检查。在多次带主变压器进行停电操作过程中，在边断路器进行分闸操作后，未产生零序电压，安全稳定装置无异常和闭锁信号报警，其波形见图 5-64。维护人员对左岸其他机组进线带主变压器进行停电操作时的设备状态进行了检查分析，均未发生一次零序电压异常情况。

　　维护人员对不同机组在两种 GIS 进线停电方式下出现异常情况进行了统计和分析，结果见表 5-1。

表 5-1　　　　　　　　　　　　　　不同机组不同短引线停电方式下谐振情况

进线短引线	停电方式	是否发生谐振	谐振持续时间	谐振部位	波形恢复正常时刻
1 号变压器	方式 1	是	持续	C 相	断路器转冷备用
2 号变压器	方式 2	是	持续	B、C 相	断路器转冷备用
3 号变压器	方式 1	是	持续	B 相	断路器转冷备用
4 号变压器	方式 2	是	持续	A、C 相	断路器转冷备用

　　经分析左岸各台机组进线短引线停电操作的设备电压波形，无论采用何种操作方式，进

线电压互感器均有可能发生三分频谐振。谐振发生的相别不定，存在随机性，以 2 号发电机—变压器组为例，其谐振发生在 B、C 相，如图 5-65 所示。谐振持续时间取决于进线断路器转冷备用的时间，只要进线断路器转冷备用，谐振现象就消失。

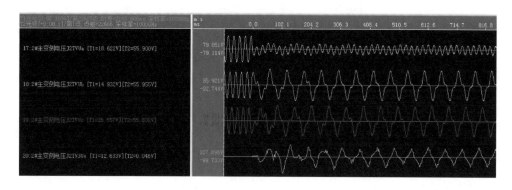

图 5-65　2 号发电机—变压器组进线短引线停电波形示意图（B、C 相发生三分频谐振）

综合上述分析，可知该电站 GIS 进线短引线停电时，进线电压互感器存在发生铁磁谐振的概率，谐振的相别不定，在进线断路器转冷备用后，谐振现象消失。由波形看出，该谐振为三分频谐振，是典型的铁磁谐振现象。当 GIS 进线带主变压器同时停电时，进线电压互感器不发生铁磁谐振现象。

（四）故障处理

谐振现象发生的必要条件是谐振部分电器元件的电容、电感参数在一定频率下存在谐振点。由于电压互感器铁芯存在饱和现象，其电感值是一个非线性电感，导致铁磁谐振发生存在概率性因素，与断路器分闸时三相电压相位、进线电压互感器在分闸时铁芯饱和程度均有关。该电站左岸 GIS 在短引线停电方式下，产生铁磁谐振的根本原因是进线电压互感器铁磁参数选择与断路器断口并联电容及杂散电容参数配合不当导致在特定情况下发生谐振。

1. 临时控制方式

为从根本上解决谐振问题，需对 GIS 进线电压互感器部分电磁参数重新设计验证，并更换部分设备。在新设备更换到位前，需采取临时措施控制谐振的风险。该电站 GIS 进线带主变压器同时停电时，进线电压互感器均不会发生铁磁谐振现象，谐振现象仅在 GIS 短引线停电方式下有很大概率发生，且在进线断路器转冷备用后，谐振现象消失。而该电站的正常运行规律，大多数的停运和送电都是主变压器与 GIS 串内断路器同时停运和送电，短引线停电方式操作较少。基于此，制定的临时措施包括：在检修方式安排时，尽量安排主变压器和进线断路器同时检修，避免谐振发生；优化短引线停电方式下断路器操作顺序，尽量减少断路器热备用时间，缩短谐振时间（采用方式 2 进行短引线停电：中断路器直接由运行转冷备用后，边断路器再由运行转冷备用）。

2. 设备改进措施

由于发生铁磁谐振部位主要包括断路器、电压互感器以及进线段短引线的母线，主要是由于断路器均压电容、母线对地电容、杂散电容和电压互感器的非线性电感之间发生谐振。结合制作厂生产制造难度和对 GIS 整体设计改动的影响大小，确定处置方式为通过改变进线电压互感器的电磁参数，降低磁密和铁芯饱和程度方式避免谐振。

首先，水电站技术人员在检修过程中，对 GIS 进线部位在不同状态下电磁参数进行了测量，为进线电压互感器换型计算提供依据，其中某机组进线电容量测量结果见表 5-2。根据测量，进线段短引线连同 2 台断路器对地电容量为 2.361～2.513nF，进线段短引线连同 1 台断路器对地电容量为 1.617～1.770nF。

表 5-2　　　　　　　　　　　　　　　某机组进线电容量测量结果

编号	断路器状态		隔离开关状态			电压互感器高压尾端 N 线状态	试验加压点	tanδ（%）	电容量（nF）
1	50×× 分闸	50×× 分闸	50××× 合闸	50××× 合闸	50××× 分闸	接地	50×××7A 相	0.934	2.513
							50×××7B 相	1.017	2.402
							50×××7C 相	0.729	2.361
2	50×× 分闸	50×× 分闸	50××× 合闸	50××× 合闸	50××× 分闸	不接地	50×××7A 相	0.897	2.511
							50×××7B 相	1.013	2.401
							50×××7C 相	0.733	2.361
3	50×× 分闸	50×× 分闸	50××× 分闸	50××× 合闸	50××× 分闸	接地	50×××7A 相	1.267	1.770
							50×××7B 相	1.073	1.639
							50×××7C 相	1.054	1.618
4	50×× 分闸	50×× 分闸	50××× 分闸	50××× 合闸	50××× 分闸	不接地	50×××7A 相	1.265	1.770
							50×××7B 相	1.075	1.639
							50×××7C 相	1.065	1.618
5	50×× 分闸	50×× 分闸	50××× 合闸	50××× 分闸	50××× 分闸	接地	50×××7A 相	1.269	1.766
							50×××7B 相	1.455	1.667
							50×××7C 相	1.058	1.618
6	50×× 分闸	50×× 分闸	50××× 合闸	50××× 分闸	50××× 分闸	不接地	50×××7A 相	1.274	1.766
							50×××7B 相	1.456	1.657
							50×××7C 相	1.070	1.617

根据现场测量参数和 GIS 厂家设计相关参数，对进线电压互感器铁芯饱和程度进行了下调，增加了一次、二次绕组对应匝数。设计采用的硅钢片饱和磁密值为 18000～19000Gs，而在降低磁密后，按照发生三分频谐振状态时分析，铁芯磁密值约为 15000Gs。经过仿真计算，在下调磁密后，在相同工况下，不会产生铁磁谐振现象。

参照新设计值，厂家重新制造了 GIS 进线电压互感器。技术人员在检修期间先更换了一台机组三相 GIS 电压互感器并进行相关试验验证。电压互感器由于磁密降低，二次侧容量发生了变化，原有准确度等级为 0.2/0.5/0.5/3P，对应容量为 30/50/50/100VA，新电压互感器准确度等级为 0.2/0.5/0.5/3P，对应容量为 20/30/30/100VA。

（五）处理评价及后续建议

在新电压互感器更换完成后，技术人员对电压互感器进行了零起升压试验和相关谐振工况验证试验。模拟谐振工况试验分别试验了进线电压互感器直接投运和运行一段时间后停运再投运两种状态，通过上述两种不同停电方式进行短引线停电操作时设备的运行状态，以下列举部分谐振工况验证试验数据进行说明。

谐振工况验证试验电压互感器处于直接投运态采用方式 1（中断路器热备用，边开关由运行转热备用）时，某次试验结果如图 5-66 所示。

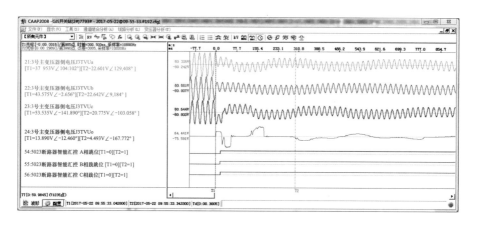

图 5-66　谐振工况验证试验波形图 1

分析波形可知，A、C 相有轻微振荡，波形振荡持续约 300ms 后趋于稳定，振荡时，三相电压峰值小于正常工频电压最大值二次值 80.5V（对应一次值约 443kV），开口三角电压峰值二次值大约 75.6V（对应一次值约 416kV）。

谐振工况验证试验电压互感器处于投运后退出再投运，采用方式 2（中断路器冷备用，边断路器由运行转热备用）时，某次试验结果如图 5-67 所示。

分析波形可知，C 相发生振荡，振荡波形持续约 250ms 后趋于稳定，振荡时三相电压峰值小于正常工频电压最大值二次值 80.5V（对应一次值约 443kV），开口三角电压峰值二次值约 65V（对应一次值约 358kV）。

通过多次试验验证，依据试验波形数据初步判断，可得出以下结论：电压波形没有明显

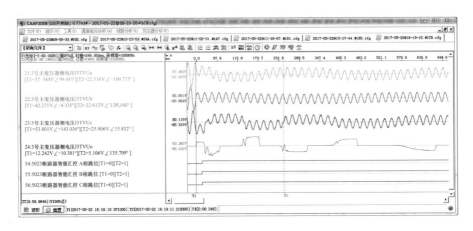

图 5-67　谐振工况验证试验波形图 2

的谐振特征，也没有持久的不规则波动异常过渡过程；电压波形的幅值波动较小，相电压和开口三角电压幅值小于或略大于额定电压；电压波形波动时间较短，不规则波动明显波段在350ms 内，通常在 800ms 内趋于稳定。更换新的进线电压互感器后没有谐振现象出现，与理论计算结果吻合，解决了进线短引线停电工况下的谐振问题。在验证新电压互感器参数能解决短引线停电的谐振问题后，技术人员对电站左岸 GIS 进线电压互感器全部进行了更换，并进行相同工况验证试验，试验结果与该台机组结果一致。

二、GIS 电压互感器铁磁谐振分析及处理

（一）设备简述

某电站 500kV 电压等级 GIS 在进、出线处均配置 SF_6 气体绝缘的单相电磁式电压互感器（简称电压互感器），其中各机组到 GIS 的进线侧设置 1 组电压互感器，GIS 各出线侧设置 2 组电压互感器。该电站 GIS 投运后，先后发生多次进线电压互感器和出线电压互感器铁磁谐振，对设备稳定运行造成严重影响。

（二）故障现象

某日 17 时 50 分，0A 号发电机—变压器组和线路送电试验，合 5214 断路器时，保护动作跳闸，现场检查 0A 号机组进线，发现该机组进线电压互感器（0AJTV）B 相防爆膜处喷烟，有较大声音和明显异味，且外壳温度较 A、C 相明显偏高。检查故障录波装置，故障录波如图 5-68 所示。

当日 9 时 06 分，依次断开断路器 5211、5212、5213、5214，在断开 5214 时，0AJTV 的A、C 相恢复到正常电压（开关断口电容的分压，一般为 100kV 以下），B 相发生谐振，电压峰值在 450kV 左右，波长为 60ms（三分频），该过程一直持续至 13 时 31 分（超过 4h）。

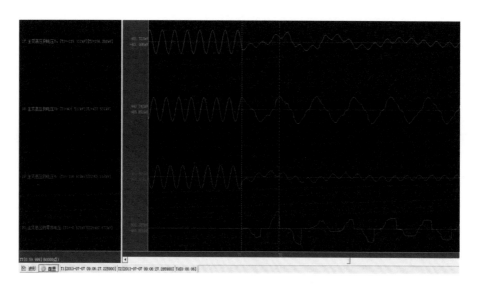

图 5-68 0AJTV 铁磁谐振电压波形

（三）故障诊断分析

从故障现象和波形分析，此次事件为典型的电磁式电压互感器铁磁谐振。5214 在热备用时，断口间的并联电容与电压互感器的非线性电感参数匹配、形成三分频谐振回路。由于铁磁谐振具有自保持特点，铁磁谐振可以继续长期存在，铁芯严重磁饱和，励磁电流急剧增大，流过高压绕组电流急剧增大，使高压绕组内部严重发热，最终使线圈匝间绝缘下降，在送电时高压绕组直接对地击穿。

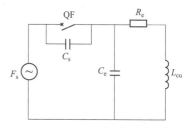

图 5-69 电压互感器铁磁谐振等效电路

E_s—电源电压；QF—断路器；

C_s—断路器断口均压电容；

C_e—GIS 母线对地电容；

R_e—电磁式电压互感器的一次绕组电阻；

L_{cu}—电磁式电压互感器的一次绕组电感

1. 铁磁谐振原因理论分析

电压互感器产生铁磁谐振等效电路如图 5-69 所示。

断路器 QF 刚断开时，电容 C_e 上的残留电荷就会对电感 L_{cu} 进行放电，考虑回路上的损耗，电磁能量将在电容 C_e 和电感 L_{cu} 之间往复、相互转化且逐渐消耗，因此电容 C_e 上的电压是一种低频振荡衰减波。

电压互感器是一个带铁芯回路的线圈，存在磁饱和现象。铁磁材料基本磁化曲线和磁导率曲线如图 5-70 所示。

由图 5-70 可知，随着外磁场强度 H 逐渐增大，磁感应强度 B 不再随之继续增大，即出现饱和，此时铁磁材料的磁导率 μ 将达到最大值 μ_{max}，随着 H 继续增大，μ 将反而变小。

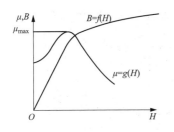

图 5-70　铁磁材料基本磁化曲线

和磁导率曲线

根据电磁学原理，线圈电感 L 为

$$L = \frac{N^2 \mu S}{L_{en}}$$

式中　N——线圈匝数；

　　　μ——磁导率；

　　　S——磁路的等效截面积；

　　　L_{en}——等效磁路长度。

对于电压互感器，N、S、L_{en} 都是常数，因此电感 L 与磁导率 μ 有单值线性关系。图 5-70 说明在铁芯饱和时 μ 将急剧变小，因此电压互感器表现为非线性电感特性，而且在饱和时电感 L 也会迅速变小。

由于图 5-69 的 LC 回路中出现低频电压，将导致电压互感器铁芯出现饱和，电压互感器等效电感 L 急剧下降，因此电压互感器绕组中会产生很大励磁电流，最大可能达正常电流的几百甚至几千倍，造成电压互感器过热。

对图 5-69 中 LC 回路的衰减振荡电压、电流波形仿真，如图 5-71、图 5-72 所示。

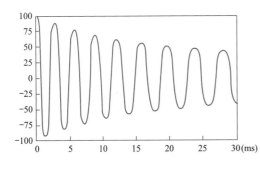

图 5-71　衰减振荡电压仿真

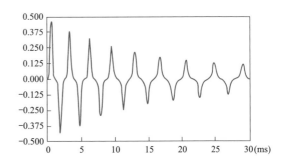

图 5-72　衰减振荡电流（存在饱和）仿真

对图 5-69 进行分析，在断路器 QF 断开后，电压互感器上将一直承受电源 E_s 通过 C_s、C_e 产生的分压 $E_s C_s / (C_s + C_e)$，该电压与低频衰减振荡电压相叠加，如果两者的相位相近，就可能使低频电压的幅值升高且持续存在，即电压互感器产生了铁磁谐振。根据电路分布参数的不同，该谐振的频率一般为 $1/3$、$1/5$、$1/7$ 倍工频。

2. 电压互感器谐振实例分析

该水电站自投产以来，在系统调试及正常运行阶段均发生过电压互感器谐振现象。现以该右岸电站 GIS 开关站在接入系统调试过程中发生的电压互感器谐振为例进行分析。发生谐振的 0AJTV 主接线如图 5-73 所示。

如图 5-76 所示，依次断开断路器 5211、5212、5213、5214，当最后断开 5214 时，电磁式电压互感器 0AJTV 发生了谐振，导致线圈持续发热受损。

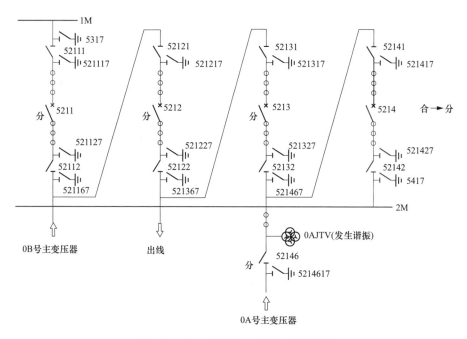

图 5-73　发生谐振的 0AJTV 主接线图

0AJTV 参数见表 5-3，该电站 GIS 各元件电容计算值见表 5-4。

表 5-3　　　　　　　　　　　　　电磁式电压互感器 0AJTV 参数

一次绕组额定电压	二次绕组额定电压	准确度等级	容量（VA）
$550/\sqrt{3}$ kV	$0.1/\sqrt{3}$ kV	0.1	30
	$0.1/\sqrt{3}$ kV	0.2	50
	0.1kV	3P	100

表 5-4　　　　　　　　　　　　　GIS 各元件电容计算值

元件	对地电容（pF）	备注
1m 母线	50	
隔离开关	135（分闸）/126（合闸）	
断路器	700（分闸）/500（合闸）	含断口均压电容
	473（分闸）/320（合闸）	去掉断口均压电容
断口均压电容	540	并联于断口间
电流互感器	55	
电压互感器	124	
避雷器	20	

根据主接线图及元件参数构建等效电路，如图 5-74 所示。

图 5-75、图 5-76 分别为仿真计算得到的电压互感器端电压与电流仿真波形。

从图 5-75 中可见，回路中产生了 3 分频谐振。图 5-76 证明存在饱和状态下电流，该电流是导致电压互感器线圈发热的根本原因。

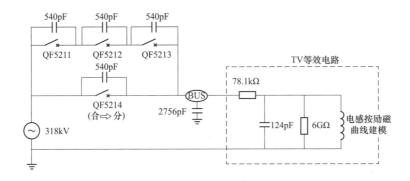

图 5-74　0AJTV 谐振等效电路图

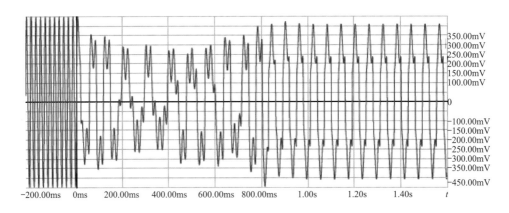

图 5-75　0AJTV 电压仿真波形

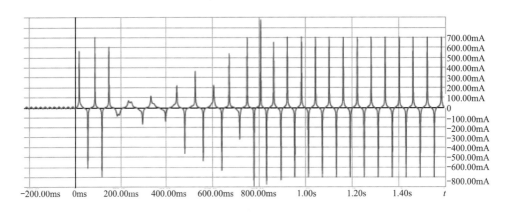

图 5-76　0AJTV 电流仿真波形

3. 分析结论

通过上述仿真分析得出以下结论：

（1）GIS 正常运行工况下，所有电压互感器均不会发生铁磁谐振。

（2）GIS 设备进行操作时，进线电压互感器和出线电压互感器在部分工况下会发生谐振。

（3）在现有进线电压互感器和出线电压互感器加装抑制铁磁谐振装置，但并不能完全消除所有工况时谐振现象。

（四）故障处理

该电站会同设备厂家在一台进线电压互感器和一台出线电压互感器上进行试验，在两台电压互感器二次侧加装消谐线圈。工况试验中，在未投入电压互感器二次侧消谐线圈时谐振电压峰值较高，但在 5s 内衰减至 1kV 以下。在投入电压互感器二次侧消谐线圈后，谐振电压峰值降低到线路额定电压 300kV 附近，并在 0.3s 内衰减至 1kV 以下。可发现，在接入消谐装置时，电压互感器抗谐振性能得到改善。决定新电压互感器取消安装阻尼绕组等消谐装置，通过进一步改变电压互感器自身参数，降低和消除铁磁谐振。

设备厂家根据要求，设计研制了新的电压互感器。新电压互感器做了如下改进：

（1）将原来一次绕组 165000 匝、二次绕组 30 匝，变更为一次绕组 192500 匝、二次绕组 35 匝，磁通密度由原来的 $B=5770Gs$ 降低到 $B=5000Gs$。

（2）二次绕组准确度等级 0.1/0.2/3P、二次绕组输出容量 30/50/100VA，变更为二次绕组准确度等级 0.2/0.2/3P、二次绕组输出容量 20/30/100VA。

更换后，进线、出线电压互感器现场谐振工况试验合格。断开断路器时，偶尔出现 6~9 分频谐振，谐振最长时间 1.5s 后自行消失，谐振得到有效控制，投入运行后无异常。

（五）后续建议

GIS 在设计过程应特别关注电压互感器铁磁谐振的情况，进行参数计算，保证电压互感器磁通有足够裕度；GIS 设备投运初期也应加强电压互感器温度监测，提早发现铁磁谐振故障。

第四节　GIL 设备典型故障案例

一、GIL 柱形绝缘子局部放电故障分析与处理

（一）设备简述

气体绝缘高压输电线路（gas insulated high-voltage transmission line，GIL），是一种采用 SF_6 气体或混合气体作为绝缘介质，外壳与导体同轴布置高电压、大电流电力传输管线设备，具有安全可靠性高、输电容量大、损耗小、电磁辐射小、节省空间等特点。

某水电站的 GIL 为三相独立式结构，额定电压 550kV，SF_6 气体绝缘，固体绝缘部件由环氧树脂浇注而成，包括法兰式气密绝缘盆子、通气绝缘盆子、垂直段安装的内置式通气绝缘盆子和水平段安装的柱形绝缘子 4 种类型的环氧绝缘子。自 GIL 设备投入运行以来，陆续发现并处理了部分水平段柱形绝缘子局部放电的问题。

（二）故障现象

1. 局部放电信号监测与定位

GIL 安装有内置特高频局部放电探头，通过局部放电在线系统监测发现有持续局部放电信号，系统判定放电类型为浮动电极放电。通过时差定位，确定局部放电信号来源于水平段多个柱形绝缘子，在产生局部放电的柱形绝缘子外壳附近，能够听到有规律的轻微放电声音。

2. 柱形绝缘子结构

柱形绝缘子外观呈圆柱形，头部直径 50mm，底部直径 70mm，长度 240mm，如图 5-77 所示。柱形绝缘子主要由环氧树脂浇注而成，绝缘子底部设计有弹簧、铜触针、金属底板和特氟龙材质垫片。带弹簧的铜触针可伸缩，特氟龙垫片绝缘性能好，表面光滑。

图 5-77　柱形绝缘子外观

柱形绝缘子在管路中成对安装，绝缘子头部插入导体的安装孔内固定，底部与管路内壁接触。两只绝缘子呈 120°八字形，起到绝缘和支撑导体重量作用。底部特氟龙垫圈使绝缘子与 GIL 外壳内壁柔性接触，避免绝缘子金属尾部划伤外壁或造成外壳局部变形，铜触针使绝缘子尾部金属板与外壳连通，如图 5-78 所示。

图 5-78　柱形绝缘子结构及安装方式

3. 柱形绝缘子检查

打开局部放电信号部位 GIL 外壳，对柱形绝缘子外壳开孔进行检查，发现：柱形绝缘子底部对外壳放电，生成白色放电粉末；特氟龙材质垫片熔化变形，底部铜触针失去弹性，与外壳接触不良；铜触针弯曲变形，外壳内壁有明显划痕。放电白色粉末与外壳内壁划痕如图 5-79 所示。

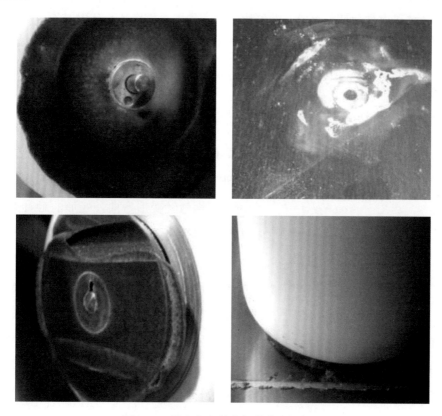

图 5-79　放电白色粉末与外壳内壁划痕

（三）故障诊断分析

1. 设备安装时外壳加热温度过高造成垫片熔化

GIL 水平段部分外壳连接方式为焊接，为保证焊接质量，焊接前需使用乙炔氧气火焰进行预热。对支柱绝缘子取样进行加热试验，测得底座垫片的熔化温度在 185～195℃，而管路外壳焊接预热温度为 200℃，实际安装中操作人员加热温度超过设定温度。柱形绝缘子距离焊缝距离约为 400mm，加热温度越高时间越长，铝合金外壳的热传导效应越容易造成绝缘子熔化变形。检查发现，绝缘子距离焊缝越近熔化越严重，距离越远熔化变形越少。

2. 柱形绝缘子与外壳接触不良形成局部放电

柱形绝缘子底座的金属底板在浇注时，与环氧树脂一体成型，正常情况下，带弹簧铜触针将金属底板和管壁连通，起到均压作用。当垫片熔化变形时，可能造成金属底板与管壁无法接触，形成气体间隙，产生局部放电。

正常运行情况下，柱形绝缘子的一端与导体连接，另一端通过铜触针与管路外壁相连，每一节管路外壳均安装有接地铜编织软连接线，保证可靠接地。在工频交流电路中，柱形绝缘子电阻和电感等参数可忽略，柱形绝缘子可简化为一个电容 C_b，导体与外壳就是电容的两个电极，等效电路模型如图 5-80（a）所示。

当柱形绝缘子底部与外壳之间存在气体间隙，相当于在导体与外壳两个电极之间，串联了 2 个电容，分别是柱形绝缘子电容 C_b 和柱形绝缘子底部气隙电容 C_c，等效电路模型如图 5-80（b）所示。

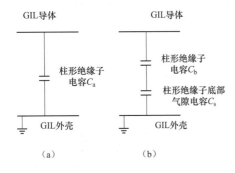

图 5-80　柱形绝缘子正常运行和
存在气体间隙等效电路图对比
（a）正常运行；（b）存在气体间隙

外壳内壁打磨光滑，将碎屑清洁干净。焊接开孔位置并进行焊缝探伤，之后按照 SF_6 气室作业流程，抽真空充入 SF_6 气体。

3. 导体与外壳相对滑动形成内壁划痕

水平段导体和外壳在安装时，需外力使其滑动，完成导体对接。当垫片熔化变形，或者铜触针滑动经过外壳螺旋焊缝时（外壳为螺旋焊结构），外力作用下造成铜触针变形弯曲，变形的触针划伤外壳内壁，形成连续的划痕。

（四）故障处理

打开水平段外壳，逐一检查柱形绝缘子和外壳内壁情况。更换存在局部放电和变形的绝缘子，将

GIL 水平段管路更换新的绝缘子和打磨清洁外壳内壁后，设备运行正常。在线局部放电系统监测未监测到异常局部放电信号，柱形绝缘子放电处理合格。

（五）后续建议

（1）持续观察局部放电信号情况。

（2）设备安装过程若有加热的工艺需求，应注意保护绝缘部件。

（3）优化柱式绝缘子结构，将单铜触针接地改为多铜触针接地，提高接地可靠性。

（4）导体相对外壳滑动时，避免柱形绝缘子跨越凸起的螺旋焊缝，防止铜触针变形弯曲，损伤外壳内壁。

二、GIL 绝缘间隙击穿故障原因分析与处理

（一）设备简述

某水电站 GIL 为三相独立式结构，额定电压 550kV，气体绝缘为纯 SF_6 气体，固体绝缘

部件由环氧树脂浇注而成，包括法兰式气密绝缘盆和通气绝缘盆，垂直段安装内置式通气绝缘盆。

（二）故障现象

该水电站 GIL A 相发生单相接地故障，故障点位置如图 5-81 所示，短路电流约为 35kA。故障前局部放电在线监测装置无异常信号。

故障发生后，维护人员对该线路所有气室进行气体成分检测。其中 5 号 A 相气室两次测量 SO_2 含量分别为 23.63 $\mu L/L$ 和 25.58 $\mu L/L$，其余气室无异常。维护人员随即对 5 号气室进行气体回收并利用内窥镜检查，发现导体表面及绝缘盆子表面存在因放电产生的大量白色粉末，其中第 6 层至 4 层影像见图 5-82。根据气体成分检测和内窥镜检查，初步判定第 5 层盆式绝缘子发生闪络放电。

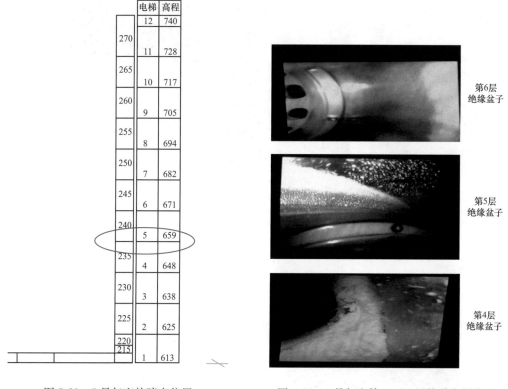

图 5-81　5 号气室故障点位置　　　　图 5-82　5 号气室第 6 至 4 层管道内部检查

（三）故障诊断分析

将 5 号气室 A 相管拆卸后，检查各段管节盆式绝缘子。其中第 5 层绝缘子（怀疑放电点）凸面发现白色粉末。位于怀疑放电点下方的第 4 层绝缘子凸面发现较多粉末状异物，见图 5-83。

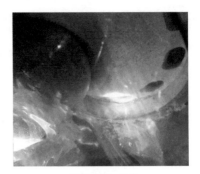

第5层绝缘子凸面　　　　　　　　　第4层绝缘子凸面

图 5-83　5 号气室第 5 层和第 4 层管道盆式绝缘子检查

第 5 层盆式绝缘子无放电痕迹，如图 5-84（a）所示；导体距盆式绝缘子下沿面 82～112cm 区间有放电烧蚀，如图 5-84（b）、（c）所示，放电部位对应外壳有烧蚀。

（a）　　　　　　　　　（b）　　　　　　　　　（c）

图 5-84　5 号气室第 5 层管道导体和盆式绝缘子检查

（a）无放电痕迹；（b）、（c）有放电烧蚀

经检查，故障节下一层（第 4 层）盆式绝缘子表面附着和堆积较多粉尘，绝缘子无异常，导体及外壳无异常，见图 5-85。

图 5-85　5 号气室第 4 层管道导体和盆式绝缘子检查

经检查，故障节上一层（第6层）盆式绝缘子表面仅有少量粉末，吸尘器清扫后，检查绝缘子无异常，导体及外壳无异常，见图5-86。

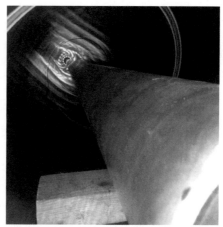

图5-86　5号气室第6层管道导体和盆式绝缘子检查

根据解体情况，确认接地故障点位于5号气室第5层管道，可能为气室内金属微粒或粉尘引起导体与外壳间电场畸变而导致的SF_6气体间隙击穿放电，属于突发事件。

解体时发现第5层管道导体表面有2处放电点。分析认为，距绝缘子下沿面82～112cm区间导体表面放电烧蚀及其对应外壳内壁烧蚀由首次放电导致。距绝缘子下沿面180～190cm区间导体表面的放电烧蚀及其对应外壳烧蚀，可能是线路对侧保护装置启动重合闸时，导体对外壳发生第二次放电所致。

（四）故障处理

故障点处GIL管路为垂直布置，气室管路中任意一节导体或盆子更换，需要对上段竖井GIL管路整体进行起吊和拆解，然后再进行更换、回装。

整个5号气室GIL管路更换流程如下：

（1）对5号故障气室排气，相邻气室4号、6号降低一半压力。

（2）将管路开孔，通过内窥镜进行故障点定位和检查。

（3）拆除上段竖井相邻气室管路连接部位，拆除上段竖井管路法兰固定装置。

（4）拆解故障气室管路。

（5）更换故障导体和绝缘子，对故障段管路和导体等进行清扫。

（6）回装故障气室管路，回装上段竖井管路整体。

（7）回装上段竖井相邻气室管路连接部位，回装上段竖井管路法兰固定装置。

（8）进行气室高压干燥空气密封性试验和气室吹扫。

（9）故障气室及相邻气室充气，气室静置，测试气室内气体微水含量。

（10）进行 GIL 回路整体耐压试验。

（五）处理评价及后续建议

（1）GIL 安装期间进入气室的粉尘、金属微粒，在设备投运后会逐渐沉积并趋于相对稳定，运行维护中应尽量避免对 GIL 振动和 SF_6 气体的扰动。

（2）研究通过 SF_6 气体过滤与老练试验相结合降低 GIL 气室内部微粒污染的方案，研究掌握 SF_6 气体颗粒度、纯度测试化验能力，提高设备健康水平。

（3）研究现有状态监测装置优化升级方案，探索采用新型监测手段，进一步掌控设备运行状态的可能性。

第六章　厂用电系统

第一节　设备概述及常见故障分析

电厂的厂用电系统主要指为电厂内部的生产运行、附属设备、辅助和公用设备、检修和照明设备等用电负荷而设置的厂内供电系统，是发电厂各机电设备正常运行的重要电源保障。

一、厂用电系统简介

厂用电系统主要由厂用电电源、高低压厂用变压器、中低压配电装置、配电线路以及监视、控制、保护和联锁等二次设备组成。根据电厂的规模及用电负荷的容量大小，厂用电的电压等级一般设有 10kV/6kV 和 0.4kV 两个电压等级，而超大型水电站还有 35kV 电压等级。根据发电机的出口电压不同，厂用电系统还有 20kV 或 13.8kV 电源变电设备。

与普通配电网面向工商业及居民用电负荷不同，厂用电系统面向发电厂内部机电设备的用电负荷，根据负荷的重要程度及用电设备类别，设置有不同用电性质的供电点，如发电机组自用电、辅助公用设备用电、检修设备用电、照明用电及直流系统等。

厂用电系统设备一般从发电机机端获取电源，经厂用高压变压器降至供电电压（10kV 或 6kV），为厂用电系统母线提供电源，再通过厂用电母线将电能分配到各供电点，在各供电点降压至 0.4kV，通过配电盘为各个系统的用电设备提供电源。厂用电系统设备发生故障，将对其相关的用电负荷的正常运行造成影响，直接影响机组的安全可靠运行，是发电厂安全可靠生产的重要前提和保证，在电力生产中发挥着极其重要的作用。

二、设备的构成及工作原理

（一）厂用电的负荷与供电可靠性

供电可靠性指厂用电对用电负荷的供电连续性。厂用电负荷一般按重要性进行分类，不同的负荷对供电可靠性的要求不同，主要与停电造成的后果有关。

厂用电负荷可分为以下三类：

（1）Ⅰ类负荷：停止此类负荷供电，将使水电站不能正常运行或停运，如纯水冷却水泵、压油泵、通信电源等，所以应严格保证其供电的可靠性。允许中断供电的时间为自动或人工切换电源的时间。对Ⅰ类负荷的电动机，必须保证有自启动功能；接有Ⅰ类负荷的高、低压厂用电母线，应设置备用电源。当备用电源采用明备用方式时，应设有备用电源自动投入装置。

（2）Ⅱ类负荷：短时停止此类负荷供电，不会影响水电站正常运行，但较长时间停电有可能损坏设备或影响机组正常运转，如工业水泵、疏水泵等。允许中断供电的时间为人工切换操作或紧急修复的时间。对接有Ⅱ类负荷的厂用母线，应由两个电源供电，一般采用手动切换。

（3）Ⅲ类负荷：允许较长时间停电而不会影响水电站正常运行，如检修盘、工具间、送风机等用电设备。对于Ⅲ类负荷，一般由一路电源供电。

（二）厂用电系统的结构

1. 电源

厂用电系统的电源主要取自发电机机端，在紧急情况下会取自地方电网或者应急保安电源。

从发电机机端取电时，根据发电机－变压器组的型式，有以下几种取电方式：

（1）水电站发电机－变压器组合方式采用单元接线。当装机台数为2～4台时，至少从2台主变压器低压侧引接厂用电工作电源；当装机台数为5台及以上时，至少从3台主变压器低压侧引接厂用电工作电源。

（2）水电站发电机－变压器组合方式采用扩大单元接线时，宜从每个扩大单元发电机电压母线引接一厂用电工作电源。当扩大单元组数量在2～3组时，至少从2组扩大单元引接；当扩大单元组数量在4组及以上时，至少从3组扩大单元引接。

（3）水电站发电机－变压器组合方式采用联合单元接线，宜从每个联合单元中的任一台变压器低压侧引接一厂用电工作电源。当联合单元组数量在2～3组时，至少从2组联合单元引接；当联合单元组数量在4组及以上，至少从3组联合单元引接。

（4）当发电机电压回路装设发电机断路器时，厂用电工作电源应在发电机断路器与主变压器低压侧之间引接。对于抽水蓄能电厂，引接点应设置在换相隔离开关与主变压器低压侧之间。

如经过技术经济比较确有需要时，厂用电工作电源也可选择在电厂枢纽内设置专用水轮发电机组供电的方案。对于抽水蓄能电厂，系统倒送电可以作为工作电源。

除了工作电源间互为备用和系统倒送电外，大、中型水电站还应设置厂用电备用电源。

厂用电备用电源的引接方式包括：从水电站高压联络（自耦）变压器第三绕组引接；从地区电网或保留的施工变电站（由地区网络供电的）引接；从邻近水电站引接；从水电站的主变压器高电压侧母线引接（主要用于高压母线电压等级为 110kV 及以下）；从柴油发电机组引接。

2. 接线方式

大型水电站如采用二级电压甚至三级电压供电时，宜将机组自用电、公用电、照明和检修系统等分别用不同变压器供电。中型水电站宜采用机组自用电与公用电混合供电方式。

高压厂用电系统宜采用单母线分段，也可采用分段环形接线。母线分段数根据电源数量确定。当分段数为 4 段及以上时，可分成 2 组及以上，组内各段相互备用、自动投入，不同母线间还设有联络电源线。某水电站高压厂用电系统接线图如图 6-1 所示。

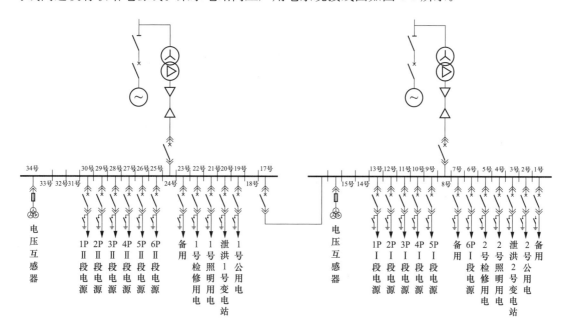

图 6-1　某水电站高压厂用电系统接线图

低压厂用电系统除单电源供电外，一般采用单母线分段接线。当系统供电电源采用一主一备时，一般采用单母线接线，为满足 $N-2$ 的可靠性要求，甚至设有 T 接开关。某水电站低压厂用电系统接线图（机组自用电）如图 6-2 所示。

水电站如发电机引出线及厂用电分支线均采用离相封闭母线，且厂用电回路采用单相设备时，厂用电变压器高压侧可不装设断路器和隔离开关。

当厂用电分支线未采用离相封闭母线时，厂用电变压器高压侧宜装设断路器。若不装设，则需采取下列措施：采用负荷开关、隔离开关或连接片，但应满足短路冲击的要求或采取防止相间短路的措施，当采用隔离开关时，应使隔离开关能拉切所连接变压器的空载电流；采取限制短路电流措施，以便能采用额定短路开断能力较小的断路器。

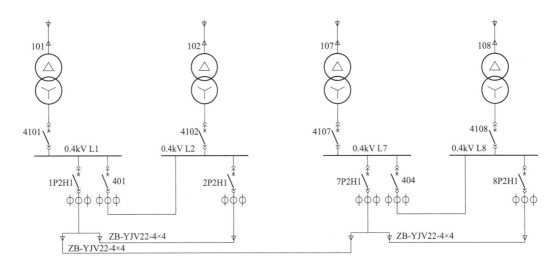

图 6-2 某水电站低压厂用电系统接线图（机组自用电）

厂用变压器高压侧断路器不应合用，也不应以三绕组变压器供电。远离厂房的变压器，现地高压侧应设置隔离开关。

（三）厂用电设备

1. 变压器

变压器是一种传递能量的装置，它以铁芯为媒介，通过电磁感应的原理实现能量的传递。即将某一电压值的交流电能，转换为同频率的另一电压值的交流电能。铁芯和绕组都不浸入绝缘液体中的变压器称为干式变压器。环氧树脂浇注干式变压器就是用环氧树脂为绝缘材料，以浇注的方式与绕组一起固化，从而减少变压器线圈的体积。变压器的铁芯除了可作为主磁通的通道外，还能作为变压器线圈、器身及其他组件的主要支撑件。因此，铁芯一方面是通过多片硅钢片叠装，减少涡流损耗，另一方面利用紧固件、支撑件增加铁芯的强度和刚度，同时也降低铁芯运行噪声，铁芯表面采用绝缘树脂密封以防潮防锈。变压器绕组的线圈采用高电导率铜材，用环氧树脂真空浇注并设有通风道。

水电站厂用变压器安装在户内的一般选择干式变压器，户外的选择油浸式变压器。当高压厂用电变压器与离相封闭母线分支连接时，宜采用单相干式变压器组；低压厂用电变压器宜选用 Dyn11 联结组别的三相变压器。除照明用电变压器采用有载调压方式外，一般采用无励磁调压方式。负荷较重的变压器，应配有冷却风机。在开放式配电室的变压器，应有防护外罩，否则应装设围栏。

某水电站 35kV 高压厂用变压器如图 6-3 所示。

2. 高低压配电装置

厂用电高压配电装置将取自发电机的电能汇集到母线上，通过馈线开关将其进行二次分配，再通过电缆传递至各个变电站，经过低压厂用电变压器降压，由低压配电装置为最终用电设备供电。水电站厂用电配电装置一般为成套配电装置，即生产厂家将若干单台电气设备（如断路器、接地开关、电压互感器、电流互感器、避雷器等设备）组合在一起，使之成为满足某种功能的一个整体。成套配电装置一般

图 6-3　某水电站 35kV 高压厂用电变压器

装设在柜体中，因此也称为开关柜或者配电柜。水电站高压配电装置主要为金属铠装移开式开关柜（见图 6-4），低压配电装置为固定间隔式开关柜（见图 6-5）。

图 6-4　水电站高压配电装置

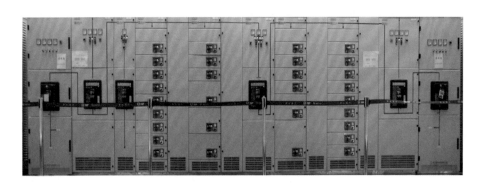

图 6-5　水电站低压配电装置

3. 电力电缆

水电站厂用电系统电缆主要以交联聚乙烯绝缘电力电缆为主。交联聚乙烯绝缘电力电缆易安装、不受线路落差限制、热性能好、允许工作温度高、传输容量大、电缆附件简单，多采用干式结构，具有运行维护简便、无漏油、价格较低、可靠性高、故障率低、制造工序少、工艺简单、经济效益显著等优点。

单芯及三芯电缆结构如图 6-6 所示。

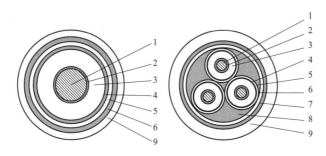

图 6-6　单芯及三芯电缆结构示意图

1—导体（铜或铝圆形绞合紧压线芯）；2—导体屏蔽层（挤出的半导电层）；3—绝缘层（交联聚乙烯）；

4—绝缘屏蔽层（挤出的半导电层）；5—金属屏蔽层（铜带或铜丝）；6—阻燃隔离层（阻燃玻璃布带）；

7—铠装（钢带或钢丝）；8—填充（阻燃聚氯乙烯条）；9—外护套层（阻燃聚氯乙烯）

电缆各部分作用如下：

（1）导体（紧压型线芯）。导体的作用是传送电流，使用紧压型线芯的原因：①使外表面光滑，避免引起电场集中；②防止挤塑半导体电屏蔽层时半导体电料进入线芯；③可有效防止水分顺线芯进入。

（2）导体屏蔽层。导体屏蔽层为半导电层，采用半导体材料改善金属电极表面电场分布，同时提高绝缘性能的结构。导电屏蔽层代替导体形成了光滑圆整的表面，大大改善了表面电场分布，具有均匀电场和降低线芯表面场强的作用；同时还可以屏蔽绝缘与金属的气隙、提高电缆局部放电的起始放电电压，并具有热屏障作用。

（3）绝缘层。绝缘层是将高压电极与地电极可靠隔离的关键结构，主要作用是：承受工作电压及各种过电压长期作用，因此其绝缘及稳定性能是保证整个电缆完成输电任务的最重要部分。

（4）绝缘屏蔽层。绝缘屏蔽层为挤出的半导电层，能与绝缘紧密接触，克服绝缘与金属无法紧密接触而产生气隙的弱点，而把气隙屏蔽在工作场强之外。在附件制作中，也普遍采用这一技术。

（5）金属屏蔽层。金属屏蔽层的材料通常是铜带或者铜丝，一般 35kV 电缆横截面积在 500mm^2 以上规格采用铜丝结构。金属屏蔽层的主要作用有两方面：①形成工作电场的低压电极，当局部有毛刺时也会形成局部电场畸变，因此导体表面也要尽量做到光滑平整无毛刺；②提供电容电流及故障电流的通路，因此也有一定的通流截面要求。

（6）外护套层。外护套层是保护绝缘和整个电缆正常可靠工作的重要保证，主要作用是机械保护（纵向、径向的外力作用）、防水、防火、防腐蚀、防生物等，可以根据需要进行各种组合。

（7）铠装。常用的铠装材料有钢带、钢丝、铝带、铝管等，其中钢带、钢丝铠装层具有高磁导率，有很好的磁屏蔽效果，可以用于抗低频干扰，并可使铠装电缆直埋敷设而免于穿管。

三、常见故障分类及原因分析

厂用电设备故障主要分为两类：一类是机械故障，如紧固件松动、运行异响、发热，装置因自身原因或者操作不当损坏等；另一类是电气故障，如过电流和过电压对设备造成的损坏，长期运行设备的绝缘老化破坏，设备受潮、脏污引起的局部放电等。

造成厂用电设备发生故障的原因是多方面的，如设计不合理、制造和安装质量缺陷、运行操作和检修维护不良、设备自然老化以及外力损伤等，故障严重时将引起停电及厂用电系统停电事故，造成机组非停事件。

四、常见故障的分析处理方法

（一）真空断路器

1. 真空泡真空度降低

（1）在进行断路器定期停电检修时，必须使用真空测试仪对真空泡进行真空度的定性测试，确保真空泡具有一定的真空度，达到相应的标准。

（2）当真空度降低时，必须更换真空泡，并做好行程、同期、弹跳等特性试验。

2. 绝缘故障

一旦发生绝缘事故，其处理遵循找准事故原因采取相应对策的原则，对损坏的绝缘器件进行修补和更换，并进行绝缘试验。

3. 拒动、误动故障

（1）查控制回路是否正常可靠，即检查分合闸回路是否断线。

（2）查分、合闸线圈是否断线，并测量分、合闸线圈电阻值是否合格。

（3）检查操动机构（特别是主传动单元）是否有松动或卡阻、锈蚀和污脏、弯曲变形等现象。

（4）电源压降过大，分、合闸线圈端电压达不到规定值，此时应调整电源并加粗引线。

4. 弹簧操动机构合闸储能回路故障

（1）检查储能电动机是否能正常工作，并测量储能电动机绕组电阻值是否合格。

（2）检查弹簧操动机构是否有卡滞现象。

（3）检查储能电动机电源回路上的辅助触点是否能正常动作。

5. 分合闸不同期、弹跳数值大

（1）在保证行程的前提下，通过调整三相绝缘拉杆的长度使同期、弹跳测试数据在合格范围内。

（2）如果通过调整无法实现，则必须更换数据不合格相的真空泡，并重新调整到数据合格。

（二）干式变压器

1. 无载调压变压器输出电压偏高或偏低（以 10kV 变压器为例）

处理方法：变压器额定分接为 3 挡，见图 6-7（a）。若需将输出电压降低，在确保高压断电情况下，将分接头的连接片往上连接 1 挡，见图 6-7（b）；若需将输出电压升高，在确保高压断电情况下，将分接头的连接片往下连接 5 挡，见图 6-7（c）。

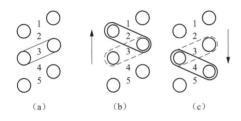

图 6-7 无载调压变压器调挡示意图
（a）额定分接 3 挡位；（b）往上连接 1 挡；
（c）往下连接 1 挡

调挡完毕后，应测量该分接位置下绕组的直流电阻。

2. 变压器受潮

变压器出现进水或凝露后，再次投运前高低压绕组、铁芯对地绝缘电阻不合格，排除其他故障后，应考虑绝缘受潮，需进行处理。

采用热风干燥法烘干受潮部位，在干式变压器本体上覆盖浸渍过防火溶液的帆布或石棉麻布等防火布料，将变压器罩起来，顶部留一小口，有防护外壳的可以省略此步骤。将热风机风口置于变压器底部，调整好热风机出风位置，避免将出风口对准线圈等绝缘部件，调整好风口温度，干燥过程中温度控制在 100℃ 以内，至变压器绝缘检查合格。干燥过程中注意监视变压器绝缘的变化情况，当绝缘试验合格并稳定后，方可投入运行。

3. 噪声偏大

（1）检查低压侧输出电压是否高于低压额定电压，如高于额定电压，确保高压断电情况下，把调压分接头的连接片调至合适的分接挡。

（2）检查紧固夹件及拉杆螺栓、铁芯底部托盘螺栓、外罩的上下网板是否松动，并进行相应紧固处理。

4. 电气接头过热

拆除螺栓，检查接触面，如有烧伤痕迹，则用砂布轻轻打磨，并清除接触面毛刺。用无水乙醇清洁接触面，抹上一层薄薄的电力复合脂。连接紧固螺栓，每个螺栓应受力均匀，保证接触面各处均接触良好。

（三）母线

1. 母线接头发热

接头发热的原因可能是电流超过了允许的载流量，或接头的接触电阻增大。如果存在接触电阻过大的情况，发热会加速接触面的氧化，使接触电阻进一步增大，从而造成恶性循环。因此，大、小修时，应对接头进行接触电阻的测量，发现问题应及时处理。对接触电阻过大的处理方法如下：

（1）调整接触压力。接触压力的增大可使接触面上的触点数目增多，从而降低接触电阻。但压力过大，触点累计的面积增大到一定程度后接触电阻不再降低，应按照说明书要求的力矩进行紧固。

（2）对接触面粗糙度进行处理。接触面不要求很光滑，重要的是平整，两个平整而略粗糙的加工面压在一起时"触点"多，比光滑的面接触电阻要低。接头接触电阻一般规定不能大于同长度母线电阻值的 20%，可使用高目细砂纸进行打磨，再进行抛光处理。

（3）清除接触面的氧化层。金属氧化层的导电性很差，在接头连接时设法清除或降低导体表面的氧化层非常重要。

2. 局部放电

高压配电装置的母线由于空间狭小承受的电场强度较大，在出现不均匀电场或者环境脏污受潮等因素时，容易产生电晕放电，对绝缘造成持续的破坏，严重时引起绝缘击穿事故，造成停电。

对局部放电的处理方法如下：

（1）处理调整母线的形状，避免出现毛刺尖端，调整均衡与绝缘之间的距离。

（2）检查母线穿柜套管的均压引线或者均压弹簧，确保与套管内壁半导电层接触良好。

（3）采用无卤清洁剂对母线室进行彻底清扫。

（四）电力电缆

1. 导致电力电缆绝缘降低的因素

绝缘降低是电缆故障最直接的原因。导致绝缘降低的因素很多，根据实际运行经验，归纳起来有以下几种情况：

（1）外力损伤。由运行分析来看，相当多的电缆故障都是由于机械损伤引起的。例如：电缆敷设安装时不规范施工造成机械损伤；在直埋电缆上进行土建施工导致运行中的电缆损伤等。如果损伤不严重，可能要几个月甚至几年时间损伤部位才会彻底击穿形成故障，破坏严重的可能直接发生短路故障，影响安全生产。

（2）绝缘受潮。这种情况也很常见，一般发生在直埋或排管里的电缆接头处。例如电缆接头制作不合格或在潮湿的环境中制作接头，使接头进水或混入水蒸气，在长时间的电场作用下逐渐损害电缆的绝缘而造成故障。

（3）化学腐蚀。电缆直接埋在有酸碱作用的地区，往往会造成电缆的铠装、铅皮或外护层遭受化学腐蚀或电解腐蚀，保护层失效致使绝缘降低，导致电缆故障。

（4）长期过负荷运行。长期超负荷运行时，由于电流的热效应导致导体发热，同时电荷的集肤效应以及钢铠的涡流损耗、绝缘介质损耗产生附加热量，从而使电缆温度升高。过高的温度会加速电缆绝缘的老化，以至绝缘击穿。尤其在炎热的夏季，电缆的温升常常导致电缆绝缘薄弱处首先被击穿。

（5）电缆接头故障。电缆接头是电缆线路中最薄弱的环节，由施工不良导致的电缆接头故障时有发生。施工人员在制作电缆接头过程中，如果接头压接不紧、加热不充分，都会导致电缆头绝缘降低，从而引发事故。

（6）环境和温度的影响。电缆所处的外界环境和热源也会造成电缆温度过高、绝缘击穿，甚至着火。

（7）电缆本体的正常老化或自然灾害等其他原因。

2. 电力电缆绝缘故障的处理

（1）电缆受潮部分、绝缘受到损伤或过热碳化部分应锯除，按工艺要求重新做好中间接头或者终端头。

（2）电缆护套存在轻微缺陷或受到一般损伤，可以采取措施进行修补。修补后应保持良好的密封性能。

（3）电缆护套裂缝，使填充材料局部受潮时，应在采取干燥措施后，才能对电缆护套进行修补。

第二节　厂用电系统典型故障案例

一、干式变压器短路故障分析及处理

（一）设备简述

某厂用电干式变压器，额定容量 1000kVA，额定电压为 10.5/0.4kV，联结组别为 Dyn11。

（二）故障现象

该干式变压器在某次空载运行过程中，突然冒出浓烟，发出剧烈声响，变压器 10kV 进线断路器电流速断保护动作跳闸。停电后对干式变压器进行检查，发现变压器 A、B 相外观

完好，C 相高压绕组浇注层外部完整，靠首端有四根导线断裂弹出，低压箔绕组上部呈波浪状严重变形，疑似非对称短路故障，如图 6-8、图 6-9 所示。

图 6-8　C 相高压绕组上端　　　　　　　　图 6-9　C 相高压绕组下端

（三）故障诊断分析

1. 故障后电气试验

断引拆除变压器高压侧电缆、三角形连接铜导体及低压铜排，并对高、低压绕组进行绝缘试验。试验结果表明：B、C 相低压绕组存在接地现象，C 相较严重，B 相次之；其他绕组均存在不同程度的绝缘降低，且绝缘电阻值均不满足试验标准。

2. 故障录波分析

调阅变压器高压侧 10kV 断路器录波数据，该开关柜内仅 A、C 两相安装电流互感器，因此仅有变压器 A、C 两相数据记录，电压信号取自 10kV 母线电压互感器，故障录波如图 6-10 所示。从波形图可以看出，在录波启动后 300ms 内，A、C 相电流几乎对称反相，

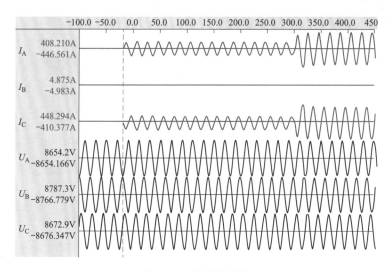

图 6-10　故障录波图

且高压侧电压幅值和相位无明显变化、故障电流未达到保护定值。300ms 后故障电流突然增大，导致电流速断保护动作跳闸。

3. 可能原因分析

结合故障录波波形图分析如下：

（1）变压器高压侧有两相存在故障电流，可能 C 相低压绕组发生单相接地短路故障，但变压器低压侧零序电流未见增大，此现象又不符合低压侧单相接地情况。

（2）变压器高压侧两相存在故障电流（只采集了两相电流），但三相电压相位和幅值对称，可排除接地或两相短路故障。

（3）当变压器内部某相绕组发生匝间短路（相当于变压器增加了一个绕组），对三角形接线的高压侧绕组会存在多相故障电流，且电压变化不大（短路匝数较少时）。该故障特点符合本案例现象，因此该变压器可能存在变压器绕组匝间短路故障。

4. 解体检查情况

对已烧损的变压器实施解体，吊出低压侧绕组，发现绕组内侧、铁芯四周均完好，无电弧灼烧及放电点，验证了故障不在低压侧绕组。

进一步对高压侧绕组进行解体检查时发现，高压绕组首段线圈中间层有匝间短路故障，

如图 6-11 所示。该变压器绕组的线圈共四段，仅首段发现问题，属线圈小匝间短路故障。通过搭建模拟变压器小匝间短路故障的仿真模型，得到了与图 6-10 类似的故障波形，与实际情况吻合，最终判断为 C 相高压侧小匝间短路为本次故障的直接原因。线圈内部短路，产生大电流环流，局部过热扩大故障，继而引起线圈烧毁，波及低压绕组，导致变压器损坏。

图 6-11　高压绕组首段线圈解体情况

（四）故障处理与建议

（1）更换新变压器，经各项试验合格，投入运行。

（2）匝间短路故障一般来源于生产制造阶段，如线圈绕制过程中匝间距离微调、树脂真空浇注过程在匝间或层间形成空穴，但此故障一般在变压器出厂的局部放电试验中被检出。在运行过程中变压器如受到短路电流冲击，应按规定进行检验，避免电动力导致线圈紧邻的匝间挤压造成绝缘损伤。

（3）匝间或层间短路为变压器偶发性故障，发展时间极短，极易发展成线圈熔断烧毁，因此常规检查难以奏效。检查匝间短路潜在故障，可采取感应耐压或测量局部放电量的方法

来检测。感应耐压可按 80％出厂试验电压，采用相同试验方法进行，可有效检测匝间故障。因运行中变压器清洁度及环境因素影响，干式变压器的局部放电量可能会远大于出厂值，与出厂值比较意义不大，且难以给出注意值或不合格值。建议对同一场所、同一类型的干式变压器定期测试局部放电量以积累数据，通过分析数据、横向比较来判断绝缘状况趋势，决定是否缩短测试周期或退出运行。

二、干式变压器低压绕组绝缘故障分析与处理

（一）设备简述

某厂用电干式变压器额定容量 80kVA，安装在防洪门配电室内作为防洪门工作主供电源，其主要结构如图 6-12 所示。

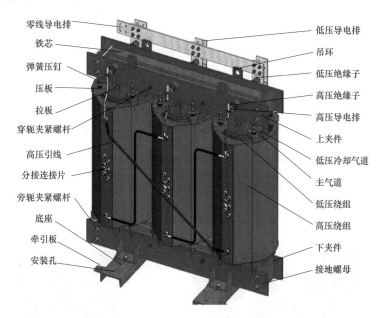

图 6-12　干式变压器主要结构

（二）故障现象

2017 年 4 月 13 日，该干式变压器停电检修，在进行绝缘测试时出现以下故障。

1. 低压绕组对地绝缘故障

将铁芯、高压绕组接地后，对低压绕组绝缘进行测试。使用绝缘电阻表 2500V 挡，当电压加至 2560V 左右时，出现轻微"吱吱"放电声音，绝缘电阻表报"接地故障"，电压瞬间下降，无法测出低压绕组对地绝缘电阻。在安静环境下多次测试，发现声音来源于 C 相下部。降低电压挡位至 1000V 挡进行测试，绝缘电阻值为 100GΩ 左右。

2. 铁芯对地绝缘故障

将铁芯接地引出铜片打开，低压绕组、高压绕组均接地，对铁芯接地引出铜片加压进行

绝缘测试。当使用绝缘电阻表 2500V 挡加压至 2560V 左右时，出现"吱吱"放电声音，绝缘电阻表报"接地故障"，电压瞬间下降，无法测出铁芯对地绝缘电阻。在安静环境下多次测试，发现声音来源于 C 相靠近下夹件部位。降低电压挡位至 1000V 挡进行测试，绝缘电阻值为 100GΩ 左右。

（三）故障诊断分析

1. 故障检查情况

用手电筒从上至下采用目测加触摸的方式仔细检查铁芯上夹件表面、下夹件表面、低压绕组与铁芯间隙等部位，均未发现可疑异物。用强力吸尘器与吹风机对干式变压器进行 360°全方位清灰，并用内窥镜对相关部位进行检查，也未见可疑金属异物。因此，排除了金属异物、灰尘造成的铁芯对地、低压绕组对地的绝缘故障。

检查铁芯和低压绕组之间绝缘，使用绝缘电阻表 2500V 挡进行绝缘测试，显示绝缘电阻约 117GΩ，满足要求，排除了铁芯与低压绕组之间绝缘问题。

用万用表检查铁芯与低压绕组之间拉板（如图 6-12 所示，分布在每相竖直段铁芯两侧，用于连通上下夹件接地，固定夹紧竖直段铁芯作用）的接地情况。正常情况下所有拉板都应接地，但现场发现 C 相和 A 相拉板未接地，铁芯上夹件未接地。

为了进一步确认干式变压器拉板接地情况，现场同时检查了拉板与铁芯、拉板与低压绕组之间的绝缘，并对干式变压器上夹件进行拆除。拆除后发现，拉板与上夹件两侧螺孔洞内有大量油漆，如图 6-13、图 6-14 所示，同时发现低压绕组靠近铁芯两侧有部分位置贴合很

图 6-13　拆除上夹件后的变压器

近，且拉板两侧布置的环氧板没有贯通整个间隙。对上夹件回装后继续测绝缘仍无法加压至2500V。经万用表检测，拉板靠近上夹件部分、铁芯上夹件已接地，解决了拉板穿上夹件螺孔接地以及铁芯上夹件接地问题。

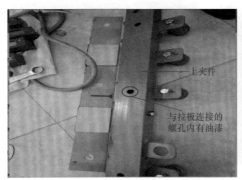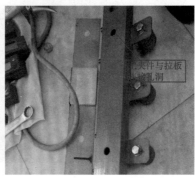

图 6-14 铁芯部分上夹件

2. 故障初步分析

（1）结合检查情况分析，低压绕组对地绝缘故障主要是 C 相低压绕组与拉板位置贴合过于紧密，造成 C 相低压绕组与拉板绝缘过低。铁芯对地绝缘故障主要是 C 相下夹件部位与铁芯有轻微接触，造成绝缘强度不够，产生放电现象。

（2）变压器的夹件槽钢、压钉螺栓、拉板等零部件都喷有蓝色油漆，尤其是拉板与上下夹件之间的接触部位有大量油漆覆盖，造成零部件间接触不良，在漏磁场的作用下造成零部件之间的放电现象。

（3）生产或现场组装时，工艺质量问题造成铁芯和夹件接触以及低压绕组与拉板绝缘没处理好造成的。

（四）故障处理

（1）对螺孔和螺杆上的油漆进行打磨，检测拉板、铁芯上夹件接地正常，接地问题得到解决。

（2）拆除铁芯上夹件，取出低压绕组与拉板之间的环氧板，发现该环氧板尺寸偏小，无法贯通整个间隙。重新装入尺寸合适的环氧板后进行测试，低压绕组绝缘 2500V 测试合格，低压绕组对地绝缘问题得到解决。

（3）在 C 相铁芯靠下夹件部位塞入复合环氧板，同时用锤子轻轻敲击，再次用 2500V 对铁芯进行绝缘测试，结果合格，放电声消失，铁芯对地绝缘故障得到解决。

（4）绝缘测试及耐压试验通过。低压侧绕组耐压试验按照出厂试验电压 85％进行，故按

2500V 交流耐压进行。

处理过程如图 6-15 和图 6-16 所示。

图 6-15　C 相上夹件部位

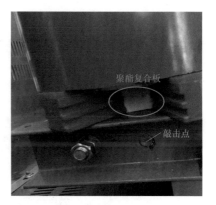
图 6-16　C 相下夹件部位

三、6kV 开关柜过电压吸收器烧毁故障分析及处理

（一）设备简述

某水电站厂用电系统电源及负荷均采用真空断路器，在开断电感性负载时，容易产生操作过电压、破坏感性设备的匝间绝缘。为防止过电压冲击对重要电气设备的损伤，通常是在开关柜内靠近断路器位置安装氧化锌避雷器（MOA）或阻容吸收器（过电压吸收器）进行冲击保护。

（二）故障现象

2014 年 9 月 29 日 16：30，6kV 厂用电 626 开关柜内出现大量烟雾，触发消防烟雾报警，运行人员手动断开 626 断路器。经现场察看，626 开关柜内过电压吸收器 C 相严重烧毁，如图 6-17 所示。

图 6-17　过电压吸收器损坏情况

（三）故障诊断分析

1. 过电压吸收器结构

阻容过电压吸收器原理如图 6-18 所示，正常运行时，阻容过电压吸收器并联在开关柜出线端，当出现操作过电压时，由于其电压幅值高，而电容器具有储存电能作用，所以开始对电容器充电，并通过电阻吸收能

量，从而达到降低过电压幅值的目的。由于阻容吸收器的电容值（$0.1\mu\mathrm{F}$）远大于电源或负荷回路感性设备的对地电容值（不超过 $50\mathrm{pF}$），改变了感性设备的电感和其对地电容发生振荡的条件。根据 LC 振荡频率的计算公式 $f = \dfrac{1}{2\pi\sqrt{LC}}$，电容 C 越大，频率 f 越小，使感性

设备相邻匝间在过电压时的电位差变小，从而保护感性设备的匝间绝缘。

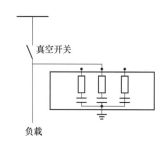

626 开关柜内装设的过电压吸收器，为传统型的 RC 过电压吸收器，无间隙，电容值为 $0.1\mu\mathrm{F}$、电阻值为 100Ω。这种阻容吸收器在过电压幅值低时，对电容器充电后电容两端电压也比较低；过电压幅值高时，对电容器充电后电容两端电压也高。当电容器在两端电压过高时，电容器容易被击穿，自身寿命比较脆弱，因而在系统中单独作为过电压保护装置使用越来越少。

图 6-18 阻容过电压吸收器原理图

2. 可能原因分析

现场检查该过电压吸收器密封良好，无进水受潮等异常情况。针对 626 开关柜内过电压吸收器烧毁缺陷，可能原因分析如下：

（1）由于电容器为频敏元件，对系统高频谐波敏感性高。如系统谐波比较严重，就将使电容频繁处于工作状态，无法有效散发能量，长期积累导致最终烧毁。

（2）阻容吸收器采用金属化薄膜电容器，耐压能力不足。为使阻容吸收器电容具有强自愈功能，采用了金属化薄膜电容器。金属化薄膜电容多为电动机专用，对电容超压的要求仅为 1.1 倍，过电压情况下将会出现频繁的击穿和自愈循环，且该电容器没有保护，在雷电过电压和幅值特别高的操作过电压下容易损坏。

（3）设备使用年限过长，绝缘老化。频繁过电压对设备绝缘损伤具有累积效应，运行一定年限后，绝缘损伤积累到一定程度，绝缘薄弱环节就会放电、击穿，导致电气设备爆裂、烧损。

（四）故障处理及评价

由于设备严重损毁，无法进行修复，重新更换新的过电压吸收器，经各项高压试验合格，新设备投入运行正常。

（五）后续建议

通过相关调查，目前该型号过电压吸收器在电力系统中基本不使用，建议升级为 LGJ 型（带放电间隙）或更换为氧化锌避雷器。过电压吸收器与氧化锌避雷器性能、参数比较见表 6-1。

表 6-1　　　　　　　　　　过电压吸收器与氧化锌避雷器性能、参数比较表

产品名称	氧化锌避雷器	过电压吸收器
型号	HY5W－7.6/27	LG－7.2-0.1/100-3
额定电压	7.6kV	7.2kV
过电压保护原理	没有放电间隙，利用氧化锌的非线性特性起到泄流和开断作用。即在正常工作电压时，流过避雷器的电流极小（微安或毫安级），当出现过电压作用，电阻急剧下降，泄放过电压的能量	电阻电容型，利用操作过电压高频出现后引起的容抗 $Z_C = 1/(2\pi fC)$ 降低，增大电容器电流来吸收产生过电压振荡的能量，从而限制操作过电压。吸收器可随时吸收回路的过电压，因此长期带电运行
性能、使用情况	氧化锌阀片的非线性性能稳定，电气性能试验判断简单直接（测量 1mA 参考电压下的泄漏电流直接判断）	电阻电容型油介质，在长期带压运行条件下，参数容易发生变化，预防性试验中不易发现其绝缘性能下降与参数变化。使用参考寿命为 8～12 年

四、6kV 电缆多点接地故障分析及处理

（一）设备简述

某水电站厂用电系统由 35kV、6kV 及 0.4kV 三级电压组成，其中 6kV 电缆投入运行年限已超过 15 年，电缆敷设路径较长（达 1.7km），部分电缆敷设环境较差，导致电缆故障时有发生。

（二）故障现象

2017 年 6 月 22 日，一回 6kV 型号为 ZR－YJV22 6/10（3×185）电缆线路发生故障，保护装置迅速动作，60636 断路器跳闸。

（1）现场察看 60636 断路器保护事故报告，显示保护速断动作。

（2）导出此次事故录波图，如图 6-19 所示，分析保护动作原因。

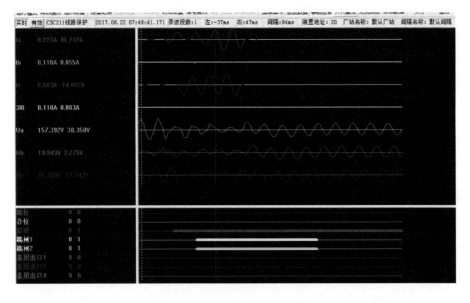

图 6-19　60636 出线事故录波图

由录波图可看出，6kV 出线先发生 B 相单相接地，后发生相间短路，保护速断动作。

（三）故障诊断分析

1. 6kV 电缆结构

该型号电缆剖面示意如图 6-20 所示。

2. 电缆故障查找

电缆故障原因主要有机械损伤、外皮腐蚀、地面下沉、绝缘物流失、长期过负荷运行、振动破坏或施工、制作缺陷等。

（1）外观检查。在可观察范围内未发现明显破损现象。

（2）故障相判断。用绝缘电阻表分别测量各相的对地绝缘，绝缘明显下降或基本为零的即为故障相。

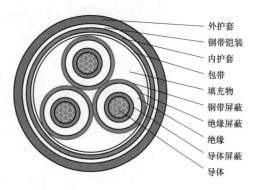

外护套
钢带铠装
内护套
包带
填充物
铜带屏蔽
绝缘屏蔽
绝缘
导体屏蔽
导体

图 6-20　6kV 电缆剖面示意图

（3）故障电缆识别。由于该电缆敷设在电缆沟中，未进行电缆挂牌，需采用加流法进行识别。加流法即在一侧对电缆 A 相施加电流，电流值由 0A 缓慢加至 3A，在电缆沟内用钳形电流表测量，测量电流值与施加电流值变化一致的即为故障电缆。对识别后的故障电缆做好标记。

（4）故障点寻找。采用高压脉冲法查找电缆故障点，通过放电声与电缆振动共确定 4 处故障点，如图 6-21 所示。对故障点进行勘测，发现故障处有明显压痕，分析认为电缆敷设于电缆沟内，上方道路施工导致电缆挤压变形，造成电缆内部损伤。

（四）故障处理及评价

因故障电缆共有 4 处故障点，若采用接头连接需 8 个中间接头及 100m 电缆，此法产生的中间接头过多将影响电缆的绝缘性能，且检查发现该电缆其中一段的绝缘已整体下降。最终决定将该电缆（约 700m）进行整体更换，重新制作电缆终端头及电缆中间接头。处理完成后，对整根电缆进行 1.6 倍额定电压耐压试验合格。重新投运，设备运行无异常。

（五）后续建议

（1）在电缆路径周围施工应做好预控措施。

（2）加强对电缆状态的跟踪，年度检修时进行绝缘及耐压试验。

五、35kV 电缆击穿故障分析与处理

（一）设备简述

某水电站一用于厂用电变压器高压侧的 35kV 供电电缆，型号为 ZR－YJV22 26/35

（1×500），长度 1.6km 以上，运行超过 10 年。

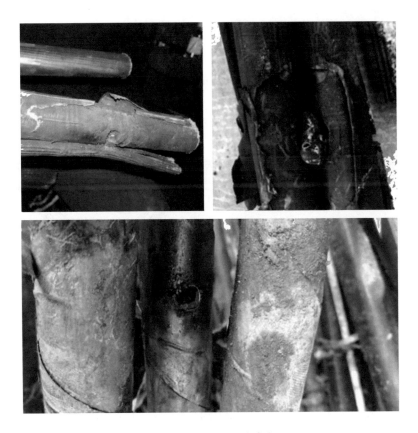

图 6-21　6kV 电缆故障点

（二）故障现象

在某次预防性试验中，B 相电缆交流耐压试验未加压到规定值（42kV）时发生闪络放电。

（三）故障诊断分析

（1）故障类型判别。电缆故障可分为两类：第一类为导体损伤产生的故障，表现为开路或断线故障；第二类为相间或相对地间绝缘损伤产生的故障，表现为低阻、泄漏性高阻和闪络性高阻三种情况。在进行故障类型判别时，可选择不同的测试方法进行确认。

本次故障表现为闪络性高阻故障，即未形成固定泄漏通道的相间或相对地故障。可采用直流耐压试验做进一步确认：当试验电压大于某一值时泄漏电流突然增大，试验电压下降后泄漏电流恢复正常，可判断为电缆闪络性高阻故障。

（2）高压闪络法粗测故障点。闪络性高阻抗故障的绝缘电阻较高，通常采用高压闪络法查找该类故障点。高压闪络法接线示意如图 6-22 所示。

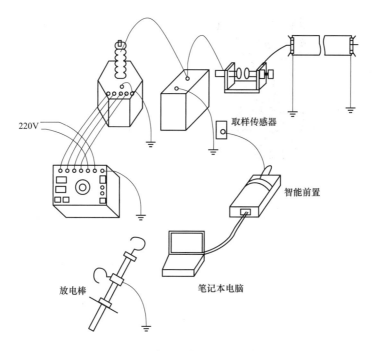

图 6-22 高压闪络法接线示意图

高压闪络法是指在高压作用下使电缆故障点击穿，形成闪络放电，高阻故障转化为瞬间短路故障并产生反射波，采集反射波进行分析，计算出故障点的距离。闪络法又分为冲闪和直闪两种：若高电压是通过球间隙施加至电缆故障相，且 3～5s 冲击一次则称作冲闪法；若直接将高电压施加到电缆故障相直至击穿，则称作直闪法。

球隙间距应由小到大调节，升压速度应由小到大逐渐升高。电缆所加的冲击电压大小应以故障点能充分闪络放电、仪器能记录到理想的冲闪波形为好。

本次电缆故障点查找过程中，维护人员采用直闪法进行故障点定位工作，直闪法测电缆高阻故障波形示意如图 6-23 所示。将高电压施加到电缆故障相时，能听到明显的放电声音。随后故障点击穿后，成功发现电缆终端头处故障位置，如图 6-24 所示。

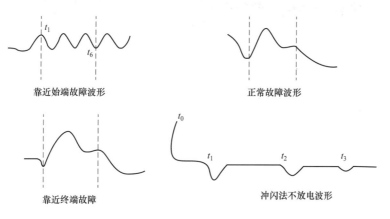

图 6-23 直闪法测电缆高阻故障波形示意图

图 6-24　35kV 电缆故障击穿点

（四）故障处理及评价

切除故障段，重新制作电缆终端头。现场制作过程如下：

（1）自电缆端头剥除长度 540mm 外护套。保留 30mm 铠装及 10mm 内护套，其余剥去，用相色带将铜屏蔽带的端头临时包好，清理填充物。

（2）焊接地线，确定安装尺寸，用恒力弹簧将截面积较小的铜编织带抱紧在铠装上，将另一根铜编织带用恒力弹簧抱紧在内护层以上 20mm 处的铜屏蔽上，两编织带错开 90°固定。在离外护套端口大约 40mm 处位置，将铜编织带固定，距电缆端头 418mm 处，用相色带做好标记。

（3）自冷缩绝缘管端口向上量取 15mm 长铜屏蔽层，其余铜屏蔽层去掉。自冷缩绝缘管端口向上量取 30mm 半导电层，其余去掉。将绝缘表面用砂带打磨以去除吸附在绝缘表面的半导电粉，半导电层末端整理成小斜坡，使之平滑过渡。绕两层半导电带将铜屏蔽层与外半导电层之间的台阶盖住。

（4）掀起两铜编织带，在电缆内护套端口上绕一层填充胶，将两铜编织带压入其中，再在外面包绕 1～2 层填充胶，然后在绕包的填充胶外面再包绕几层绝缘胶带（注意两铜编织带要相互绝缘，绕包后的外径小于绝缘管内径），如图 6-25 所示。

图 6-25　电缆终端头绕包填充胶后

（5）将冷缩绝缘管套入电缆，衬管条伸出一端先入电缆，冷缩管绝缘管上端与标记平齐，另一端与外护套自然搭接。从标记处收缩绝缘管。自电缆末端剥去线芯绝缘及内屏蔽层，剥去长度为 108mm。在绝缘层表面均匀涂刷一层硅油，将冷缩终端套入，沿逆时针方向均匀抽掉衬管条使终端收缩；抹尽挤出的硅油。在终端与绝缘管搭接的位置包绕两层 PVC 粘胶带。将罩帽大端向外翻开，套入电缆，待罩帽内腔台阶顶住绝缘，再将罩帽大端复原罩住终端。将接线端子套在线芯上，压接接线端子；在端子与罩帽之间包绕 2～3 层绝缘胶带，加强密封；在接线端子外面套上密封管，密封条伸出的一端后入，另一端与罩帽小端搭接，沿逆时针方向抽掉衬管条。将接地线与接地系统连接。

电缆终端头制作完成后的效果图如图 6-26 所示，之后对电缆进行串联谐振耐压试验，结果见表 6-2。电缆投入运行后，设备无异常。

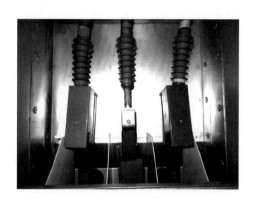

图 6-26　电缆终端头制作完成后

表 6-2 串联谐振耐压试验结果

相别	电阻（MΩ）	电压（kV）	频率（Hz）	输出电压（V）	高压输出电流（A）	时间（min）	结果
A－B/C/E	10000	42	34.4	200	3.0	5	通过
B－A/C/E	10000	42	34.4	200	3.0	5	通过
C－A/B/E	10000	42	34.6	200	3.0	5	通过

（五）后续建议

（1）下次定检时，密切关注该电缆绝缘情况。

（2）电缆应按照相关规定，周期性进行预防性试验，保证设备安全稳定运行。

六、35kV 电压互感器熔断器频繁熔断故障分析与处理

（一）设备简述

某水电站 35kV 厂用电系统设置有甲、乙、丙 3 个 35kV 站，各站母线采用单母线分段接线，厂外丙站通过电缆线路与地方电网互联。

丙站 35kV 母线设置了消弧线圈，甲站母线设置有消弧及过电压保护装置。系统带消弧线圈运行时则退出消弧过电压保护装置，当消弧线圈检修或停用时投入消弧过电压保护装置。母线电压互感器（TV）采用电磁式电压互感器，设备参数见表 6-3。

表 6-3 厂用电 35kV 系统母线设备参数表

站名	设备	型号
甲站	电压互感器	JDZ9-35
	熔断器	XRNP6-40.5/2
乙站	电压互感器	JDZX11-35R
	熔断器	XRNP0-35/0.5
丙站	电压互感器	JDZX11-35R
	熔断器	XRNP-40.5/1

（二）故障现象

厂用电系统甲、乙站投运后第 5 年，丙站接入 35kV 系统，在之后的 4 年时间内，乙站和丙站累计发生 17 次电压互感器熔断器熔断事件，主要表现为系统电压缓慢下降或无指示。停电检查电压互感器发现，熔断器单相或多相直流电阻明显变大或无穷大，对熔断器解体发现熔丝断成两截，有明显的电弧痕迹，熔丝表面有石英砂附着。

（三）故障诊断分析

1. 初步分析

（1）电压互感器熔断器频繁熔断事件主要发生在丙站接入厂用电系统，运行方式发生较大变化后。一年中，丙站 35kV 1、2 号消弧线圈投入运行，同时甲站的 35kV Ⅰ 套、Ⅱ 套消弧线圈及过电压保护装置退出运行。由于对丙站充电调试，乙站运行倒闸操作相对较多。丙站正式投运后熔断器频繁熔断事件基本消失。

（2）丙站电压互感器熔断器频繁熔断事件主要发生在投运后的首年和次年度，分布较平均。

（3）35kV 系统电网侧电压互感器熔断器频繁熔断事件发生时间规律与电站内电压互感器熔断器熔断事件基本一致，说明系统的运行方式和故障是引起电压互感器熔断器熔断的重要因素。

（4）35kV 系统电压互感器熔断器频繁熔断事件发生在乙站和丙站，甲站 35kV 系统电压互感器熔断器运行良好，未发生熔断事件。

2. 原因排查及验证

鉴于 35kV 厂用电系统结构复杂，影响电压互感器熔断器熔断的因素较多，查阅大量技术资料和案例，从消弧线圈的补偿因素、电压因素、电压互感器因素、熔断器因素四个方面共计 11 项排查和验证了影响电压互感器熔断器熔断的原因，见表 6-4。

表 6-4　　　　　　35kV 系统电压互感器熔断器频繁熔断原因排查及验证分析表

序号	类别	可能原因
1	消弧线圈补偿因素	丙站 35kV 系统消弧线圈装置补偿容量不够或补偿时挡位调节幅度不合适，当系统发生接地短路故障时，流经消弧线圈的电感电流与电容电流补偿后仍形成电弧或谐振过电压，引起电压互感器高压侧电压大幅波动，冲击涌流经过电压互感器熔断器，造成熔断器损伤甚至熔断
2	电压因素	35kV 系统运行电压波动幅度大，反复涌流冲击电压互感器熔断器
3		35kV 系统发生单相接地、单相弧光接地、雷击或其他线路瞬时接地故障，引起健全相电压突然升高，产生很大涌流
4		空母线带电压互感器合闸产生工频谐振
5	电压互感器因素	电压互感器特性参数选型不合理，运行时电压互感器发生铁磁谐振，励磁电流急剧增大，引起电压互感器高压侧熔丝过热烧毁
6		低频饱和电流
7		电压互感器安装地点振动
8	熔断器因素	熔断器的标称额定电流选型较小，系统扰动（电压、谐波等）引起熔丝特性变差
9		三相电阻值不平衡，偏差超过 20%
10		熔断器的质量
11		二次熔断器容量选择过大

根据本案例中电压互感器熔断器的熔断统计分析、原因排查验证及解体检查情况来看，35kV 系统电压互感器熔断器熔断是由于系统多次遭受冲击电流的冲击所致。根据监测，乙、丙两站 35kV 系统不存在因电网等值电感和线路对地电容参数相匹配时产生铁磁谐振而引起的电压互感器铁芯饱和情况，产生冲击电流的主要原因是系统瞬时单相接地故障或倒闸操作引起电压切换。

（四）故障处理及评价

为防止 35kV 系统电压互感器熔断器频繁熔断，采取了以下措施：

（1）定期巡查 35kV 系统架空线路，修剪和清理靠近线路的树枝，避免刮风下雨时树枝碰到架空线引起系统瞬时接地故障。

（2）优化 35kV 系统的运行操作方式，避免频繁倒闸操作及在大负荷、不同期的情况下进行设备投切操作。试验数据表明，在操作过程中电压互感器可出现较大的冲击电流，足以使熔断器熔断。

（3）规范 35kV 电压互感器熔断器的更换作业流程。更换熔断器时需确保安装在电压互感器筒内的熔断器可靠接触，确保所更换的熔断器电阻在标准范围内，且三相熔断器电阻相对平衡。

（4）适当提高 35kV 电压互感器熔断器容量，提高其抗干扰熔断能力，防止电压互感器熔断器频繁熔断。

（5）加强 35kV 电压互感器熔断器的技术台账管理。建立 35kV 电压互感器熔断器的故障记录，包括熔断器更换过程、电压故障现象、熔断器故障情况、更换前后的阻值、运行方式、系统电压录波，解体照片等，对电压互感器熔断器进行长期的分析和跟踪。同时，按照设计的要求，选择合适的备用熔断器，并改善熔断器的存储条件，定期检测库存件，确保库存件合格有效。

采取以上措施后，后续几年发生电压互感器熔断器熔断的情况大幅减少，系统运行良好。

（五）后续建议

处理后，熔断器熔断现象虽大幅下降，但仍未能彻底杜绝。建议进一步对系统电容电流进行测试，校核消弧线圈的补偿容量，同时开展消弧线圈新技术应用的调研，彻底消除此类缺陷。

七、直流系统充电机失电故障分析与处理

（一）设备简述

某水电站机组直流系统采用智能高频开关直流电源，每两套蓄电池配置三套充电机，机组直流电源系统原理示意如图 6-27 所示。

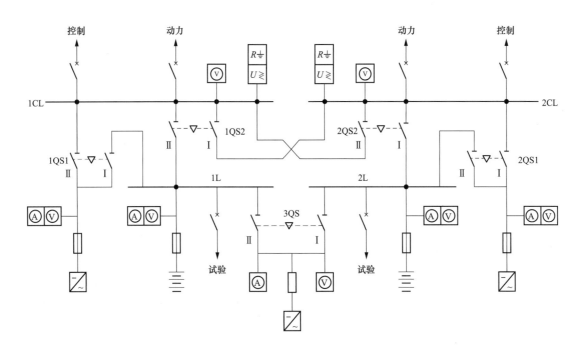

图 6-27　机组直流电源系统原理示意图

（二）故障现象

一次厂用电倒电操作后，某套机组直流充电机失电，仅由蓄电池带直流母线运行，机组直流系统交流供电原理示意如图 6-28 所示。具体情况为：厂用电倒电操作前，双路交流电源 6 号 1APP2、5 号 1APP2 均处于合闸带电状态，双电源切换装置切至 QF1 位置给充电机供电。进行厂用电倒电操作时，将 6 号 1APP2 上级电源断电，然后出现充电机失电情况。

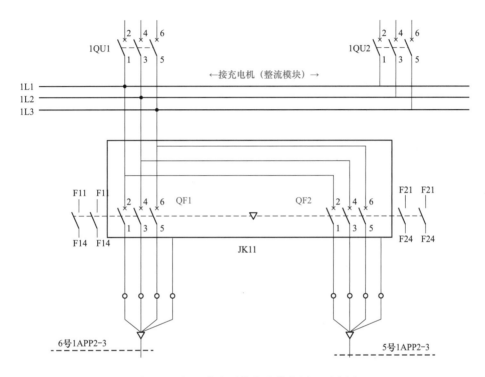

图 6-28 机组直流系统交流供电原理示意图

（三）故障诊断分析

1. 直流充电机及交流配电单元配置

交流配电单元实现由交流输入到整流模块的电源分配和保护，采用双路交流电源供一组充电装置，交流配电接线如图 6-29 所示。

2. 检查情况

（1）检查充电机、防雷器等设备。检查充电机及交流配电单元内各元件外观、状态均正常，无烧焦情况，无异常气味。用绝缘电阻表测试其绝缘情况均正常。

（2）检查端子接线情况。用绝缘工具对交流配电单元端子接触情况进行检查，端子紧固无松动、无虚接或脱落情况。

（3）检查双路交流电源工作状态。用万用表对交流配电单元双路交流输入电压进行测量，在合格范围内。

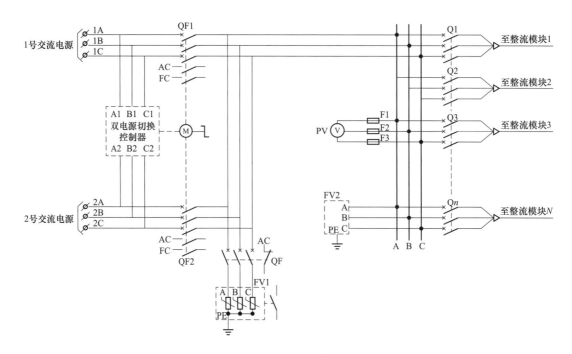

图 6-29　交流配电电源接线示意图

（4）检查双电源切换装置情况。检查双电源切换装置（ATS），发现电源切换装置仍然在 QF1 位置（6 号 1APP2），未按照设计逻辑进行电源切换，判断此为本次充电机交流失电的关键。

为进一步分析双电源切换装置未正确动作的原因，对其切换功能进行全面检查和测试，测试记录见表 6-5。

表 6-5　　　　　　　　　　　　双电源切换装置切换功能测试记录

试验步骤	测试组合 1	测试组合 2	测试组合 3	测试组合 4
1	合 ATS 的 N 位上级开关	合 ATS 的 N 位上级开关	合 ATS R 位上级开关	合 ATS 的 R 位上级开关
2	合 ATS 的 R 位上级开关	合 ATS R 位上级开关	合 ATS 的 N 位上级开关	合 ATS 的 N 位上级开关
3	用操作把手将 ATS 切至 N 位置	用操作把手将 ATS 切至 R 位置	用操作把手将 ATS 切至 R 位置	用操作把手将 ATS 切至 N 位置
4	将 ATS 手动模式切至自动模式	将 ATS 手动模式切至自动模式	ATS 手动模式切至自动模式	ATS 手动模式切至自动模式
5	断开 ATS 备用电源 N 位上级开关	断开 ATS R 位上级开关	断开 ATS R 位上级开关	断开 ATS 备用电源 N 位上级开关
试验结果	ATS 自动切至 R 位，交流输入正常	ATS 不自动切换至 N 位，交流输入失电	ATS 自动切至 N 位，交流输入正常	ATS 不自动切换至 N 位，交流输入失电

测试结果表明，ATS 在切换逻辑的设计上存在缺陷：手动将 ATS 切至 N 位置或 R 位置，再将 ATS 切到自动模式，在后续设备运行过程中，遇到交流输入电源断电时（表 6-5 中测试组合 2 和 4），均有可能出现交流失电。

（四）故障处理及评价

充电机失电故障原因已查明，为交流双电源切换装置未正确切换造成失电。由于该装置切换逻辑固化在装置中，后期不能更改，且该装置除此之外运行稳定可靠，故采取的处理方式是通过调整操作步骤、增加操作提示标识的方法实现。

（1）经过再次分析，调整上面切换功能测试记录表的试验步骤后再次测试，把表中步骤4（将 ATS 手动模式切至自动模式）调整到步骤1之前，去掉步骤3（因为将 ATS 切到自动模式后，将闭锁手动操作把手的操作），4 种组合 ATS 均能成功切换。

（2）后续又进行了多次的测试验证试验，发现在表 6-5 中步骤 4 后加入一项操作"按下 ATS 复位按钮，对其进行复位"后进行测试，ATS 也都能成功切换。

考虑到复位操作需观察指示灯确认复位命令确实已执行，存在操作不成功的可能。将 ATS 先切至"自动模式"再进行装置送电，通过充电机带电来判断 ATS 已成功切换，能避免操作失误。因此选用（1）所述办法，并在 ATS 上粘贴红色警示标签，进行醒目操作提示。交流双电源切换装置功能异常造成充电机失电故障得到根本解决。

通过对双电源切换装置（ATS）操作步骤进行优化后，运行过程中未出现由于运行倒电操作造成充电机失电的情况，该问题得到彻底解决。

（五）后续建议

（1）在厂用电倒电或交流断电操作时及时关注直流充电机运行情况，及时进行检查和处理。

（2）在做类似的试验测试时，需要尽可能多地考虑试验的各种组合、步骤顺序等因素，也要尽可能多地进行各种运行方式及操作下的测试，全方位了解设备情况，不留死角，提前发现问题。

（3）运行方式安排尽量避免出现如直流 2 段母线联络运行时，充电机只有一路交流供电的情况，这种情况直流运行可靠性将大大降低。

八、单体蓄电池放、 充电试验电压曲线异常分析与处理

（一）设备简述

直流系统对水电站设备运行是非常重要的，而蓄电池是直流系统的重要组成部分，在交流电源切换和失电情况下为负载提供稳定可靠电源。正常情况下，蓄电池一般处于浮充状态，电流接近于零。但在交流供电异常情况下，蓄电池组需为负载供电，一旦蓄电池出现开路、电压异常、容量不足等问题，很可能在关键时刻失去可靠供电能力，造成严重事故。直流系统蓄电池组由多节蓄电池串联组成，每一节蓄电池都影响着蓄电池组的可靠性，因此，研究直流系统单体蓄电池放电电压曲线，再结合蓄电池内阻分析蓄电池的老化趋势，准确判

断蓄电池的优劣，及时更换劣化蓄电池，可大大提高直流电源的可靠性。

（二）故障诊断分析

1. 试验曲线

以某水电站坝顶直流单体蓄电池电压放电、充电试验曲线数据为例进行分析，如图 6-30、图 6-31 所示。

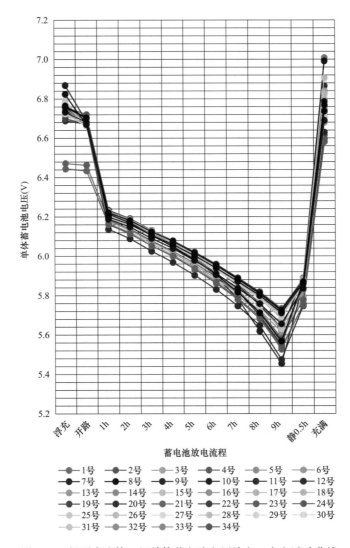

图 6-30　坝顶直流第一组单体蓄电池电压放电、充电试验曲线

2. 放电曲线数据

第一组蓄电池组的 4、21、23 号为新更换的蓄电池（新蓄电池未进行补充电），第一组蓄电池因 7 号和 9 号蓄电池在放电 9h 后单体电压接近截止放电电压 5.4V 而终止放电，若按照放电 10h 趋势延长线，至少有 6 节蓄电池达到终止放电电压（7、9、11、21、23、24 号）。

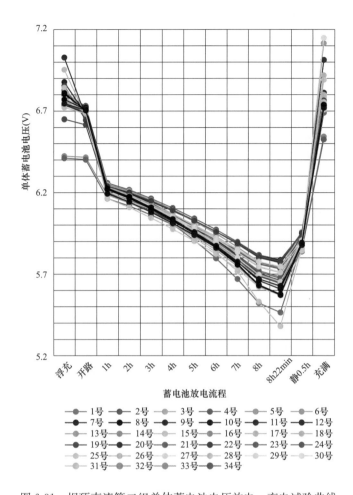

图 6-31　坝顶直流第二组单体蓄电池电压放电、充电试验曲线

　　第二组蓄电池组的 14、23 号为新更换的蓄电池（新蓄电池未进行补充电），第二组蓄电池因 28 号蓄电池在放电 8h22min 时单体电压达到截止放电电压 5.4V 而终止放电，若按照放电 10h 趋势延长线，至少有 8 节蓄电池达到终止放电电压（13、21、25、26、28、31、32、34 号）。

　　3. 蓄电池按 10h 放电速率（C_{10}）提前达到终止放电电压原因分析

　　（1）新蓄电池未进行补充充电。新蓄电池在出厂后需定期进行维护，至少每 3 个月充电一次，确保蓄电池性能稳定。此次新蓄电池未首先补充充电就开始直接放电，其剩余电量达不到 100%，导致使用时的放电初始电压比整个蓄电池组明显偏低。在第一组和第二组放电 8h 后，新蓄电池电压下降速率明显加快。后期可能会提前达到终止放电电压。

　　（2）旧蓄电池老化内阻偏大。蓄电池厂家推荐的内阻值为 1.35mΩ，达到 1.5 倍参考内阻后蓄电池因老化应进行更换。目前蓄电池组已投产 6 年多，已达到使用年限。

（3）旧蓄电池浮充电压分化。蓄电池组采用串联方式，投产使用后由于蓄电池性能差异、自放电等原因，造成浮充电压分化严重，旧蓄电池的开路电压与浮充电压之间的差值越来越大，而新蓄电池浮充和开路电压差别很小。

4. 检查情况

（1）新蓄电池的电压和内阻。

1）第一组更换的 3 节新蓄电池中，开路电压分别为 6.463、6.436V 和 6.435V，内阻为 1.15、1.15mΩ 和 1.15mΩ。第一组的旧蓄电池开路电压最低 6.661V，内阻最低 1.452mΩ。

2）第二组更换 2 节新蓄电池，开路电压分别为 6.416V 和 6.402V，内阻为 1.15mΩ 和 1.15mΩ。第二组旧蓄电池的开路电压最低 6.616V，内阻最低 1.279mΩ。

结论：新蓄电池的内阻值最低，说明蓄电池状态良好；但开路电压较旧电池明显偏低，因未定期维护充电，导致蓄电池欠压。

（2）旧蓄电池内阻。对两组蓄电池内阻进行检查，发现超过参考值 1.5 倍（2.025mΩ）的电池数量较多，其中第一组 5 个、第二组 23 个，最高为 4.223mΩ（第一组 21 号），宜对内阻较大者进行更换。因备件数量有限，本次检修只对内阻最大的 5 节蓄电池进行了更换。

1）第一组蓄电池因 7 号和 9 号蓄电池在放电 9h 后单体电压接近截止放电电压 5.4V 而终止放电，而 9 号蓄电池是第一组蓄电池内阻最大者（2.111mΩ），7 号蓄电池放电前蓄电池开路电压与终止放电电压差值、放电 1h 到终止放电前电压差值、终止放电前 2h 电压差值在本组蓄电池中均最大。

2）第二组蓄电池因 28 号蓄电池在放电 8h22min 时单体电压达到截止放电电压 5.4V 而终止放电，而 28 号蓄电池是第二组蓄电池内阻次大者（2.783mΩ），其放电前蓄电池开路电压与终止放电电压差值、放电 1h 到终止放电前电压差值、终止放电前 2h 电压差值在本组蓄电池中均最大。

结论：内阻偏大的蓄电池和放电电压下降较快的蓄电池一般最先达到终止放电电压，在蓄电池放电过程中应密切监视，防止蓄电池过放电导致蓄电池损坏。

（3）蓄电池浮充、开路、放电过程中、充电后电压分化严重。从图 6-30 和图 6-31 可以看出，单体蓄电池在浮充、开路、放电过程中、充电后电压均存在分化趋势，特别是放电后期，分化更明显。通常，初始放电电压偏高和偏低的蓄电池，其总体趋势保持偏高和偏低。而个别蓄电池出现异常时，放电曲线斜率变大将导致与其他蓄电池放电曲线交叉，需引起注意。

结论：蓄电池的放电曲线中，电压最大值和最小值在整个放电过程中一直偏大或偏小，且偏差值超过 0.05V，建议将电压较小的蓄电池单独取出来进行均充充电，直到电压接近平均电压。

图 6-32 和图 6-33 所示为开关站直流系统单体蓄电池电压放电、充电试验曲线。从曲线图可以看出，第一组 8 号蓄电池电压明显偏低，蓄电池充电不足；第二组 5 号蓄电池电压明显比其他电池高，蓄电池存在过充电的情况。

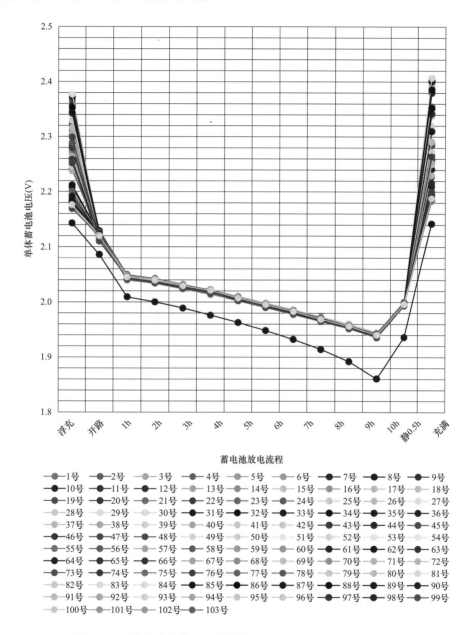

图 6-32　开关站直流第一组单体蓄电池电压放电、充电试验曲线

（三）故障处理及评价

1. 放电前

放电前对蓄电池内阻进行检查与评估，若少量蓄电池内阻超过参考值 1.5 倍，在放电前

用经过补充充电的蓄电池进行更换。若 1/3 以上数量的蓄电池内阻超过参考值 1.5 倍，建议对蓄电池组进行整组更换。本次直流放电前已对两组蓄电池内阻异常偏大的进行部分更换。

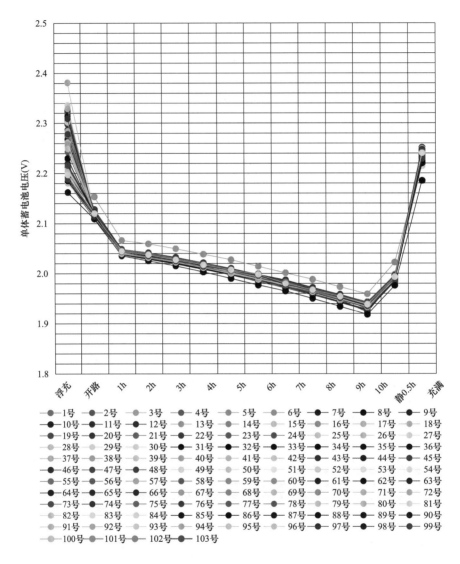

图 6-33　开关站直流第二组单体蓄电池电压放电、充电试验曲线

2. 放电中

密切监视内阻偏大、电压偏低、电压下降较快的蓄电池，加大电压测试次数，同时密切关注单体蓄电池的温度，出现温度异常升高、电池漏液、鼓包等情况应立即停止放电。放电时应及时整理放电数据，根据放电电压趋势线分析蓄电池是否提前达到截止电压，容量是否满足要求。出现异常应按要求进行替换。

3. 充电时

关注蓄电池充电稳定后 0.5h 的温度，对单体电压过高的进行检查。

4. 充电后

在蓄电池充电完成后转浮充 3h 以上，电压基本稳定后再进行浮充电压值的测试。

根据蓄电池内阻测试结果，更换内阻异常偏大的蓄电池，可降低蓄电池放电、充电过程中的风险，同时可减小反复放电、充电带来的重复工作。

对更换下来的电池进行解体检查，情况如图 6-34 和图 6-35 所示。图 6-34 所示为原第二组 6 号蓄电池，该节电池电压运行中突升至 8.074V，比设置浮充电压偏高 1.324V，检测电池内阻为 2.7mΩ。对该节电池进行更换并解体检查发现，负极汇流排腐蚀较为严重，存在开路风险。图 6-35 所示为原第二组 19 号蓄电池，检修时发现第二组蓄电池内阻整体偏高，内阻为 2.889mΩ。解体后发现负极汇流排腐蚀较为轻微。

图 6-34　原第二组 6 号蓄电池　　　图 6-35　原第二组 19 号蓄电池

（四）后续建议

（1）对比历年蓄电池放电、充电试验数据，单体、总蓄电池电压数据及设备履历，分析蓄电池内阻变化趋势，提前规划蓄电池备品备件。

（2）应选用精度高、数据可靠的内阻巡检仪。

（3）定期对蓄电池备品备件进行日常维护，保持备品备件随时可用。

（4）采购蓄电池活化仪。对更换下来的蓄电池进行活化检查，对长期电压偏低的蓄电池进行充电活化。

第三篇

二次系统

第七章 监控系统

第一节 设备概述及常见故障分析

一、监控系统概述

水电站计算机监控系统承担着水电站中多种多样的任务，根据形式、规模和投资的不同，其任务也有所区别，但主要任务由以下几个方面组成：

（1）发电过程自动控制。水电站机组的启停、发电机调相状态的转换以及并列运行、机组无功功率和有功功率的调节、导叶开度的调节以及进水闸门的开启和关闭、水电站辅助设备的自动控制等内容，都可以自动执行由计算机监控系统发出的有关命令。

（2）安全监视。水电站的安全监视主要包括：对运行设备的监视、大坝安全监测和泄洪设施监测等。

（3）自动处理事故。计算机监控系统能够对水电站的设备进行实时在线监测，对设备的各种参数进行实时记录和存储。电站发生事故时，计算机可以对事故进行分析处理，然后执行之前已经设定好的事故处理程序，使事故得到及时有效的处理，同时计算机还可以记录此次事故的性质以及事故发生的时间和地点。

（4）最优发电控制。水电站最优发电控制，就是计算机监控系统根据整个电网系统对电站有功功率的需求，调节水轮发电机组的水能输入，保证水轮发电机组的最优配合以及机组负荷的最优分配，达到水电站电压质量及无功功率合理分配的目的。

水电站计算机监控系统设计的基本要求如下：

（1）系统功能的完善性。无人值班、少人值守是水电站的运维设计目标，监控系统也应以达到此目标为原则。

（2）可靠性。采用标准的、可靠的硬件，并能提供长期稳定的技术服务。

（3）系统的实时性。实时性反映在系统的响应时间上，可以满足对电站设备实时监视和控制的要求。

（4）系统的可扩展性和开放性。系统中的各节点计算机，均应满足开放性要求，以便于系统功能的扩展以及硬件的升级。另外，系统的软件应该具有开放性的功能，并符合国际标准规约数据所要求的固定格式，这样才能够与其他系统进行数据上的交接。

（5）系统的安全性。系统应该满足网络安全和操作控制安全要求，具备生产控制区域和生产信息区域的分隔隔离，具备防入侵、抗攻击的网络架构和安全配置。值班人员在操作控制时，系统能够自动检验操作人员的权限，并进行操作指令的多重确认。

二、设备的构成及工作原理

水电站计算机监控系统通常分为分布式结构和集中式结构，目前国内外大型水电站监控系统通常采用分布式结构。系统总体上分成厂站层和现地控制层，两层之间采用冗余的高速网络连接。

（一）厂站层

对于数据量不大的水电站，监控系统厂站层采用一套双冗余的网络传输所有数据，而大型水电站监控系统由于采集数据量庞大，为了确保数据通信的实时性，又将厂站层划分为厂站控制层和厂站信息层。厂站控制层主要完成现地控制单元（LCU）数据的采集和控制命令的下发。厂站信息层主要实现各服务器分布式数据库之间的高速数据同步，以支撑厂站层各应用软件的实时数据需求。根据水电站计算机监控系统数据采集处理规模的不同，厂站控制层与信息层在物理布局上可以分设，也可以合并。

1. 硬件组成及网络结构

计算机监控系统厂站层设备包括：数据采集服务器、历史数据库服务器、应用程序服务器、厂内通信服务器、调度通信服务器、操作员工作站、工程师工作站、时钟同步系统、核心交换机、相关网络安全设备、辅助设备（如打印机、UPS 等）等。数据采集服务器主要负责现地控制层的数据采集和预处理；历史数据库服务器完成计算机监控系统的数据处理、归档、存储及历史数据的生成、转储及管理；应用程序服务器用于运行 AGC、AVC 高级功能；厂内通信服务器用于连接厂内相关的子接系统或设备，如电能量计量系统、暖通空调控制系统等；调度通信服务器用于实现电站计算机监控系统与调度中心通信；操作员工作站提供监控电厂实时控制过程的人机接口；工程师工作站用于系统的维护管理、功能及应用软件的开发、程序下载等工作。

厂站控制层和信息层通常采用以核心交换机为中心的星形网络结构，跨区域的核心交换机之间，采用多链路聚合或高速环形网络互联，实现各节点设备的高速通信。为了提高网络通信的可靠性，具备条件的小型水电站和大型水电站，均采用双套全冗余网络结构，一套网络故障时，不影响整个系统的运行。

厂站控制层网络主要连接厂站层数据采集设备、具备控制操作权限的设备和现地控制单元，如数据采集服务器、操作员站、机组现地控制单元等。厂站信息层网络连接所有服务器及工作站，分布式计算机监控系统通过厂站信息层网络实现所有节点数据库的实时同步，使全网实时数据保持一致，系统功能分布在系统的各个节点上，每个节点严格执行指定的任务并通过网络与其他节点进行通信。

2. 软件及功能设计

计算机监控系统软件包括四大部分，即计算机系统软件、基本软件、应用软件以及工具软件。系统软件是随计算机硬件设备一同购入、由系统软件生产厂商提供的软件，用于提供监控系统其他软件运行的环境和用户软件的开发手段，如用户程序的编辑、编译、连接、任务的插入、运行、退出等。基本软件是实现监控系统基本监控功能所必需的软件，如实时执行软件、数据采集、数据处理、数据库管理、图形显示、通信控制、报表生成、语音报警等软件。应用软件是实现生产过程操作或控制功能的软件，如 AGC、AVC 等。因为电站特性和功能要求的差异，应用软件的差别很大，一般需特殊处理。工具软件是提高系统开发效率的软件，它可以减轻软件开发与维护强度，提高系统的可维护性，使开放系统真正地向用户开放。

计算机监控系统厂站层主要设计以下功能：

（1）对全电站设备运行状态数据的采集、分析、存储及显示，并对采集数据进行综合运算，生成综合信息数据点，具备设备状态监测、异常状态报警等功能，从而实现全电站设备的运维监视。

（2）具备设备操作指令下发功能。操作员站及其他应用软件能够根据操作指令下发控制命令，并具备防误操作功能，实现指令下发后信息数据反馈等。

（3）具备与外围系统进行数据通信的功能。实现与其他系统的数据交换，主要包括电网调度自动化系统，梯级调度自动化系统，以及厂内保护信息、自动抄表、火灾报警、相角测量等系统。

（4）具备高级应用软件控制功能。利用采集的实时数据，通过特定算法逻辑和自动控制功能模块，实现电站设备高效安全运行。例如自动发电控制、自动电压控制、河道水位控制、河道流量控制等。

（5）具备历史数据存储功能，提供历史数据诊断及分析、事故回放、事故追忆功能。

（6）具备电站数据发布功能，能够通过网络向用户发布电站实时运行状态数据和历史数据。

（二）现地控制层

根据监视和控制对象的不同，现地控制层设备分为：机组现地控制单元、开关站现地控制单元、厂用电现地控制单元、公用系统现地控制单元、泄洪闸门现地控制单元等。

各现地控制单元（LCU）配置本地 I/O 单元和远程 I/O 单元，主要设备包括控制器PLC、触摸屏、同期装置、交流采样、变送器等。PLC 控制器通过双冗余总线、光纤环网结构连接各远程 I/O 单元，并通过现场总线连接其他监测及控制设备，现场总线采用 Profibus-DP、Modbus Plus 等。现地控制单元一般采用双 PLC、双电源模块、双以太网通信模块、双现场总线模块结构，主控制 PLC 故障时，热备用 PLC 自动承接主控制 PLC 的任务，保证任务不中断且无扰动。LCU 设置人机界面，界面采用触摸屏。每台 LCU 留有专用的接口，可接入便携式计算机，通过计算机对 LCU 进行调试和监控。LCU 具有掉电保护功能和电源恢复后的自动重新启动功能。LCU 能实现时钟同步校正（包括远程 I/O 单元的时钟校正），其精度满足事件记录分辨率的要求。

现地控制单元（LCU）主要具备以下功能：

（1）数据采集和处理。采集机组、主变压器（简称主变）和线路各电气量和非电气量，采集主、辅设备状态及继电动作和操作顺序记录，并将采集的所有数据上送厂站层。

（2）安全运行监视。实现设备安全运行监视，主要包括实时状态监视及过程监视等。

（3）控制与调节。LCU 接收全厂主控级及现地操作面板发来的信息进行下列控制与调节：机组正常顺序开停机控制、机组同期装置控制、机组事故停机控制、机组工况转换、机组有功调节、机组无功调节、机组压油装置控制、机组冷却设备控制、机组励磁系统控制、机组制动风闸控制、发电机出口设备控制、进水门控制、泄洪闸门控制、开关站设备控制等。

（4）通信。通信功能主要包括全厂通信和现地通信两大功能。LCU 与厂站层通过以太网进行数据交换，传送现地采集的实时信息，随时接收厂站层控制、调节命令。LCU 还与现地其他控制系统通信，实现与其他控制系统的数据交换。

（5）自诊断。LCU 具有完备的硬件及软件自诊断功能，包括在线周期性诊断、请求诊断和离线诊断。诊断内容包括控制器内存自检、各种功能模件自检、通信接口自检等。对于I/O 模件，可诊断到通道。当 LCU 诊断出故障时，自动发出报警信号；当主设备检测出故障退出运行时，可不中断任务且无扰动地切换到备用设备。

三、常见故障原因分析与处理

监控系统常见故障主要分为以下几类：控制、调节异常，通信故障，测点异常。监控系统出现的故障问题和存在的安全隐患，可能产生故障扩大，甚至对整个电力系统造成影响。因此对监控系统故障和隐患进行深入的研究，并总结解决问题的方法，对保障电力系统的安全性和稳定性具有重要意义。

（一）控制、调节异常

控制、调节异常，分为控制操作命令无响应、系统控制命令发出后现场设备拒动或动作不正常等。一般原因为操作命令实际不具备条件、开出继电器损坏导致拒动、现地控制回路异常、现地设备故障等。

1. 控制异常处理

此类问题需依此排查操作命令下发条件是否满足、开关量输出模件是否故障、开关量输出继电器是否故障、开关量输出工作电源是否未投入或故障、柜内回路接线是否松动、被控设备本身是否故障、调节参数设置是否合适等。

2. 机组有功、无功功率调节异常处理

退出该机组自动发电控制、自动电压控制，退出该机组的单机功率调节功能。检查调节程序保护功能（如负荷差保护、调节最大时间保护、定子电流和转子电流保护等）是否动作，现地控制单元有功、无功功率控制调节输出通道（包括 I/O 通道和通信通道）是否工作正常及调速器或励磁调节器工作是否正常等。

3. 机组自动退出自动发电控制、自动电压控制处理

一般检查调速器是否故障、励磁装置是否故障、机组给定值调节是否失败或超调、是否因测点错误而出现机组状态不明的现象、机组现地控制单元是否故障及机组现地控制单元与厂站层设备之间的通信是否中断等。

（二）通信故障

通信故障，一般原因为通信电缆损坏、数据采集模块损坏、通信模块损坏、通信参数配置错误等，例如通信接头接线错误，以太网交换机、光电转换器、光纤固定盒损坏等。

1. 厂站层设备与现地控制单元通信中断处理

厂站层设备与现地控制单元通信中断时，退出与该现地控制单元相关的控制与调节功能，首先查看厂站与对应现地控制单元通信进程及现地控制单元工作状态。进一步检查现地控制单元网络接口模件、相关网络设备及通信连接介质。必要时，做好相关安全措施后在厂站层设备和现地控制单元侧分别重启通信进程。

2. 调度通信通道故障导致遥信、遥测数据异常处理

调度通信通道故障导致遥信、遥测数据异常时，调度值班人员应立即通知对侧运行值班人员，两端应分别联系维护人员共同进行处理，并退出与异常数据点相关的控制与调节功能。检查对应现地控制单元数据采集通道情况，相关数据通信进程以及通信数据配置表。必

要时，做好相关安全措施后在现地控制单元侧重启通信进程。

（三）测点异常

测点异常的一般原因为现地传感器故障、接线松动、数据采集模块损坏、二次回路受干扰等。

发现测点异常时，退出与该测点相关的控制与调节功能。依次检查相关现地控制单元模拟量采集通道、现地传感器、二次回路接线是否正常，再检查数据库中相关测点组态参数（如工程值范围、死区值等）是否正确。

第二节　监控系统典型故障案例

一、母线电压越限异常分析与处理

（一）设备简述

某水电站通过 500kV 母线与电网连接，每台机组配置有一套监控系统 LCU，并通过交换机与监控系统厂站层连接。监控系统厂站层通过 AVC 应用程序，向机组下发无功调节命令，进而调节母线电压。

（二）故障现象

某日 22:26:51，电厂电压设定值为 543.956kV，电厂母线电压由 542.884kV 突变下降为 538.793kV，AVC 无功设定值为 554Mvar，机组励磁调节器为了维持发电机机端电压稳定持续增加无功，机组总无功由 554Mvar 上升为 990Mvar。

22:26:59，机组无功实发值突变下降至 284Mvar，AVC 无功设定值上升，机组无功实发值上升，母线电压同步上升，至 22:28:17，电压已上升至 548.728kV，超过电压上限 548kV，此时无功实发值 607Mvar，无功设定值 751Mvar。

22:28:28，电压持续上升至 549.931kV，超过电压上限时间 10s，AVC 退出，机组 AVC 无功闭环退出。后经运行人员手动调节励磁系统，母线电压逐步恢复正常。

（三）故障诊断分析

1. 电厂侧 AVC 子站调节情况

事件出现前，电厂 AVC 在电网控制运行模式，电厂除一台机组检修外，其余机组均投入 AVC 运行。

事件中，电厂实际电压突变下降，机组总无功随之突变上升，继而突变下降。电厂 AVC 子站（下述简称 AVC）调节无功设定值由 554Mvar 上升至 751Mvar（机组总无功赋值给 AVC 调节无功设定值），因机组总无功与 AVC 调节设定值偏差大于 200Mvar，导致 AVC

程序闭锁 751Mvar 且未下发（但仍存储在缓存中）；机组总无功继续突变下降后缓慢上升，母线电压缓慢上升，机组总无功与 AVC 调节设定值偏差小于 200Mvar，导致 AVC 程序解锁 751Mvar 并下发，母线电压持续上升并超过 548kV，AVC 退出闭环，后续电压持续升至 550kV。查状态监测分析系统，母线电压、机组总无功、AVC 调节变化过程如图 7-1 所示。

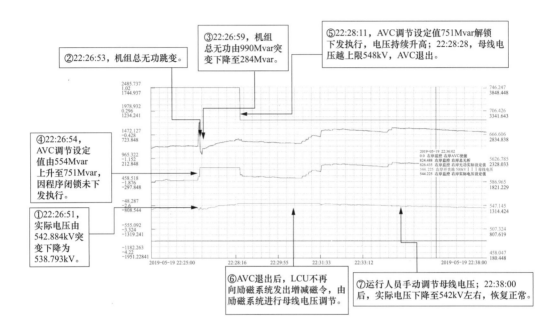

图 7-1　状态监测分析系统记录

分析结论：在电站母线电压波动和电站全厂无功大幅波动情况下，AVC 子站未能避免无效的 AVC 调节无功设定值下发。

2. 励磁装置调节情况

22:25:09，电站运行机组励磁系统均运行在 AVR 方式。22:26:52，母线电压出现小幅下降，无功功率出现小幅上升，此时 AVC 未退出，励磁为了维持发端机端电压稳定，励磁暂态有所强励，励磁机端电压给定值都从 1.01 倍额定值上升至 1.03 倍额定值，并网机组的机端电压都非常稳定。AVC 退出后，远方手动减磁，降低机端电压给定值，从而降低系统电压至合理值，整个调节过程，机端电压调节稳定。

分析结论：励磁运行在机端电压闭环方式下，机端电压运行稳定，励磁在系统出现振荡时，调节迅速正确，提高了系统的动态稳定性。

（四）故障处理

1. 优化 AVC 程序实时计算功能

在 AVC 程序中优化实时计算功能，AVC 程序能够每秒计算 AVC 调节无功设定值，并能根据下发周期下发无功设定值。

优化 AVC 程序中机组总无功突变处理功能。判断电站机组总无功实际值变化情况，电站机组总无功 1s 突变超过 100Mvar（可设置），上位机暂停无功设定值分配，AVC 程序闭锁，并保持当前 AVC 无功调节设定值不变；延时 10s 后，机组总无功恢复正常变化时，AVC 程序根据实时数据重新计算分配。

2. 修改无功设定值变化过大安全措施

当前 AVC 调节无功设定值与电站机组总无功偏差过大时，AVC 程序闭锁该设定值，判断该设定值无效并直接丢弃，本次不更新设定值，AVC 程序继续计算，待下一个周期有新值时再更新。

当前 AVC 调节无功设定值与上次 AVC 调节无功设定值偏差过大时，AVC 程序不闭锁当前 AVC 调节无功设定值，AVC 程序报警，当前 AVC 调节无功设定值正常下发。

增加 AVC 调节无功设定值、电站机组总无功实际值日志记录。

3. 增加 AVC 调节无功设定值校核功能

在 AVC 程序中增加 AVC 调节无功设定值下发时的命令校核功能。在 AVC 调节无功设定值下发前，判断无功调节方向与电压方向是否一致；当无功调节方向与电压变化方向不一致时，AVC 程序不下发无功调节指令，并将电站机组总无功实际值赋值至 AVC 调节无功设定值，保证电压稳定性。

4. 在 AVC 控制画面增加电站单台机组增磁、减磁按钮

增加机组无功调节集中控制画面，画面中增加单台机组增磁、减磁命令按钮。当 AVC 联控机组退出单机 AVC 时，运行人员能够在该画面批量操作单台机组增磁、减磁，实现电压快速手动调节。

经过上述对 AVC 程序的优化后，AVC 程序能够有效避免机组总无功波动引起的电压波动，保持电压稳定。

二、机组温度保护异常停机分析与处理

（一）设备简述

某水电站机组现地 LCU 主控 PLC、温度采集和保护 PLC 之间通过 Profibus 总线进行连接通信。机组温度保护逻辑有两种：一是同一部位两点越高限，二是同一部位有一点越高高限，且 5min 内有超过一半品质好的测点温度升高超过 0.5℃。

（二）故障现象

2019 年 1 月 2 日 10:35:33，某机组"电气事故""水机事故"报警，出口断路器跳闸，

机组正在停机过程中。

监控系统报："出口断路器分闸位置动作""机组转速大于105%动作""机组温度保护、紧急停机流程标志（事故PLC）动作""推力测温电阻3越高高限（327.6）""机组常规PLC启动事故停机动作""机组保护A非电量6"。

（三）故障诊断分析

1. 现场检查情况

现场检查该机组出口断路器已跳闸，快速灭磁开关已跳闸，机组已停机。检查机组水车室、风洞无异常。

查询机组事故跳闸时有功功率、无功功率、机组出口电压无异常，跳闸前后系统电压、频率无变化。

经进一步检查发现，机组在开机过程中，所有测点温度均处于上升状态。由于推力瓦温第三点由−327.6跳变至327.6，使得"同一部位有一点越高高限，且5min内有超过一半品质好的测点温度升高超过0.5℃"的条件满足，触发机组温度保护停机逻辑，一方面通过温度保护继电器送给水机事故PLC进行停机，另一方面通过通信送给机组主PLC进行事故停机。

出口断路器跳闸后，维护人员第一时间调阅了保护故障录波。故障录波时序图显示，水机事故动作在前，出口断路器跳闸在后，说明是水机事故导致的保护跳闸。

根据监控系统记录，事件发生顺序如下：

10:35:32，机组非电量保护6动作；

10:35:32，出口断路器跳闸；

10:35:33，机组有事故动作；

10:35:33，机组事故停机流程启动；

10:35:35，机组温度保护停机（事故PLC）动作；

10:35:35，机组过速115%动作（事故PLC）。

2. 温度保护逻辑分析

测温程序的品质判断逻辑为：

（1）记录最后一次工程值范围内的原始值，采集模件原始值，判断其是否在有效值范围内（80～170Ω）。若连续三次判断其不在有效范围内，则置模件品质坏、测值品质坏，并退出保护；若在有效范围以内，则置模件品质好；

（2）在模件品质好的情况下，判断测值跳变情况，具体为：测值低于50℃时判断波动值是否超过5℃，高于50℃时判断波动值是否超过2℃。若测值有跳变，则置测值品质坏；若测值无跳变，则置测值品质好；

（3）当测值品质由好变坏时，退出保护；当测值品质由坏变好时，投入保护；当模件品质由坏变好时（如断线后重新接线等），仍然不投入保护。

通过查阅该测温模件手册，测温模件特性见表 7-1。

表 7-1　　　　　　　　　　　　　　　　测温模件特性

用℃表示的测温模件模拟值 （1 位数字＝0.01℃）	十进制	十六进制	范围
＞15500	32767	7FFF	上溢
15500 ... 13001	15500 ... 13001	3C8C ... 32C9	过冲范围
13000 ... −12000	13000 ... −12000	32C8 ... D120	额定范围
−12001 ... −14500	−12001 ... −14500	D11F ... C75C	下冲范围
＜−14500	−32768	8000	下溢

结合程序源代码，最开始推力瓦温第三点温度显示为−327.6，说明此时电阻值越工程值下限，此时 VALUE_RAW（模件采样的原始码值）应为−32768，VALUE_TB（模件采样的跳变码值）为−32768，这是此次事件发生的初始状态。随着电阻值逐渐增加，模件品质由坏变好。当电阻值越工程值上限时，VALUE_RAW 变为 32767，模件品质会等待 3 个周期才能判品质坏，此时测值跳变监测：VALUE_TB − VALUE_RAW 计算过程中需转换为 INT 型，所以 VALUE_TB 的测值−32768 十六进制本应为 F8000，但由于 INT 型只有 16 位，所以位数溢出，就变为 8000，VALUE_RAW 的测值 32767 十六进制为 7FFF，VALUE_TB − VALUE_RAW＝1，程序认为测值无跳变，所以会将 VALUE_RAW 测值赋给 VALUE 和 VALUE_TB，即 32767，所以跳变后显示为 327.6。由于之前测值品质一直为坏，此次测值品质为好，导致给温度保护标识投入，温度保护出口。

综合以上分析，这是一次程序数据溢出叠加逻辑漏洞造成的温度保护出口。后续的模拟试验过程也验证了这种推理，VALUE_TB 会在−32768 和 32767 之间跳变。

（四）故障处理

(1) 修改机组测温 PLC 程序扫描周期。

此时测温 PLC 程序扫描周期为 PLC 本身的扫描周期，在 30ms 左右，速度太快。

修改为：测温 PLC 程序改为定周期扫描，周期定为 200ms。

目的：放慢 PLC 扫描速度，减少瞬间干扰造成的测值异常。

(2) 修改机组测温 PLC 程序初始化部分。

此时初始化未做测温品质的初始化。

修改为：初始化置所有温度点品质坏、保护退出。

目的：防止重启 PLC 造成温度保护逻辑误动。

(3) 修改机组测温 PLC 程序模件品质判断部分。

此时测温 PLC 模件品质判断需三次越有效值范围（80Ω 或 $-50℃\sim170Ω$ 或 $+180℃$），方可报品质坏。

修改为：测温 PLC 模件品质判断一次越有效值范围（80Ω 或 $-50℃\sim170Ω$ 或 $+180℃$），即报品质坏。

目的：严格判断模件品质坏，防止 3 个等待周期的模件品质判断真空期。

(4) 修改机组测温 PLC 程序测值品质判断部分。

此时测值品质判断有效值范围一样太宽（80Ω 或 $-50℃\sim170Ω$ 或 $+180℃$），且一次采样正常即认为品质正常。

修改为：测值品质有效值范围判断设置为 $0℃\sim130℃$。即 $0℃\sim50℃$ 之间跳变小于 5℃、$50℃\sim130℃$ 之间跳变小于 2℃方可判断品质好，更新测值。当品质由坏变好时，必须连续三次测值在有效范围内，再置品质好。

目的：严格限定测值品质好判定条件，防止测温 PLC 数据溢出漏洞、异常跳变未稳定等原因导致的温度保护逻辑误动。

(5) 完善机组品质坏的温度保护标识自动投入逻辑，防止异常测点自动投温度保护标识。

当前此次测值品质好，上次测值品质坏，投温度保护标识。

修改为：此次测值品质好，且测值小于温度测值高限，且上次测值品质好，投温度保护标识。

目的：一方面防止由于干扰导致测点频繁跳变，退出测点过多，无法起到温度保护的作用；另一方面防止异常测点自动投入温度保护标识。

(6) 在机组事故 PLC 中的事故流程中统一增加脉宽检测，只有当温度保护出口接通脉宽超过 2s，才启动事故停机流程。

目的：防止不可预料的干扰抖动引起的温度保护误出口。

（7）在机组现地 LCU 主控 PLC 的事故流程中统一增加脉宽检测，只有当温度保护出口接通脉宽超过 2s，才启动事故停机流程。

目的：防止不可预料的干扰抖动等引起的温度保护误出口。

（8）温度保护逻辑修改为："推力瓦温 5min 普升 0.5℃，推力瓦温平均温度超过 50℃，一点越高高限"，温度保护出口。

目的：防止开机过程中推力测温单点越高高限引起的温度保护误出口。

经过以上的程序升级，较好地防止了由于干扰导致的设备异常动作，未再发生温度误动停机事件。

三、电站负荷调节异常分析与处理

（一）设备简述

某水电站各机组调速系统均按电网要求设计并投入一次调频功能，监控系统 AGC 与调速器一次调频协调关系为：机组调速器一次调频动作后，闭锁 AGC 指令，等一次调频动作复归 30s 后，再接受 AGC 指令。

（二）故障现象

2018 年 11 月 19 日，电站发电按计划从 11:45 至 12:45 由 4900MW 降至 2930MW。计划调整前，1F～6F、8F 共计 7 台机组并网运行，调速器处于"小网开度"模式。

11:50 起，系统频率在 50.04Hz 上下波动（一次调频频率死区 ±0.04Hz），各机组一次调频频繁动作。

12:03，全厂实发有功与 AGC 分配值偏差大于 300MW（实发 4655MW，负荷曲线 4296MW），全厂 AGC 退出。电厂值班人员立刻汇报调控中心，调控中心要求：保持全厂 AGC 退出、现场手动调整机组出力跟随发电计划。电厂值班员立即赴 5F 机组手动调节负荷。

12:10:30，全厂实发有功 4450MW，偏离负荷曲线 4060MW 多 390MW。一次调频动作复归，全厂总负荷按照各机组手动设定及 AGC 退出前下发的有功给定值调节。

12:12:40，负荷最低点 3430MW，偏离负荷曲线 4000MW 少 570MW。现场值班人员立即手动增加 1F、2F、3F、4F、6F、8F 机组出力，12:15 电站出力恢复至计划出力 3930MW。

全厂有功出力及各机组一次调频动作情况的记录见表 7-2。

表 7-2 全厂有功出力及各机组一次调频动作情况

时刻	总有功（MW）		一次调频动作情况						
	AGC 下发	实际出力	1F	2F	3F	4F	5F	6F	8F
11:49:00（一次调频动作前）	4774.666	4776.73	复归	复归	复归	复归	复归	复归	复归
11:51:23（一次调频动作时）	4712	4710.973	动作	动作	动作	动作	动作	动作	动作
11:52:21 （AGC 设定值第一次变化）	4649.333	4713.534	动作	动作	动作	动作	动作	动作	动作
11:54:20 （AGC 设定值第二次变化）	4586.666	4706.71	复归	复归	复归	复归	复归	复归	复归
11:56:20 （AGC 设定值第三次变化）	4524	4708.811	复归	复归	复归	复归	复归	复归	复归
11:58:20 （AGC 设定值第四次变化＋ 负荷开始调整）	4461.333	4672.584	动作	动作	动作	动作	动作	动作	动作
11:58:21 （AGC 设定值第五次变化）	4430	4664.116	动作	动作	动作	动作	动作	动作	动作
12:01:21 （AGC 设定值第六次变化）	4363.333	4657.226	复归	复归	复归	复归	复归	复归	复归
12:03:21（AGC 退出时刻）	4296.666	4655.322	动作	动作	动作	动作	动作	动作	动作
12:04:47 （人工设置 5F 机组出力）	3998.724	4658.536	动作	动作	动作	动作	动作	动作	动作
12:05:23 （人工设置 1F 机组出力）	3938.021	4658.208	动作	动作	动作	动作	动作	动作	动作
12:05:41 （人工设置 6F 机组出力）	3886.046	4660.706	动作	动作	动作	动作	动作	动作	动作
12:06:03 （人工设置 3F 机组出力）	3821.34	4657.228	动作	动作	动作	动作	动作	动作	动作
12:08:19 （人工设定 1F 机组出力时刻）	3781.374	4662.212	动作	动作	动作	动作	动作	动作	动作
12:10:35 （5 号机组出力调整开始）	3780.39	4659.654	复归	复归	复归	复归	复归	复归	复归
12:11:00 （一次调频复归时刻， 机组出力开始调节）	3787.818	4449.981	复归	复归	复归	复归	复归	复归	复归
12:11:52 （手动设置 1F 机组出力时刻）	3656.52	3667.996	复归	复归	复归	复归	复归	复归	复归
12:11:57 （手动设置 2F 机组出力时刻）	3675.73	3609.652	复归	复归	复归	复归	复归	复归	复归

续表

时刻	总有功（MW）		一次调频动作情况						
	AGC下发	实际出力	1F	2F	3F	4F	5F	6F	8F
12:12:05 （手动设置3F机组出力时刻）	3709.264	3587.344	复归	复归	复归	复归	复归	复归	复归
12:12:40（总出力最低时刻）	3596.192	3429.446	复归	复归	复归	复归	复归	复归	复归
12:12:45 （手动设置6F机组出力时刻）	3665.033	3441.523	复归	复归	复归	复归	复归	复归	复归
12:12:45 （手动设置8F机组出力时刻）	3707.361	3546.196	复归	复归	复归	复归	复归	复归	复归
12:13:05 （手动设置4F机组出力时刻）	3759.665	3613.46	复归	复归	复归	复归	复归	复归	复归
12:13:13 （手动设置3F机组出力时刻）	3795.3	3630.13	复归	复归	复归	复归	复归	复归	复归
12:13:21 （手动设置2F机组出力时刻）	3833.954	3686.831	复归	复归	复归	复归	复归	复归	复归
12:13:35 （手动设置1F机组出力时刻）	3877.924	3773.588	复归	复归	复归	复归	复归	复归	复归
12:13:54 （手动设置6F机组出力时刻）	3925.174	3852.994	复归	复归	复归	复归	复归	复归	复归
12:15:44 （总出力恢复至计划值时刻）	3930	3939.161	复归	复归	复归	复归	复归	复归	复归
12:15:51 （5号机组出力调整完毕）	3930	3910.994	复归	复归	复归	复归	复归	复归	复归
12:46:21（AGC投入时刻）	2931.464	2932.709	复归	复归	复归	复归	复归	复归	复归

AGC退出前11:49:00～12:03:21左岸有功设定、总出力与负荷曲线见图7-2。

AGC退出后12:04:47至左岸AGC再次投入12:46:21期间，自5F开始调节负荷，总出力为4660MW，至全厂负荷最低点3430MW，负荷变化范围为1230MW。总出力与设定值、负荷曲线的关系见图7-3。

（三）故障诊断

1. 机组一次调频与监控系统AGC之间协调关系分析

根据全厂负荷调节发生异常现象，初步排除单台机组调速器控制异常的可能性，考虑到电厂已进入异步联网模式运行，因此怀疑系统频率波动造成一次调频长时间动作，进而闭锁AGC调节的可能性。

1F机组一次调频与AGC协调关系趋势图见图7-4，从图中可以看出：

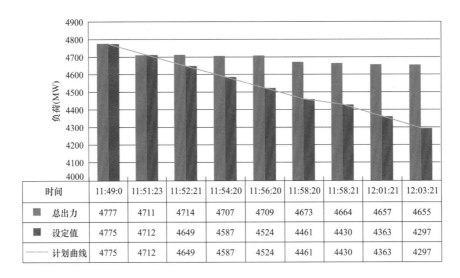

图 7-2　AGC 退出前总出力与设定值、负荷曲线的关系

时间	11:49:0	11:51:23	11:52:21	11:54:20	11:56:20	11:58:20	11:58:21	12:01:21	12:03:21
■　总出力	4777	4711	4714	4707	4709	4673	4664	4657	4655
■　设定值	4775	4712	4649	4587	4524	4461	4430	4363	4297
——　计划曲线	4775	4712	4649	4587	4524	4461	4430	4363	4297

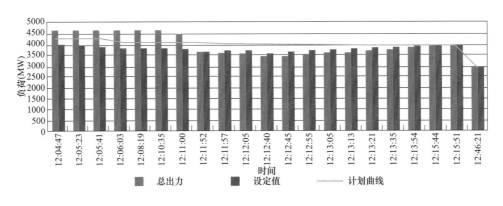

图 7-3　AGC 退出后总出力与设定值、负荷曲线的关系

（1）11:50:00—12:10:30 前，因机组一次调频频繁动作，其复归时间均小于 30s，监控系统 AGC 闭锁下发有功调节指令，有功维持不变。

（2）12:10:30 后，一次调频复归时间大于 30s，监控系统成功下达负荷调节指令，1F 调速器按照指令减少有功。12:11:00，机组 LCU 开始响应一次调频动作期间有功设定值，1F 机组负荷最低降至 519.171MW，总负荷最低降至 3430MW。

经趋势查询 2F、3F、4F、5F、6F 及 8F 机组调节情况与 1F 类似。

2. 故障原因分析

经上述一次调频与监控系统 AGC 协调关系分析可得出，此次全厂负荷调节异常是因电厂进入异步联网模式运行，某时刻系统频率频繁波动并越过机组一次调频频率死区，造成一次调频频繁动作，且复归时间小于 30s，进而闭锁 AGC 的负荷调节指令造成的。根本原因还是电网架构发生重大变化（由之前的大网交流联网运行改为小网异步联网运行），导致机组

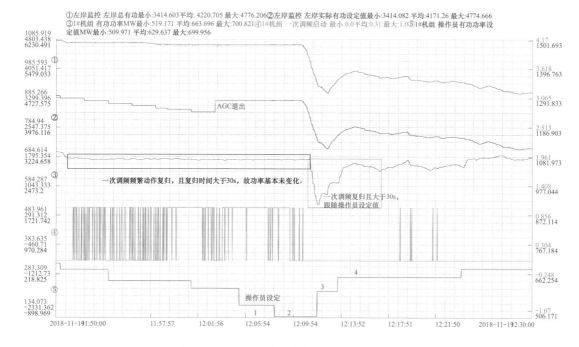

①左岸监控 左岸总有功最小:3414.603平均: 4220.705 最大:4776.206②左岸监控 左岸实际有功设定值最小:3414.082 平均:4171.26 最大:4774.666
③1#机组 有功功率MW最小:519.171 平均:663.696 最大:700.821④1#机组 一次调频启动 最小:0.0平均:0.31 最大:1.0⑤1#机组 操作员有功功率设
定值MW最小:509.971 平均:629.637 最大:699.956

AGC退出

一次调频频繁动作复归,且复归时间大于30s,故功率基本未变化。

一次调频复归且大于30s,
跟随操作员设定值

操作员设定

图 7-4　1F 机组一次调频与 AGC 协调关系趋势

调速器一次调频与监控系统 AGC 之间协调关系不匹配。

（四）故障处理

（1）对电站监控系统与一次调频配合关系进行优化：小网开度模式下一次调频与 AGC 相互叠加，频率大幅度波动时（大于±0.1Hz）两者正向叠加反向闭锁。

（2）优化监控系统上位机画面，增加关键参数显示，在 AGC 监视画面显示全厂操作员有功设定总和、一次调频状态等数据，以便于运行人员实时监视关键运行参数。

四、水电站有功功率及库水位波动研究

（一）设备简述

某水电站水利枢纽位于内河干流，距上游第一级电站 38km，是上游第一级电站工程的航运梯级和反调节水库。该水电站为厂坝结合的河床式低水头径流式电站，从最大水头 27.0m 到最小水头 9.1m，总装机容量为 2715MW，电站多年平均发电量为157.0 亿 kW·h。

（二）故障现象

2016 年以来，该电站发生了三次较大幅度的全厂有功功率波动事件，分别发生在 2016 年 5 月 16 日、2017 年 4 月 13 日、2017 年 5 月 10 日。

三次事件的详细情况如图 7-5、图 7-6、图 7-7 所示。

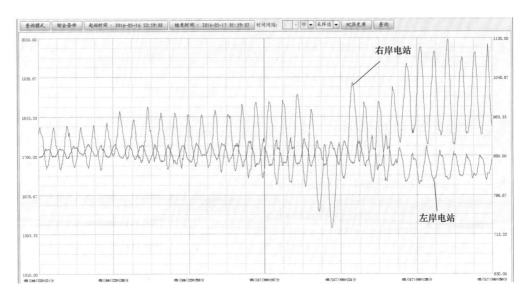

图 7-5 5 月 16 日故障时右岸电站与左岸电站出力对比

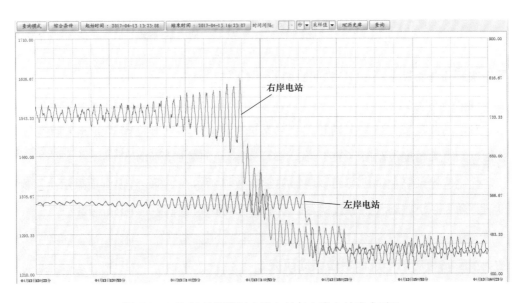

图 7-6 4 月 13 日故障时右岸电站与左岸电站出力对比

（三）故障诊断分析

1. 边界条件的确定

功率波动可能由多种原因引起，对可能引起功率波动的原因进行了逐一分析，得出了引起功率波动的边界条件。

一次调频：三次功率波动期间，电网系统频率稳定，一次调频未动作，因此可以排除一次调频的原因。

系统振荡：三次功率波动期间，电网系统稳定，未有振荡事件发生，且左岸、右岸电站之间无直接的电气连接，但左岸、右岸电站反向波动，说明由于系统振荡引起的原因可以排除。

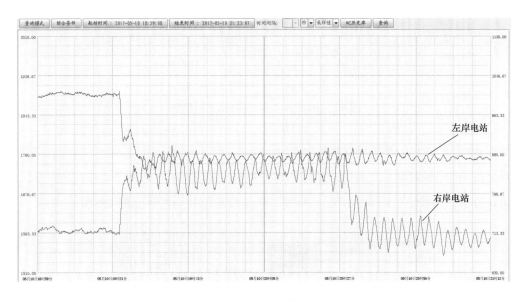

图 7-7　5 月 10 日故障时右岸电站与左岸电站出力对比

AVC、励磁和 PSS 系统：三次功率波动期间，系统电压稳定，机端电压稳定、无功功率稳定，可以排除励磁和 PSS 系统问题。

水位波动：三次波动都有针对水库的扰动源存在，库水位波动现象明显，因此功率波动应和水位波动关系密切。

AGC：三次波动都是 AGC 退出后才逐渐平息，特别 5 月 10 日故障期间，先退出 AGC 后功率波动有收敛趋势，后投入 AGC 功率波动又扩散，说明 AGC 和功率波动关系密切。

LCU 及调速器系统：功率执行环节的延时会加大功率波动趋势，因此 LCU 及调速器系统和功率波动有一定关系。

2. 水库波动和功率调节的关系

水库波动和功率波动的因果关系确定对我们分析问题至关重要。

2017 年 4 月 13 日调节相位图见图 7-8，从图中可以看出，由于 LCU 的 PID 调节是有死区的，当水位波动引起的功率波动在死区范围内时，LCU 是不调节的，这时功率波动被动跟随水位波动。当水位继续上升导致功率超出死区后，LCU 会反向调节，由于是 LCU 是 6s 调节一次脉宽，初始脉宽很小，功率继续上升，第二次、第三次脉宽会较大，导致功率会提前水位见顶，所以表现为功率波动相位超前水位波动相位。

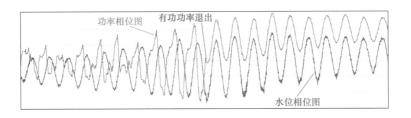

图 7-8　2017 年 4 月 13 日调节相位图

3. AGC 和 P 调节在波动中的作用分析

要分析 AGC 和 P 调节在波动中所起的作用，首先要对 AGC 的调节策略、P 调节的控制原理进行分析，查找出可能存在问题的环节。机组负荷调节全过程如图 7-9 所示。

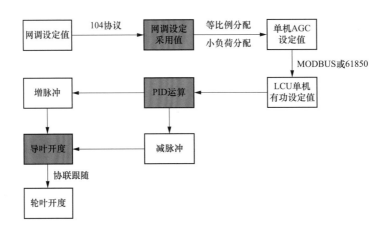

图 7-9　机组负荷调节全过程

当时电站 AGC 在网控方式，网调通过远动通信机以 104 协议将有功调节目标指令下发给厂站，厂站接受后经过安全性校核后以等比例的分配原则计算出各投入 AGC 机组的应发目标值，写入到 P 设定值并下发到 LCU 的 PID 设定值。LCU 的 PID 进行计算后，将增减脉冲下发给调速器，调速器接收到增减脉冲后进行增减开度，从而达到调整负荷的目的。

AGC 分配策略为：

$$\sum P_{\text{AGC}} = \sum P_{\text{set}} - \overline{\sum P_{\text{AGC}}}$$

式中　$\sum P_{\text{AGC}}$——由 AGC 控制的总有功；

$\sum P_{set}$——全厂总有功设定值；

$\overline{\sum P_{AGC}}$——未投入 AGC 调节运行机组实发总有功。

该算法在有发电机组未投入 AGC 调节时，在全厂总有功设定值不变（$\sum P_{set}$ 为常数）的情况下，若 $\overline{\sum P_{AGC}}$ 出现波动，则 $\sum P_{AGC}$ 跟随波动。ACG 调节原理框图见图 7-10。

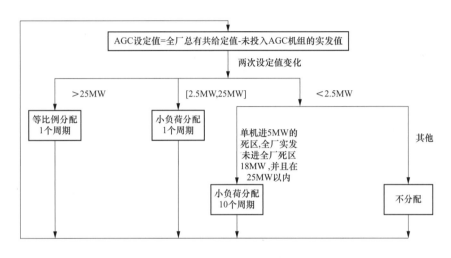

图 7-10　ACG 调节原理框图

其中，小负荷分配算法如下：

AGC 触发小负荷分配条件后，根据需要调节的负荷的大小，选取调节裕度最大的一台或两台或几台，剩下的机组设定值跟踪实发值，即：

参加小负荷机组的设定值＝AGC 总给定－未投入 AGC 的机组的实发－

投入 AGC 但未参加小负荷的机组的实发

有机组未投入 AGC，主要是会导致频繁启动小负荷分配算法，对小负荷分配值没有影响。

等比例分配算法如下：

AGC 触发等比例分配条件后，所有投入 AGC 的机组按照容量大小等比例分配。此时有机组未投入 AGC 的情况下：

AGC 设定值＝AGC 总给定－未投入 AGC 机组的实发值

因为 AGC 为保证全厂负荷恒定，必然会反向调节，会对 AGC 的设定值有较大影响。此时 AGC 设定值的变化会反应在所有投入单机 AGC 的机组上，且方向一致。

LCU 的 PID 调节算法为：

$$输出脉宽＝K_p \times (P_s - P) + K_d \times [(P_s - P) - (P'_s - P')]$$

式中 P_s——有功设定值；

P——有功实发值；

P'_s——上个调节周期有功设定值；

P'——上个调节周期的有功实发值。

输出脉宽最小为 200ms，最大为 2000ms，调节周期为 6s。K_p、K_d 根据变负荷试验效果确定。

调速器调节原理：在并网状态下，调速器在没有进入一次调频模式之前，均是在开度模式，接受 LCU 的开度调节指令，导叶动作，轮叶根据协联曲线进行随动，实现开度闭环。

通过对 4 月 13 日、5 月 10 日两次功率波动过程分析，可以得出：

（1）全厂 AGC 投入，功率波动幅度小于 25MW 时，波动会维持或逐渐平息。

（2）在全厂 AGC 投入、有单机 AGC 退出或 P 调节退出的情况下一旦波动幅度超过 25MW，波动会快速发散，退出 AGC 机组数量与波动发散速度强相关。

当坝前水位降低/升高→未投 AGC 或 P 调节的机组负荷降低/升高→AGC 会安排其他机组进行补偿，开/关导叶→坝前水位进一步降低/升高→加剧未投 AGC 或 P 调节的机组负荷降低/升高，形成强正反馈。

（3）AGC 退出、P 调节投入的情况下功率波动可能会缓慢收敛。

（4）AGC 退出、P 调节退出的情况下波动会快速收敛。

4. 机组负荷对水头波动敏感的原因分析

（1）由于是低水头双调机组，水头运行范围是 9.1～27m，对水头变化的反应明显；

（2）水头升高、降低，势能增加、降低，必然会导致机组负荷升高、降低；

（3）机组调速器水头是 10min 更新一次，在水位一个波动周期内，调速器水头是不变的，水头的变化必然引起机组效率的变化，放大了机组负荷的波动反应。

通过查看运转特性曲线，可以看出，当导叶开度在 72% 恒定，水头（20±0.5）m 的情况下，负荷波幅为 ±5MW，如图 7-11 点划线所示。

5. 控制系统调节延时问题分析

在 2017 年 5 月 10 日，选取一个时间段，机组负荷由 122MW 调整至 132MW 过程中，从 LCU 接到命令调速器中接动作需 7s，到负荷调整到位需要 49s。主站 AGC 发令到 LCU 接受命令还需要 1～4s。所有执行环节延时总和在 50s 左右。

执行环节的延时容易引起系统的震荡。AGC 需要用 50s 后的功率值来弥补当前未投入 AGC 机组的功率波动，本身就会造成波动的叠加。

综合以上所述，三次功率波动的成因已分析清楚，可以得出波动快速发展的三要素：

（1）扰动源，引起水位周期性波动；

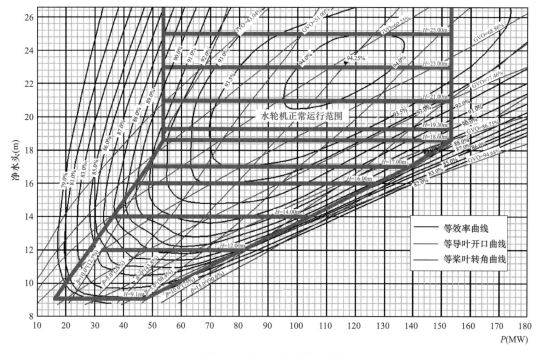

图 7-11 机组运转特性曲线

（2）有多台机组未投入 AGC 或 P 调节；

（3）等比例分配频繁启动。

（四）故障处理

结合上面分析的结果，为彻底解决功率波动问题，提出了以下策略，见表 7-3。

表 7-3   AGC 调节策略

序号	原策略	新策略	可解决的问题	影响
1	全厂 AGC 分配值＝全厂总有功给定值—未投入 AGC 机组的实发值	全厂有功分配值＝全厂有功设定值—未投入 AGC 机组的有功设定值（PLC 返送）	AGC 分配值跟随未投入 AGC 的机组实发值反向变化，引起投入 AGC 机组与未投入 AGC 机组功率振荡	全厂功率偏差可能增大，带来考核电量
2	1. 全厂 AGC 分配值变化大于 25MW，1 个周期进行一次等比例计算并下发 2. 全厂 AGC 分配值变化在 2.5MW 和 25MW 之间，小负荷分配 1 个周期一次 3. 全厂 AGC 分配值不变，单机进 5MW 死区，全厂实发未进死区 18MW，且在偏差在 25MW 以内，小负荷 10 个周期分配一次，超过 25MW，等比例 1 个周期分配一次	1. AGC 程序自纠偏调整（后校验）都是 10 个计算周期作为一个闭环调节周期，不区分小负荷调节跟大负荷调节 2. 增加判断设定值与实发值差值超过调节死区作为重新分配的启动条件，可避免在没有新设定值的情况下 AGC 频繁重新分配	延长 AGC 分配周期，提高小负荷分配门槛，解决 AGC 分配值下发频繁，导致机组调节频繁问题	全厂功率偏差可能增大，带来考核电量
3	全厂有功实发值和设定值偏差超过 100MW，全厂 AGC 退出并报警	同时通过增加对象，实现"全厂或任意机组设定值变化超过 3min 后，全厂有功实发值和设定值偏差超过 50MW，全厂 AGC 报警"	发生功率波动时，提前报警并退出全厂 AGC	无

（五）处理评价

AGC 程序升级后，AGC 负荷调节精度满足网调要求，负荷调节平稳，经过 3 年汛期的考验，未再发生负荷波动事件。

五、调度通信通道故障分析

（一）设备简述

某水电站调度数据网一平面经 A 一路、A 二路、B 一路、B 二路共 4 个 2M 通道接入，A 通道主用，B 通道备用；二平面经 C 一路、C 二路、D 一路、D 二路共 4 个 2M 通道接入。单个通道通信故障不影响该平面的正常通信，单个平面通信故障不影响业务正常通信。

一平面路由器和二平面路由器各接入 4 路通信同轴电缆，分别对应路由器的 0、1、2、3 四个通道。路由器接口电缆转换为 BNC 接头后，在路由器所在的网络柜（以下简称网络柜）连接同轴电缆，再经约 50m 同轴电缆接入通信机房数字配线架，在通信机房转换为光纤通信与调度数据网连接。一平面和二平面共 8 路通道，使用 16 芯同轴电缆接入通信机房，现场敷设 3 根 8 芯电缆，使用 16 芯，剩余 8 芯备用。一平面通信路由器见图 7-12。

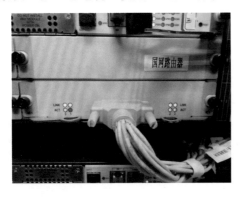

图 7-12　一平面通信路由器

（二）故障现象

5 月 24 日 14:38，电站计算机监控系统显示调度通信通道由一平面切换为二平面，并报一平面通道通信故障，一段时间后故障复归，期间偶尔出现持续故障未复归现象。电站通信机房和国调侧均未产生通道告警，一平面通信通道未切换至备用 B 通道。经现场确认，发现一平面主用 A 通道通信丢弃的错误数据包较多，已影响正常通信。

（三）故障诊断分析

1. 故障现象分析

根据故障现象，初步判断一平面主用 A 通道通信链路未完全中断，受某种影响，通信受到干扰，导致通信数据包在传输过程中出现错误，被路由器丢弃，且该现象不是持续发生，而是偶发性的通信问题。由于通道未完全中断，导致通信状态检测设备未检测到主用 A 一路通道完全中断，因此未将通道切换至备用通道。电站侧与国调通信在无法建立通信链接的情况下，通信程序将通信通道切换至调度数据网二平面，恢复正常数据通信。

2. 故障定位及分析

（1）5月25日，在加密装置上使用路由探测命令，部分数据包在80.3.2.209节点阻塞。重启该节点路由器后，通信恢复正常。

（2）5月28日，再次发生相同现象的通信故障。现场检查发现电站侧路由器至通信机房配线架数据通信存在丢包，国调侧路由器至通信机房配线架通信无数据丢包。将通信机房数字配线架端子紧固后，通信恢复正常。

（3）5月29日，再次发生相同通信故障。重启了0端口（A—路2M通道）后，通信恢复正常。

（4）5月30日，再次发生相同通信故障。在通信机房数字配线架上，将路由器至通信机房的同轴电缆拆下，接至旁边备用端子，并测试无数据丢包。根据此现象判断，通信机房数字配线架端子可能存在问题。国调信通部开通通信机房数字配线架至国调的备用通道，并在数字配件架上，将通信通道接入备用通道，经尝试3个备用通信，通信均存在丢包现象。尝试连接第4个备用通道后，未出现数据丢包。

（5）6月6日，再次发生相同通信故障。重启路由器0端口，通信故障未恢复。检查通信同轴电缆，发现在电站路由器同轴电缆BNC接头10cm处，同轴电缆外皮有约1cm长切口，切口深度已划破同轴电缆屏蔽层，未划断纤芯，但肉眼可见纤芯，该外皮破损将对同轴电缆通信产生一定干扰。将电站一平面A—路通信路由器至通信机房段收发电缆更换为备用芯后，观察未出现通信数据丢包现象。

由于该故障因电磁干扰引起，且不是连续性故障，故障现象时有时无，导致故障定位难度较大，容易造成故障分析误判。通信线路某一处通信阻抗降低后，都将一定程度改善通信状态，因此，重启路由器、紧固端子、使用备用通信线路都将短时改善通信状态，但无法根治问题，给现场处理人员造成定位故障点的误判，使故障排查和处理过程曲折。

（四）故障处理评价

在故障处理过程中，采用多种方法排查通信故障，最终发现电站路由器至通信机房的同轴电缆外皮破损是影响通信的主要因素。现场更换了链路中的同轴电缆和端子，使用备用电缆和端子，通信恢复正常，确认故障原因是同轴电缆屏蔽层破损，通信受到电磁干扰所致。

（五）后续建议

（1）传统的同轴电缆通信采用电信号通信，且通信线路较长；同时电站内高电压大电流的发输变电设备较多，电磁干扰较强，导致同轴电缆通信易受干扰。建议将通信链路更换为更加稳定可靠的光纤通信，由路由器直接接入光纤。在确实不具备改造为光纤通信的情况下，可将同轴电缆段通信改为超五类屏蔽双绞线，增强抗干扰能力。

（2）优化通信通道状态检测设备。时下通信通道检测设备仅在通道完全中断后产生告警，并切换至备用通道；若由于通信数据丢包造成了通信时断时续，则不会切换通道，导致业务通信质量差，甚至中断。因此，需改进通信通道检测设备，具备通信数据包检测功能，当通信数据包异常时，及时产生告警，并切换至备用通道。

六、LCU 同轴电缆故障分析处理与预防

（一）设备简述

某水电站监控系统现地控制单元由 16 套 LCU 构成，LCU 通信功能主要包括与厂站层通信和现地通信两大部分。机组 LCU 通信回路主要有三种形式：以太网、现地 RIO 总线和现地 MB＋总线。

（二）故障现象

该水电站 16 套现地 LCU 同轴电缆在设备投运初期，故障率较低，投运后前 5 年时间出现故障 9 次，故障原因一般是同轴电缆松动或 CRA 通信模块故障。

随着现地 LCU 投运时间的增长，二次元器件老化程度增加，从 2017 年开始，同轴电缆故障率有明显增加。2017 年发生同轴电缆故障 9 次，2018 年发生同轴电缆故障 24 次。以 2019 年 3 月 6 日一次同轴电缆故障为例进行分析说明：

2019 年 3 月 6 日，某机组出现同轴电缆故障，监控系统报"CPU—A 套 RIO 主站 A 缆通信正常 复归""RIO15 站 RIO—A 缆通信正常 复归""RI16 站 RIO—A 缆通信正常 复归"。

（三）故障诊断分析

1. 机组 LCU 同轴电缆通信结构

该电站机组 LCU 本地柜、母线层远程 I/O 柜和进水口远程 I/O 柜共有 10 面盘柜，包含 2 个 CPU 机架和 17 个子站机架，并通过 RIO 总线回路相连。

RIO 总线回路主要由 RIO 主站模块 CRP、RIO 子站模块 CRA、RIO 总线电缆和 RIO 总线光纤中继器 NRP 模块组成。本地柜、母线层远程 I/O 柜和进水口远程 I/O 柜之间距离较远，RIO 子站之间通过光纤中继器模块相连接形成双环网；每组柜内 RIO 子站之间因为距离较短，则直接通过 RIO 同轴电缆（RG6）相连。RIO 子站在 RIO 总线上具有唯一的子站地址。

该电厂的 RIO 同轴电缆网络设计的是双环网，同轴电缆分为 A 缆、B 缆，各形成 1 个环网，互为备用，最大限度保证通信的可靠性。其中本地柜内 CPUA 和 CPUB 通过远程电缆分离器 HE1 和 HE2 相连，CPU 主站与 RIO 子站之间、RIO 子站与 RIO 子站之间通过 RIO 分支器 TAP 头相连。

2. 可能原因分析及检查情况

（1）RIO 同轴电缆松动。

RIO 子站与子站之间通过 CRA 模块、RIO 同轴电缆、RIO 分支器 TAP 头完成连接，RIO 同轴电缆与 CRA 模块、RIO 分支器 TAP 头之间的紧固程度会影响 RIO 总线通信的稳定性。同轴电缆紧固程度不够或设备运行时间过长，因机组振动等原因引起同轴电缆的松动，均会造成通信异常。机组子站之间同轴电缆连接图见图 7-13。

该机组 RIO15 子站和 RIO16 子站 A 缆通信相关的同轴电缆共 4 根：RIO15 子站 CRA 模块上的 A 缆、TA14-TA15 的 A 缆、TA15-TA16 的 A 缆、RIO16 子站 CRA 模块上的 A 缆。现场使用同轴电缆扳手对这四根同轴电缆的松紧度进行检查，未发现明显异常。

（2）RIO 同轴电缆制作质量欠佳。

RIO 同轴电缆制作在长度、接头进深、衰减、弯曲半径上均有严格要求。每一根同轴电缆要求至少长 2.6m，过短会影响通信效果。考虑使用一段时间后衰减会增加，需要重新制作接头，建议首次制作长度为 3m。RIO 同轴电缆制作要求刀片

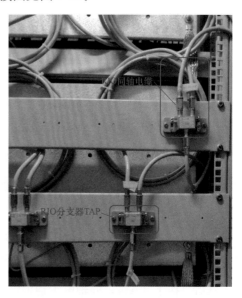

图 7-13　机组子站之间同轴电缆连接图

切割时不能把屏蔽层割断，保证屏蔽性能良好，针的长度为 7/16in，约 8mm。RG6 同轴电缆在 2MHz 下测试，衰减标准为 0.38dB/30m（100ft），3m 长度的同轴电缆衰减理论上是 0.04dB，建议测试衰减值在 0.2dB 以下。按照要求同轴电缆安装在盘柜内，不能折叠，弯曲半径较大为好，建议圆的直径在 20cm 以上。

现场使用同轴电缆测试仪测试这 4 根电缆的长度、衰减大小，均满足要求。检查盘柜内的布线、没有折叠情况，弯曲圆度满足使用要求。

（3）CRA/CRP 模块故障。

RIO 总线通信所使用的 CRA/CRP 模块，F 接头松动或损坏、模块无法初始化、CRA 模块设置地址重复等问题，均会造成 RIO 子站通信异常。

现场检查主用 CPU 机架上的 CRP 模块运行情况，除了报出 A 网有断线之外，其他指示灯正常。检查 RIO15 子站、RIO16 子站的 CRA 模块运行情况，除了报出 A 网有断线之外，其他指示灯正常。F 接头紧固无松动，未发现有模块地址重复导致频繁刷屏的现象。

（4）NRP 模块故障。

RIO 总线通信在本地站和远程站之间由于距离较远，无法使用 RIO 同轴电缆直接连接，本地柜、母线层远程 I/O 柜和进水口远程 I/O 柜之间通过光纤中继器 NRP 模块相连接形成双环网。NRP 模块上的 F 接头松动/损坏、模块无法初始化、模块报故障等问题，均会造成 RIO 子站通信异常。

现场检查子站 NRP 模块运行情况，所有指示灯正常，F 接头紧固无松动。

（5）终端电阻损坏。

RIO 总线通信，每一条总线的末端都有一个终端电阻保证通信的可靠性。终端电阻正常阻值是 75Ω，电阻如果被击穿阻值则变为 0Ω，可能导致 RIO 子站通信异常。

现场拆卸 RIO15/16 子站的终端电阻，测量电阻值为 75Ω，满足使用需求。

（6）RIO 同轴电缆 TAP 接头损坏。

RIO 同轴电缆连接共有 2 种接头，本地柜内 CPUA 和 CPUB 通过远程电缆分离器 HE1 和 HE2 相连，CPU 主站与 RIO 子站之间、RIO 子站与 RIO 子站之间通过 RIO 分支器 TAP 头相连。任意一个 TAP 接头损坏均会导致 RIO 子站通信异常。

RIO11~16 子站形成一条总线，TA14 的出口损坏或 TA15 的进口损坏均可能引起通信异常。试验性更换了 TA15，同轴电缆通信恢复正常，几小时后又出现同轴电缆通信故障报警。之后更换了 TA14，同轴电缆通信恢复正常。

维护人员对更换下来的 RIO 分支器进行了检测，如图 7-14 所示，IN－TAP 是正常的，IN－OUT 是断开的。

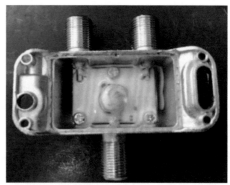

图 7-14　更换的 RIO 分支器检测图

拆卸产品外壳后，移除胶水，显微镜下观察 R1，用万用表测试 R1，发现 R1 损坏，导致 IN－OUT 无法连接，有过载事件发生的痕迹，如图 7-15 所示。

图 7-15 测量 RIO 分支器内 R1 电阻

3. 故障原因分析总结

综合上述至此，分析得出结论：RIO 分支器故障是造成本次同轴电缆通信故障的根本原因。

（四）故障处理

为了彻底解决同轴电缆故障频发，RIO 分支器大批量损坏的问题，该电厂邀请相关技术专家来到现场，针对机组在运行和停止两种不同的工况下，从电场强度、磁场强度、漏电流大小、电压质量、接地是否良好等多个方面进行全面的对比分析，给出专业的整改意见如下：

（1）每个设备都应该单独接地，不能通过相互之间短接接地；接地线越短越好，这样才能保证接地质量，过长会有较大阻抗，最长不能超过 50cm，建议长度为 20cm；接地线截面积较大能更好地将干扰释放入大地。盘柜之间的接地铜排、盘柜之间的机架背板、柜体与接地铜排之间均使用扁平的铜辫子连接，将原有的接地结构改为网状接地，改善所有盘柜接地情况，提高设备接地质量。

（2）检查同轴电缆 TAP 的干扰情况，发现同轴电缆、TAP 头接地线、TAP 头之间均存在 50Hz 的低频干扰，而该型号 TAP 头主要设计为抗高频干扰，对低频干扰的抵抗力较差，这应该是设备损坏的主要原因。专家提出改进意见：将同轴电缆小链路中的多点接地更改为单点接地。经现场试验证明能够大幅度减少低频干扰。

（3）检查同轴电缆瞬时故障问题。专家认为：同轴电缆制作时应保证接地良好，检查通信效果时应提高检测要求，降低瞬时故障出现次数，当同轴电缆接地效果不佳或接触不良时也会造成对 TAP 的冲击，增加设备故障率。专家提出改进意见：提高同轴电缆制作质量，同时提高通信检测要求。

根据专家提出的上述意见，电厂采取了对应的处理措施。将 RIO 同轴电缆总线从多点接地改为单点接地，并对机组 LCU 柜内元件接地方式进行整改，盘柜内同轴电缆 TAP 接头通过 NRP 模块本体与背板形成接地，不再分别通过接地线接地。背板之间、背板与柜体、柜体与接地铜排、相邻柜内接地铜排通过 25mm 宽铜编织带实现网状接地，以减少阻抗降低高频干扰。整改后的效果见图 7-16。

图 7-16　背板与盘柜之间、背板与背板、盘柜与地网之间接地直联

经过同轴电缆接地方式和盘柜接地方式的整改之后，未出现同轴电缆相关的故障。

（五）后续建议

设备运行过程中发现同轴电缆稳定性较差，多次造成 CPU 与远程 I/O 子站通信中断故障，且故障点判断较为困难。建议将 PLC 原系统采用的 S908 RIO 网络升级为基于 EthernetIP 以太网协议的 EIO 网络，通信介质为成品工业级 SFTP 双绞线电缆，安装和布线简单可靠，诊断更方便，本质上解决同轴电缆稳定性差的问题，减少同轴电缆维护工作量，改善 CPU 与 I/O 子站的通信速率，提高控制柜 PLC 设备稳定性。

七、机组快速门开度监测跳变分析处理与预防

（一）设备简述

某水电站机组快速门液压启闭机油缸工作行程 15m，选用了内置式开度仪、集成式开度显控仪实现闸门开度信号的监测。内置式开度仪安装在油缸处，集成式开度显控仪配置在现地控制柜上。开度仪中的编码器随油缸行程输出格雷码信号，开度显控仪将格雷码信号转换为电流信号，上送给闸门现地控制系统和监控系统。

（二）故障现象

自机组投运以来，快速门液压启闭机开度显控仪在运行中多次出现输出电流信号跳变、衰减、输出通道故障等问题，导致开度信号不稳定，对闸门开度的正常运行监视造成了影响。经统计，在快速门开度显控仪缺陷中，由于开度显控仪输出电流跳变所造成的缺陷占

86%。

闸门开度信号是机组运行监测的重要信号。当闸门开度小于全开度 90%且下滑至事故位置，延时 10s 直接启动一类机械事故停机；当闸门开度小于全开 80%且快速闭门动作时，延时 2s 将启动二类机械事故停机。若开度监测不稳定，不能正确反映闸门的实际开度，设备的安全稳定运行将存在重大风险隐患。

（三）故障诊断分析

1. 可能原因分析及检查情况

（1）编码器输出码值异常。

开度监测的原始数据来源是编码器输出的格雷码，若输出码值跳变或不能有效、真实地反映闸门的开度，将直接影响现地控制系统及监控系统接收到的电流信号，从而影响开度监视。

该编码器为绝对式 1213 型编码器，经过查询参数，该内置式开度仪钢丝绳旋转一圈为738.27mm，精度可达到 0.09mm，满足现场开度显控仪 1mm 精度的要求。在实训室环境下，对现场经常出现开度跳变的编码器和崭新完好的同型号备件进行对比检测，两个编码器性能稳定、功能一致，输出码值随机械部件转动一致，未见转动及编码异常情况。

（2）开度显控仪性能不稳定。

该开度显控仪采用集成式开度显控装置，将来自编码器的信号转换后，同时输出 2 路4～20mA 电流信号，分别送闸门现地控制系统和监控系统。若开度显控仪自身性能较差，不能保证编码器信号转换的准确性及电流信号输出的可靠性，也将造成开度监测跳变或者衰减的现象。

准备相同型号的编码器、开度显控仪，在实训室对设备进行通电试运行。试验完全按照现场实际情况进行参数设置，旋转编码器使开度显控仪显示值为15000mm，记录两路输出电流。静置一周后，检查发现开度显控仪显示值为14953mm，检查两路输出电流，一路比原测值偏大，另一路比原测值偏小。再旋转编码器将开度显控仪显示值调整为15000mm，检查两路输出电流，发现两路电流与原测值偏差达到 0.83%。可见，该开度显控仪在电磁干扰较小的实训室环境内同样出现信号衰减或电流变化，可以认定开度显控仪自身性能问题是闸门开度信号异常的重要因素之一。

（3）PLC AI 模块性能不稳定。

若接收信号的模拟量开入模块性能不稳定，则送给各 CPU 的数据有可能出现跳变、衰减等异常情况。

选择现场一台经常出现开度跳变的机组，利用停机间隙，对现地控制系统及监控系统PLC AI 模块进行模拟试验。利用信号发生器分别模拟不同的电流加载到现场的模拟量模块上，通过联机 CPU 在调试电脑上查看对应的开度值。检查结果输入电流与开度值转换线性度良好，模块工作及 CPU 无异常。

（4）现场环境电磁干扰强。

该套开度监测系统及信号采集回路，除编码器布置于油缸顶部外，其余设备均布置于液压启闭机泵房内。油缸处其他设备相对较少，环境较为空旷；其余设备布置于泵房的盘柜内，与动力电源、直流电源、电机、互感器等设备处于同一工作环境下，当开度监测回路受到电磁干扰时，可能引起输出的 4～20mA 电流信号失真，叠加感应电流后一并作为开度信号输出，造成开度监测异常。

对液压启闭机泵房内及盘柜进行电磁环境及抗干扰测试，结果显示电磁环境满足电控设备运行要求。对盘柜内元器件进行抗干扰测试，柜内元器件及开度显控仪未出现明显异常，现地及监控系统开度值未见明显变化。

2. 原因分析总结

通过上述检查、分析，排除编码器、AI 模块、电磁干扰的影响因素，确定引起现地控制系统及监控系统监测闸门开度异常的重要原因为开度显控仪性能不稳定，功能不可靠。只有彻底解决了开度显控仪性能不稳定的问题，才能确保现地控制系统及监控系统接收到正常、正确的电流信号。

（四）故障处理

1. 开度显控仪改造

通过调研得知，所使用的开度显控仪型号已停产，市场上类似的集成式开度显控仪产品较少，不具备市场竞争性，售后及质量控制无法保证。为彻底解决开度显控仪输出不稳定问题，维护人员自行研制了一套闸门开度监测装置，由 PLC 及位置检测模块、开关量输出、模拟量输出、数据处理程序、人机交互程序等五个部分组成。

目前该电站已完成所有机组快速门开度监测系统改造工作，未再出现开度监测的相关问题及缺陷，原开度信号跳变等问题得到了有效解决。

2. 优化及预防措施

为避免因开度显控仪输出信号故障导致停机流程误动的情况发生，对机组快速门闸门位置判断逻辑进行优化：增加开度跳变检测及报警功能，当开度信号发生异常跳变时，将触发"开度信号跳变报警"信号，同时防止下滑事故位的误开出，避免机组运行状态下误落快速门的情况发生。

（五）后续建议

（1）日常巡检时重点关注现地开度显示、监控系统开度显示的差异和触摸屏相关报警事件。

（2）每年检修对闸门位置进行一次有效校核，对输出模拟量进行偏移调整核对，确保闸门监测位置准确、输出信号正常。

八、机组快速门误动关闭分析及处理

（一）设备简述

机组快速门用于机组停机时导叶无法关闭或过速时动水快速闭门，以及相关设备检修时挡水等情况。快速闭门的方式包括 6 种：中控室快闭按钮、机组 LCU 快闭按钮、电站计算机监控系统机组 LCU 快闭开出、水机后备保护中的机械过速或电气过速动作、快速门液压启闭机泵房控制柜快闭按钮、全开快闭阀。

（二）故障现象

2011 年 5 月 18 日，某电站操作 A 机组技术供水阀 DF1 期间，直流系统发生接地故障，DF1 到位后，A 机组、B 机组快速门误动关闭。当时 B 机组刚并网不久，A 机组停机备用状态。详细事件记录如下：

8:31:06	B 机组开机并网
8:40:01	A 机组 DF1 全关复归（开始打开 DF1）
8:40:06	II 段直流系统故障　II 段直流接地
8:40:09	I 段直流系统故障　I 段直流接地（当时 I/II 段联络）
8:40:53	A 机组 DF1 全开到位
8:40:53	A 机组快速门快速闭门动作　B 机组快速门快速闭门动作
8:42:10	B 机组远方停机至冷却水流程执行
8:42:57	II 段直流系统故障复归　II 段直流接地复归
8:42:59	I 段直流系统故障复归　I 段直流接地复归

（三）故障诊断分析

1. 现场检查情况

直流监测装置显示直流负极有接地记录，经检查发现 A 机组直流电动阀 DF1 电枢电缆接入电机端口处电缆表皮破损。重新操作 DF1，上述现象重现。电缆破损绝缘包扎后，反复操作电动阀 DF1 直流接地现象消失。

2. 继电器误动作试验分析

为对继电器误动原因进行分析，选择了不同型号继电器并模拟继电器控制回路进行测试和验证。图 7-17 为快速门现地控制回路图，图 7-18、图 7-19 分别是阻性负载（灯泡）和感性负载（电机）两种情况下的模拟电路图。其中 KA15 为快闭出口中间继电器，QF3 模拟远方手动快闭按钮，QF1、QF2 模拟直流电机 DF1 动作触点，该触点在 DF1 开到位后打开，C 为模拟线路对地分布电容，观察当负极接地时，在各种动作条件下，快闭继电器 KA15 是否会吸合。

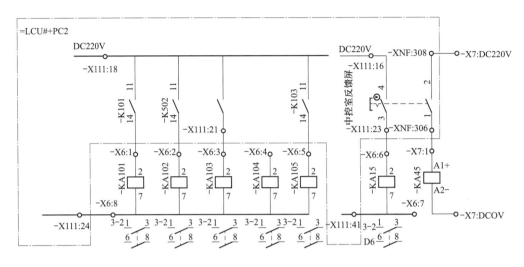

图 7-17 快速门现地控制回路图

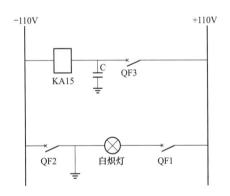

图 7-18 白炽灯负荷试验电路（阻性负载）

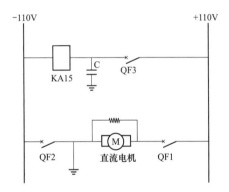

图 7-19 直流电机负载试验电路（感性负载）

由于电缆对地分布电容的不确定性，用 $2\mu F$、$3\mu F$、$5\mu F$ 三种大小的电容分别试验，试验结果见表 7-4，测试用继电器校验情况见表 7-5。

表 7-4 模拟不同分布电容下的测试用继电器动作情况

序号	继电器型号	模拟直流接地	电机			白炽灯		
			$2\mu F$	$3\mu F$	$5\mu F$	$2\mu F$	$3\mu F$	$5\mu F$
1	Omron MM2PN 250V，7.5 A	反复闭合断路器 QF1、QF2	×	√	√	×	√	√
2	SKR115 BF 220DC	反复闭合断路器 QF1、QF2	×	√	√	×	√	√

续表

序号	继电器型号	模拟直流接地	电机			白炽灯		
			$2\mu F$	$3\mu F$	$5\mu F$	$2\mu F$	$3\mu F$	$5\mu F$
3	COMAT C3-A 30 220DC	反复闭合断路器 QF1、QF2	×	√	√	×	√	√
4	LC1D09 MDC （接触器）	反复闭合断路器 QF1、QF2	×	×	×	×	×	×
5	CSN-11	反复闭合断路器 QF1、QF2	×	×	×	×	×	×

注　表中×表示继电器没有动作，√表示继电器动作。

表 7-5　　　　　　　　　　　测试用继电器校验表

序号	型号	动作电压 (V)	动作电流 (mA)	动作功率 (W)	动作电压与 $U_N=220V$ 要求比率 50%~70%	返回电压 (V)	额定电压 220V 下的动作电流 (mA)	动作时间 (ms, $U_N=$ 220V 时)	直流电阻 (kΩ)	设备编号
1	Omron MM2PN 250V, 7.5 A	95	4.19	0.40	43.1%	38	9.93	19.5	22.5	KA15 KA103
2	SKR115 BF 220DC	120.5	4.74	0.57	54.8%	53	8.02	11.4	26.7	KA45
3	COMAT C3-A 30 220DC	165	4.74	0.78	75%	52	6.26	15.8	34.4	测试用
4	LC1D09 MDC	125	17.64	2.20	56.8%	24	28.67	52.8	7.6	直流接触器
5	CSN—11	134.8	43.77	5.9	61.27%	48.6	71.4	21.8	3.08	大功率轨道继电器

从以上测试结果可以得出，继电器瞬间动作与电容大小有很大的关系。前三种继电器在接大电容的情况下都动作了，但是后面两种动作功率较高的接触器和继电器则在各种试验条件下都未动作，可见大功率的继电器在发生直流接地时可最大限度地避免继电器的误动作。

电源电站快闭回路电缆长度约为 800m，长电缆的线芯与线芯之间以及线芯与屏蔽层之间存在较大的电容，这些电容可能在电源母线发生接地故障时导致快闭继电器误动作。

3. 故障原因总结

经过上述分析，两台机快速门误动作原因为：A 机组 DF1 直流动力电缆在电动阀侧破损后，直流电动阀操作过程中动力电缆带电后引起直流系统负端接地。直流电机运行后，加上直流电缆较长分布电容较大，在电动阀动作到位跳开接触器瞬间，引起快速门快闭继电器动作。

（四）处理措施

1）对直流电动阀电机动力电缆接入口加装护套，防范绝缘破损。

2）对快速门快闭直流回路的分布电容进行检测。经检测证实全厂无直流电机接地时，分布电容很小，不足以动作快闭继电器，只要保证直流电机的绝缘，快闭回路是安全的。

3）对快速门快闭继电器进行换型，增加继电器动作功率。换型后，经试验验证，各项控制功能正常。

4）加强直流接地报警后的监视，及时联系处理和跟踪。

九、电制动开关电机电源监视故障分析处理与预防

（一）设备简述

某水电站机组配置电气制动，在发电机正常停机时采用电气制动加机械制动的混合制动方式。电气制动采用定子绕组三相对称短路，转子加励磁使定子绕组有等于最大容量运行工况时电流值的制动电流流过，产生电制动力矩，实现电气制动。当发电机转速下降到50%额定转速时，电气制动系统投入运行；当转速下降到额定转速的10%时，电气制动系统退出运行，机械制动系统投入运行。当电制动进行到300s仍不满足退出条件时，电制动会因"制动超时"而强制退出。

该电站选用某型号 SF_6 发电机断路器作为电气制动开关装置。作为电气制动系统中的主要设备之一，其用于发电机定子绕组三相对称短路，应具有大容量、能高速合闸、三相联动操作等技术性能。

（二）故障现象

该水电站机组在正常运行过程中，进行厂用电切换时监控系统报"电制动 GEBS 电机电源相序故障"，现场检查机组电气制动控制柜面板电机电源相序故障信号灯亮，相序继电器 K57 的 F1、F2 故障信号灯点亮。此故障不同机组曾出现 3 次，虽然对发电机组正常运行不会构成威胁，但如果电机电源存在故障，将影响电制动正常投运。该故障发生情况统计见表 7-6。

表 7-6　　　　　　　故障发生情况

序号	时间	故障信号	备注
1	2017.12.2	A 机组电制动 GEBS 电机电源相序故障	切换厂用电时发生
2	2018.1.2	A 机组电制动 GEBS 电机电源相序故障	
3	2018.4.22	B 机组电制动 GEBS 电机电源相序故障	切换厂用电时发生

（三）故障诊断分析

1. 故障可能原因分析及检查情况

（1）厂用电切换时 400V 电源存在异常或波动。

电制动开关的电机电源取自机组段 400V，在进行厂用电切换时存在电压波动，若三相电压波动值过大，超过相序继电器不平衡阈值，则触发开出故障信号。

调用故障录波和趋势分析系统数据，检查厂用电切换前后的 400V 电压，发现电压波动极小，均在正常范围之内。

（2）电机电源回路存在异常。

电机电源回路端子松动、线鼻虚压可能导致三相电压不平衡现象。

检查电机电源各回路端子接线紧固、端子接线压接牢固无空压，检查电机电源回路电压在正常范围内，未见异常。

（3）相序继电器电源监视回路存在异常。

相序继电器电源监视回路端子松动、线鼻虚压可能导致三相电压监测异常。

检查继电器监视回路端子接线紧固、端子接线压接牢固无空压，检查监视回路电源电压在正常范围内，未见异常。

（4）相序继电器故障。

电制动电机电源相序继电器具有监视相不平衡、相序和缺相故障的功能。该型号相序继电器前面板操作指示说明如下：

LED 指示灯　R/T：黄色 LED，为输出继电器状态和计时状态指示；

LED 指示灯　F1、F2：红色 LED，为故障信息；

Asym　%：相不平衡阈值调节（2%～25%）；

Time　s：动作延时时间调节（0s；0.1～30s）；

L1、L2、L3：电源监视回路接入端。

该继电器相不平衡监视功能为当三相电压都正常时，输出继电器动作；如果被监视电压超出设定三相不平衡阈值，输出继电器立即复位或延时复位；当电压恢复到设定阈值之内时，输出继电器立即自动重新动作。电压相不平衡故障时，继电器上 LED 故障灯 F1、F2 常亮。相不平衡阈值公式如下：

$$不平衡阈值 = \frac{三相电压最大差值}{三相电压平均值} \times 100\%$$

相序和缺相监视功能为当三相电压相序正常时，输出继电器动作；如果出现缺相或相序不正确，输出继电器立即复位；当电压恢复正常时，输出继电器立即自动重新动作。缺相故障时，继电器上 LED 故障灯 F1 常亮、F2 闪烁；相序故障时，LED 故障灯 F1 和 F2 闪烁。

现场检查相序继电器指示灯 F1、F2 常亮，未复归至正常状态，根据信号定义可初步判断因触发相不平衡阈值引起。检查电源监视回路接入端相序正常，无缺相情况，可排除相序、缺相故障。

现场确认相序继电器相不平衡阈值设定为 10％，动作延时为 3s，现场多次测量电源监视回路接入端电压，计算所得相不平衡度未超过 1.5％。对继电器进行断电重启，故障信号消失且并未再次开出，可判断为误触发故障信号，排除相不平衡故障。

2. 故障继电器功能试验

（1）相序和缺相监视功能试验。

加入正常三相正序 380V 电源，相序继电器 R/T 灯常亮；拔掉其中任意一相电压，模拟缺相故障，继电器上 F1 常亮，F2 闪烁；加入三相负序 380V 电源，F1 和 F2 交替闪烁。判断相序和缺相监视功能试验功能正常。

（2）相不平衡监视功能试验。

分别校验 15％、20％、25％三组阈值，通过调节电压大小，使继电器上 F1 和 F2 常亮，并计算当前实际不平衡值。试验数据见表 7-7。

表 7-7　　　　　　　　　　　相不平衡监视功能试验数据

线电压	阈值＝15％，t＝3s	阈值＝20％，t＝3s	阈值＝25％，t＝3s
U_{AB}	375.3V	364.6V	353.1V
U_{BC}	381.7V	381.9V	382.4V
U_{CA}	385.9V	393.5V	400.5V
实际不平衡值	2.8％	7.6％	12.5％

根据试验数据可知，相序继电器设定阈值与实际不平衡值存在较大误差。而相序继电器 K57 的不平衡阈值为 10％，动作延时为 3s，根据校验数据可推测，此时的三相电压几乎和正常电压无异，当厂用电 400V 切换时产生轻微波动，即可触发相不平衡阈值，开出故障信号。

3. 故障原因分析总结

根据以上分析，确定故障原因为相序继电器故障导致不平衡阈值整定值误差较大，继电器实际不平衡值远小于整定阈值，当电压轻微波动即导致该相序继电器开出故障信号，引起误报警。

（四）故障处理

经咨询厂家，该型号继电器在运行一定时间后会逐步暴露此问题，该型号产品已进行升级，新升级产品较上一代可靠性、稳定性更高。对新型号继电器相不平衡功能进行了测试，相关数据见表 7-8。

表 7-8　　　　　　　　　　　　新型号继电器相不平衡功能测试数据

项目	输入电压（V）		不平衡度	不平衡设定值	理论迟滞	实际迟滞	返回电压	报警/动作	备注
试验 1	AB 相	376.7							验证了当实际不平衡度为 1.11% 时，降低设定值由 10% 至 2% 时，继电器表现正常
	BC 相	380.6	1.11%	10%				无	
	CA 相	380.9							
	AB 相	376.7							
	BC 相	380.6	1.11%	2%				无	
	CA 相	380.9							
试验 2	AB 相	369.8							验证了当增大设定值由 2% 至 4% 时，继电器由报警状态复归，该继电器表现正常
	BC 相	380.7	4.07%	2%				是	
	CA 相	385.2							
	AB 相	369.8							
	BC 相	380.7	4.07%	4%				否（复归）	
	CA 相	385.2							
试验 3	AB 相	352.3							验证了当设定值为 10% 时，继电器动作正确，报警延时正确。测量返回电压时，返回值较动作值迟滞 1.3%，较理论值迟滞低
	BC 相	381	10.66%	10%	2%			报警	
	CA 相	392.3							
	AB 相	355.7							
	BC 相	380.8	8.72%	10%	2%	1.30%	8.72%	故障复归	
	CA 相	388.4							
试验 4	AB 相	322.1							分两次验证了当设定值为 20% 时，继电器动作正确。测量返回电压时，返回值较动作值迟滞 2.58%，较理论值迟滞低
	BC 相	380.8	22.07%	20%	4%			报警	
	CA 相	403.5							
	AB 相	335.3							
	BC 相	380.7	17.42%	20%	4%	2.58%	17.42%	故障复归	
	CA 相	400.1							
	AB 相	322.6							
	BC 相	380.8	21.85%	20%	4%			报警	
	CA 相	403.2							
	AB 相	335.5							
	BC 相	380.8	17.46%	20%	4%	2.54%	17.46%	故障复归	
	CA 相	400.5							

　　鉴于新升级产品各项功能测试正常，不存在整定值误差问题，维护人员对已出现故障的

相序继电器进行了更换。同时为了确保电气制动装置可靠运行，利用检修机会对其余机组暂未出现故障的相序继电器进行预防性更换。

对相序继电器进行更换后，电气制动控制设备整体运行情况良好，未再出现类似故障情况。

十、水导上油箱液位异常跳变故障分析与处理

（一）设备简述

某水电站机组水轮机水导外循环冷却系统由水导外循环油泵、水导外循环冷却器、水导上油箱及液位计、水导外油箱及液位计等组成，其作用是防止水导油槽油温及水导瓦温升高而影响到机组的稳定运行。

目前，该电站水导油槽上油箱布置了两套液位传感器，包括磁翻板液位计和投入式压力传感器两种测量模式。磁翻板液位计集现地液位显示、传感器变送模拟量输出和双轨道外挂磁记忆体开关为一体，投入式压力传感器为传感器变送模拟量输出。水导上油箱液位是由液位变送器输出电流信号，上送给现地控制系统和监控系统。

（二）故障现象

自机组投运以来，水导上油箱液位多次出现液位跳变等异常现象，导致液位模拟量输出信号不稳定，对水导上油箱液位的正常运行监视造成了影响。

水导上油箱液位是机组运行监测的重要信号。当水导上油箱任意一个模拟量液位低于定值且液位过低开关量动作时，延时 5s 直接启动二类机械事故停机。水导上油箱液位监测不稳定，机组的安全稳定运行将存在重大风险隐患。

（三）故障诊断分析

1. 可能原因分析及检查情况

（1）磁翻板液位计发卡。

水导上油箱顶装式磁翻板液位计采用浮筒式液位信号器，见图 7-20。其原理是利用浮筒被浸没长度的不同，通过检测浮力的变化就可以知道液位的高低。浮筒一般是由不锈钢制成的空心长圆柱体，垂直悬挂在被测介质中，通过变送器将被测液位转换成 4～20mA 电流信号。由于在机组运行工况下油位波动大，油槽顶部振动强烈，且浮筒直径大，浮筒上下活动不畅容易导致液位计发卡，难以反映实际的油位变化状态，直接影响现地控制及监控系统接收到的电流信号，从而影响现地控制及监控监视。

经检查发现液位计浮筒在上下滑动的过程中容易卡在油筒槽内，且浮球与连杆件采用的是软连接方式，更容易导致发卡情况的发生。

（2）液位计性能不稳定。

机组运行工况下，振动强烈，油位波动大，随着液位计长时间运行，有不同程度老化，液位计线性度会变差，导致液位计不能有效、真实反映实际液位。

对现场发生液位监测异常的液位计，在试验室环境对进行通电试运行。将毫安档电流表与液位计连接好后，提供24V 工作电源，按照现场实际情况进行性能检查。准备好直尺和磁铁，将磁铁一极慢慢靠近液位计底部，缓缓移动至顶部，记录下 4～20mA 电流分别对应的距离；再将磁铁一极慢慢靠近液位计顶部，缓缓移动至底部，记录下每段距离对应的电流大小。通过计算线性度变化，发现该液位计线性度较差，可以认定液位计自身性能问题也是水导上油箱液位异常的重要因素之一。

图 7-20　水导上油箱顶装式
翻板液位计

（3）PLC AI 模块性能不稳定。

若接收信号的模拟量输入模块性能不稳定，则送给各 CPU 的数据有可能出现跳变等异常情况。

选择现场经常出现液位跳变的机组，利用停机间隙，对现地控制系统及监控系统 PLC AI 模块进行模拟试验。利用信号发生器分别模拟不同的电流加载到现场的模拟量模块上，通过联机 CPU，在调试电脑上查看对应的液位值。检查结果输入电流与液位转换线性度良好，模块工作及 CPU 无异常。

（4）现场环境电磁干扰强。

磁翻板液位计易受到磁性物体干扰，当液位测量回路受到电磁干扰时，可能引起输出的4～20mA 电流信号失真，造成液位监测信号异常。

对顶装式翻板液位计及盘柜进行电磁环境及抗干扰测试，结果显示电磁环境影响到液位计模拟量输出信号，出现液位跳变等异常现象。对盘柜内元器件进行抗干扰测试，柜内元器件未出现明显异常，现地及监控系统液位未见明显变化。

2. 原因分析总结

通过上述检查、分析，确定引起现地控制系统及监控系统水导上油箱液位异常的重要原因为相关传感器、变送器性能不稳定，功能不可靠，磁翻板液位计还受环境、电磁干扰等因素影响。

（四）故障处理

1. 顶装式翻板液位计发卡处理

调整安装法兰位置，打磨浮筒用以减少其表面的毛刺，改变浮球与连杆的连接方式，重新安装后，进行油泵启停试验，液位现地显示与监控一致，液位计无发卡现象。

2. 液位计故障处理

通过对相同型号新液位计进行线性度检查，检测结果良好。更换现场有缺陷的液位计后，进行油泵启停试验，液位现地显示与监控一致。

3. 隔离变送器故障处理

通过更换性能优良的隔离变送器，水导上油箱液位模拟量电流输出信号稳定可靠，能有效、正确反映实际液位。

4. 电磁环境干扰处理

在顶装式翻板液位计附近贴上醒目的标签"磁性物体请勿靠近"，并随时进行宣传，提高隐患意识，保障液位计的可靠输出。

（五）后续建议

（1）日常巡检时重点关注现地液位计显示、监控系统液位显示的差异和触摸屏相关报警事件。

（2）每年检修对水导轴承液位进行校验，对输出模拟量进行偏移调整核对，确保水导上油箱液位与实际液位保持一致。

十一、高压油系统故障分析及处理

（一）设备简述

某水电站高压油控制系统由高压油系统控制柜（含 PLC 控制器），两台压油泵，滤油器，高压油系统管路以及油压、油流量开关组成。

高压油系统的功能是：在机组开停机过程中，在镜板和推力瓦之间通过高压油建立油膜，防止机组启停过程中慢速旋转使推力瓦承重过大造成瓦面和镜面的磨损或烧瓦。机组开机过程中，在调速器开机动作前投高压油顶起油泵，当机组转速达到90%额定转速时退出高压油顶起油泵；机组停机过程中，停调速器动作后，转速小于90%额定转速时高压顶起油泵动作，并在停机组液压系统前退出高压油顶起油泵。

（二）故障现象

自机组投运以来，高压油顶起系统在机组开停机过程中多次出现高压油压力低、高压油流量不正常等报警信号，对高压油系统正常可靠运行以及机组开停机成功率产生了影响。

（三）故障诊断分析

1. 高压油泵总管压力开关故障

高压油泵总管压力开关安装在油泵出口总管路上，见图 7-21。高压油泵总管压力开关作为油管路压力的测量元件，用以检测油泵工作效率是否正常，油泵管路是否有堵塞憋压的情况发生。该水电站高压油泵使用的是 45kW 的油泵电机，启动时管路中油压峰值可达 20MPa 以上，启停时管路均有较强振动。压力开关长期处于此种工况下会缩短压力开关的使用寿命，故机组投运一段时间后经常发生压力开关故障情况。

图 7-21　总管出口压力开关

2. 高压油系统单元件拒动导致启动失败

该水电站在开停机操作中出现因继电器触点接触电阻超标，导致启动高压油泵操作失败，出现开机流程退出现象。故障原因为高压油系统启动相关的控制信号来源于单一继电器触点和单一 PLC 模块输出，若该元件存在故障则导致高压油泵启动失败。

3. 高压油系统管路憋压导致启动失败

该水电站机组开机刚到达额定转速时，高压油系统油管路因憋压导致管路油压比正常运行时高 1～2MPa，正常运行时系统压力为 7～8MPa。为保证高压油系统正常运行，泄流压力上限整定在 8.5MPa 左右（根据机组不同，每台机组略有差异）。此时会引起系统无法远方发启泵令，若此时需停机启动高压油泵，则会发生高压油拒动，导致推力瓦磨损。

4. 高压油系统双泵异常启动

该水电站机组在开机、停机过程中异常启动双泵。根据现场试验，异常启动的原因是高压油系统正常运行时，油管路压力与单泵运行压力整定值不匹配，导致系统误以为压力不够，故启动双泵运行。

（四）故障处理

根据高压油系统出现的多种故障，经过全面的对比分析，采取以下处理措施：

（1）因高压油泵出口开关直接安装在油管路上，拆卸更换需关阀排油，消缺时间较长，影响机组备用状态。为缩短故障处理时间，高压油泵出口压力开关采用三个为一组，安装在管路的同一位置，正常工作时只使用一个开关参与控制，若主用开关故障时，可通过快速更换接线，切换至备用开关参与控制，待机组检修时再对所有开关进行统一校验。

（2）高压油系统正常启动时发生拒动比正常停止时发生拒动的后果更严重，确保启动令能下发到高压油控制系统，完成启动操作是非常重要的。因此利用备用的 LCU 开出继电器增加一路启动信号，防止单一元件拒动带来的高压油泵启动失败的风险。

（3）根据高压油系统管路存在憋压的实际情况，取消顶起完成状态闭锁油泵启动逻辑，增加油泵启动的可靠性。

（4）根据机组的运行特性，结合相邻机组的设定值及运行经验，将高压油系统顶起的油膜厚度、拱起压力、稳定压力、压力开关等主要节点的整定值进行确定，并进行试验验证。

（五）后续建议

为降低设备运行过程中出现的故障，建议在每年的机组检修时对压力开关、流量开关等主要的传感器进行校验，确保高压油系统的稳定可靠运行，提高机组的开停机成功率。

第八章　调速器控制系统

第一节　设备概述及常见故障分析

一、调速器控制系统概述

在水力发电过程中，水流能量通过水轮机转变为机械能，再经由发电机转换为电能，电能通过变电、输电、配电及供电系统送至电力用户消耗。当电力系统有功负荷（电能消耗）发生变化时，必然引起整个系统能量的不平衡，从而引起系统频率发生波动。为了保证电能的频率稳定，必须对水轮发电机组的转速进行控制。水轮发电机组调速系统的任务是：根据负荷的变化，通过控制导叶开度大小，不断地调节机组的有功功率输出，以维持机组转速（频率）在规定的范围内。要完成这个任务，达到调节的目的，水轮机调速系统必须具备以下功能：

（1）维持机组转速在额定转速附近，满足电网一次调频要求；

（2）完成调度下达的功率指令，调节水轮机组有功功率，满足电网二次调频要求；

（3）完成机组开机、停机、紧急停机等控制任务；

（4）执行计算机监控系统的调节及控制指令。

水轮机调速系统由电气部分和机械液压部分组成。电气部分包括调速器电气控制和调速器液压系统控制，由调速器电气柜、调速器控制柜、压油泵启动柜、测速装置等组成。机械液压部分由压油罐、集油槽、油泵电机、隔离阀、主配压阀、事故配压阀、导叶分段关闭装置、接力器及其锁定、电液转换单元等组成。本章主要介绍调速器电气控制部分。

二、设备的构成及工作原理

（一）调速器控制系统的构成

水轮机调速器控制系统是包含微处理器或微控制器的专用计算机控制系统，与一般的计算机控制系统一样，它以微处理器或控制器为核心，对被控制对象的有关参数进行数据采集和模数转换，并将转换后的数字量送至中央处理单元（CPU），计算机根据实时采集的数字信息，按预定控制规律进行计算，得到控制量，并将计算结果转换成模拟量或开关控制量输出至被控对象，达到预期的控制目标。

调速器设备组织结构见图 8-1。一套完整的调速系统应该包括以下六个部分，其中的给定单元、测频单元、综合计算单元等构成了调速器控制系统：

（1）给定单元——模拟量给定和脉冲给定，功率给定和开度给定；

（2）测频单元——传感器；

（3）综合计算单元——PCC、PLC 等；

（4）信号转换单元——比例阀、步进电机等；

（5）放大校正单元——主配压阀；

（6）执行机构——接力器。

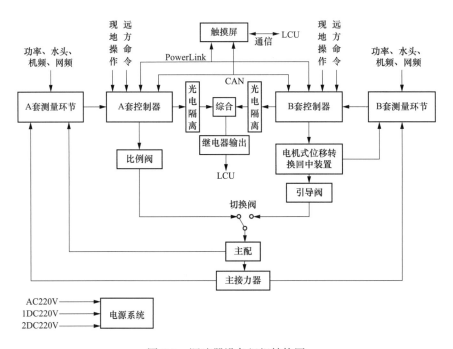

图 8-1　调速器设备组织结构图

给定单元一般采用上位机给定、下位机给定等，主要是给定调速器的控制目标，调速器收到给定单元的信号后，即开始按照特定计算过程开始调节。

测频单元一般包括残压测频和齿盘测频。残压测频即采用发电机出口处电压互感器残压信号测频，测量精度高、稳定性好，缺点是当机组转速较低时，发电机出口处电压互感器采集到的电压太低，易导致测频元件测频失败。齿盘测频即在机组转动大轴上安装齿盘，采用电感式接近开关测量单位时间内通过的齿盘数，从而计算频率。在机组低转速情况下，齿盘测频也能保证测量信号稳定，能很好地补充残压测频的不足。其他测量单元一般包括机组功率测量、水头测量、导叶开度测量、主配位置反馈测量、比例阀反馈测量等。

综合计算单元接收到测频单元的信号及给定单元的给定后，即开始根据偏差进行 PID 调节，调节信号输出至信号转换单元。由于调速器要求调节准确、迅速，一般选用高性能可编程控制器作为主要计算单元，采用双套控制器组成独立双通道控制系统，双套控制器分别与相应的机械液压系统相配合，均能独立全部实现控制功能和保证达到全部调节性能要求；当一套故障时，可自动、无扰动地切换到另一套正常的控制器工作，同时发出故障信号，能支持在线更换模块进行检修。

信号转换单元也称为电液转换机构，比例阀、步进电机是常用的电液转换机构，用于将电信号转换为机械液压信号，驱动接力器动作。

放大校正单元一般指主配压阀。电液转换单元的输出为小流量的液压信号或小位移的直线位移信号，不能提供足够的操作力来操作庞大的导水机构，因此需要放大校正单元，将电液转换机构的输出信号放大，从而操作导水机构。

执行机构为接力器。接力器的作用是操作导水机构，实现导叶的开关。

（二）调速器控制系统的工作原理

取机组频率 f_g（转速 n）为被控参量，水轮机调速器测量机组的频率 f_g（或机组转速 n），并与频率给定值 c_f（或转速给定值 c_n）进行比较得出频率（转速）偏差；另一方面，导叶开度计算值 y_c 与导叶开度给定值 c_y 进行比较，并经过永态转差系数 b_p 折算至控制规律前与频率相对偏差进行叠加形成实际的控制误差 e，微机调速器根据偏差信号的大小，按一定的调节规律计算出控制量 y_c，经 D/A 送到电液随动系统。随动系统将实际的导叶开度 y 与 y_c 进行比较，当 $y_c > y$ 时，导叶接力器往开启侧运动，开大导叶；当 $y_c < y$ 时，导叶接力器往关闭侧运动，关小导叶；当 $y_c = y$ 时，导叶接力器停止运动，调整过程结束，机组处于种新的平衡状态运行。调速器工作原理框图见图 8-2，f_r 为额定频率，y_1 为 y 与 y_c 差值经电液/电机转换后的参量值。

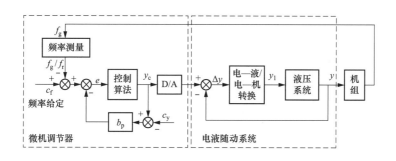

图 8-2　调速器工作原理框图

（三）调速器的控制算法

现代水轮机微机调速器均采用 PID 调节规律，PID 控制是生产过程中应用最广泛、最成熟的一种控制方法，其控制系统原理如图 8-3 所示。

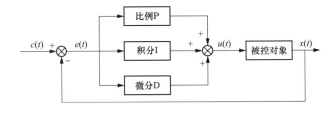

图 8-3　PID 控制系统原理框图

PID 控制器是一种线性控制器，它根据给定值 $c(t)$ 与被控参量（反馈量）$x(t)$ 构成控制偏差 $e(t)$，即

$$e(t) = c(t) - x(t)$$

将偏差的比例（Proportional）、积分（Integral）、微分（Derivative）通过线性组合构成控制量 $u(t)$，对被控对象进行控制，其控制规律为

$$u(t) = K_P\Big[e(t) + \frac{1}{T_I}\int_0^t e(t)\,dt + T_D\frac{de(t)}{dt}\Big]$$

写成传递函数形式为

$$G(s) = \frac{U(s)}{E(s)} = K_P\Big(1 + \frac{1}{T_I s} + T_D s\Big)$$

或

$$G(s) = \frac{U(s)}{E(s)} = K_P + K_I\frac{1}{s} + K_D s$$

式中　K_P——比例增益；

　　　K_I——积分增益；

　　　K_D——微分增益；

　　　T_I——积分时间常数；

　　　T_D——微分时间常数。

PID 控制器各校正环节的作用如下：

（1）比例环节，即时成比例地反映控制系统的偏差信号 $e(t)$，偏差一旦产生，控制器立即产生控制作用，以减小偏差。比例增益越小，调节速度越慢；比例增益越大，控制量越大，调节过程加快，但过大的 K_P 会产生超调，甚至引起系统振荡。

（2）积分环节，主要用于消除静态误差，提高系统的调节精度。K_I 越大（T_I 小），积分作用越强，消除静态的速度加快；反之，K_I 越小（T_I 大），积分作用越弱，静态消除的速度越慢。但过大的 K_I 可能引起过调，导致系统在平衡点附近反复振荡。

（3）微分环节，调节量与偏差的微分成正比，能反映偏差信号的变化趋势（变化速率），并在偏差信号值变得太大之前引入一个早期修正信号，从而可加快系统的响应速度，减小调节时间。K_D（T_D）越大，抑制超调的能力越强；但过大的 K_D 可能使系统产生自激振荡。

（四）调速器的调节模式

调速器一般有三种主要调节模式：频率调节模式、开度调节模式和功率调节模式。三种调节模式应用于不同的工况，其各自的调节功能及相互间的转换都通过调速器控制系统来完成。

1. 频率调节模式

频率模式采用 PID 闭环调节规律，将微机调节器内的机组频率作为反馈值，并构成调速器的静态特性。机组并网后，若需调频也采用频率调节模式，此时调速器的功率给定（在这种模式下，它不参加自动闭环调节）实时跟踪机组实际功率值，以便由本调节模式切换至功率调节模式时实现无扰动转换。频率调节模式主要在机组空载运行、机组并入小电网或孤立电网运行等情况时采用。

2. 开度调节模式

开度调节模式采用 PI 调节规律，在闭环调节中将微机调节器内的导叶接力器开度值作为反馈值，并构成调速器的静态特性。开度调节模式适用于带基本负荷的工况。在开度调节模式下，微机调节器的功率给定（在这种模式下，它不参加自动闭环调节）实时跟踪机组实际功率值，使得当由本调节模式切换至功率调节模式时实现无扰动转换。

3. 功率调节模式

功率调节模式采用 PI 调节规律，在闭环调节中将被控水轮发电机组的实际功率作为反馈值，并构成调速器的静态特性，功率调节模式受水电站 AGC（自动发电控制）系统控制工况。在功率调节模式下，微机调节器的开度给定（在这种模式下，它不参加自动闭环调节）实时跟踪实际的导叶接力器开度值，使得由本调节模式切换至开度调节模式时，实现无扰动转换。

4. 调节模式间的相互转换

三种控制模式之间，可通过调速器控制系统或远方计算机监控系统实现各种控制模式的切换。调速器在自动方式下，开机过程中首先为开度模式，当机组频率大于 45Hz 时为频率模式，并网后为功率模式。在功率控制模式或开度控制模式时，如当前控制模式故障，自动切换到另一个控制模式下运行。当机组频率波动较大或超过给定频率死区时，自动切换到频率控制模式。

三、常见故障分析与处理

随着技术的进步，现代水轮机微机调速器由于采用高可靠性的器件，可靠性大幅提高，故障概率较低。但因产品质量、调试水平及维护情况等方面的因素，难免会出现异常现象。此外，水轮机调节系统是由调速器和调节对象所构成的闭环控制系统，水轮机调节系统的调节品质不仅取决于调速器的产品质量、参数调整与正确的运行维护，还与调节对象特性与运行工况有密不可分的关系。调节对象的某些特性可能对调速器产生影响，导致控制系统不能稳定或动态性能变差。下面对运行中水轮机调速节系统可能发生的一些主要故障进行分析。

（一）机组有功功率波动

机组并网时，出现机组有功功率波动，可能的原因是 PID 调节参数设置不当、调速器控制系统元器件故障、多机并列运行时永态转差系数 b_p 整定偏小等。

PID 调节参数设置不当，可能会使调节系统的调节过程不稳定，导致机组出力出现摆动。针对此问题，主要是解决好一次调频的速动性要求与调节稳定性之间的矛盾问题，选择合适的调节参数。

调速器控制系统元器件故障，如引导阀阀芯卡涩等，使各个调节部件工作不协调，导致功率波动。

多机并列运行时，若各台机组的永态转差系数 b_p 均较小，而调速系统的转速死区又相差较大，当电力系统负荷波动时，可能引起这些机组间的负荷拉锯，产生功率波动。因此各台机组永态转差系数 b_p 应根据电力系统一次调频的要求和机组的特性进行设定，转速死区大的机组永态转差系数 b_p 应整定较大。

（二）机组在并网发电运行时溜负荷

所谓溜负荷是指在系统频率稳定，也没有操作减负荷的情况下，机组原先所带的负荷全部或部分自行卸掉。其发生可能的原因与相应的处理措施主要有：

1. 导叶反馈值偏大

运行中当导叶反馈传感器输出的反馈值比实际导叶开度偏大时，并网运行机组将自行卸掉部分负荷。

对此，应检查反馈传感器输出电平与导叶接力器实际行程。若两者不一致，应调整反馈传感器，使其输出反馈电平与接力器相一致。

2. 综合放大器开启方向放大器件损坏

当微机调速器的综合放大器开启方向放大器件损坏时，将造成调速器不能开、只能关。这种情况遇到干扰或系统频率稍微升高一点时，调速器则自行关小导叶，使机组卸掉部分负荷；但当系统频率稍低一点时，它又不能开大导叶，增加负荷，导致机组负荷只能减不能增。

对此情况，可以人为增加开度给定（功率给定），检查接力器开度能否增大减小，就可判别是否综合放大器件损坏。若放大器件损坏，可切为机械手动运行或在停机时进行更换。

（三）增减负荷不正常

1. 增减负荷缓慢

增减负荷缓慢可能有两方面的原因：①调速器开度给定（功率给定）的调节增量设置得过小，使负荷增、减速度较慢；②调节参数整定不当，如缓冲时间常数 T_d 过大（积分系数 K_I 过小）或暂态差值系数 b_t 过大（比例增益 K_P 过小），会使机组负荷的调节速度减慢。因此，在保证调节系统稳定的前提下，应尽量选取较小的 T_d 和 b_t，或取较大的 K_P 与 K_I。

2. 增减负荷失灵

调整开度给定（功率给定）来增加机组或减少机组所带负荷时，接力器拒动，负荷不变。其原因可能有：①功率给定（开度给度）调节回路异常；②电液转换元件卡阻；③随动系统功率放大回路的放大器件损坏；④电液转换元件的线圈断线；⑤主配压阀卡死。上述原因可检查相应的输入输出量来判断。如：功率给定（开度给度）调节回路失灵时，虽有调整信号，但调速器内的功率给定（开度给定值）不变。其他三类故障时，调节器的控制输出与实际的导叶开度不对应。

（四）主配压阀频繁抽动

调速器主配压阀频繁抽动故障，可能原因有：①主配压阀位移传感器选型或安装位置不合理，使得 PLC 计算过程中采用了较大的放大倍数，环境振动、电磁波等干扰因素被放大，主配压阀位置测量值抖动，从而导致主配压阀抽动；②调速器主阀阀芯位移传感器磨损，引起主阀阀芯传感器触点接触不良，进而使主阀阀芯在平衡点处随机上下抽动的频率加大，导致机械液压系统在运行中发生抽动故障；③液压执行机构本体参数设置不合理。

此类故障需针对不同的原因，采取相应的处理措施，如清洗或者更换相关控制阀、重新设置合适的控制参数等。

（五）测频回路故障

其故障原因可能是：①测频信号源断线；②测频信号源幅值太低；③调频元件或回路故障。对这种故障首先应根据具体测频方式进行故障排查。

（1）检查测频信号输入口的输入信号灯是否闪烁。如无闪烁，说明无测频信号输入，这时需检查接口功能板上的整形及分频电路的输出以及其输入接口，判断是信号连线未连接好，还是元件损坏所致。

（2）对采用残压测频的应检查残压信号的幅值。新安装的机组或大修机组因长时间停机，发电机剩磁消失，可能致使机端电压过低，造成测频单元整形电路不能正常工作，故人机界面上机频显示为零，且出现机频故障报警信号。对此，应适当给发电机充磁。

（3）检查是否因调频元件故障造成机组频率信号异常。

第二节　调速器控制系统典型故障案例

一、机组有功功率波动分析与处理

（一）设备简述

某水电站机组为轴流转桨式水轮发电机组，机组调速器由控制器控制步进式电－位移伺服系统，带动液压随动系统，实现对水轮机的控制。调速器为双调节调速器，即具有导叶调节机构和轮叶调节机构。调速器电气柜以 PCC 可编程控制器作为硬件核心、采用双 CPU 单 I/O 冗余配置；步进式电－位移伺服系统主要由数字式步进电机驱动器、步进电机、位移转换丝杆组成；液压随动系统主要由中间接力器、引导阀、主配压阀、主接力器、接力器位移反馈组成。

（二）故障现象

2018 年 3 月 14 日 9：24，某机组 LCU 在对机组负荷进行正常调节过程中，AGC 有功设定值由 111MW 变为 115MW，机组有功超调至 150.29MW。

（三）故障诊断分析

1. 现场检查情况

（1）检查调速器控制柜触摸屏上记录的有功增加令、减少令和 LCU 下发的有功增加令、减少令一致。

（2）查看监控系统历史数据库，导叶中接开度、导叶主接开度、轮叶中接开度、轮叶主接开度、有功功率、AGC 有功设定值的历史曲线显示，监控系统 AGC 分配正常，机组有功设定值正常，LCU P 调节动作正常，调速器电调柜调节正常，导叶中接和轮叶中接动作正常。

（3）现场检查导叶引导阀阀芯旋转灵活无卡涩。

2. 故障原因分析

（1）调速器当时未进入一次调频，因此排除一次调频的影响。查询监控系统历史数据和调速器控制柜触摸屏上事件记录，整理提取出历史数据见表 8-1。

表 8-1　　　　　　　　　　　　历史数据记录

时间	导叶中接开度	导叶主接开度	有功功率
9：24：22 之前	57.26%	56.81%	112MW
9：24：22 至 9：24：32	57.82%	56.82%	112MW
9：24：32 至 9：24：43	57.82%	56.82%增加至 66.31%	112MW 增加至 150MW
9：24：43 至 9：24：50	逐渐减少	逐渐减少	逐渐减少

通过分析表 8-1 可以发现：在有功功率不断增大的过程中，导叶中接开度变化很小，导叶主接开度却变化较大。导叶中接开度增加不到 1%，而导叶主接开度增加了近 10%；在此过程中有功功率随着导叶主接的增加而增加，表 8-1 中数据所示有功功率从 112MW 增加到 150MW。在查询协联关系曲线时发现，轮叶主接跟随轮叶中接正常，轮叶中接跟随导叶主接正常。

（2）调速器控制系统接收命令记录见表 8-2。从表中可以看到，9:24:22 调速器控制系统只接收到 LCU 下发的一次有功增加令，因为只有一次增加令，所以导叶中接开度增加值很小，这也对应了表 8-1 中导叶中接开度变化很小的记录，但是导叶主接开度却增加很多，引起有功负荷增大；从 9:24:34 至 9:24:48，电调接收到 LCU 下发的多次有功减少令，使得导叶中接开度不断减小，最终使得导叶主接开度减小，有功负荷恢复正常值。

表 8-2　　　　　　　　　　　　调速器控制系统接收命令记录

时间	事件	状态	备注
9:24:22	A 套外部增加令	ON	AGC 有功设定改变后，调速器收到 LCU 下发的一次有功增加令
9:24:22	B 套外部增加令	ON	
9:24:34	A 套外部减少令	ON	导叶主接开度增大引起有功不断增大，调速器电调柜接收到 LCU 下发的多次有功减少令，最终使得导叶主接开度减小，机组有功功率减小到正常值
9:24:34	B 套外部减少令	ON	
9:24:40	A 套外部减少令	ON	
9:24:40	B 套外部减少令	ON	
9:24:48	A 套外部减少令	ON	
9:24:48	B 套外部减少令	ON	

（3）经现场检查，分析导叶主接相对于导叶中接超调的原因如下：导叶中接开度动作 1% 时，引导阀动作至下部开启位置，正常情况下引导阀很快在反馈杠杆作用下回复至中间位置，导叶主接严格跟随中接的动作量。但由于引导阀阀芯偶发卡涩，且导叶反馈弹簧偏软，以致引导阀复中迟滞，导叶主接开启量达 8% 后，引导阀才在更大的反馈力作用下复中，随后在中接作用下减负荷。

（四）故障处理

该机组导轮叶反馈弹簧均属小直径弹簧，复中力较小。针对此次故障，更换装配了大直径弹簧的新导轮叶反馈机构套件，保证引导阀及时复中；并对引导阀进行清洗检查，针对其卡涩的偶发缺陷，后续保持跟踪监视。

二、机组有功功率大负荷波动故障分析处理与预防

（一）设备简述

某水电站调速器控制系统采用两套 PCC 可编程控制器，组成双套控制器冗余；两套

PCC 分别控制伺服比例阀和步进电机，组成双电液转换器冗余。调速器设计有纯机械手动、电手动、自动三种操作模式，有现地和远方两种自动运行方式。调速器通过步进电机无油自复中装置实现纯手动操作模式，在断电时能保持机组出力稳定。

（二）故障现象

2013 年 8 月 22 日，某机组在一次调频试验过程中，当频率值由 50.10Hz 调回 50.00Hz 时，机组有功功率由 660.95MW 下降到 607.907MW，之后又上升到 860.223MW，发生大幅波动。

（三）故障诊断分析

1. 试验数据分析

试验时，调速器处于"功率模式""导叶自动"工况，PID 参数为 $b_p=4\%$、$K_p=1.80$、$K_I=0.65$、$K_d=0$。试验过程中发生有功功率波动的几个关键时间点数据见表 8-3。

表 8-3　　　　　　　　　　　　功率波动试验数据表

时间（s）	导叶开度（%）	导叶 PID 给定（%）	有功功率（MW）	有功给定（MW）	备注
$t_1=1.292$	75.70	76.05	660.95	665.33	初始状态
$t_2=1.297$	75.70	76.21	660.93	684.229	外部阶跃产生，PID 响应开始
$t_3=2.875$	77.46	77.07	656.131	684.668	PID 响应阶跃起点时刻
$t_4=2.895$	77.43	81.456	655.829	684.668	PID 响应阶跃终点时刻
$t_5=5.597$	91.147	94.028	624.58	684.668	PID 给定达到最大时刻
$t_6=5.822$	91.235	94.021	607.907	685.107	有功功率最小时刻，功率反向时刻
$t_7=6.277$	92.608	93.914	637.818	684.998	PID 给定开始反向时刻
$t_8=9.242$	66.475	29.712	860.223	685.107	机组有功功率最大时刻

理想状态下，导叶开度变化的方向和机组有功功率的变化方向一致，但在实际调节有功的过程中，由于水锤效应的影响，机组有功功率有时会向导叶动作的反方向变化。导叶开启或者关闭速度越快时，水锤效应就会越明显。

试验数据显示，导叶开度在增加的过程中，由于水锤效应，机组有功功率一直在下降，被控对象的偏差越来越大，导致导叶 PID 给定值越来越大，导叶开启速度越来越快，最终产生了发散性振荡。K_p 和 K_I 参数设置偏大使得整个系统成为一个不稳定的控制系统，从而引发了此次有功功率波动。

经进一步检查发现，触摸屏上的设置值与程序内的运算参数当量对应关系不一致，程序内的运算参数在触摸屏设置值的基础上放大了 5 倍。

2. 调速器模型分析

在功率模式下，由于 b_p 参数支路连通了功率 PID 模块和开度 PID 模块，导致两个模块的 PID 参数需要协调配合，任一模块参数的修改都会对输出造成较大影响，参数选择不当易使调节发生振荡。另外，两个 PID 模块的串联使用，使得调节过程复杂化，不利于建模分析，同时也增加了参数选择的难度，机组调速器模型如图 8-4 所示。

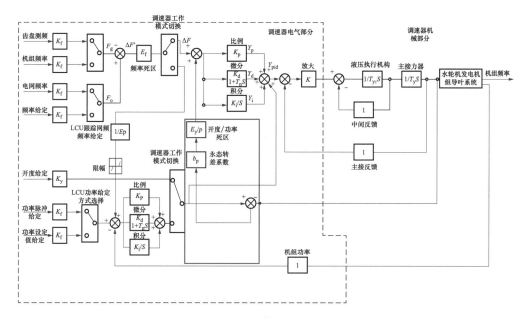

图 8-4 机组调速器模型图（修改前）

根据对试验数据及调速器调节模型分析，认为引发本次有功功率大负荷波动的原因是调速器参数设置问题和调速器模型存在缺陷。

（四）故障处理

（1）修改程序，保证触摸屏上的设置值与程序内的运算参数当量对应关系完全一致。

（2）优化调速器模型，在投入功率模式之后，将开度 PID 的输入关断。修改后的机组调速器模型图见图 8-5。

在无水条件下，利用机组修改前后的两套程序分别做了以下三个方面的试验：

（1）开环条件，功率 PID 调节模块，K_P、K_I 参数的正确性判定试验；

（2）模拟功率闭环条件，不同 PID 参数的调节过程试验；

（3）模拟机组调节振荡时，调速器响应特性试验。

综合上述试验数据，可以得出如下结论：

（1）功率模式 PID 模型比例项和积分项计算正确。

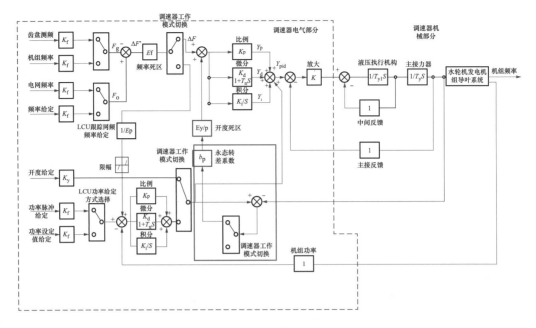

图 8-5　机组调速器模型图（修改后）

（2）试验前后关断 b_p 支路，只对功率阶跃响应初期有轻微影响，均满足功率调节的需求。

（3）在功率模式试验中发现，程序内的 K_p、K_I 参数被放大 5 倍后，即使忽略水锤效应及有功滞后等不利因素，调速器调节超调仍然明显，易产生恶化振荡。

（4）经过功率扰动试验和一次调频试验验证，修改后的调速器模型满足要求。

三、机组负荷调节异常故障分析及处理

（一）设备简述

某水电站机组调速器控制部分采用双套可编程计算机控制器（PCC）共用单套 I/O 配置：双控制器与公共 I/O 之间用以太网形成环网，双 PCC 之间通过 POWERLINK 进行通信，一主一备，确保数据一致；CPU、人机界面和网关之间通过以太网进行通信。

机组正常运行时，调速器的两个控制器通过公共 I/O 均采集机组断路器位置、中接力器位移（开度）、主接力器位移（开度）、机组频率、有功功率等信号及监控系统调节指令，控制导叶开度和轮叶开度，实现机组有功调节。

（二）故障现象

7 月 22 日 6 时 59 分，监控系统报：某机组调速器 A/B 两套 PCC 停运、导叶主接反馈故障、轮叶主接反馈故障、导轮叶驱动故障、调速器两套电源故障、机频故障、水机电源故障

等信号。

7:9:56，运行人员到现场对该机组调速器进行检查和处理，将调速器导叶和轮叶均由手动切自动；7:10:00 至 7:10:15 这 15s 时间内，导叶中接开度从 83％关到 0.5％，机组负荷从 130MW 下降，最低到－84MW，机组进相运行状态持续时间 5min19s；7:11:44 运行人员将调速器导叶切手动，7:14:00 将调速器轮叶切手动，手动增加导叶、轮叶开度，7:28:54 机组负荷增加到 123MW；7:28:58 运行人员将导叶切自动，导叶依旧回关，7:29:02 将导叶切回手动，负荷降低到 75MW，之后手动增加导叶开度，7:30:36 负荷增加到 125MW，调速器保持此状态运行。

7:47，维护人员到现场对调速器进行检查和处理，通过其触摸屏画面及相应事件记录，分析认为调速器 PCC 运行状态不正常，对触摸屏相应数据进行拍照记录后，进行了调速器断电重启操作，重启后双 PCC 运行均正常，检查调速器控制参数均正常，之后调速器导叶、轮叶均切自动，调速器运行正常。

（三）故障诊断分析

1. 调速器触摸屏信息调取分析

检查调速器触摸屏相关事件记录后发现：7 月 22 日 6:59:32，调速器两套 PCC 均没有采集到一次调频把手位置、锁锭位置、断路器位置等信号，且显示两套 PCC 均有开关电源故障报警；6:59:39 调速器两套 PCC 均采集到一次调频把手位置、锁锭位置、断路器位置等信号，且显示两套 PCC 的开关电源故障报警均复归。之后，在调速器"运行监控窗"看到导叶给定开度为 0.5％、频率给定为 0Hz、机组状态为"停机"，而导叶主接开度、导叶中接开度、轮叶主接开度、轮叶中接开度、机组频率、系统频率、机组有功等显示值与实际状态一致，在调速器"信息窗"看到导叶开限 0.5％、轮叶给定为 0.5％。

调速器判断机组运行状态转换逻辑如图 8-6 所示。分析认为，在 6:59:32 调速器两套 PCC 均没有采集到相关机组状态信号后，调速器控制程序判定机组进入"停机"过程，虽然 7s 后两套 PCC 均采集到与实际一致的相关运行状态信号，控制程序还是无法判定机组在"发电"状态，导叶开限、导叶给定、轮叶给定、频率给定等控制量保持在"停机"状态时的值，导致在导叶切自动后导叶关到 0.5％。

2. 调速器状态间切换逻辑分析

调速器控制程序根据采集的机组运行信息，可以判定机组为五种工况之一：静止、开机、空载、发电、停机。其中开机和停机为过渡过程，正常情况下在切换条件满足时，此两种状态保持的时间不长，只有出现异常情况时，此两种状态才会一直保持；其中静止、空载、发电为稳定过程，在条件满足的情况下可以一直保持。

从图 8-6 中可以看出"发电"并不能直接到"停机"。分析认为上述故障出现时，调速器判断机组运行状态由"发电"切换到"停机"的过程为："发电"——断路器在分位——"空载"——导叶中接开度小于 4％且机组频率小于 15Hz——"停机"。

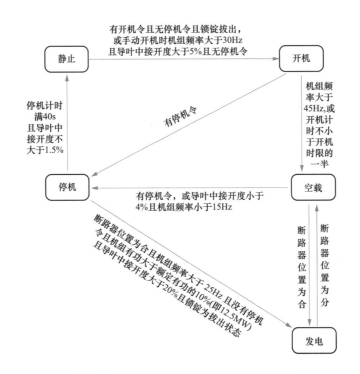

图 8-6　调速器判断机组运行状态转换逻辑

3.CPU 运行日志和网络结构分析

经调速器生产厂家、PCC 设备厂家技术人员和电站专业人员的共同分析排查，结合调取的调速器 CPU 运行日志与调速器双网双冗余拓扑关系，分析确定此次故障为调速器的 CPU 与 I/O 模块通信中断引起。

4. 故障的综合分析

1）通过技术人员对故障的分析，初步判断调速器 PCC 在停运之后虽然自动复归，但并没有完全运行正常，从而使得 PCC 与 I/O 模件通信有中断现象，此时调速器采集的导叶中接、轮叶中接、机组有功、机组频率、电网频率、电气开限、导叶给定测值均为 0，并且检测不到断路器位置等开关量信息，导致调速器状态从发电态变成停机态；后来虽然采集相关数据测值正常，调速器仍然保持停机态不变，因此导叶给定、频率给定、电气开限保持为 0。从上文的分析中可以看到，出现了两次模拟量测值和开关量变位的现象，持续时间为 $5\sim10\text{s}$，出现的原因为 PCC 与 I/O 模块出现了短时的通信中断或通信故障；当调速器导叶/轮叶切回到自动后，由于调速器状态仍然为停机态（导叶/轮叶的开度给定值均为 0.5%），所以调速器将导叶/轮叶自动回关，从而引起负荷调节异常。

2）专业分部现场对电调柜进行断电重启后，PCC 运行正常，与 I/O 模块的通信正常，并将程序中停机态标志位清除，并重新将调速器状态改变为发电态，调速器导叶轮叶切自动后运行正常。

3）对于调速器现有的两套 PCC 单 I/O 的设备构架，外部环境温度、电磁干扰、设备接插不良等因素的影响，致使 CPU 与 I/O 模块产生间接性通信中断的现象。

（四）故障处理

1. 更换通信模块和链接线

更换 CPU 与 I/O 模块间的通信模块和 RJ45 通信网线。

2. 调速器控制逻辑优化

（1）调速器故障报警信号的自保持功能。

在调速器故障出现后，进行故障报警；故障消除后，报警状态保持，需要人工复归报警。

1）参数异常自复归逻辑判断。原程序中的空载 PID 参数 K_P 的设值超出正常范围时程序的处理逻辑：当初始化或者人工在触摸屏或在线设置的空载 PID 参数 K_P 的值小于 1 或者大于 4 时，空载 K_P 取值为 2 且"参数异常"变量为 1（调速器输出"参数异常"报警信号）；若空载 K_P 的值大于等于 1 且小于等于 4 时，空载 K_P 取值为初始化值或人工设值且"参数异常"变量为 0（调速器不输出"参数异常"报警信号）。

2）参数异常人工复归逻辑判断。优化后程序中的空载 PID 参数的 K_P 的设值超出正常范围时程序的处理逻辑为：当初始化或者人工在触摸屏或在线设置的空载 K_P 的值小于 1 或者大于 4 时，空载 K_P 取值为 2 且"参数异常"变量为 1（调速器输出"参数异常"报警信号）；人工在触摸屏按下"故障复位"软按键或者在线设置故障复位变量 MB0 的值为 1 后，"参数异常"报警才会消失。其他调速器故障报警及其自保持和复归处理，与此"参数异常"报警的相同。

（2）调速器如发生控制程序判定机组状态与实际机组状态不一致时，单独发出一个故障信号，并上送给上位机。

1）新增的"机组状态不一致"故障的判断逻辑：当机组为发电态时机频故障、导叶主接采样故障、导叶中接采样故障、有功功率采样故障同时出现，则"机组状态不一致"故障变量为 1，相应报警输出"机组状态不一致"且导叶自动切手动。

2）优化后程序中的停机态转发电态并报警"机组状态不一致"的判断逻辑：在停机态时，若无停机令信号、锁锭拔出、导叶中接开度大于 5%、机组频率大于 25Hz、有功功率大于额定有功 10%、断路器在合闸位置，则"机组状态不一致"故障变量为 1，相应报警输出"机组状态不一致"，调速器判断机组为发电态。

3）优化后程序中的导叶切手动/自动的逻辑：当无导叶自动开入信号，而有切导叶为手动的故障（或有导叶手动开入信号，或导驱故障，或轮驱故障，或有机组状态不一致故障）时，导叶自动切手动；否则，若有导叶自动开入信号，导叶切自动。

3. 改善运行条件

夏季厂房环境温度较高（约 35℃），PCC 外壳温度为 55℃，基本接近 PCC 的最高正常工作环境温度（60℃）。温度过高可能造成控制器及 I/O 通信模件工作异常，导致通信中断、调速器控制器不能正常采集到合理数据，程序判断会出错，造成设备状态异常。因此，在调速器电气柜左右对开的后门上方再各增加一个散热孔，保证设备运行在适宜条件。

4. 编制调速器故障预控措施单，防止误操作

调速器出现故障时切到手动，告知巡检人员现场检查的注意事项和操作指南。

1）通过调速器控制器程序优化，解决了调速器 PCC 与 I/O 模件通信中断后调速器由发电态进入到停机过程后不能自动切换状态回到发电态的问题，有效防止了 PCC 与 I/O 模件通信故障造成的异常开度给定，可预防机组负荷调节异常的发生。

2）在现地设备和监控系统上均增加了"机组状态不一致故障"报警信号，为巡检和监屏人员及时发现调速器异常提供了警示依据。当同时存在机频故障且功率反馈故障且导叶中接反馈故障信号时，或 PCC 与 I/O 出现通信故障时均能报出"机组状态不一致故障"报警信号，完善设备的报警机制。

3）通过调速器控制器程序优化，完善了调速器故障动作和复归时触摸屏上故障信号的显示问题，使巡检人员能更好地根据触摸屏的信号来判断调速器的运行状态。当电调发生故障时，不论故障仍然存在还是已经消除，必须通过人工手动在触摸屏上复归故障的方式才能消除触摸屏上的故障报警状态。若故障已自动复归，则触摸屏上的故障报警状态能够被复归为正常状态；若故障仍存在，则触摸屏上的故障报警状态不能被复归，故障报警状态会持续保持。由此降低了人为误操作的风险。

四、机组功率闭环调节异常分析与处理

（一）设备简述

某水电站机组并网后，调速器有两种功率闭环调节模式：开度模式和功率模式。调速器

工作于功率模式时，当发生功率反馈故障，如功率反馈断线或功率反馈跳变，调速器会自动切换到开度模式运行，并保持当前负荷不变。

调速器工作于开度模式时，以导叶开度设定为调节目标。调速器将监控的有功给定转换为导叶开度设定，通过比较导叶开度设定和导叶开度反馈之间的差值进行闭环 PID 调节，根据差值的正负及大小计算出大小不等的驱动电流，通过驱动电路驱动比例伺服阀或步进电机向开或关方向动作，通过液压回路驱动主配、接力器动作。当导叶开度设定和导叶开度反馈之间的差值小于调节死区时，调节过程结束。

调速器工作于功率模式时，以功率设定为目标进行调节。调速器接受监控远方的有功模拟量给定，通过比较有功设定和机组有功采样值之间的差值进行闭环调节，根据差值的正负及大小计算出大小不等的驱动电流，通过驱动电路驱动比例伺服阀或步进电机向开或关方向动作，通过液压回路驱动主配、接力器动作，当有功设定和机组有功采样值之间的差值小于调节死区时，调节过程结束。

（二）故障现象

某机组并网试验时，监控投入"有功闭环"及"功率模拟量给定"方式，调速器 A 套在线，置"远方""自动"方式，投入"功率模式"，机组水头为 201.68m，对应的并网导叶电气开限为 95％。由于机组刚并网，负荷设定为 0.27MW，此时 A 套调速器功率采样值为 0MW 左右，B 套调速器功率采样值为 0.11MW 左右，监控系统功率采样值也为 0.275MW 左右，导叶开度 14.8％左右。然后监控远方模拟量给定机组负荷为 80MW，调速器接到负荷设定后开始进行有功 PID 调节，导叶从 14.8％快速上升至 95％，历时约 54s，在此期间 A 套调速器功率采样值一直为 0MW 左右不变，B 套调速器功率采样值一直为 0.11MW 左右不变，监控系统功率采样值也一直为 0.34MW 左右不变，而机组实际出力达到 800MW。

现场试验人员立即将调速器切至"电手动"方式，进行手动降负荷，导叶开度随后减小至 16.91％，此时机组实际出力约 70MW。在这个过程中，发现 A、B 套调速器功率采样值与监控系统功率采样值同样一直保持不变。

（三）故障诊断分析

经现场逐步排查，发现调速器电气柜内的有功功率采样装置有"死机"现象。该装置采集机组电流、电压计算出有功功率后分三路信号输出至 A 套调速器、B 套调速器及 LCU，量程为 -100~950MW，而上述三套设备的有功功率在上述期间均一直保持不变。

当调速器收到监控系统的设定值 80MW 时，此时调速器增开导叶，A 套调速器功率采样值一直为 0MW 左右且保持不变，此时 A 套调节器的有功通道没有发生断线、断电或有功值跳变，故系统将该值视为有效值，并没有触发 A 套调节器的功率反馈故障，因此 A 套调节器没有切换到开度模式运行，仍然工作于功率模式。这时，根据调节原理，A 套调节器的功率设定为 80MW 未变，而有功采样一直保持在 0MW 左右，两者之间的差值始终为 +80MW 左右，调速器程序判断功率一直未调节至设定目标，因此调速器输出电流驱动比例阀一直向开向动作，接力器随之一直向开向动作，直至导叶开至导叶开限 95％为止，历时 54s 左右。

分析结论：核心控制元件功率变送器模块发生偶发性死机，导致输出保持为 0 不变，造成调速器收到错误的有功信号，造成功率闭环调节异常。

（四）故障处理

（1）更换机组调速器功率采样装置，进行相关参数检查，手动增减负荷观察确认有功、开度、机组频率等测值正常，检查确认调速器的控制正常。

（2）完善调速器的容错逻辑，增加功率采集装置输出缓变（包括不变）的容错保护功能。

1）调速器控制逻辑完善。当调速器有功设定变化达到阈值时（阈值根据实际情况确定，默认 10MW），经延时，如果机组有功实采值的变化小于阈值（根据试验确定，默认 1MW），则判定有功采集装置故障，调速器切"开度调节"方式，其判断逻辑如图 8-7 所示。

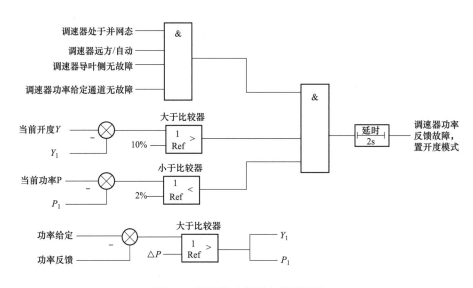

图 8-7　调速器功率缓变判断逻辑

2）监控系统 LCU 功率缓变判断逻辑完善。

机组并网情况下，调速器有功模拟量方式跳变为开度模式且调速器有功反馈故障报警时，机组 LCU 退出有功闭环模式，单机 AGC 退出联控方式，全厂 AGC 不变。

机组并网情况下，LCU 检查到机组主用有功功率值与备用有功功率值偏差大于阈值（默认值 20MW）时，机组 LCU 自动退出有功闭环模式，单机 AGC 退出联控方式，全厂 AGC 不变，自动切调速器为开度调节方式。

（3）完善机组检修后首次启动试验方案。在机组检修完毕进行首次启动试验时，机组并网后先将调速器切至电手动，手动增/减小负荷，试验人员检查有功采样、导叶开度等参数正常后，再切调速器为"远方""自动"方式进行下一步带负荷试验。

（五）处理评价

调速器和监控系统 LCU 程序优化后，经过真机网下、网上试验验证，新增的功率缓变故障判断程序能够有效避免机组功率缓变引起的调速器负荷调节异常，保证机组安全稳定运行。

（六）后续建议

（1）因不同机组调速器运行工况不同，相关故障判断阈值有一定差异，需要根据实际各种运行工况进行合理选择，以避免调速器频繁切换工作方式。

（2）调速器换型改造时可考虑功率信号采用"3 选 2"逻辑提高其可靠性，从根源上避免类似故障发生。

五、调速器主配抽动故障分析与处理

（一）设备简述

某水电站机组调速器控制系统由两套主备冗余的 PCC 控制器（即 A 套、B 套）、一套触摸屏控制显示系统（HMI）、冗余电源系统以及相关的外部设备组成。电液转换单元采用非对称冗余结构，即比例伺服阀＋电机式转换单元，其中 A 套调节器采用比例伺服阀驱动主配压阀，B 套调节器采用步进电机驱动主配压阀。

（二）故障现象

2018 年 4 月 12 日，某机组检修后进行首次启动试验，开机过程中因为调速器 A 套电液执行机构出现跟踪故障，切换至调速器 B 套电液执行机构运行。

机组再次开机至空载态，进行空载扰动试验，发现 B 套调速器步进电机在大步长调节时，主配发生抽动，接力器有卡顿现象。

（三）故障诊断

1. 检查情况

4 月 13 日，对步进电机控制回路、引导阀机械部分、步进电机本体、驱动器等部件进行检查，未发现异常。之后更换了步进电机驱动模块，再次进行开度阶跃试验，在 10% 开度阶跃时运行正常，在20％开度阶跃时步进电机异常复中主配发生抽动，接力器也有明显的抽动现象，与更换步进电机驱动模块前的抽动现象一致。

4月17日，进一步安排无水试验进行故障排查。试验过程中发现，将调速器步进电机驱动模块的电流参数由原整定值45％（基准值为步进电机额定励磁电流3mA）调整为80％时，现场大步长阶跃试验（不低于30％）步进电机无异常复中现象，主配无异常抽动，接力器开度稳定。

2. 故障原因分析

经上述试验表明，本次机组主配抽动的原因为步进电机驱动模块的电流参数整定值处于临界值范围，步进电机电磁力矩不能平衡大步长阶跃时自复中弹簧的机械力矩，导致大步长阶跃时步进电机由开启状态被复中弹簧强制复中。由于调速器是一个负反馈闭环调节系统，步进电机被异常复中后转速/开度未达到目标值，因此调节器会再次下令开启步进电机，步进电机产生"开启-关闭-再开启-再关闭"的往复动作，导致主配抽动。

（四）故障处理

（1）对该机组步进电机驱动器励磁电流进行重新整定，同时对不满足要求的其他机组整定值也进行了调整。

（2）修编作业指导文件，将该整定值作为岁修标准项目进行检查，消除检修盲点。

六、调速器转速信号跳变故障分析处理与预防

（一）设备简述

某水电站机组调速器测频方式分为两种：齿盘测频和残压测频。齿盘测频原理为机组大轴旋转时带动齿盘或齿带同步旋转，测速探头会形成周期性的脉冲信号，齿盘脉冲信号经过测频整形板、隔离变后接入测频专用计数模块。残压测频原理是电压互感器正弦信号经过滤波、降压限幅处理后，放大整形成为正负方波，然后经过光电隔离，成为单极性方波，最后通过D触发器二分频后，得到一个周期高电平、一个周期低电平的方波信号。

该水电站机组调速器A、B机以及转速装置测速回路均有三路，分别是残压、齿盘1、齿盘2。机组在正常运行时采用残压测频，当调速器处于停机备用态时采用齿盘1测频，若齿盘1故障则采用齿盘2测频。调速器上送监控模拟量转速信号有两路：转速1来自调速器电气柜，输出值为当前主用装置的频率采样值，转速2来自转速装置。

（二）故障现象

该水电站机组自投运以来，多次发生调速器转速信号跳变，具体情况如下：

2013年4月22日，某机组停机过程中转速＞115％动作、电气一级过速（＞143％）动

作、电气二级过速（>146%）动作、一类机械事故停机动作，造成机组快速门落门；机组停机流程结束后，转速仍在 0～120Hz 之间波动。

2014 年 5 月 29 日，某机组检修后开机，机组投高压油后出现蠕动，测速装置 1 号齿盘信号出现跳变，转速跳变至 47%。

2014 年 10 月 9 日，某机组停机流程执行到第五步投入风闸后，监控系统显示机组转速 2 下降到 1.3% 后又跳变至 27.6% 并保持不变，导致机组停机流程超时退出。

2015 年 1 月 11 日，某机组停机后，转速装置 1 路齿盘测速信号发生持续跳变，转速测量显示跳变值最大达到 199%，如图 8-8 所示。

2015 年 12 月 12 日及 2015 年 1 月 19 日，某机组两次出现自动开机过程中转速信号异常跳变，开机至空载期间转速 1 与转速 2 测得最大转速偏差达到 45%，空载转速最高升至 106%。

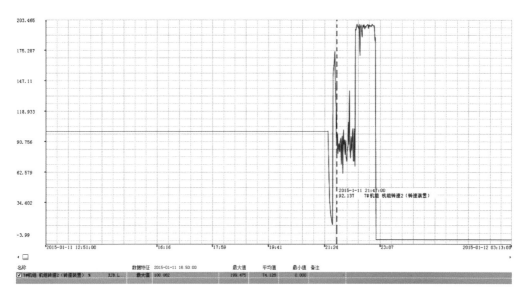

图 8-8 转速波形图

（三）故障诊断

（1）检查信号输入输出回路，未发现异常。

（2）检查调速器转速测量回路元器件，整形板、隔离变压器、高速计数模块等均未发现异常。

（3）检查齿盘测速探头，发现探头与齿盘齿面部分正对时探头信号灯频闪，转速信号有波动。经进一步分析，认为引起转速信号波动的原因有两个方面：一是该测速齿盘加工精度不高，易造成探头测速偏差较大甚至丢齿。二是测速探头与齿盘安装在发电机下机架内，该区域存在一定的电磁干扰，而测速探头测量范围较广，感应临界状态范围偏大，易受感应距离及电磁干扰影响，引起信号跳变。

（四）故障处理

1. 齿盘测速探头更换

将现有齿盘测速探头换型，感应距离由 10mm 缩短为 7mm。

2. 测速装置程序优化

（1）转速装置开停机状态流转条件修改。

转速装置原程序中，当采集到某一探头信号超过 1.9Hz 后，即进入转速装置开机态，此时有转速信号输出。程序优化后，对转速装置开/停机状态转换条件做"三选二"处理，即在机频、齿盘 1、齿盘 2 三路频率信号中有两路满足开/停机条件，转速装置才会进入开/停机状态；并且在停机状态执行后，屏蔽频率信号输出通道，避免出现停机状态下转速装置异常输出的情况。

（2）在单独机频通道下转速不能到零问题处理。

由于机频在较低转速情况下，残压过低，测频装置不能测到有效机频，机频通道测频值会保留在最小值一直输出，导致在齿盘 1 和齿盘 2 同时故障，机频正常情况下，转速装置转速不能降低到零。

处理方法：在两路齿盘故障情况下，在机频降低至最小值之前，强制机频输出为 0Hz，并利用爬坡原理，使输出机频缓慢降低至零转速。

（3）齿盘测速通道故障判断功能修改。

因在齿盘通道处理中存在滤波功能，导致加入故障判断功能块后，不能有效判断其跳变故障。为完善其故障判断功能，现加入"三选二"表决算法，以避免在三路频率通道都无故障报警的情况下，某一通道异常导致转速误动的情况。

机频、齿盘 1 和齿盘 2 均高于 10Hz 且无故障，则进入三选二表决算法：机频与齿盘 1 差值大于报警设定值时，则先判断为机频、齿盘 1 报警；机频与齿盘 2 差值大于报警设定值时，则先判断为机频、齿盘 2 报警；齿盘 1 与齿盘 2 差值大于报警设定值时，则先判断为齿盘 1、齿盘 2 报警；然后进行三选二表决，机频、齿盘 1 报警且机频、齿盘 2 报警，则最终判断为机频报警；机频、齿盘 1 报警且齿盘 1、齿盘 2 报警，则最终判断为齿盘 1 报警；机频、齿盘 2 报警且齿盘 1、齿盘 2 报警，则最终判断为齿盘 2 报警。功能块程序逻辑如图 8-9 所示。

（五）处理评价

齿盘测速探头更换和程序优化处理后，经过长期的运行观察，机组开机后运行稳定，停机时频率再未发生跳变，此问题得到了解决。

图 8-9 三选二表决算法逻辑图

（六）后续建议

1. 坚持每年对探头与齿盘进行检查

每年机组维护时，对探头与齿盘的安装进行检查，防止紧固件松动。另外对探头与齿盘之间的间隙进行测量并记录，与安装记录进行比较，保证安装距离满足要求。同时，专业技术人员平时加强对转速信号对比分析，观察各路转速信号是否存在偏差。

2. 坚持每年对转速装置进行试验

按照规程及作业指导书等有关要求，检修后对转速装置进行校验，必要时进行检查处理。

七、调速器转速装置故障分析与处理

（一）设备简述

调速器转速装置主要功能是测量机组的转速，并根据转速的变化，输出多路接点信号，以供其他控制回路使用。

（二）故障现象

2018 年 9 月 27 日 4 时 34 分，某机组报转速装置故障，有功闭环、无功闭环退出，调速器切至开度模式，5 时 41 分，机组一类机械事故保护动作跳闸停机。

5 时 25 分，维护人员现场核实转速装置本体数码管显示消失，监控系统模拟量信号为 154％，开关量"转速＞95％""转速＞115％""转速＞152％"触点均动作。

5 时 41 分，机组一类机械事故动作，机组停机。

（三）故障诊断分析

1. 转速装置检查情况

将转速装置拆除后进行检查，发现设备通电后无法正常启动。进一步检查发现，转速装置内部开关电源输出电压只有 13.3V DC 和 3.8V DC，而正常运行时开关电源输出电压应为 DC 24V 和 DC 5V，输出电压明显偏小，判断是开关电源故障，如图 8-10 所示。

更换开关电源后，检测新电源输出电压为 23.8V DC 和 5.05V DC，电压正常。使用频率发生器模拟 TV 和齿盘信号进行试验，转速装置的模拟量和开关量输出均正常。转速装置内部结构见图 8-11。

图 8-10　故障开关电源

图 8-11　转速装置内部结构

2. 监控保护流程分析

从监控保护流程上分析，只有满足机组转速信号（模拟量或者开关量）大于 115％并且大于 152％后才能触发机组一类机械事故。同时在程序中加入了机组并网状态信号闭锁，即机组只有在非并网态时过速保护才能出口。

转速装置模拟量输出的趋势见图 8-12。从趋势图中可以看出，4 时 30 分转速输出已经达到 150％左右并一直保持，但因机组处于并网态，过速保护被闭锁，转速装置的误开出并未导致机组事故停机，符合非单点停机的保护措施。5 时 41 分，转速装置故障引起"转速＞95％"信号复归，此信号触发 LCU 判断机组并网态复归，过速保护闭锁被解除。而此时转速装置模拟量输出仍然为 160％左右，"转速＞115％""转速＞152％"信号同时满足导致一类机械事故停机。

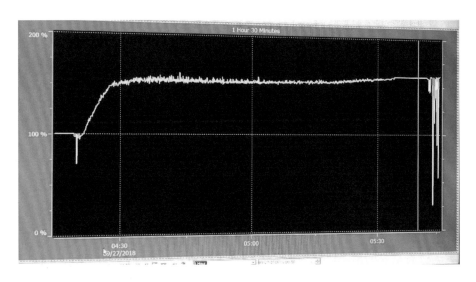

图 8-12　转速装置模拟量输出趋势图

通过上述综合分析，本次机组跳闸停机的直接原因是机组转速装置开关电源故障，引发转速装置输出信号紊乱失控导致机组电气过速保护误动。

（四）处理措施

（1）更换新型、带装置电源冗余模块的转速装置。

（2）优化停机条件。在机组并网态判断逻辑中增加机组有功功率与定子电流判断条件，如图 8-13 所示。在此条件下，即使转速装置故障，出现过速信号误输出，因机组有功及定子电流的存在，仍判断机组为并网态，从而避免过速停机。

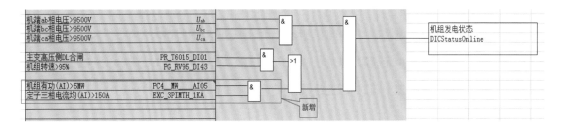

图 8-13　修改后并网条件

第九章　励磁系统

第一节　设备概述及常见故障分析

一、励磁系统概述

励磁系统是同步发电机的重要组成部分之一，它直接影响发电机的运行特性，对电力系统安全稳定运行有重要的影响。随着发电机组容量的增大和电力系统规模的扩大，励磁方式从直流励磁机方式逐渐发展到采用交流励磁机＋静止（或旋转）半导体整流器的励磁方式和自励式半导体励磁方式。励磁控制器也从传统的模拟式调节单元发展到以微型计算机为核心的数字式调节单元。

（一）励磁系统主要作用

（1）维持发电机机端电压。

发电机组正常运行时，励磁系统应维持机端电压在给定水平；发电机运行工况发生变化时，励磁系统能够自动调节励磁电流，使机端电压维持在给定水平且满足调压精度。这是励磁系统最基本和最重要的作用。

（2）合理分配并联机组的无功功率。

当母线电压发生波动时，发电机无功电流的增量与电压偏差成正比，与调差系数成反比，并联发电机间的无功电流应当按照机组容量大小成正比进行分配，即大容量机组担负无功增量要大，小容量机组担负无功增量要小，使机组无功增量标幺值相等。励磁系统可对调差系数进行调节，达到合理分配并联机组无功功率的目的。

（3）提高电力系统静态稳定性。

灵敏快速的励磁调节器可以维持发电机机端电压恒定，相当于补偿了全部发电机的 d 轴同步电抗，达到线路静稳功率极限，提高电力系统的静态稳定水平。

（4）改善电力系统暂态稳定性。

励磁系统强行励磁和快速励磁作用在电力系统遭受大干扰时，减少加速面积，增加减速面积，改善电力系统的暂态稳定性改善电力系统动态稳定性。

（5）改善电力系统动态稳定性。

通过在励磁调节器上附加一个补偿环节（电力系统稳定器），可以有效地增加发电机有功功率低频振荡阻尼，抑制电力系统低频振荡，改善电力系统动态稳定性。

（二）励磁系统故障产生的影响

励磁系统故障产生的影响主要有以下几个方面：

（1）励磁系统故障导致低励或失磁时，发电机从电力系统吸收无功功率，引起系统电压下降。如果电力系统无功储备不足，将使临近故障发电机组的系统某点电压低于允许值，使电源与负荷间失去稳定，甚至造成电力系统因电压崩溃而瓦解。

（2）一台发电机发生失磁，导致机端电压下降，电力系统中的其他发电机组在自动调整励磁装置作用下将增大无功输出，从而可能使某些发电机组和线路过负荷，其后备保护可能发生误动作，使故障范围扩大。

（3）一台发电机失磁后，由于有功功率的摆动，以及电力系统电压的下降，可能导致相邻正常发电机与电力系统之间或系统各回路之间发生振荡，造成严重后果。

（4）励磁系统故障导致失磁后，发电机定转子之间出现转差，在发电机转子回路中产生损耗超过一定值时，将使转子过热，流过转子表面的差额电流将使转子本体与槽楔、护环的接触面上发生严重的局部过热。

（5）在重负荷工况下励磁故障导致失磁后，转差可能发生周期性变化，使发电机出现周期性的严重超速，直接威胁发电机组的安全。

二、设备的构成及工作原理

供给同步发电机励磁电流的电源及附属设备统称为励磁系统，励磁系统主要由励磁调节装置、励磁功率单元、过压保护及灭磁装置等组成。

（一）励磁调节装置

励磁调节装置根据检测到的发电机电压、电流或其他状态量的输入信号，按照给定的励磁控制准则自动调节励磁功率单元的输出，达到给定水平。通常由测量单元、同步单元、放大单元、调差单元、稳定单元、限制单元及一些辅助单元构成。

（1）测量单元。测量电压、电流及其他状态量作为励磁调节器的输入信号，经测量单元变换后与给定值进行比较。

（2）放大单元。将比较结果经过前置放大单元和功率放大单元进行放大，用于控制可控硅的触发角，以达到调节发电机励磁电流的目的。

（3）同步单元。使移相部分输出的触发脉冲与可控硅整流器的交流励磁电源同步，以保证可控硅的正确触发。

（4）调差单元。根据机组无功电流分量将调差单元输出结果叠加在测量回路或者直接作用于电压给定环节，改变发电机电压调节特性斜率，实现并联运行的各机组间稳定和合理分配无功功率。

（5）稳定单元。为了改善电力系统的稳定而引进的单元，通过对发电机有功功率、转速或者频率信号计算处理，产生附加信号叠加到励磁调节器中，使发电机产生阻尼低频振荡的附加力矩。

（6）限制单元。为了使发电机不在过励磁或者欠励磁状态下运行而设置了限制单元。在正常情况下限制单元不参与自动励磁控制，当发生非正常运行工况时，励磁限制单元的某些限制功能发挥作用，通过增减磁使励磁运行在合理区间。常用的限制功能有：欠励限制、过励限制、V/Hz限制、强励反时限限制、定子电流限制、最大/小励磁电流限制等。

励磁调节装置的基本要求如下：

（1）具有高度的可靠性，并且运行稳定；

（2）具有良好的静态特性和动态特性；

（3）调节的时间常数应尽可能小，响应速度快；

（4）结构简单、维护方便，并逐步做到条例化、标准化、通用化。

（二）励磁功率单元

励磁功率单元负责向同步发电机转子提供直流励磁电流或者交流励磁电流，其输出大小由励磁调节装置控制，根据励磁方式的不同，其具体构成也有所区别，常见的设备有直流励磁机、交流励磁机、励磁变压器、晶闸管整流装置等。

励磁功率单元的基本要求如下：

（1）具有足够的调节容量，以适应各种不同运行工况的要求；

（2）具有足够的励磁顶值电压和电压上升速度。

（三）过压保护装置

在同步发电机运行过程中，由于种种原因，在励磁装置的主要部件和发电机的转子绕组中产生过电压，这些过电压往往对励磁装置和同步发电机本身构成很大危害，因此需要设置过电压保护装置。过压保护装置主要对励磁装置主要部件和转子绕组中产生的过电压起到抑制或消除作用，比较常用的过压保护装置有非线性电阻和阻容吸收装置。

过压保护装置的基本要求如下：

（1）过电压时吸收暂态能量要大，限制过电压能力强；

（2）装置简单可靠；

（3）动作后能自动恢复并能重复动作；

（4）对正常运行的影响小。

（四）灭磁装置

灭磁装置通过能量转移消耗方式将转子绕组中的磁场能量快速消耗，实现快速灭磁，使发电机电压消失，使事故影响降到最小。常用的灭磁方式有：线性电阻灭磁、灭弧栅灭磁、逆变灭磁、非线性电阻灭磁、交流灭磁等。其中，非线性电阻灭磁装置因为非线性电阻具有电阻电压受电流变化影响很小的特性，因此具有较快的灭磁速度，灭磁曲线比较接近理想曲线，是目前应用最为广泛的灭磁方式。

灭磁装置的基本要求如下：

（1）在发电机内部发生短路时，灭磁时间应尽可能短；

（2）在灭磁过程中，转子绕组两端产生的过电压应在绕组绝缘允许范围内。

三、常见故障分类及原因分析

励磁系统常见故障主要包括起励失败、电压互感器断线、功率柜故障、通信故障、调节器故障等。掌握一些常见故障及其原因，可以在日常运行维护时采取措施避免其发生，或在故障发生后进行快速准确、及时有效地处理。以下列出了一些常见故障的可能原因：

（1）起励失败。原因：调节器未收到开机令；起励电源未投入；起励回路故障，如线路松动或元器件损坏；调节器故障；采用"残压起励"模式，转子侧剩磁不够；脉冲回路故障；转子回路开路等。

（2）电压互感器断线。原因：电压互感器一次回路开路，如空气断路器未闭合、接线端子松动、电压互感器一次侧熔丝熔断；电压互感器二次端子至调节器电压互感器测量板件回路故障；调节器电压互感器测量板件故障；调节器电压互感器板件直流采样回路时间常数偏大；电压互感器通态特性差异偏大等。

（3）功率柜故障。原因：冷却风机故障，如风压或者风速低，传感器节点抖动等；实际温度过高或者测温回路故障；整流器故障，如整流桥触发回路或熔断器故障掉相；整流桥测量回路故障等。

（4）通信故障。原因：①通信回路接触不良；②通信板件、交换机等设备故障或运行不稳定；③通信回路受干扰。

（5）调节器故障。原因：①调节器硬件故障，包含 CPU、DSP、I/O 等板件故障；②调节器软件故障；③调节器电源故障；④运行环境温度偏高等。

（6）脉冲异常故障。原因：①脉冲板输出异常；②脉冲回路接触不良；③脉冲输出切换继电器故障；④脉冲放大变压器故障；⑤脉冲放大电源丢失等。

（7）电源故障。原因：①外部电源丢失；②电源板件故障。

（8）测量异常。原因：①测量回路接触不良；②变送器或传感器测量不准或故障；③测量板件漂移或故障。

（9）误强励。原因：①测量回路接触不良；②测量回路接线错误；③操作不当导致。

（10）低频振荡。原因：①励磁系统的 PSS 参数设置不当；②频率测量不稳定。

四、常见故障的分析处理方法

在对励磁系统故障进行查找分析时，要综合利用不同设备提供的信息数据，诸如励磁调节器本身、监控系统和故障录波装置记录的故障报警、事件信息及波形等数据。通过对相关信息数据的综合分析判断，得到故障的可能原因，再通过现场针对性检查、模拟测试等方法确定具体故障原因并进行处理。下面是一些常见故障的分析处理方法：

（1）起励失败故障处理方法：①检查开机令回路接线是否正常，开机令是否正常开出，调节器接收回路（如继电器）是否正确动作；②检查起励电源回路断路器是否闭合且回路电压是否正常；③检查起励回路接触器、整流单元有无故障，接线是否松动；④检查调节器有无故障信息，若无，则模拟开机令给调节器，测试调节器调节、动作输出是否正常；⑤查看起励波形分析；⑥检查脉冲回路有无异常，若无异常，进行小电流试验测试；⑦检查灭磁开关动作是否正常，合闸后是否导通良好。

（2）电压互感器断线故障处理方法：①检查电压互感器二次回路空开是否闭合且导通良好，电压互感器二次回路接线有无松动，端子导通是否正常；②测量电压互感器高压侧熔断器是否导通，外观有无异常；③外加三相交流电源测试调节器板件测量是否正常。

（3）功率柜故障处理方法：①模拟启动风机，检查风机运行启停及运行是否正常，风压、风速传感器工作是否正常；②检查功率柜散热是否良好，若功率柜散热正常，则检查测温回路是否正常并可通过模拟加热方式检测；③检查整流桥臂晶闸管、熔断器及其位置节点、脉冲触发回路有无异常，必要时进行小电流试验检查；④检查测量回路接线及设备是否正常，若无异常，则可模拟信号的增减来测试测量回路是否正常。

（4）通信故障处理方法：①通过测试命令逐段检查导致通信异常的位置，检查通信接口插拔是否存在松动、接触不良等情况；②若板件故障或性能不稳定，则进行更换；③检查通信回路，通信回路应采用屏蔽线，屏蔽线可靠接地，通信线铺设路径应避开电磁干扰设备。

（5）调节器故障处理方法：①确认是否为调节器硬件故障，若是，则更换调节器板件，并更具所更换的板件进行相应测试试验；②若是偶发软件故障，可采用重启或者重新更新程序，若出现多次，则需优化软件；③检查调节器外部供电是否正常，若正常，则检查调节器电源板件输出是否正常；④检查调节器运行环境温度是否偏高，若是，则采取散热措施。

（6）脉冲异常故障处理方法：①检查脉冲回路工作电源是否正常；②检查脉冲回路、板件、输出切换继电器、脉冲变、同步变等相关设备外观、接线等是否正常；③采用小电流试验查找异常原因。

（7）电源故障处理方法：①测量励磁系统外部输入电源是否正常；②电源回路接线是否正常；③检查系统内部电源板件、电源模块的输出是否正常。

（8）测量异常处理方法：①检查测量回路有无松动、接触不良等异常；②外部加入标准信号检查和校验变送器、传感器、测量板件等是否工作正常。

（9）误强励处理方法：①检查测量回路有无松动、接触不良等异常；②检查测量回路接线是否错误；③检查操作流程，避免导致误强励的操作再次发生。

（10）低频振荡处理方法：①做试验检查励磁系统的 PSS 参数是否设置不当；②检查频率测量是否不稳定，查明原因并消除。

第二节　励磁系统典型故障案例

一、励磁系统起励失败故障分析及处理

（一）设备简述

某水电站机组采用三相全控晶闸管整流静止自并励微机励磁系统。机组采用交流 380V 自用电作为起励电源，经起励变压器、整流二极管、起励接触器将交流电转换为直流初励电源，为发电机转子提供励磁电流，励磁系统图及起励回路见图 9-1。

（二）故障现象

某机组在首次自并励方式起励时，励磁系统报起励失败、起励超时等故障信号，检查起励时发电机机端电压最高未达到 $10\%U_{gN}$，厂家技术人员修改起励程序中的起励时间、机组建压门限值等，均未能解决问题。

（三）故障诊断分析

电厂维护人员从起励时的机端电压、励磁电流、励磁投入、起励超时等信息入手，结合理论分析和软件程序流程，发现起励时发电机电压达不到发电机最低建压条件（发电机电压在 $10\%U_{gN}$ 以上建压成功），不满足励磁调节器向晶闸管整流柜发触发脉冲的条件，最终导致起励超时起励失败。

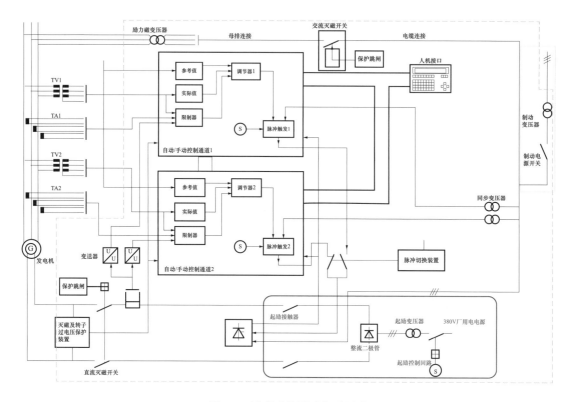

图 9-1　励磁系统图及起励回路

进一步分析选型计算书，发现起励变压器（简称起励变）选型在计算时未考虑变压器本身阻抗压降、二极管压降、励磁直流电缆压降及转子直阻差异等因素，二次电压和变压器容量的裕度太小，以至于起励电源无法在起励建压时间内将机端电压提高到 $10\%U_{gN}$，晶闸管触发脉冲无法释放，从而导致起励失败。

由于转子直流电阻很小，起励变几乎工作在短路状态，因此在起励变压器设计时应考虑其阻抗压降。目前国内多数励磁系统厂家设计起励变时都未考虑阻抗压降，多通过较大裕度来满足要求和提前发出触发脉冲来解决这一问题。

基于以上分析，确定起励失败原因是起励变压器二次侧电压偏低、容量偏小导致初励励磁电流太小、机端电压偏低，引起触发脉冲无法释放。

（四）故障处理

根据起励变压器选型算法，维护人员对起励变压器二次电压和容量进行重新设计计算，将起励变裕度系数由 1.05 调整为 2，将二次电压由原来的 25V 提高到 43V，容量由原来的 10kVA 增加到 15kVA。更换新型号起励变压器后，起励后机端电压可以达到 $10\%U_{gN}$ 以上，满足晶闸管脉冲触发条件，励磁起励正常，发电机自并励建压成功。起励变压器换型后，各机组起励均未出现相应问题。起励变压器换型前后参数对比见表 9-1。起励变压器技术参数计算（换型后）如下：

1. 针对右岸发电机组

按 10％额定空载励磁电流 $I_{f0}=1979A$ 计算，起励时的励磁电流 I_s 为

$$I_s=10\%I_{f0}=197.9A$$

起励时的励磁电压为

$$U_s=I_s\cdot R_f=197.9\times0.1378=27.3V$$

考虑变压器本身阻抗、线路阻抗等因素，取裕度 2，实际取 43V，起励变二次侧电压为

$$U_2=2U_s/1.35=40.4V$$

起励变容量为

$$P_s=\sqrt{3}\times0.816I_s\cdot U_2=11.3kVA$$

实际选取 15kVA。

2. 针对左岸发电机组

按 10％额定空载励磁电流 2313.2A 计算，起励时的励磁电流为

$$I_s=10\%I_{f0}=231.3A$$

起励时的励磁电压为

$$U_s=I_s\cdot R_f=231.3\times0.1089=25.2V$$

考虑变压器本身阻抗、线路阻抗等因素，取裕度 2，实际取 43V，起励变二次侧电压为

$$U_2=2\times U_s/1.35=37.3V$$

起励变容量为

$$P_s=\sqrt{3}\times0.816I_s\cdot U_2=12.2kVA$$

实际选取 15kVA。

表 9-1 起励变压器换型前后参数对比

项目	左岸、右岸机组换型前	左岸、右岸机组换型后
额定容量	10kVA	15kVA
一次额定电压	380V	380V
二次额定电压	25V	43V
相数	三相	三相
接线组别	YD11	YD11

（五）后续建议

励磁起励变压器容量、变比设计选型配置应得当才能使机组正常起励，可将励磁起励变压器二次侧电压裕度系数适当提高。在励磁系统起励变设计时要考虑到以下几点：一要考虑调节器起励脉冲的触发时刻，二要考虑起励变压器的阻抗压降对提供初励电流的影响，三要

考虑起励二极管压降、励磁直流电缆压降及转子直阻差异等因素。

二、机组机端电压异常抬升故障分析与处理

（一）设备简述

某水电站机组采用自并励励磁系统，励磁调节器采用主备冗余设计，每套调节器的机端电压采集回路独立，分别从机端 2 个电压互感器（1YH、2YH）的二次侧测量机端电压，电压互感器每相的本体及高压侧熔断器互相独立。

（二）故障现象

2017 年 9 月 21 日 10：58～13：12，某机组出现 4 次较大无功功率波动现象，无功功率波动较大导致 AVC 退出。

2017 年 9 月 22 日 22：28～23：30，该机组又出现一次较长时间的机端电压和无功功率抬升现象，23：30，运行人员手动远方减磁降低机端电压给定，稳定机组无功功率和机端电压。

2017 年 9 月 23 日 7：03 开始，机组再次出现无功功率波动现象，运行人员手动远方减磁稳定机组无功功率和机端电压。8：05，机组无功功率波动频繁；8：26，无功功率波动加大，手动减磁稳定机端电压和无功功率难度增大，如图 9-2 所示。

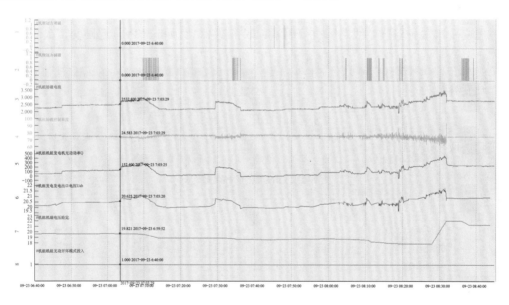

图 9-2　故障过程监测数据波动曲线

（三）故障诊断

1. 现场检查

查看监控系统记录：2017 年 9 月 21 日 10：58、12：31、13：07、13：12，机组分别发生四次无功调节失败，AVC 调节退出。事件发生时，机组无功功率和机端电压均有

明显波动，无功变化值超过 40Mvar，触发单机 AVC 退出。通过对比故障录波数据，确认监控系统数据采集正常。此过程中，AVC 对机组下发的无功和电压给定值未变化，AVC 也无异常调节，但机组无功变化超定值，单机 AVC 退出，AVC 控制功能正常。

维护人员通过查询相关录波图，发现励磁系统在无远方增磁令的情况下，在 10 时 58 分 52 秒突然将触发角由 73.9°减至 68.4°，造成励磁电压由 319V 增至 362V，励磁电流由 2633A 增至 2799A，机端电压由 20.43kV 增至 20.69V，电压突然阶跃 1.3％，机组无功功率由 125Mvar 增至 178Mvar。随后监控系统由于无功功率超调发远方减磁令，降低机组无功功率和机端电压。检查机组励磁系统无任何报警事件记录，励磁系统工作正常。

9 月 23 日 8 时 26 分，该机组无功功率波动加大，手动远方减磁稳定机端电压和无功功率难度加大。8 时 35 分，维护人员发现励磁调节器通道 1 报"TV 断线"。立即检查励磁调节器柜电压互感器电压，发现 1YH 的线电压 $U_{AB}=60.46V$，$U_{AC}=61.80V$，$U_{BC}=102.5V$。经测量确认 1YH 的 A 相断线，其余 TV 二次电压正常。该机组停机后，维护人员检查确认 1YH 的 A 相高压熔断器熔断。

2. 故障分析

通过趋势分析及现场检查，确认该机组机端电压异常抬升的原因为发电机出口 1YH 的 A 相高压熔断器慢熔故障。根据励磁系统的 AVR（自动电压调节模式）调节原理，由于 TV 高压侧熔断器发生慢熔，导致励磁调节器测量到的机端电压值低于实际值，但是又未达到励磁调节器判断 TV 断线的动作阈值，使得励磁调节器正常调节后的实际机端电压高于设定值，出现机端电压抬升、无功功率增大的异常现象，如图 9-3 所示。

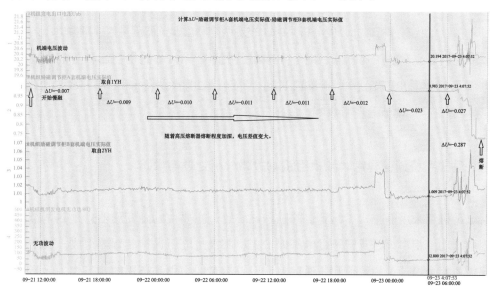

图 9-3　TV 慢熔过程趋势分析图

（四）故障处理

（1）重新选择更加可靠的电压互感器高压侧熔断器，并对出现本故障的同型号熔断器进行更换。

（2）为更好地应对此类电压互感器慢熔导致的故障，励磁系统增加了相应的判断和预警功能，具体如下：

1）励磁系统为自并励系统时，采用的电压互感器慢熔判据为：当运行通道的发电机电压标幺值比发电机阳极电压标幺值小 3％时，经过 150ms 延时，发出电压互感器慢熔故障报警，并将通道切换到另一个通道的自动模式。

2）当励磁系统为他励系统时，采用的电压互感器慢熔判据为：当运行通道的发电机电压标幺值比备用通道发电机电压标幺值小 3％时，经过 150ms 延时，发出电压互感器慢熔报警，将通道切换到另一个通道的自动模式。

3）在电站监控系统中增加电压互感器断线预警功能，LCU 程序逻辑为：当机组为空载或发电态时，"励磁调节柜 A 套机端电压实际值"－"励磁调节柜 B 套机端电压实际值"≥2％，经 3s 延时，"励磁系统 B 套 TV 电压低和慢熔报警"信号动作；"励磁调节柜 B 套机端电压实际值"－"励磁调节柜 A 套机端电压实际值"≥2％，经 3s 延时，"励磁系统 A 套电压互感器电压低和慢熔报警"信号动作。

通过现场大量试验验证和实际运行检验，电压互感器高压侧熔断器换型后设备运行正常，经过两年运行，未发生熔断器慢熔等异常情况。励磁系统增加的判断电压互感器二次回路慢熔的逻辑工作正常，试验中可正确进行故障报警并切换通道。

（五）后续建议

（1）在设备状态分析（如月度分析）时，查看两套励磁调节器测量到的机端电压的一致性；

（2）继续研究对电压互感器、电流互感器二次回路异常的监视功能和防范措施，避免对根据电压互感器、电流互感器测量值进行计量或调节的设备和系统（如调速器、AVC、AGC 等）造成异常调节等严重影响。

三、励磁系统通信异常导致机组跳闸故障分析处理与预防

（一）设备简述

某电站机组采用静止式晶闸管自并励励磁装置，主要由励磁变压器、励磁调节器柜、辅助控制柜、功率柜、灭磁及转子过电压保护柜、阳极过电压保护装置等组成。其中励磁调节器采用主备冗余设计，一通道和二通道默认以投运时的主用和备用的状态作为运行状态，直到手动或者程序进行主备用状态切换才改变。

（二）故障现象

2016 年 7 月 26 日和 7 月 27 日，某机组的励磁调节器出现"双通道 PLC 耦合器故障"等报警信号，励磁系统故障跳闸，励磁系统跳闸逻辑出口跳 GCB，导致机组甩负荷至空载。报警中包含风机故障、整流柜故障。通过现场检查，励磁功率柜无过热现象，各盘柜内端子无打火现象，柜内温度正常，无异味，由此可判断并不是真实发生了功率柜风机停风、整流柜烧毁等问题。发生故障时，二通道为主用通道，一通道为备用通道。故障时的报警信息见表 9-2。

表 9-2 故障时的报警信息

时间	励磁调节器故障信息	监控系统事件信息	
23:04:34	PLC 一通道　双通道 PLC Profibus-DP 耦合器故障 PLC 二通道　双通道 PLC Profibus-DP 耦合器故障	励磁系统通道 1 正常 励磁系统通道 2 正常 励磁系统故障 励磁系统报警 励磁系统通道切换故障	动作 动作 动作 动作 动作
23:04:50	PLC 一通道　一至五号整流桥错误 PLC 二通道　PSS 动作复归 PLC 一通道　励磁保护跳闸 PLC 一通道　M401~M410 风机错误	GCB 分闸 励磁系统功率柜故障 励磁回路跳闸 励磁系统退出	动作 动作 动作 动作
23:04:55	PLC 一通道　直流灭磁开关 S101 状态错误		
23:04:57	PLC 一通道　直流灭磁开关 S101 状态错误复归		

（三）故障诊断分析

1. 程序逻辑

该励磁系统存在 PLC 和采样计算工艺板 T400 两种不同的跳闸指令出口。当发生故障时，PLC 输出跳直流灭磁开关 S101 的指令，与此同时，T400 出口跳 GCB 的指令。因此跳闸的故障时序为：双通道 PLC Profibus-DP 耦合器故障，随后发生风机故障误报警，导致 5 个整流柜均报故障，经由励磁系统故障跳闸继电器输出跳闸指令，造成直流灭磁开关及 GCB 跳闸。

2. 可能原因分析

在逻辑图中找到与整流柜故障跳闸相关的程序段，如图 9-4 所示。

经查，程序中关于双通道 PLC Profibus-DP 耦合器的故障逻辑被写入风机故障逻辑中。因此，由于耦合器所造成的通信故障，通过程序中的连接，引发了 5 台整流柜的 10 个风机出现故障，由此导致整流柜故障触发跳闸信号。可判

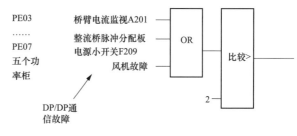

图 9-4　整流柜跳闸逻辑

断以下三点：

（1）双通道 PLC Profibus-DP 耦合器故障程序逻辑存在问题。励磁系统 PLC 内部程序中风机控制模块的其中一个输入为双通道 PLC Profibus-DP 耦合器故障。若发生通信故障，则备用通道的风机控制模块将输出五套整流柜的风机全部故障的信号，而由风机故障导致的整流桥故障也同时产生，并在 15s 延时后一同报出，并通过 T400 开出跳 GCB 命令。但此时，主通道由于存在风速继电器的输入信号而判断励磁系统风机未故障，保持正常运行状态。主通道程序内的风机控制模块将不会输出风机故障信号，从而出现了以上报警现象。

（2）双通道 PLC Profibus-DP 耦合器及相关通信回路存在异常：由于耦合器是该励磁系统必要的通信中继，它连接了双套励磁调节器模块、S7-300 模块，通过 Profibus-DP 协议将双套通信实现跟踪功能。双通道 PLC Profibus-DP 耦合器故障是由于上述环节中有通信中断的故障发生，导致双套调节器不能进行有效数据传输，因此需要对 Profibus-DP 通信回路进行检查。

（3）跳闸逻辑存在隐患：硬件回路中，励磁跳闸控制继电器及空开接点可直接跳开 GCB 开关，存在误跳 GCB 开关的可能，需要进行整改。

（四）故障处理

1. 现场检查 Profibus-DP 通信回路

图 9-5 所示为励磁系统调节器及双通道 PLC Profibus-DP 耦合器在励磁通信网络的位置示意图。其中在励磁系统通信网络图中，标注为红色与黄色的 Profibus-DP 通信电缆为此次事件中的故障电缆，双套调节器通过双通道 PLC Profibus-DP 耦合器进行信息交换，因此，需要重点检查信号中继处的电缆连接情况。

根据调节器故障信息，采用模拟的方法重现故障，定位故障位置。在励磁系统静态试验时，模拟机组运行状态，先后进行风机故障、通信故障模拟，检查结果如下：

（1）风机故障模拟试验：通过模拟风机故障，试验结果为跳灭磁开关，与事件发生时不一致。

（2）通信故障模拟试验：通过模拟通信故障，监控画面、操作面板信息与事件一致，可断定该故障与 Profibus-DP 通信回路有关。

对通信回路接口进行阻值测量发现，通道二的 Profibus-DP 线芯阻值在 4.8～10Ω 之间跳变，远大于通道一的线芯阻值 0.3Ω。拆除通道二通信电缆连接水晶头后发现，该电缆存在压接不到位的现象，如图 9-6 所示。

对该电缆进行更换，并重新压接后，测量电缆阻值为 0.3Ω，满足运行要求。

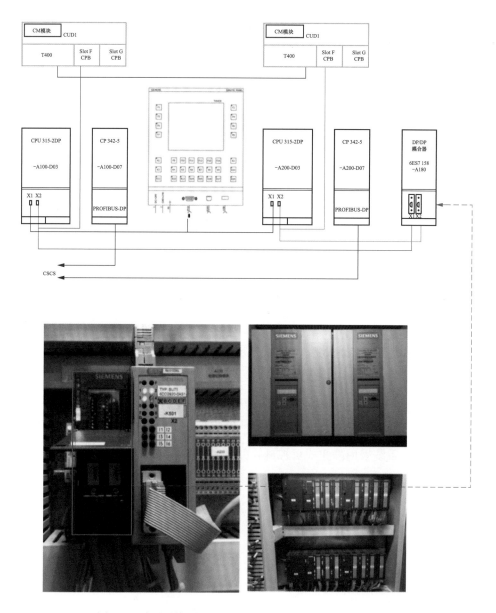

图 9-5 励磁系统调节器及双通道 PLC Profibus-DP 耦合器

2. 硬件回路整改

通过此次事件，发现跳闸回路中存在直跳 GCB 的风险，因此对硬件跳闸回路进行整改，如图 9-7 所示。

本次整改将取消了励磁故障继电器与内部电源空开接点直跳 GCB 的逻辑，并以直流灭磁开关 S101 的分闸状态继电器 K651/K652 作为联跳继电

图 9-6 通信电缆连接头

器接入 GCB 的跳闸回路。通过此次整改，将消除励磁系统直跳 GCB 的风险。

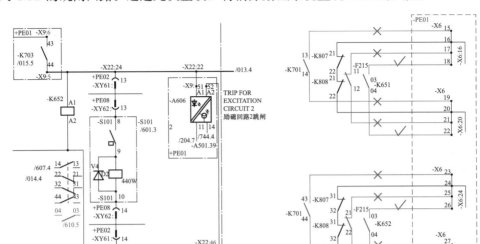

图 9-7　直流灭磁开关 S101 跳闸联动继电器 K651/K652 接线图

整改后的两年间，未再出现此类通信故障导致机组跳闸的故障，该问题得到解决。

四、机端电压骤降导致并网失败故障分析及处理

（一）设备简述

某电站机组励磁系统采用静止式可控硅自并励励磁装置，由原装进口调节器、功率柜和灭磁及过电压保护装置及阳极过压保护柜组成。其中，调节器由两套工控机（包含采样计算工艺板）及两套 PLC 组成。

（二）故障现象

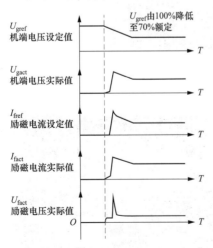

图 9-8　机组开机机端电压由 100%

下降至 70%录波图

2013 年 11 月至 12 月期间，某电站在机组开机过程中，出现了两次远方励磁投入后机端电压升至额定值（100%）后又降至 70% 的故障，从而造成并网失败。现场检查励磁系统、监控系统无任何故障信息。断电重启调节器后，该现象仍然存在。现地切换至 AVR（自动电压调节模式）二通道，再次开机后起励正常；切换至 AVR 一通道后，再次起励正常。通过趋势分析系统发现，起励失败过程中，机端电压给定值从 100% 逐步下降为 70%。事故时的波形如图 9-8 所示。

（三）故障诊断分析

励磁调节器控制程序逻辑如图 9-9 所示。

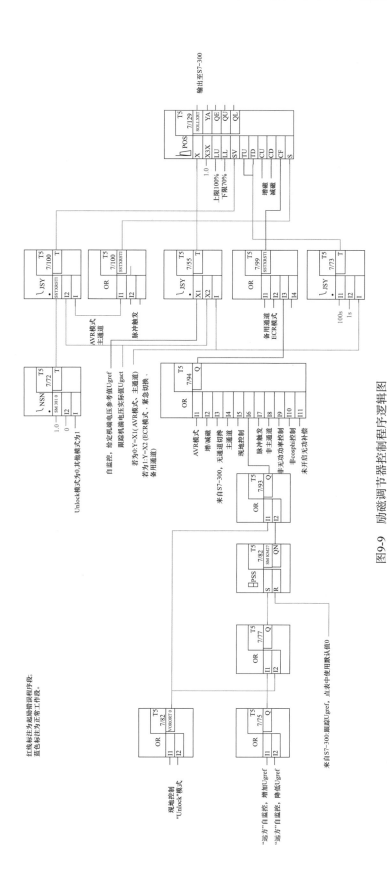

图9-9　励磁调节器控制程序逻辑图

分析该程序逻辑图，在"远方"AVR 模式下，励磁调节器断电再重新上电后，由于在设计时未使用通信方式对励磁调节器进行给定值设定，起励时机端电压设定值 U_{gref} 会被限制在下限值 70%。

（四）故障处理

修改励磁调节器起励程序，使励磁调节器在"远方"AVR 模式下，断电重启后不影响机端电压设定值的默认状态，AVR 模块不强制改变 U_{gref} 的输出值。

五、励磁开机误强励导致机组跳闸故障原因分析

（一）设备简述

某水电站机组采用微机励磁调节器，发电机励磁为静止可控硅自并励励磁方式。发电机及励磁系统主要参数见表 9-3。

表 9-3　　　　　　　　　　　发电机及励磁系统主要参数

发 电 机 主 要 参 数	
额定容量（MVA）	171.4
额定功率（MW）	150
额定电压（kV）	13.8
额定电流（A）	7172
额定励磁电压（V）	475
额定励磁电流（A）	1781
空载额定励磁电压（V）	185
空载额定励磁电流（A）	850
励磁电压互感器变比	13800/100
仪用电压互感器变比	13800/100
定子电流互感器变比	8000/5
转子电流互感器变比	2000/5
励磁变压器变比	13800/960

（二）故障现象

1. 运行值班记录

某日 9:49，中控室发 3FB 空载令。机组带主变自动开机，9:51 机组启励过程中出口断路器跳闸，机组事故停机。

2. LCU 事件记录

9:49:45.257　机组转速大于 95%

9:50:04.688　开出合灭磁开关动作

9:50:05.348　灭磁开关合闸动作

9:50:06.372　开出起励令动作

9:50:10.515　无功过载

9:50:10.866　并联变速断及过流动作

9:50:10.869　保护出口动作

9:50:10.948　灭磁开关合闸动作复归

9:50:10.949　无功过载复归

9:50:10.984　灭磁开关跳闸动作

9:50:12.047　励磁调节器 B 机故障

9:50:12.048　励磁调节器 A 机故障

3. 励磁调节器历史记录

9:50:05　　　灭磁开关合

9:50:06　　　启励

9:50:06　　　投初励

9:50:06　　　脉冲允许

9:50:07　　　初励退出

9:50:07　　　脉冲检测允许

9:50:09　　　断路器合

9:50:09　　　过励限制

9:50:10　　　断路器分

9:50:10　　　灭磁开关分

9:50:10　　　启励结束

9:50:10　　　过励限制结束

9:50:10　　　脉冲检闭锁

9:50:10　　　停机等待

（三）故障诊断分析

1. 励磁装置检查和试验情况

机组停机后，维护人员立即对励磁系统进行全面检查，情况如下：

1）功率柜快速熔断器检查，正常。

2）脉冲变压器（简称脉冲变）绝缘检查。用 2500V 和 5000V 绝缘电阻表分别测量脉冲变对地绝缘、一次侧对二次侧绝缘，绝缘电阻均在 5000MΩ 以上，绝缘良好。脉冲变一次侧、二次侧脉冲波形测试，结果良好。

3）励磁调节器静态试验，调节器工作正常。

4）励磁调节器模拟试验：定子电流输入为 0.3A 时（定子电流测量 TA 变比为 8000∶5，折算定子电流约 480A），调节器状态转为并网态，显示断路器合。

5）过励限制模拟，正常。

6）励磁系统小电流试验，功率柜波形正常。

7）备励开机检查主励，正常。

2. 保护录波分析

励磁变压器（简称励磁变）高压侧相电流一次值计算：A 相：2.23A×120＝267.6A；C 相：2.44A×120＝292.8A

励磁变低压侧相电流一次值（保护报告，变比 13.8/0.79）（实际变比 13.8/0.96）：A 相：4674A（3846A）；C 相：5114A（4209A）

励磁电流 I_f＝4209/0.817＝5150A

3. 励磁控制过程和强励原因分析

励磁调节器开机启励初期为开环控制，只有当定子电压超过 90%U_N时才转为发电机电压闭环控制。

励磁调节器判并网条件为：断路器在"合"或定子电流大于 5%I_N。

09:50:06，启励、投初励、脉冲允许、初励退出；至 09:50:07，脉冲检测允许，励磁调节器工作正常。此时定子电压上升正常，但定子电流上升很快，如图 9-10 所示。

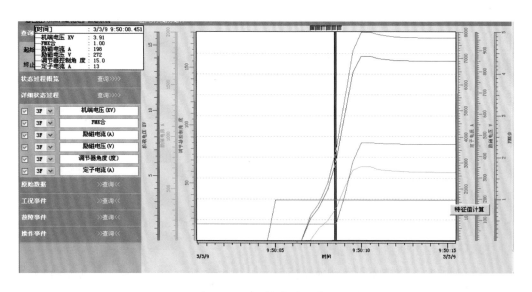

图 9-10　机组故障时的波形

09:50:09，启励令后 3s 左右，定子电流大于 $5\%I_N$（358A），励磁调节器转为并网态，显示"断路器合"，励磁调节器由开环控制转为发电机闭环控制，由于此时机端电压小于 $50\%U_N$，电压给定值为 $100\%U_g$，差值太大，励磁脉冲触发控制角 α 为强励角，一直到定子电压上升到 $80\%U_N$ 时，α 控制角才开始增大，定子电压、定子电流一直上升到保护跳闸。

整个过程励磁装置无故障，在现有软件流程下响应正常。

造成机组开机强励的主要原因是启励（带主变和厂用变）时，定子出现异常励磁电流引起。从 3 月 3 日机组开机（不带变压器）录波图看启励过程中定子电流最大不到 20A，3 月 24 日晚机组开机启励（带主变和厂用变）录波图看启励过程中定子电流最大也只有 50A 左右，见图 9-11。

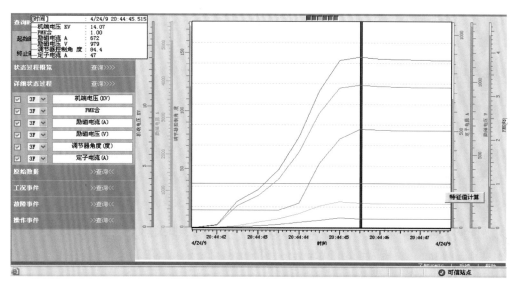

图 9-11　开机启励（带主变和厂用变）录波图

4. 故障诊断

（1）分析和查找启励时定子电流出现异常激磁涌流发生的原因（如变压器受潮，变压器试验后消磁不彻底、存在剩磁等）。

（2）此次机组开机和 2000 年另外一台机组开机烧 FMK 事故非常相似，两台机的系统接线方式又一样，怀疑机组带主变和厂用变启励方式存在隐患。

（3）开机启励定子异常大电流来源没查明之前，建议机组带主变开机启励先到 $50\%U_F$，再手动调压到 $100\%U_F$ 后，再并网。

（四）故障处理

1）励磁调节器修改并网判据为：断路器开关位置在"合"或定子电流大于 $10\%I_N$。

2）励磁调节器程序修改为：起励过程中，不判是否并网。

六、励磁系统风机启动故障分析及处理

（一）设备简述

某水电站采用三相全控晶闸管整流静止自并励微机励磁系统。该电站励磁系统中的大功率整流柜采用强迫风冷的冷却方式。

单柜冷却系统包含厂用电风机和自用电风机两个冷却风机。厂用电风机（额定电压400V）电源取自400V机组自用电；自用电风机（额定电压400V）电源取自风机自用电变压器二次侧，自用电变压器上级电源为励磁变压器。励磁系统在整流、逆变、电制动等过程中均为运行状态，厂用电风机或自用电风机也伴随励磁投入而投入。整流功率柜的冷却风机在励磁每次起励时，设计为厂用电风机和自用电风机轮换启动投入运行。

（二）故障现象

ECR（励磁电流调节）模式下，功率柜自用电风机启动失败，励磁系统报自用电风机启动故障，切换至厂用电风机运行正常。

（三）故障诊断分析

自用电风机电源经励磁变压器、交流灭磁开关、风机自用电变压器为自用电风机供电，因此自用电风机电压受发电机电压影响，ECR方式起时励磁电流实际值只有$10\%I_{fN}$，对应发电机机端电压约$20\%U_{gN}$，自用电风机电源电压约80V（400V×20%＝80V），远低于自用电风机所需的交流400V额定工作电压，导致ECR起励时自用电风机无法启动。功率柜风机是三相异步电动机，在如此低的电压下有烧毁自用电风机的风险。

因此，厂用电风机和自用电风机轮流启动流程存在设计上的缺陷，ECR模式下起励自用电风机不具备启动条件。为保证ECR模式起励功率柜正常风冷，ECR起励时只能投入厂用电风机。

（四）故障处理

修改ECR模式下起励时启动风机控制逻辑程序，确保ECR方式起励时只启动厂用电供电风机组。修改后的风机启动控制逻辑如下：

（1）AVR（自动电压调节）模式下起励时，整流功率柜的两组冷却风机轮换启动投入运行。当ECR或电气制动模式时，只启动厂用电风机。

（2）在系统运行过程中，风机的投退由功率柜内的风量探测器检测风量的大小而进行控制，风量探测器的调节可直接在探测器本体上对参数进行调整和整定。

（3）当探测器检测到风量小于整定值且达到整定时间后，系统认为正在运行的风机存在故障，并启动另一组风机，当两套风机都故障时该柜退出运行。

（4）若退出运行的整流柜达到 3 个，励磁系统将退出运行。

（五）后续建议

励磁功率柜每柜采用 2 台风机，但是风机并非完全冗余配置，在发电机机端电压偏低时，自用电风机电源可靠性将受影响，只有厂用电风机可用。在进行发电机试验及励磁特殊工况下，若发电机机端电压偏低，采用自用电电源的设备将受影响，因此，要参照设备的最低安全运行电压优化程序流程，防止自用电电源的设备误投入运行。当自用电风机电源低于其最低安全运行电压时，禁止将厂用电风机切换至自用电风机运行。

七、励磁系统无功异常突变故障分析与处理

（一）设备简述

某水电站机组发电机额定参数为：视在功率 143kVA，有功功率 125MW，定子电压 13800V，定子电流 5980A，功率因数 0.875，转子电压 483V，转子电流 1653A。

发电机励磁采用静止可控硅自并励励磁方式。励磁调节器采用两通道冗余结构，保护和限制功能主要包括：负载最小励磁电流限制及保护、进相无功功率欠励限制及保护、进相定子过流限制及保护、负载最大励磁电流瞬时限制及保护、磁场过电流过热限制及保护、滞相定子过流过热限制及保护。

（二）故障现象

1. 运行值班记录

6 月 6 日 2:31：某机组励磁系统报"励磁限制"故障。励磁调节器 A、B 机均报"低励限制、过励限制"，远方、现地增减无功无效；

2:36：过励限制自动复归；

4:46：报"励磁告警动作"；

6:41：励磁告警复归。

2. 计算机监控系统波形数据

1:04:31：发电机机端电压为 13.083kV，有功为 135MW，无功 -7.2Mvar，定子电流 6.131kA；

1:31:36：发电机机端电压为 14.736kV，有功为 135MW，无功为 171.9Mvar，定子电流 8.432kA；

1:31:37：发电机机端电压为 13.736kV，有功为 135MW，无功为 6.9Mvar，定子电流 6.143kA；

2:31:06：发电机机端电压为 13.079kV，有功功率 129.8MW，无功功率 6.5Mvar，转

子电流 1153.8A，定子电流 5.718kA；

2:31:08：发电机有功保持不变，无功迅速上升至 143.0Mvar，转子电流上升至 2392.9A，定子电流上升至 7.672kA；

2:31:14～2:31:17：发电机无功、定子电压、定子电流、转子电流等均达到最大值。无功最大 173.1Mvar，定子电压为 14.747kV，转子电流 4107.7A，定子电流 8.406kA。

2:31:18：发电机无功下降至正常值。

监控系统数据见表 9-4。

表 9-4　　　　　　　　　　　　　　监控数据一览表

时间	定子电压 (U_{AB}, kV)	转子电压 (V)	无功功率 (Mvar)	有功功率 (MW)	转子电流 (A)	定子电流 (A 相, kA)
01:04:31	13.083		−7.2	135	1164.8	6.131
01:31:36	14.736		171.9	135	4212.7	8.432
01:31:37	13.736		6.9	135	1171.8	6.143
02:31:06	13.079	267.650	6.469	129.806	1153.8	5.718
02:31:07	13.079	0	6.469	129.806	2201.2	5.718
02:31:08	14.46	0	142.959	129.375	2392.9	7.672
02:31:13	14.696	0	168.403	128.297	2495.7	8.281
02:31:14	14.747	0	173.147	128.081	4107.7	8.406
02:31:17	14.747	0	173.147	128.297	4107.7	8.406
02:31:18	13.715	0	64.688	122.044	1549.5	5.812

（三）故障诊断分析

1. 故障分析

根据励磁调节器录波图进行分析如下：

1）1:04:21，从变位报告可以看到机组励磁调节器首次报定子电流低励限制（此时定子电流值为 6.005kA），此后频繁报出，同时机组无功发生变化，由 6.4Mvar 逐渐减少至进相。此时：机端电压为 12.982kV，机组开始进入进相运行。如图 9-12 所示。

2）1:31:36，从变位报告可以看到，定子电流低励限制复归，接着定子电流过励限制动作（此时定子电流值为 6.130kA），调节器控制模式出现变位。同时机组无功由 −7.9Mvar 突变为 6.469Mvar。如图 9-13 所示。

3）2:31:15，从变位报告可以看到，无功过励限制动作，调节器控制标示置为 1，经 300ms 后，强励电流输出标示复归，同时调节器控制标示置为 0。如图 9-14 所示。

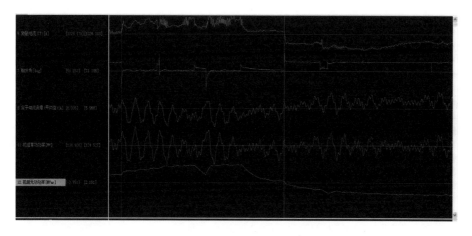

图 9-12　定子过电流低励限制动作录波图

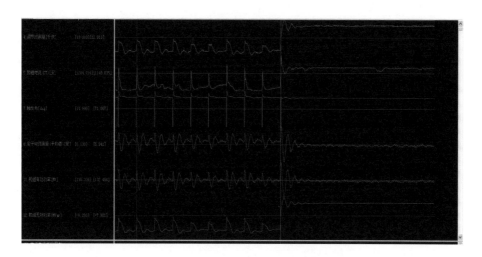

图 9-13　定子过电流过励限制动作录波图

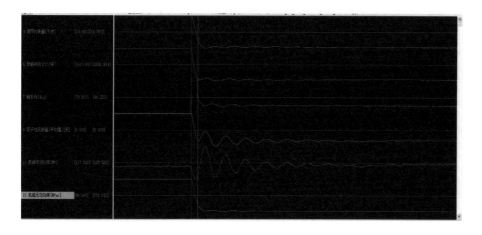

图 9-14　无功过励限制动作录波图

4）对图 9-14 的详细分析如下：

a）2:31:15.281 时，无功过励限制动作前：

机端电压：14.763kV

转子电流：2939.034A

控制角 α：44.283°，为强励角

定子电流：8432A

有功功率：127.878MW

无功功率：171.993 Mvar。

b）2:31:15.286 时，无功过励限制动作：

机端电压：14.763kV

转子电流：2938.621A

控制角 α：由强励角 44.243°突变为 119.999°，为逆变角

定子电流：8432A

有功功率：127.849MW

无功功率：171.993 Mvar，此时报无功过励限制，励磁调节器控制模式发生变化。

c）2:31:15.476 时，强励电流输出复归：

机端电压：14.059kV

转子电流：1705.896A

控制角 α：119.724°，开始回调

定子电流：6364A

有功功率：127.520MW

无功功率：172.234Mvar，调节器调节模式发生变位，无功过励限制动作，将无功进行回调，同时退出强励输出，调节器恢复正常无功调节。

d）2:31:15.511 时，无功突变过程逐步回归正常：

机端电压：13.931kV

转子电流：1609.609A

控制角 α：77.356°

定子电流：6086A

有功功率：118.404MW

无功功率：85.514Mvar。

2. 故障原因分析小结

6月6日凌晨1:04左右开始报"定子电流低励限制"，查看调节器录波和定值单，当时定子电流6.055kA，有功分量6.041kA，有功135MW，无功−7Mvar，而"定子过流启动电流"定值为6kA，定子电流大于启动值，并且为进相运行，调节器报"定子电流低励限制"正确。定子电流低励限制动作后，调节器以无功调节模式进行控制，将无功限制在定值−6.9Mvar。

运行人员增磁操作，使得电压参考值（发电机电压闭环控制电压给定）最终达到15.028kV，1:31:36在"定子电流低励限制"返回后，励磁调节器由限制环转为电压环，也即由无功控制转为电压控制，由于发电机电压与电压给定偏差太大，无功迅速上升到滞相，由于"定子电流过励限制"动作，励磁调节器由电压环转为限制环，也即由电压控制转为无功控制，定子电流过流动作前无功已经变成正，所以此时改为"定子电流过励限制"动作，无功被限制在"欠励限制的无功下限值"6.9Mvar。此后1:31:36～2:31:06"定子电流过励限制"一直在动作状态。

在2:31左右，热容计算基值大于返回值，在稳定的1个小时期间，定子热容已经散热完毕。此时，发电机有功已降到127MW，定子电流下降到返回值以下，使得"定子电流过励限制"返回，调节器重新转为电压环控制。由于发电机电压与电压给定偏差太大，发生强励，将机端电压调节至目标值15.028kV，无功上升至172Mvar，定子电流上升至8.438kA。无功过励限制动作，10s后，将无功限制至65Mvar。

3. 故障诊断

通过上述故障分析，可以得出以下结论：

1）励磁调节器"定子过流启动电流"启动定值设定为6kA，定值设定太低。发电机额定有功功率为125MW，但从运行工况来看，发电机实际功率为135MW，定子电流为6.131kA，如果定子电流启动值考虑为1.1倍，定值设为6.7kA较为合理。

2）励磁调节器软件方面存在缺陷。当励磁调节器运行在限制环，即无功调节方式时，此时增、减磁，不应当增、减发电机电压给定值，此时的电压给定值应当跟踪当前电压值，确保限制环转电压环运行时无扰动。

（四）故障处理

1）为防止再发生无功异常突变，暂时将该机组励磁调节器定子过电流限制功能退出。退出该功能，不会影响机组的正常运行。

2）联系厂家，对励磁调节器程序进行程序优化，通过静态及动态试验论证后，才可以将该功能投入。

八、机组失磁跳闸故障分析及处理

（一）设备简述

某水电站机组采用静止晶闸管三相全控整流桥自并励励磁系统，励磁调节器采用主备冗余设计。其励磁系统包括励磁调节器柜、阳极过电压保护柜、功率柜、主备励开关柜和灭磁开关柜。

（二）故障现象

某日 19:37，监控系统报直流母线接地故障。19:50，某机组出口断路器跳闸。监控系统的记录如下：

19:50:30.321，励磁调节器切换；

19:50:31.488，励磁调节器 A 机故障；

19:50:32.939，励磁调节器 B 机故障；

19:50:38.348，失磁保护动作跳闸，发电机失磁动作；

19:50:38.350，操作直流电源断线动作、弹簧压力低动作；

19:50:38.391，机组出口断路器跳闸；

19:50:38.404，灭磁开关跳闸、主变冷却器全停。

停机后，维护人员测量该机组的转子绝缘电阻为 45.5MΩ。检查发现机组励磁调节器显示屏熄屏，励磁调节器的工控机 I、II 套电源板 5V、±12V 电源指示灯均不亮，调节器面板上只有开出板的开出指示灯亮。

（三）故障诊断分析

1. 现场检查

现场对励磁调节器的电源回路进行检查，励磁调节器电源原理图见图 9-15。

测量调节器直流电源开关 Q1、Q4、Q5 进线侧和出线侧直流电压均为 220V 左右，直流电压正极对地为 224V、负极对地为 1.9V。测量调节器交流电源开关 Q2、Q3 进线侧和出线侧线电压均为 400V 左右，Q6、Q7 相电压均为 220V 左右，都在正常范围内。测量显示屏电源开关 Q8 进线侧直流电压为 332V，交流电压 28V。

测量两个电源模块 LD4U631 的交流和直流输入电压均正常，测量两个电源模块的并联输出电压为直流 332V，输出电压异常。

将直流输入电源模块 LD4U631 从插槽中拔出，只用交流输入的电源模块 LD4U631，测量模块电压输出为直流 208V，电压正常。插入直流输入的电源模块 LD4U631，其输出电压为直流 332V，电压过高。

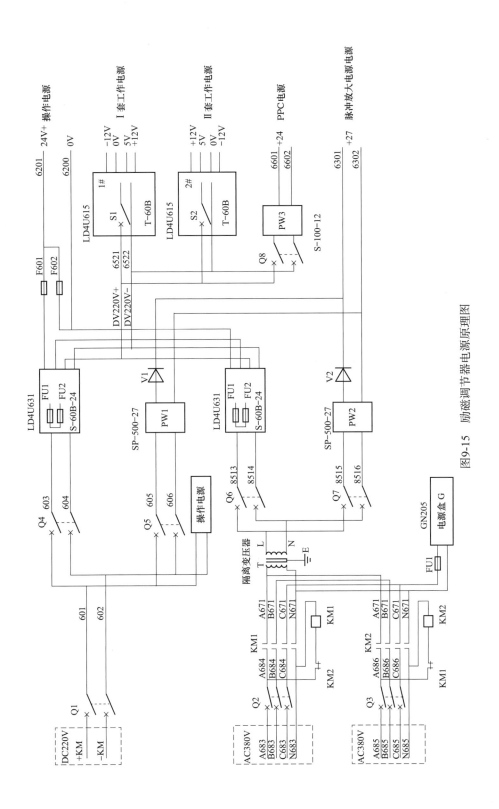

图9-15　励磁调节器电源原理图

拔出Ⅰ套工控机电源板 LD4U615、Ⅱ套工控机电源板 LD4U615、显示屏电源板 PW3，分别对它们的输入端加试验电源，发现所有电源板输出电压均为 0V，判断电源板已烧坏。

事后对以上三块电源板进行详细检查，发现板载开关电源进线过压保护压敏电阻均被击穿，进线熔断器熔断。

2. 故障原因分析

机组励磁失磁原因是励磁调节器Ⅰ套、Ⅱ套工控机电源全部掉电，励磁调节器失去工作电源，导致机组失磁。

Ⅰ套、Ⅱ套工控机电源全部掉电原因为励磁调节器直流输入的电源模块 LD4U631 输出电压过高，板载开关电源进线过压保护压敏电阻被击穿，进线熔断器熔断，导致工控机电源失电。

进一步分析认为，直流输入的电源模块输出电压过高是由于该电源模块回路中，进线侧出现交流电压窜入，交流电压叠加整流后输出高电压。当日晚上为暴雨天气，该机组励磁调节器柜出现了漏水的情况，盘内的元件受潮，直流电源负极对地绝缘下降很多，导致交流电压通过接地点窜入直流电源系统，引发机组失磁跳闸故障。

（四）故障处理

将励磁调节器交流输入电源模块 LD4U631、直流输入电源模块 LD4U631、显示屏电源模块 PW3、Ⅰ套工控机、Ⅱ套工控机工作电源 LD4U615 全部更换。

断开 Q1，合上 Q2、Q4～Q8，检查励磁调节器各电源输出正常，调节器状态正常。

次日凌晨约 1 时，断开 Q2 和励磁调节器上所有负荷开关，合上直流电源开关 Q1，检查电源模块输出直流 221V。

合上 Q1 及调节器所有负荷开关，调节器上电进行烤机。

8 时 30 分左右，机组励磁备励小电流试验正常。

（五）改进建议

为了防止类似的故障再次发生，有以下改进建议：

（1）在励磁盘柜加装防雨棚顶，减少盘柜进水的可能；

（2）励磁调节器的两套电源应该独立，防止一套电源故障导致整个电源系统失效；

（3）励磁系统的电源部分应该加装直流串交流的警报系统，方便快速查找问题。

九、机组励磁电压显示异常故障分析与处理

（一）设备简述

某水电站机组采用静止晶闸管三相全控整流桥自并励励磁系统，励磁调节器采用主备冗

余设计。励磁电压值通过调节器测量的阳极电压与触发角计算得到，送往监控系统的励磁电压值是通过并接在转子回路上的分压板分压后经过变送器输出 4~20mA 得到。

（二）故障现象

某水电站机组励磁系统经过几年运行后，发现部分机组正常并网运行时，监控系统励磁控制画面中的励磁电压存在显示偏低或显示值约等于 0V 的现象。在机组处于停机状态时，机组励磁电压显示值约等于 0V，属于正确显示。

趋势分析系统记录的励磁电压波形显示：机组在长期的运行中，监控系统测量到的励磁电压值逐渐（时间为数月）低于正确值，在某一时刻突然变为 0V 左右。

（三）故障诊断

1. 故障初步分析

监控系统励磁控制画面中的励磁电压显示值测量原理如图 9-16 所示。

图 9-16 中转子回路正、负极通过熔断器 FU04 接入励磁电压分压板 A111 输入端，励磁电压分压板按照 10V：1mV 的变比输出至变送器 B101 输入端，变送器将 0~150mV 电压转变为 4~20mA 电流信号送至监控系统 AI 模块，监控系统将 4~20mA 电流信号转换为对应的励磁电压进行显示和记录。

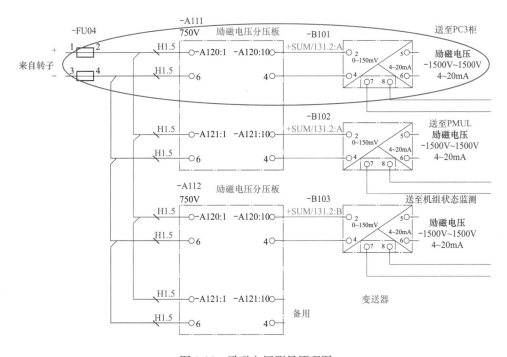

图 9-16　励磁电压测量原理图

根据故障现象中机组在并网运行时励磁电压显示值约等于 0V 和机组处于停机状态时励

磁电压显示值也约等于 0V 可知，无论机组并网运行还是停机，变送器 B101 输出电流均为 12mA，未发生变化，可推定变送器、监控系统 AI 模块及其回路工作正常，否则机组在并网运行和停机时励磁电压显示值不可能一直为 0V 左右。因此，判断变送器输入异常导致励磁电压显示值异常。由于变送器输入取自励磁电压分压板且回路接线正常，所以推断励磁电压分压板故障的概率最大。

2. 设备检查

根据推断的故障原因，现场处理机组监控画面励磁电压显示异常故障时先断开 FU04 熔断器，然后在 FU04:2 和 FU04:4 上加入一个直流电源，测量励磁电压分压板输出电压，发现输出电压偏低或者输出电压为 0mV，具体数据见表 9-5。

表 9-5　　　　　　　　励磁电压分压板输入输出及励磁电压显示数据表

设备名称	分压板输入电压（V）	分压板输出电压（mV）	励磁电压显示值（V）	分压板故障情况
A 机组分压板 A111-A120 通道	10	0.7	7	输出偏低，误差 30% 左右
	30	2.1	22	
A 机组分压板 A111-A121 通道	10	1.0	—	正常
	30	2.9		
A 机组分压板 A112-A120 通道	10	0.9	9.5	正常
	30	3.0	29	
A 机组分压板 A112-A121 通道	10	1.0	—	正常
	30	2.9		
B 机组分压板 A111-A120 通道	10	0	0	无输出
	30	0	0	
B 机组分压板 A111-A121 通道	10	0.5	—	输出偏低，误差 50% 左右
	30	1.5		
B 机组分压板 A112-A120 通道	10	0	0	无输出
	30	0	0	
B 机组分压板 A112-A121 通道	10	0.6	—	输出偏低，误差 40% 左右
	30	1.7		

通过表 9-5 的数据可知，机组监控画面中励磁电压显示 0V 的原因均为励磁电压分压板故障，相关数据与现象完全吻合。

3. 故障原因

励磁系统励磁电压分压板原理图如图 9-17 所示。

图中的 1 和 6 为分压板输入端，分别接自转子的正极和负极；10 和 4 为分压板输出端，分别接至变送器的正负极。

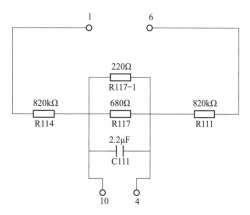

图 9-17 励磁电压分压板电路原理图

励磁电压分压板采用电阻串联分压，利用电容 C111 滤波后将直流分量送至变送器，根据原理图元器件参数设计计算出分压板变比为 1640.166∶0.166≈10121∶1≈10V∶1mV。实际测量得到的分压板电阻见表 9-6。

表 9-6 励磁电压分压板实际电阻数据表

设备名称	R111（kΩ）	R114（kΩ）	R117∥R117-1（Ω）	分压板变比	故障结论
A 机组分压板 A111-A120 通道	345	49	166.2	10V∶0.74mV	误差 30%左右
A 机组分压板 A111-A121 通道	47	43	166.5	10V∶0.98mV	正常
A 机组分压板 A112-A120 通道	846	842	166.2	10V∶0.98mV	正常
A 机组分压板 A112-A121 通道	49	45	166.3	10V∶0.98mV	正常
B 机组分压板 A111-A120 通道	1402	∞	166.7	10V∶0mV	无输出
B 机组分压板 A111-A121 通道	1811	252	166.6	10V∶0.54mV	误差 50%左右
B 机组分压板 A112-A120 通道	1584	∞	167.4	10V∶0mV	无输出
B 机组分压板 A112-A121 通道	1315	384	166.7	10V∶0.62mV	误差 40%左右

表 9-6 中所测得的数据与表 9-5 中的数据所反映的现象完全吻合，说明由于分压板电阻故障导致分压板变比不正确，进而导致监控画面、机组状态监测画面中的励磁电压显示异常。从表 9-6 中的电阻数据变化发现分压板变比发生变化主要原因是 R111 和 R114 电阻在长期运行中电阻值逐渐变大，甚至发生断线。

所以，导致励磁电压显示异常的原因是励磁电压分压板上 R111 和 R114 电阻故障，其性能不稳定所致。

（四）故障处理

1. 故障处理方法

根据现场此类故障的频次、现象及分析结论，推断此类故障为共性故障。维护人员对励磁电压分压板上的电阻型号进行重新选择，提高了新型号电阻的耐压、功率、电阻误差精度等性能指标，并用优化后的励磁电压分压板替换了所有原型号励磁电压分压板。

2. 故障处理效果评价

更换励磁分压板上的电阻后，励磁电压测量转换关系正确，测量误差<1%，励磁电压测量值正确，未发生异常。

（五）后续建议

1）巡检时观察经分压板测量到的励磁电压与机组故障录波装置、励磁调节器测量到的励磁电压大小是否相等；

2）检修时测量分压电阻值是否与设计值相等，分压板变比是否正确。

十、机组及线路功率波动故障分析及处理

（一）设备简述

某水电站机组的励磁系统配置有电力系统稳定器简称PSS），该PSS应能在系统振荡频率（0.1~2Hz）范围内提供正阻尼。

投入运行的PSS均为IEEE PSS2B模型，其传递函数框图如图9-18所示。

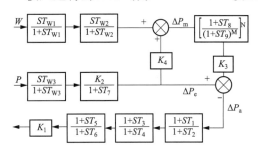

图9-18 IEEE PSS2B传递函数框图

在机组调试过程中，中国电力科学研究院（以下简称电科院）对厂家提供的PSS2B程序进行了现场试验。结果表明，PSS2B采用E_q的频率代替转速信号；PSS2B对于1.2Hz左右的本机振荡抑制效果明显，对于0.1~2Hz的低频振荡有抑制作用。

右岸12台机组中的21-26F共6台机组通过右二母线将电力送到国网。

（二）故障现象

2010年7月14日，电站满发，分母运行，右二母线上机组总出力超过3950MW时，右二机组（包含21-26F共6台机组）及线路出现功率波动，波动频率在0.82Hz左右（以下简称7.14功率波动）。通过趋势分析系统查看功率波动时有功功率曲线，将7.14功率波动的

特点总结为以下四点：

（1）波动出现的次数频繁，一次波动平息后不久另一次波动又开始，周而复始；

（2）波动持续时间长，每次波动持续时间一般为 3～10min；

（3）波动频率不变，每次都在 0.82Hz 左右；

（4）降低出力后，小幅波动也一直存在，整个机组处于弱阻尼状态。

右二母线机组功率波动趋势分析图如图 9-19 所示。

（三）故障诊断分析

针对 7.14 功率波动故障，国调中心、电科院、电站、厂家等多方配合进行了多次现场试验并在中国华北电科院进行了仿真试验，以下是试验过程简介。

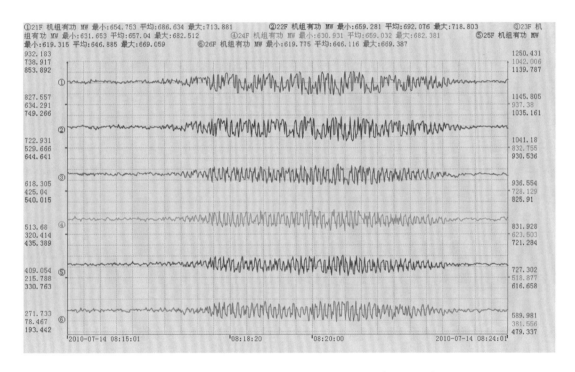

图 9-19　右二母线上的机组 2010 年 7 月 14 日功率波动录波图

1. 第一次现场试验内容及结论

2010 年 7 月 16、17 日，在右二机组有功功率大于 3940MW（使其近似于 7.14 功率波动）的工况下，针对 PSS2B 参数尤其是放大倍数进行了试验。结果表明：降低 21F、22F 机组的 PSS2B 放大倍数，虽不能完全避免功率波动的发生，但可减小波动幅度。

2. 第二次现场试验内容及结论

2010 年 7 月 21、22 日，在右二机组有功功率大于 3940MW，分别将 21F、22F 机组的

PSS2B 模型改为 PSS1A 模型，结果表明：①PSS2B 是引起有功波动的原因；②PSS2B 模型的机械功率合成环节存在问题的可能性最大；③PSS1A 模型不具有抑制反调的功能，不宜长期使用。

3. 第三次现场试验内容及结论

2010 年 8 月 7、8 日，在右二机组有功功率大于 3940MW 的工况下，试验中主要对几台机组角速度 ω 和有功功率 P 的波形进行了录制。目的是比较角速度 ω 和有功功率 P 的幅值和相角是否与理论吻合。从录制的波形来看，PSS2B 模型的 ω 测量信号噪声很大，几乎淹没了有效成分。

4. 第四次现场试验内容及结论

2010 年 9 月 26、27 日，在右二母线电压 542kV、6 台机组满负荷运行、总出力 4200MW 条件下，21F、22F 机励磁调节器投入 PSS1A 运行，23F、24F、25F、26F 机励磁调节器投入 PSS2B 运行，进行调整 PSS2B 模型中斜坡函数截止频率的试验。结果表明：①修改 PSS2B 斜坡函数截止频率后，对于抑制右二母线发生的 0.82Hz 附近的功率波动有明显效果，PSS2B 模型的作用近似于 PSS1A 模型，能够起到抑制功率波动的作用，同时机组有功功率调节时，无反调问题；②由于未能从根本上解决 PSS2B 的问题，如果功率波动的频率低于 0.7Hz，那么 PSS2B 抑制功率波动又会失去作用，所以不能单从修改斜坡函数截止频率来达到抑制功率波动的目的。

5. RTDS 实验室仿真试验及结论

在中国华北电科院 RTDS 国网重点实验室，使用电站备用励磁调节器，并按照电站发电机等参数，修正 RTDS 模型参数，使实验室测试环境与现场基本一致的条件下，进行了仿真试验。

试验结果表明：励磁调节器程序中计算出的 E_q 的频率（即 ω）不正确，ω 幅值偏小，导致 PSS2B 模型中的机械功率不接近零，所以 PSS2B 模型不能达到抑制功率波动的目的，甚至有时产生负阻尼。通过对电站励磁调节器程序深入分析，发现计算 ω 的程序存在逻辑上的错误，导致 ω 的计算值与实际值相差较大。纠正计算 ω 的程序逻辑上的错误的方法有两种，一种方法是修改赋值，将发电机交轴电抗 X_q 的值取负；另一种方法是修改程序，在计算 ω 程序中，在 X_q 赋值模块后面增加一个反相模块。经过比较，第一种方法更容易实现。

6. 第五次现场试验内容及结论

2011 年 3 月 17、18 日，在仿真试验和对励磁程序分析取得突破性结论后，在电站 21F 上进行了 PSS 现场试验，在 21F 机组 $P \approx 630MW$，$Q = 0 \sim 30Mvar$ 的工况下进行。结果表明：①PSS 的相位补偿参数满足标准要求，不用调整 PSS 参数；②修改 X_q 的符号和参数后，21F 机组 PSS2B 模型的波动抑制效果与 PSS1A 模型的抑制效果相近，均比较好，并能有效地抑制反调。

7. 第六次现场试验内容及结论

2011年4月7日～9日，在单机 $P\approx630MW$，$Q=0\sim30Mvar$ 的工况下对12台机组进行了修改 X_q 参数及其符号的对比试验。结果表明：X_q 取相应负值时 PSS2B 抑制波动的效果很好，同时也能有效地抑制反调。

（四）结论

2011年6月25日，电站分母运行，右二母线机组全部并网，总功率达到3960MW，此时电站运行方式与2010年7月14日功率波动时相同，总功率超过7月14日功率波动时的总功率，右二母线机组有功功率趋势分析图如图9-20所示。由图可见，7.14功率波动现象再未重现。

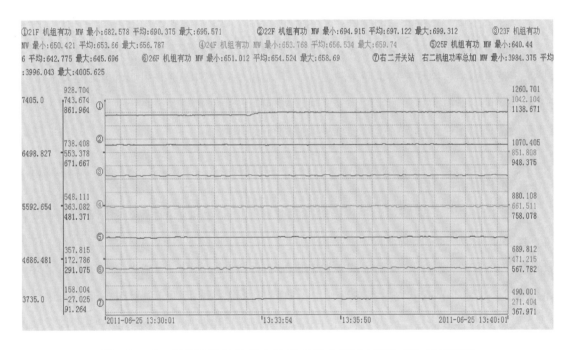

图 9-20　右二母线机组 2011 年 6 月 25 日有功功率录波图（$P>3960MW$）

与7.14功率波动相比较，2011年6月25日12：00至2011年6月27日12：00右二母线的母线运行方式（分母运行）和母线电压基本与7.14功率波动时一样，而右二母线总功率却超过了2010年7月14日时的3950MW，达到了4010MW，在这种工况下右二母线机组并未出现功率波动，说明右二母线机组 PSS 起到了抑制功率波动的作用，发挥了其应有的功能。通过理论上的分析以及仿真试验和现场试验结论的支持，说明通过对励磁调节器内 X_q（发电机稳态交轴电抗）的修改有效解决了励磁程序设计上存在的缺陷，电站机组 PSS 存在的问题已得到妥善的解决，PSS 能够很好地起到抑制功率波动的作用。

第十章 继电保护系统

第一节 设备概述及常见故障分析

继电保护是电力系统安全的基础，是预防电力生产过程中大规模停电的重要保障。随着电力系统的发展，电网规模空前扩大，大容量发电机组、超特高压设备陆续投入运行，继电保护系统越来越大、原理结构也越来越复杂。作为电力系统中的重要组成部分，继电保护系统故障将严重影响电力系统稳定性与安全性。如何有效避免继电保护系统故障、及时发现故障并采取合理措施是继电保护检修与维护面临的首要问题。

一、继电保护概述

电力系统运行中，因雷击、鸟害、绝缘老化和损坏、设备缺陷以及运行操作不当等因素，可能导致电力系统设备故障和异常运行状态发生，如接地故障、相间短路故障、过负荷、过电压、非全相运行、振荡、同步发电机失磁及异步运行等。当电力系统中的电力元件（如发电机、线路等）或电力系统本身发生了故障危及电力系统安全运行时，能够向运行值班人员及时发出警告信号，或者直接向所控制的断路器发出跳闸命令以终止这些事件发展的一种自动化措施和设备，一般通称为继电保护装置。

继电保护的基本任务：

（1）自动、迅速、有选择地跳开特定的断路器；

（2）反映电力系统电气元件的不正常运行状态。

继电保护的基本要求：

（1）选择性，指保护装置动作时，仅将故障设备从电力系统中单独切除，使停电的范围尽量地缩小，保证系统中无故障的部分正常运行；

（2）速动性，是指保护装置应尽快切除短路故障，它的目的是提高系统的稳定性，从而减轻故障设备的损坏程度，缩小受故障所影响范围，提高自动重合闸和备用设备自动投入的效果；

（3）灵敏性，是指其保护范围内发生故障或不正常运行状态的反应能力；

（4）可靠性，是指继电保护装置在保护范围内发生动作时的可靠程度。

二、继电保护构成

继电保护装置一般由输入部分、测量部分、逻辑判断部分和输出执行部分组成。输入信号需经过必要的前置处理，如隔离、电平转换、低通滤波等，使装置能有效地检测到现场各物理量。测量信号要转换为逻辑信号，根据测量部分各输出量的大小、性质、逻辑状态、输出顺序等信息，按照一定的逻辑关系组合运算最后确定动作结果，由输出执行部分的继电器完成执行。如今，微机型继电保护已广泛应用。

（一）微机保护装置硬件构成

微机型继电保护装置一般由硬件、软件两部分构成。其硬件系统主要包括六大部分，分别是数据采集单元、数据处理单元、开关量输入/输出、人机接口、通信接口及电源，框图如图 10-1 所示。

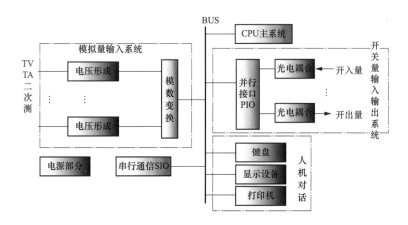

图 10-1　微机保护结构框图

1. 数据采集单元

数据采集单元即模拟量输入系统，采集被保护设备的电流、电压量及其他模拟信号，并将各模拟信号经过适当的预处理，然后转换为所需要的数字量。数据采集单元硬件包括：电流电压变换器、低通滤波器（ALF）、采样/保持器（S/H）、多路开关（MPX）以及模/数（A/D）变换器等功能器件。

2. 数据处理单元

数据处理单元即微机保护主系统（CPU 主系统），是对数据采集单元输出的数据进行分析处理、逻辑判断及保护算法，完成各种继电保护功能并输出结果。数据处理单元主要包括：

（1）微机处理器，是整个系统的控制和运算中心，有 CPU、MCU、ARM 以及 DSP 等架构。

（2）电擦除可编程只读存储器 E^2PROM，用于存放定值。

（3）紫外线擦除可编程只读存储 EPROM 或闪速存储器 FLASH，用于存放程序。

（4）非易失性随机存储器 NVRAM，用于存放故障报文、采样数据。

（5）静态存储器 SRAM，用于存储计算过程中的中间结果。

（6）其他。现场可编程阵列 FPGA。

3．通信接口

微机保护装置中配置有通信接口，以实现保护定值参数、状态信息、动作报告、数据录波等信息上传以及纵联保护中本侧与线路对侧保护装置的各种信息交换。一般采用 RS485 总线、PROFIBUS 网、CAN 网、以太网通信模式。微机保护通信要求快速、支持点对点平等通信、突发方式的信息传输，物理结构采用星形、环形、总线形，支持多主机等。

4．开关量输入/输出系统

实现保护出口跳闸、信号显示、报警、外部触点输入等功能。它由输入/输出接口芯片（PIO 或 PIA）、光电隔离器、继电器等元器件组成。保护柜内开关量输入信号一般使用 DC 24V 电源、来自柜外的开入量信号采用 DC 220V 或 DC 110V 电源，微机保护信号及跳闸出口继电器工作电源采用 DC 24V。

5．人机接口部分

微机保护装置需要人机对话，以保证装置正确运行。主要功能包括设备参数和整定值输入、控制方式字修改，采样值、整定值、运行状态和动作信息显示等。人机对话通过键盘、液晶显示屏、打印等方式实现。

6．电源部分

微机保护装置一般采用开关电源，即逆变电源，以增强保护装置的抗干扰能力。开关电源插件一般提供 $+5V$、$+24V$、$\pm15V$（或 $\pm12V$）多组输出，其中：

$+5V$ 电源用于计算机系统主控电源；

$\pm15V$（或 $\pm12V$）电源用于数据采集系统、通信系统；

$+24V$ 电源用于开关量输入、输出以及信号与跳闸继电器。

（二）微机保护装置典型结构介绍

按照微机处理器配置数量和处理器架构特点，微机保护装置硬件系统存在不同的结构。

1. 单 CPU 微机保护装置

整套微机保护共用一个单片微机，无论是数据采集处理，还是开关量采集、出口信号及通信等均由同一个单 CPU 控制。这种结构形式的优点是结构简单，缺点是容错能力不高，一旦 CPU 或其中某个插件工作不正常将影响整套保护装置。因后备保护与主保护共用同一个 CPU，主保护不能正常工作时往往也影响后备保护。

2. 多 CPU 微机保护装置

在一套微机保护装置中，按功能配置多个 CPU 模块，分别完成不同保护原理的多重主保护、后备保护及人机接口等功能。这种结构形式的优点是采用模块化设计，任何一个模块损坏不影响其他模块保护的正常工作，有效提高了保护装置的容错水平，防止了一般性硬件损坏而闭锁整套保护。

3. 采用 DSP 处理器的微机保护装置

微机保护采用数字信号处理器（digital signal processor，DSP），借助其强大、快速的数据处理能力，极大地提高了微机保护采样、数据预处理和计算能力。

如图 10-2 所示，采用单片机 CPU 加 DSP 处理器的双采样结构，将主、后备保护集成在一起。DSP 和 CPU 各自独立采样，由 DSP 完成所有的数字滤波、保护算法和出口逻辑，由 CPU 完成装置的总启动和人机界面、后台通信及人机接口功能。

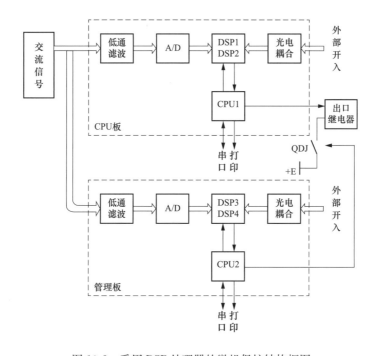

图 10-2 采用 DSP 处理器的微机保护结构框图

4. 网络型 CPU 微机保护装置

网络化微机保护装置结构框图如图 10-3 所示。

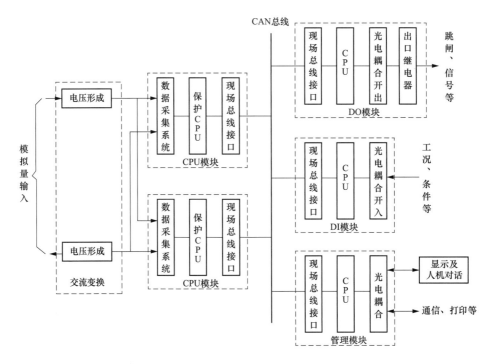

图 10-3　网络化微机保护装置结构框图

与保护功能和逻辑有关的标准模块插件仅有 CPU 插件、开入（DI）插件和开出（DO）插件三种。CPU 插件包含了微机主系统和大部分的数据采集系统电路。

通信网络采用 CAN 总线方式，利用 CAN 总线的可靠性和非破坏性总线仲裁等，可保证硬件电路和跳闸命令、开入信号传输的可靠性、及时性。

网络作为连接的纽带，每一个模块仅相当于网络中的一个节点，可任意增加节点，节点功能可分别升级。

（三）微机保护装置软件程序结构介绍

如图 10-4 所示，微机保护装置的程序一般由主程序与中断服务程序两大部分组成，在中断服务程序中有正常运行程序模块和故障处理程序模块。

1. 主程序

微机保护装置运行时，主程序按固定的采样周期响应采样中断进入采样程序，在采样程序中进行模拟量采集与滤波、开关量的采集、装置硬件自检、交流电流断线和起动判据的计算，根据是否满足起动条件而进入正常运行程序或故障计算程序。硬件自检内容包括 RAM、E^2PROM、跳闸出口驱动及光隔等。

2. 中断服务程序

（1）故障处理程序。

保护启动后，故障处理程序进行各种保护的算法计算，跳闸逻辑判断，事件报告、故障报告及波形整理等工作。根据被保护设备的不同，保护的故障处理程序有所不同。比如线路保护装置，一般包括纵联保护、距离保护、零序保护、电压电流保护等处理程序。

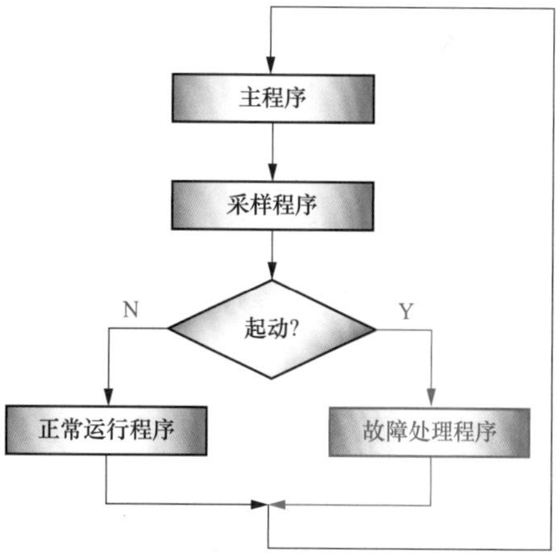

（2）正常运行程序。

以微机线路保护为例，当保护不满足启动条件

图 10-4　微机保护装置程序组成框图

时，正常运行程序将进行采样值自动零漂调整及运行状态检查。

运行状态检查包括交流电压断线、检查开关位置状态、变化量制动电压形成、重合闸充电、准备手合判别等。当状态检查发现异常时发告警信号，告警信号分两类：一是运行异常告警信号，这时程序不闭锁保护装置，仅提醒运行人员进行相应处理；另一种为闭锁告警信号，告警同时将保护装置闭锁，即保护功能退出。

随着温度变化和环境条件的改变，采样系统电压、电流的零点可能会发生漂移，程序将自动跟踪零点的漂移。

三、继电保护常见故障分类及原因分析

在电力设备出现安全隐患和故障时，由于继电保护装置故障，可能会导致电力系统事故扩大，进而影响整个电力系统的安全和稳定运行。故分析继电保护装置的故障和隐患、找出解决问题的办法就越来越重要。

继电保护故障存在多方面原因，如设计不合理、原理不成熟、制造质量缺陷、整定值问题、安装调试和检验维护不良问题等，以下列出几类常见故障。

（一）保护装置元器件故障

随着集成电路和通信技术的不断发展，电力技术有着飞跃式的进步，如今微机保护已广泛应用于电力系统，其先进性毋庸置疑。但微机保护装置插件十分精密，其内部的电子元器件种类繁多，尤其是集成电路、电阻电容及光隔，且印刷电路板布线细小，受制造和运行环境因素影响，微机保护装置硬件损坏和故障时有发生。如保护装置在设计时元器件选型不合理，制造过程漏检、元器件老化过度，现场运行环境温湿度、灰尘超标以及维护时检修操作不规范等导致的器件损坏、插件使用寿命缩短等。

微机保护装置元器件故障按插件类型分，主要有：开关电源、CPU 插件、开入/开出插件、通信插件、人机接口插件、模拟量变换插件故障等。

按故障部位分，主要有：接插件接触不良、电子元器件参数偏差过大、发热及损坏、焊接不良及短路、绝缘击穿、静电击穿、按键及显示失效等。

在微机保护装置运行过程中，开关电源故障较为常见。其一，开关电源本身发热，电子元器件长期在高温下运行，使用寿命受到影响；其二，开关电源输入回路受到系统操作暂态电磁干扰，导致元器件受损，输出电压波纹系数过高、功率和电压稳定性降低、过压及短路保护拒动或逻辑错误等现象发生。

对于微机保护装置元器件故障，通常是在检测出保护插件有问题后进行更换即可。

（二）二次回路故障

电力系统中，继电保护装置是通过二次回路获取被保护设备的运行工况、作用于被保护设备的断路器、与其他设备进行信息交互。微机保护二次回路主要包括直流电源回路、交流电压电流回路、控制回路、信号回路以及与其他保护和设备配合的通信回路。二次回路常见的故障主要有：

（1）电压互感器二次短路、电流互感器二次开路故障；

（2）交流电压、电流二次回路接地不规范；

（3）直流接地故障；

（4）两组直流回路、或交直流回路串电；

（5）二次寄生回路；

（6）二次回路接线错误、异常。如电压互感器二次回路因螺丝松动或连接处生锈产生虚接，引起相电压的幅值和相位不平衡，导致保护装置误动或拒动。

（三）保护装置误整定

微机保护误整定通常有以下两种情况：

（1）计算错误导致的误整定；

（2）继电保护工作人员在工作执行中出现的误整定。

定值计算错误主要是由于现在微机保护装置的种类很多，不同型号的装置，功能存在差异，整定计算人员对装置的原理理解不透，出现定值计算错误。误整定还有可能是记录的不完整导致的，没有向整定计算人员提供相关的计算参数，计算结果就容易出现错误。在现场工作执行中，保护工作人员一般对定值项内容比较关注，往往忽略了整定说明，使一些定值设置有误差，最后导致误整定。另一方面，现场设备更新快，导致整定单也得频繁更换，新定值单和旧定值单没有区分好，容易出现误整定。

（四）保护装置通信回路故障

微机保护装置目前主要采用光纤通信，通信回路故障主要涉及光纤、光纤终端盒、光电/电光转换装置、通信管理装置等，造成通信信号衰耗过大。

（五）其他故障

其他故障主要有微机保护二次回路抗干扰性能差、二次回路标识不规范、设计不合理、保护装置原理缺陷、软件 BUG 以及安稳控制装置、备自投装置、主变冷却器控制系统等元器件故障。

四、常见故障的分析处理方法

微机保护涉及硬件、软件及二次回路。提高微机保护故障处理能力，首先要掌握微机保护装置的基本原理、功能特性以及二次回路接线，这是解决微机保护故障的基础，只有具备扎实的基本功，才能在故障发生后对故障现象做出准确的分析判断，找出故障或事故产生的原因，并做出正确的故障处理。其次，熟练掌握正确的检查方法，是解决微机继电保护故障的重要技术保障。对于一些常见的故障，正确运用常规的检查方法即可，但一些具有隐蔽性的故障，常规检查方法往往不能快速准确的地检出，此时需要采用逐级逆向检查法或顺序检查法，对装置和回路细致排查或全面检验。第三，熟练掌握微机保护故障处理技巧。在微机保护故障处理中，过往积累的故障处理经验可以帮助故障处理人员快速处理类似或者反复发生的故障，可缩短故障处理时间，将故障造成的影响降到最低。

微机保护装置自身具有故障信息记录与存储功能，包括故障录波和时间记录、事件记录、装置灯光信号等，并充分利用厂站监控系统提供的事件信息和故障录波器的数据，对于故障的解决具有重要的作用，也是事故处理的重要依据。

对于一般故障，利用事件日志以及故障录波通常可以快速查出故障源，但一些较为隐蔽或是成因复杂的故障，事件日志以及故障录波并不能直接体现故障根源。出现这种情况时，应着重从故障点、故障现象出发，结合事件日志及故障录波数据一级级往前查找，尤其是在微机保护装置出现误动作时，采用此方法通常可以较为快速准确的找到故障根源。若微机保护出现拒动或者逻辑出现问题时，可根据图纸按部就班，从外部回路、绝缘、定值、电源性能、保护性能等顺序进行故障根源查找。此外，对于微机继电保护装置动作逻辑、动作时间是否正常的检查，运用整组试验可以在较短的时间内准确判明故障的根源，如不能查出，则应结合其他检查方法进行复合检查。

常见的继电保护装置故障分析查找方法包括替换法、对比参照法、回路拆除法、回路短接法、直观检查法等。

（一）替换法排除微机保护故障

用正常的插件或相同元件替代怀疑或认为有故障的插件或元件，从而判断其是否有故障，缩小查找范围。如替换后微机保护装置运行正常，则说明换下来的插件或元件存在故障。替换法的实施应注意以下几点：

（1）注意插件内的定值芯片、程序及跳线是否相同；

（2）明确正在运行的装置或插件在替代前是否需采取一定措施；

（3）注意微机保护装置插件或元器件生产厂家相同但型号不同的情况，在经过测试确认功能一致后才能实施更换。

（二）对比参照法确认微机保护故障

利用装置的检验报告，比较正常运行的装置与异常装置的技术参数，如果出现较大偏差则说明可能存在故障。这种方法主要用于检查人为接线错误，定值校验过程中发现测试值与整定值有较大出入，又无法准确找到原因的相关故障。但不能因为测试结果的差距性而随意判断保护装置的好坏，需要进一步对微机保护装置进行检测，来确认是否出现故障。

在进行回路改造或设备更换后二次接线不能正确恢复时，可参照同类设备接线。如更换新装置、新元器件及接线后，出现开关不能正常合分故障。一般来说是二次线在恢复过程中接错了。为了尽快找到原因，可参照相邻保护装置的接线，一般情况下同一型号的装置，其控制回路接线是相同的，根据其线头标号套上的编码及接线位置一一对照找出不同点，就很容易发现错线所在。

在继电器定值校验时，如发现某一只继电器测试值与其整定值相差甚远，此时不可轻易判断此继电器特性不好，或直接去调整继电器上的刻度值。因为所用的测量表计是否准确直接影响检验结果。这时可用同只表计去测量其他相同回路的同类继电器（正常情况下一个检修周期内动作值变化不会相差较大），如定值均正确，说明表计准确，据此可判定，出现测试值与定值偏差超出正常范围的继电器有问题，应予以更换。

保护带负荷试验时如难以确认装置的数据、状态正确与否，可从已运行的其他二次设备上读取数据、状态等进行参照，以便缩小故障范围。

（三）回路拆除法逐项确认微机保护故障

回路拆除法是解决二次回路故障的有效方法，一般步骤是按照顺序将二次回路拆除，然后逐项检查、恢复，确认回路的故障点，最后通过试验对回路接线正确性进行验证，这种方法能够及时确认故障位置。

如电压互感器二次空气断路器跳闸，回路存在短路故障，可从电压互感器二次短路相的总引出处将端子分离，此时故障消除，然后逐个恢复，直至故障出现，再分支路依次排查。

（四）回路短接法检查微机保护故障

回路短接法，就是将微机保护回路的某一部分或某一段用短接线直接人为短接，从而判断故障是否在短接线范围内。此种故障查找方法主要用于联锁回路异常、切换继电器无反应、电流回路开路、把手接地的切换是否良好等状况。

（五）直观法检查微机保护故障

直观法就是观察保护装置插件、继电器的颜色和气味，如果内部出现明显发黄，或发出浓烈的焦味等，此时便可及时判断出故障所在。

按照以上故障查找方法确认故障点之后，对于保护装置出现的故障，一般采取更换装置或插件方法处理；对于二次回路存在的故障，则按照图纸改正错误接线，或更换损坏线缆、光纤等；对于定值方面存在的错误，则按照定值单、装置说明书等要求重新整定。

第二节　发电机—变压器组保护典型故障案例

一、停机继电器误动原因分析及处理

（一）设备简述

某水电站安装有多台发电机—变压器组，均按单元接线，机端设有 GCB，主变高压侧接入 500kV 系统，采用 3/2 接线。主变保护按双重化配置，采用微机保护装置，共有 3 面屏柜（含变压器非电量保护）。

（二）故障现象

2013 年 9 月 11 日，某机组解列、停机，实施主变高压侧分接头调整。当此项工作完成后，23 时 33 分 46 秒，集控室远方发"机组开机至空载"令，随后监控系统报：主变 B 套保护装置动作报警、机组电气事故停机流程启动。

（三）故障诊断分析

1. 故障检查

现场检查，发现该主变压器保护盘（PR4）停机双位置继电器 23ZJ 动作，查看装置内部无动作记录。该发电机、变压器其他保护盘各装置无任何动作信号。调取监控系统事件记录，见表 10-1。

表 10-1　　　　　　　　机组监控系统 LCU 事件记录（部分）

事件序号	时间	事件信息	状态
1	2013-09-11 20:58:02.893	6F: 发变组故障录波故障/失电	动作
2	2013-09-11 21:00:36.009	6F: B 套主变保护动作停机	动作
3	2013-09-11 21:00:36.209	6F: B 套主变保护动作停机总出口	动作
4	2013-09-11 21:05:02.052	6F: 电气保护故障	动作
5	2013-09-11 21:05:22.043	6F: 电气保护故障	复归

现场继续检查发电机变压器保护装置均运行正常、无报警信号，机组故障录波器也未发现相关异常记录。

根据以上检查，初步判断发电机、变压器保护未动作，一次设备无故障，经运行值班员许可后现地复归 23ZJ 继电器，再次开机成功。

2. 故障原因分析

该电站机组保护均配有保护动作停机出口继电器（四对空节点），且停机出口继电器动作后具有展宽功能（可整定展宽时间为 0～200ms），保护停机动作信号可送机组 LCU 直接启动停机流程。但机组监控系统 LCU 是通过 DI 开入方式（配置的 DI 巡检周期较长，约 400ms）采集发电机变压器电气量保护动作停机信号的，存在时间配合问题，为了保证保护动作停机能可靠启动 LCU 停机流程，故在机组电气量保护动作停机出口回路中增加了一级带自保持的停机重动继电器（双位置继电器）。停机重动继电器采用自保持方式、需人为复归、且动作后直接停机。以变压器保护为例，停机出口回路如图 10-5 所示。

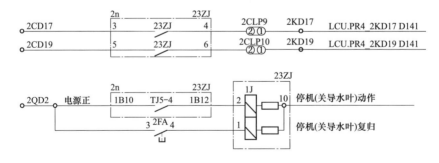

图 10-5　变压器保护停机出口回路

从现场检查结果，结合图 10-5，重点分析 23ZJ 动作情况：

（1）机组各保护装置面板上无动作信号，装置内部无动作记录，且机组故障录波未发现录波记录，一次设备和系统未发生故障，故 23ZJ 动作不是变压器保护装置（B 套）动作而驱动的。

（2）从表 10-1 监控 LCU 记录看，9 月 11 日 20 时 58 分左右，机组保护装置存在电源失电情况。经询问运行值班人员，系为该机组交、直流负荷盘 400V 电源倒换操作，故存在电磁干扰的可能性。

（3）检查发电机变压器保护动作停机重动继电器试验记录，见表 10-2。

表 10-2　　　　　　　　　　　机组保护动作停机重动继电器动作功率记录

名称	线圈	动作电压	动作电流	动作时间	动作功率
PR1 柜：3ZJ	2-10				
	1-10	141V	3.02mA	20.1ms	0.42582W
PR2 柜：3ZJ	2-10	119V	2.55mA		0.30345W
	1-10	114V	2.43mA	4.6ms	0.42582W
PR3 柜：23ZJ	2-10	127V	2.71mA	3.4ms	0.34417W
	1-10	130V	2.77mA		0.3601W
PR4 柜：23ZJ	2-10	118V	2.5mA	6.4ms	0.295W
	1-10	147V	3.15mA		0.46305W

从试验结果来看，该重动继电器动作功率均偏低（要求≥5W），PR4 柜继电器动作功率最低，仅为 0.295W，易受电磁干扰误动作导致直接停机。

（四）故障处理

1. 更换大功率停机出口重动继电器

保护装置的抗干扰性能是经过动模及抗干扰试验测试的，抗干扰能力很强。但停机出口重动继电器安装于机箱外部，且选择的继电器动作功率偏低，导致抗干扰能力不强，故先采取以下应急措施：

（1）更换大功率的停机出口重动继电器（≥5W），提高继电器的抗干扰性能；

（2）修改自动开机流程，在发开机令前，应检查停机开入信号确认已复归；

（3）核查其他出口中间继电器的动作功率，防止类似事件再次发生。

2. 通过保护装置本身展宽停机出口信号

为了机组可靠运行，消除停机出口重动继电器误停机风险，最终方案确定取消停机出口重动继电器，通过保护装置本身展宽停机出口信号，以满足监控 LCU 停机流程需要。

经与继电保护厂家协商，优化发电机、变压器装置程序，调整停机出口信号展宽时间为 0～450ms（因发电机、变压器保护启动整组复归时间为 500ms，同时继电保护规程也不允许保护动作带延时返回）。通电模拟发电机、变压器保护动作，测试停机出口信号展宽时间，验证监控 LCU 停机流程可靠性和正确性。

先选择一台发变组保护进行试验，根据试验结果初步验证可行性、正确性，然后推广到其他机组整改。结果表明，当停机出口信号展宽时间整定为 450ms 时，正常运行方式下，保护停机出口信号展宽时间均满足机组 LCU 采集开入量时间的要求，测试结果见表 10-3。

表 10-3　　　　　　　　　发变组保护停机出口与监控 LCU 联动试验记录

机组号	停机出口展宽整定	测试结果	备注
1F	400ms	模拟保护动作，测试 10 次，每次时间大于 420ms，与监控一起做试验，每一次监控都收到停机信号	测试的时间＝保护动作时间＋展宽时间（实际监控收到的时间）
	450ms	模拟保护动作，测试 10 次，每次时间大于 470ms，与监控一起做试验，每一次监控都收到停机信号	
2F	450ms	模拟保护动作，测试 5 次，时间分别为 488ms、480ms、470ms、472ms、480ms	
	450ms	模拟保护动作，测试 5 次以上，还进行了连续动作的录波，展宽时间为 450ms 左右，基本无误差	可单独测试展宽时间

根据以上试验结果，取消发电机保护、变压器保护 PR1～PR4 盘内停机出口重动继电器 3ZJ 和 23ZJ，改为调整装置本身动作出口展宽时间，实现保护动作停机可靠启动机组 LCU 停机流程，技术上是可行的。

二、注入式定子一点接地保护测量电阻跳变分析与处理

（一）设备简述

某水电站安装有多台水轮发电机组，发电机变压器均采用单元接线，机端设有 GCB，发电机保护采用微机保护装置，按双屏双重化配置。

（二）故障现象

2017 年 12 月 6 日，巡检中发现，某机组发电机保护 A 套"注入式定子一点接地保护"显示定子绕组对地电阻测量值在 17～18kΩ 之间跳变（正常显示值 30kΩ，且监测电阻值大于 30 kΩ 时均显示 30 kΩ）。次日，现场检查该机组定子接地保护测量电阻值显示正常（30kΩ），未出现波动现象。调取前日电阻波动时刻前后约 1h 内的故障录波器波形，发现机端零序电压和中性点零序电流均无异常。

但随后发现其他机组定子一点接地保护测量电阻值存在类似的跳变现象。

（三）故障诊断分析

1. 低频注入式定子一点接地保护原理

低频注入式定子一点接地保护从本质上来说，是一种伏安法测阻抗的原理。接线示意如

图 10-6 所示，外加电源（20Hz）通过发电机
中性点接地变压器注入到发电机定子绕组与
地之间，保护装置测量注入电压、电流值，
计算出发电机定子绕组对地绝缘电阻值，以
判断定子绕组是否接地。

假设定子绕组通过 Rg 接地，等效电路如
图 10-7 所示。

图 10-7 中：$\dot{E}_{20}$ 为注入的 20Hz 电压、R_{20}
为注入源内阻、R_n 为接地变负载电阻、T 为
接地变压器、接地变变比为 n、$-jX_C$ 为发电
机定子对地电容容抗、R_g 为单相接地故障过

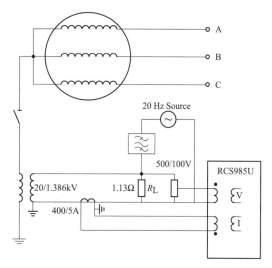

图 10-6　发电机注入式定子一点接地保护原理简图

渡电阻。$\dot{U}_{20}$ 为经过电阻分压器分压变比 n_{div} 取得的 20Hz 电压、$\dot{I}_{20}$ 为经过中间 TA 取得 20Hz
零序电流。

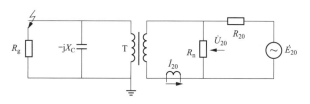

图 10-7　注入式定子一点接地保护等效电路图

注入式定子接地保护接地电阻计算
公式为

$$R_g = \frac{K_R}{\mathrm{Re}\left(\dfrac{\dot{I}_{20}}{\dot{U}_{20}}\right)}$$

$$K_R = n^2 \times \frac{n_{\text{div}}}{n_{\text{TA}}}$$

式中　K_R——电阻折算系数，综合考虑了变压器变比 n、电阻分压器分压变比 n_{div} 和中间 TA
　　　　　的变比 n_{TA}。

保护装置实时计算定子绕组对地电阻，可监视定子绕组的对地绝缘状况。正常情况下，
发电机定子绕组对地绝缘电阻很大，定子绕组对地只有容性电流流通，保护检测到的 20Hz
电流很小，计算出的接地电阻很高，保护不动作。

当定子绕组绝缘下降或发生单相接地故障，注入电流将增大，电压、电流的幅值和相位都
将发生变化，测量电流将出现电阻性分量，保护装置通过检测接地变压器二次侧的 20Hz 电压、
电流信号计算得到接地过渡电阻变小。当测量电阻值小于整定值时，保护延时发信号或跳闸。

2. 测量电阻误差来源分析

考虑到安全性注入电流值不可能很大，上述计算公式中，忽略了一些影响因素，在实际
工程应用中接地电阻计算结果会有很大的误差。为了满足工程应用的误差要求，必须考虑一

些测量误差的影响因素。首先必须考虑接地变的电气参数，引入接地变参数后，等效电路图如图 10-8 所示。

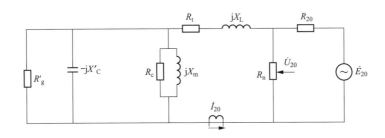

图 10-8　考虑接地变参数后的等效电路图

图中：R_t、X_t 为接地变折算至二次侧的漏电阻和漏电抗，R_c、X_m 为接地变励磁电阻和励磁电抗。并将定子对地电容、过渡电阻均折算至接地变二次侧，为 $X_C^{'}$、$R_g^{'}$。则接地电导应为

$$\mathrm{Re}(Y) = \mathrm{Re}\left[\frac{\dot{I}_{20}}{\dot{U}_{20} - \dot{I}_{20}(R_t + \mathrm{j}X_t)}\right] - \frac{1}{R_c} = \mathrm{Re}\left[\frac{1}{\dfrac{\dot{U}_{20}}{\dot{I}_{20}} - (R_t + \mathrm{j}X_t)}\right] - \frac{1}{R_c}$$

令 $\dot{U}_{20} / \dot{I}_{20} = R_{20} + \mathrm{j}X_{20}$，则有

$$\mathrm{Re}(Y) = \mathrm{Re}\left[\frac{1}{(R_{20} + \mathrm{j}X_{20}) - (R_t + \mathrm{j}X_t)}\right] - \frac{1}{R_c} = \frac{R_{20} - R_t}{(R_{20} - R_t)^2 + (X_{20} - X_t)^2} - \frac{1}{R_c}$$

而接地电阻一次值为

$$R_g = \frac{K_R}{\mathrm{Re}(Y)}$$

由上式可知，故障接地电阻的误差取决于以下几个部分：

（1）电流、电压的测量误差。

20Hz 零序电流是通过安装在接地变压器（简称接地变）二次侧的中间电流互感器来采集的。由于发电机故障时，接地变二次侧会产生数百安培的工频故障电流，电流互感器变比往往选择的比较大（例如 400/5 或 800/5）。而正常时，低频注入源所注入的电流一次值仅 0.8A，折算至二次侧仅 10mA 或 5mA。相当于该信号位于传变特性的起始段，传变误差呈现出非线性的特点。

发电机处于静止状态时，接地变二次侧只有 20Hz 分量；当发电机启动后，发电机中性点会产生三次谐波电压，该电压在负载电阻上产生了三次谐波电流，三次谐波电流的存在会使 20Hz 中间 TA 的工作点发生变化，进而导致 20Hz 电流相位的漂移。

（2）电阻折算系数。

电阻折算系数受接地变压器、分压器、中间电流互感器的变比误差影响，可以试验校正。

（3）接地变参数。

接地变压器铁损电阻 R_c 反映了变压器的铁耗，阻值一般比较大，可以忽略；而漏阻抗参数 R_t、X_t 直接影响到了故障接地电阻计算的准确性，无法忽略。但是接地变参数对测量电阻的影响，可以通过试验测得漏阻抗参数后进行补偿（含相位补偿），且接地变参数对测量电阻的影响较为固定，经补偿后，只会出现测量阻值偏大或者偏小的相对固定的值，不会出现测量电阻忽大忽小的现象。

综上，电流、电压的测量误差与注入式定子接地保护电阻采样值跳变现象有直接关系。

3. 定子接地保护电阻波动分析

历史巡检数据表明，机组定子接地测量电阻跳变属于较为普遍的现象。

低频注入式定子接地保护从原理上来说，较为简单、易用，但由于注入信号较小，不可避免地会造成测量的误差。这种测量电阻的跳变现象，在其他同类型原理的保护装置中也存在。

从以上分析看，由于机组带负荷运行时，发电机中性点存在三次谐波电流，通过中间 TA 影响注入式定子一点接地保护测量电阻值的稳定性。如该电阻值存在波动现象但没有稳定在 18kΩ 及以下，且发电机零序电压和中性点接地电流无明显变化，可视为正常。

（四）故障处理

1. 功率因数角变化对测量阻值的影响试验验证

在试验室采用继电保护测试仪对发电机保护装置进行试验。根据现场注入式定子一点接地保护定值，设置相位补偿角 1 定值为 343°，接地变电阻补偿定值 2.4Ω，接地变电抗补偿定值 8.6Ω。模拟加入 20Hz 电压 U_{20} 0.5V、电流 I_{20} 10mA，改变电流 I_{20} 与电压 U_{20} 之间的相角，并读取不同相角差之下的装置采样值，见表 10-4。

表 10-4　　　　　　　　低频电流与电压之间的相角变化对测量阻值的影响

试验仪器输出 U_{20} 超前 I_{20}（°）	U_{20}采样值（V）	I_{20}采样值（mA）	相角采样值 φ（°）	补偿后相角采样值 φ'（°）	测量电阻一次值 R（kΩ）
360（0）	0.488	9.92～9.98	348.5～348.8	5.5～6.0	0.55
320	0.488	9.92～9.98	308.5～308.9	325.7～325.9	0.86
300	0.488	9.90～9.96	288.8～289.1	305.6～306.0	1.38～1.39
275	0.488	9.90～9.98	263.6～264.1	280.7～281.0	6.37～6.61
270	0.488	9.90～9.98	258.8～259.1	275.3～276.1	18.8～21.14
269.8	0.488	9.90～9.98	258.4～258.9	275.4～275.8	25.31～30
269.7	0.486	9.90～9.98	258.2～258.6	275.3～275.7	30
267.9	0.488	9.90～9.98	256.5～256.7	273.4～273.6	30
266.1	0.488	9.90～9.98	254.7～255.1	271.8～272.0	30
266	0.486	9.90～9.98	254.5～255.0	271.7～271.9	22.71～30

试验仪器输出 U_{20} 超前 I_{20}（°）	U_{20} 采样值（V）	I_{20} 采样值（mA）	相角采样值 φ（°）	补偿后相角采样值 φ'（°）	测量电阻一次值 R（kΩ）
265.8	0.488	9.90~9.96	254.0~254.5	271.2~271.6	18.78~21.54
260	0.488	9.90~9.96	248.6~249.0	265.5~265.9	5.70~5.82
240	0.488	9.92~9.96	228.5~228.9	245.5~245.8	1.71~1.72
215	0.488	9.90~9.98	203.7~204.0	220.6~221.9	0.96
180	0.488	9.90~9.94	168.5~168.9	185.5~185.9	0.66

对表 10-4 进行分析，可以得到以下几个发现：

（1）装置中相角采样值 ϕ 总是较实际电压、电流相角小了 11.5°（受采样回路影响）；

（2）补偿后相角 ϕ'＝相角采样值 ϕ－343°，其中 343°为相角补偿定值。结合相角补偿定值的整定过程，相角补偿定值应包含三部分内容：

1）用于补偿装置采样造成的 11.5°的角度偏差；

2）用于补偿接地变漏电阻和漏电抗造成的角度偏移（测算后，偏差约 3°~9°不等）；

3）用于补偿 TA 测量环节的其他角度偏移，包括互感器传变造成的偏移。这也是经过补偿后的采样值总是超前输入值 5°~6°的原因。

（3）由于接地变的短路电阻、电抗及变比等参数的影响，在实际计算中，补偿后相角采样值达到 273°左右时，装置才会较好地反映一次接地阻值，因此在工程中，一般都会调整相角补偿定值，使正常时补偿后相角采样值达到 273°。

（4）测量电阻一次值与补偿后相角之间的变化呈非线性特点：当补偿后相角从 272°到 271.7°，角度变化了 0.3°，测量电阻下降了 7.29kΩ（从 30kΩ 下降至 22.71kΩ）；而在定值区（报警定值 5kΩ、跳闸定值 1kΩ）附近，补偿后相角从 245.5°到 220.6°，角度变化了 24.9°，测量电阻仅下降了 0.75kΩ（从 1.71kΩ 下降至 0.96kΩ）。

即机组正常运行时，测量电阻对相角的变化非常敏感，微小的测量误差会导致计算的测量电阻发生较大变化；而在定值区附近，装置对相角变化的容许范围会变大，也使测量值更为可信。

2. 幅值变化对测量阻值影响验证

同样的试验条件下，模拟加入 20Hz 电压 0.5V，设置 20Hz 电压超前 20Hz 电流 267.9°，增大 20Hz 电流，查看低频电流幅值变化对测量电阻的影响，试验数据见表 10-5。

由表 10-5 可知，低频电流增大时，测量电阻会逐渐减小。正常运行时，低频电流的幅值一般较为稳定，在 10mA 左右（有的机组为 5mA），因此，低频电流幅值变化不是造成测量阻值跳变的原因。

表 10-5　　　　　　　　　　　　低频电流幅值变化对测量阻值的影响

幅值（mA）	U_{20}采样值（V）	I_{20}采样值（mA）	相角采样值（°）	补偿后相角采样值（°）	测量电阻一次值（kΩ）
10	0.488	9.90～9.98	256.5～256.7	273.5～273.6	30
16	0.488	15.94～15.96	257.7～257.9	274.7～274.9	30
17	0.488	16.94～17	257.7～258.0	274.7～274.9	22.68～30
18	0.488	17.92～17.98	257.9～258.2	274.9～275.2	19.39～20.47

3. 三次谐波对 20Hz 电流互感器传变特性影响验证

在试验室采用 400/5 的电流互感器进行测试。测试接线图如图 10-9 所示。

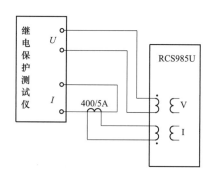

图 10-9　三次谐波对电流互感器影响试验接线图

经测试，结果见表 10-6。

表 10-6　　　　　　　　　　　三次谐波对 20Hz 电流互感器传变特性的影响

试验仪器输出量（A）		U_{20}采样值（V）	I_{20}采样值（mA）	补偿后相角采样值（°）	相角偏移量（°）	测量电阻一次值（kΩ）
150Hz	20Hz					
0	0.8	0.488	9.56～9.58	273.4～273.6	0	30
1	0.8	0.488	9.60～9.66	273.8～274.2	0.3～0.7	30
2	0.8	0.488	9.72～9.74	273.6～275.5	0.1～2.0	30
3	0.8	0.488	9.76～9.80	274.9～276.0	1.4～2.5	30
4	0.8	0.488	9.76～9.84	274.8～275.9	1.3～2.4	22.37～30
5	0.8	0.488	9.82～9.88	275.4～276.5	1.9～3.0	17.73～19.1
6	0.8	0.488	9.84～9.90	276.9～278.1	3.4～4.6	13.59～14.28

分析表 10-6，可以发现：

（1）三次谐波确实会对 20Hz 电流互感器传变特性产生影响。事实上，继保厂家曾在其他电站采用直接在接地变上施加三次谐波电流的方式开展过类似试验，试验结果与表 10-6 中的数据趋势基本一致。

（2）当三次谐波分量增大时，20Hz 电流二次值幅值和相位均会发生变化。其中，当三次谐波分量达到 5A（机组正常并网运行数据）左右时，相角偏移 1.9°～3.0°，而幅值增大约 0.3mA，可见误差主要来自相角偏移。

（3）三次谐波对电流互感器的影响，使装置采集到的补偿后相角采样值波动范围变大。三次谐波为 0 时，补偿后相角采样值波动范围约为 0.2°～0.4°；三次谐波分量超过 2A 时，相角采样值波动范围达到了 1.1°～1.2°，相角波动范围增大，增加了补偿参数整定值选取的难度。

（4）机组正常运行时，三次谐波所造成的相角偏移最大没有超过 5°；采用分段补偿参数时，偏移量可以降低到 2°。此种变化最多会造成测量阻值在 18.78～30kΩ 之间跳变，不会造成装置误动作。

4. 分段相角补偿方法

从上述分析可知，发电机静态情况下，没有三次谐波的影响，采用补偿定值 1 对相角进行补偿后，保护装置一般可以较好地反映接地阻值。

当发电机开机空载及并网模式下，由于三次谐波的影响，若仍然采用补偿定值 1，会造成补偿后相角发生较大偏移，造成测量电阻大幅度地降低。因此，采用了两段补偿原理，即当机端电压大于 80% 时，保护装置将补偿参数切换至补偿定值 2，降低了三次谐波的影响，具有一定效果。

（五）结论和建议

1. 目前采用的两段补偿原理存在的不足

（1）发电机零起升压试验时，装置可能误报警。由于保护装置检测到机端电压大于 80% 时，才会将计算参数切换至补偿定值 2，导致升压过程中，三次谐波对采样值的影响无法消除，测量阻值大幅下降，直到电压升至 80% 以上时，测量阻值才会突然恢复至 30kΩ。2018 年 1 月 21 日，某机组零起升压过程中，保护装置测量的接地电阻最低到达了 8kΩ，接近 5kΩ 的报警定值。

（2）发电机空载和并网两种状态下，机端对地电容参数发生了较大变化，但两者采用同一个补偿参数，有顾此失彼之嫌。

（3）补偿参数 2 可以在机组空载及并网状态下起到良好的作用，但是其参数需要在机组加压后，通过在中性点接地变处开展模拟试验来确定。在正常状态下，中性点接地变电压幅值不高，但若在试验过程中机组发生单相接地，会造成中性点处产生上万伏高压，对试验人员的生命安全造成威胁。因此只是在开机后，依据经验值进行设置补偿参数 2，无法取得最优补偿值，也是造成测量电阻随机组工况发生变化的一个原因。

2.结论和建议

（1）注入式定子接地保护测量电阻跳变，是当前保护配置方案下 20Hz 电流小信号传变误差造成的。

（2）该传变误差对保护功能影响较小，即保护装置仅在定值区附近的测量值较为精确，超出定值区附近，其测量值有较大的误差。该保护仅是对接地故障的一种保护装置，并不能作为一种绝缘监测装置。

（3）注入式定子接地保护测量电阻只能做一个简单参考，定子内部是否发生接地应依靠观察零序电流和零序电压有无变化来判断。

（4）对测量阻值变化较大的机组，建议在机组无水联调时进行专项试验，重新确定补偿参数。待各补偿定值确定后，先测出接地电阻显示 30kΩ 时补偿后相角采样值 ϕ' 的 2 个边界值，根据边界值算出补偿后相角采样值 ϕ' 的平均值，并作为"补偿相角 2 整定值"。

（5）积极联系厂家，共同对中间 TA 进行分析，思考消除接地变二次侧三次谐波或提高 TA 传变特性的方案，扩大低频注入式定子接地保护装置的测量范围。

三、发电机保护装置采样异常分析与处理

（一）设备简述

某水电站安装有多台水轮发电机组，发电机变压器均采用单元接线，机端设有 GCB，发电机保护采用微机保护装置，按双屏双重化配置。

（二）故障现象

2018 年 05 月 29 日，监控报某机组"B 套发电机保护装置报警""B 套发电机保护装置闭锁"。

此时，该机组在备用状态，现场检查机组 B 套发电机保护装置的情况如下：

（1）装置面板报"DSP 采样异常"，且"运行灯"熄灭。

（2）检查发电机 B 套保护装置保护板采样值，显示"转子负对地电压 893.5V"（停机时应显示为 0V）、"转子电流 20768A"，如图 10-10 所示。

（3）检查发电机 B 套保护装置启动板采样值，采样值显示正常，如图 10-11 所示。

（三）故障分析

微机保护装置一般包含两套完全独立的采样系统，即保护板和启动板（兼管理板）采样。装置正常时，两套采样值显示应基本一致。

根据以上检查，发电机 B 套保护装置保护板的"转子负对地""转子电流"采样异常，

图 10-10　B套装置保护板励磁回路采样显示　　　　图 10-11　B套装置启动板励磁回路采样显示

而启动板采样正常，初步判断为保护板故障。当 CPU 检测到装置本身硬件故障时，发出装置闭锁信号，闭锁整套保护并报警，与现场发电机 B 套保护报警信号相符。

（四）故障处理

因初步确定故障原因为保护板损坏，故申请对发电机 B 套保护装置保护板进行更换。

退出 B 套保护所有功能压板及出口压板，再将装置断电，准备好备用保护板插件，按照以下步骤处理：

（1）执行二次安措，对电流、电压、出口、告警回路进行隔离；

（2）记录装置版本号，备份定值；

（3）断开装置电源空气断路器，更换保护板插件；

（4）装置通电后"DSP 采样异常"报警消失，运行灯点亮，重新导入定值，核对版本号无误；

（5）对装置进行采样检查，保护逻辑校验，开入、开出检查，结果均满足要求，核对定值无误，保护信息管理系统召唤数据正常；

（6）复归信号，清除装置报文；

（7）恢复二次安措。

四、发电机大轴绝缘监测保护频繁报警原因分析与处理

（一）设备简述

为了防止轴电流对润滑油和轴瓦的损害，大型水轮发电机组主要采取两种预防措施：其一是在转子下端对大轴采用碳刷接地，在上端轴与上端轴领间加酚醛玻璃板绝缘，以防止轴电流形成回路，同时限制大轴对地电位；其二就是对大轴绝缘进行在线监测，在轴电流达到轴瓦的破坏电流值之前，及时采取必要的措施。

如图 10-12 所示，某水电站水轮发电机组采用在轴领与大轴绝缘层中加装金属铜箔的方式，将轴领绝缘分为两段，并将铜箔用导线引出到大轴表面的金属环上。轴绝缘监测采用两

套装置分别监测轴领和铜箔（外层）、铜箔和大轴（内层）间绝缘。其中任何一段绝缘受损，装置均动作报警。

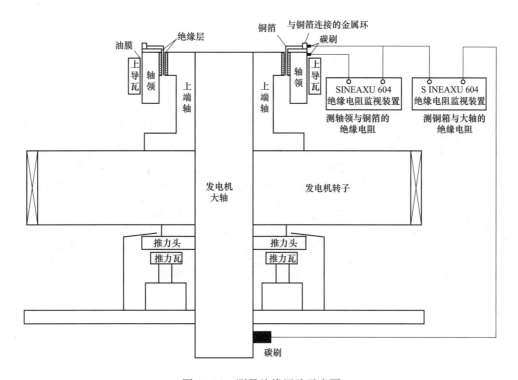

图 10-12 测量绝缘回路示意图

如图 10-12 所示，轴绝缘监测装置采用 SINEAX V604 通用可编程控制器实现，通过安装于水轮机轴下端的大轴碳刷构成监测回路，对内外两层绝缘电阻进行监测，即 V604 装置对轴监视回路注入幅值为 $60\sim380\mu A$ 自适应的恒定电流信号，再测量端口电压来计算回路的绝缘电阻。如果测量电阻低于整定值，则表示被测回路绝缘下降，装置内部继电器触点导通，动作接点送至发电机保护装置外部重动继电器，通过发电机保护装置延时发报警或跳闸信号。

（二）故障现象

2016 年 1 月 5 日，该电站某机组大轴绝缘监测装置频繁报警、复归，现场检查大轴绝缘监测装置 A（外层）、监测装置 B（内层），其中外层绝缘监测装置 A 红灯间歇性闪烁，绿灯闪亮，表示绝缘异常。

（三）故障诊断分析与处理

（1）外层绝缘监测继电器检查。现场将监测装置 A 外部采样回路的接线解开，发现端子有异常电压输出，约 12V，确定监测装置 A 已损坏。

用万用表测量轴领碳刷引入的回路对地交流电压约为 4V，电压值正常；但对地直流电压约 120V，而正常情况下直流电压约为 0V。铜箔碳刷引入的回路对地交、直流电压正常，均为 0V。现场对两个通道的直流电压、交流电压进行录波，如图 10-13 所示。轴领电压有 −74V 左右的直流电压，且 3、5、7 等奇次谐波明显，偶次谐波不明显。同时现场发现与继电器 A 测量回路并接的电容已损坏。

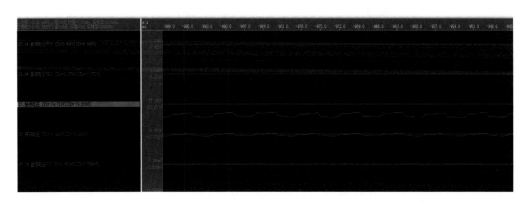

图 10-13　轴领、铜箔对地直流电压录波

（2）大轴绝缘回路电阻测量。发现上端轴轴领对地直流电压 120V 后，对机组进行停机检查，测量大轴绝缘回路电阻，结果见表 10-7～表 10-10。

表 10-7　　　　　　　　　　　　　　碳刷与碳刷接触面情况检查

碳刷与碳刷接触面	接触电阻（Ω）
轴领碳刷—上端轴轴领	40～43
铜箔碳刷—绝缘测量环	160～180
大轴接地碳刷—大轴	0.2

结论：碳刷接触面与碳刷之间接触良好，不影响大轴绝缘装置测量。机组停运，大轴已经接地，所以大轴与接地碳刷之间的电阻为 0.2Ω

表 10-8　　　　　　　　　　　　　　碳刷对地绝缘检查

电缆名称	绝缘电阻
轴领碳刷电缆	将轴领碳刷拆下，测量轴领碳刷电缆对地绝缘电阻为 2.2GΩ
铜箔碳刷电缆	未将铜箔碳刷拆下，测量铜箔测量环及其碳刷、电缆的对地绝缘电阻为 200MΩ
大轴接地碳刷电缆	大轴接地碳刷接地，测量接地碳刷电缆对地电阻为 0.2Ω，证明接地良好

表 10-9 碳刷与碳刷之间绝缘检查

碳刷与碳刷之间绝缘	绝缘电阻（MΩ）
轴领碳刷—铜箔碳刷	160
大轴接地碳刷—铜箔碳刷	160～180

结论：碳刷之间绝缘正常

表 10-10 上端轴轴领与转子回路绝缘

上端轴轴领与转子	绝缘电阻（MΩ）
上端轴轴领—转子正极励磁滑环	0.6
上端轴轴领—转子负极励磁滑环	0.5

结论：上端轴轴领与转子励磁滑环绝缘异常

（3）现场检查发现机组滑环室有大量碳粉，如图 10-14 所示。对碳粉清扫完成后，重新测量上端轴轴领与转子励磁滑环回路绝缘，测量结果恢复正常，见表 10-11。

图 10-14　滑环室内的碳粉

表 10-11 滑环室清扫后，上端轴轴领与转子励磁滑环回路绝缘

上端轴轴领与转子	绝缘电阻（GΩ）
上端轴轴领—转子正极励磁滑环	2.2
上端轴轴领—转子负极励磁滑环	2.2

（四）结论与建议

本次大轴绝缘报警原因为滑环室内有大量散落的碳粉，导致上端轴轴领与转子间绝缘降低。由于绝缘异常，上端轴轴领对地直流电压上升至 120V，超过大轴绝缘监测装置电压输入上限 40V，导致大轴外层绝缘监测装置损坏。

五、变压器差动保护误动作故障分析与处理

（一）设备简述

某水电站安装多台水轮发电机组，采用发变组单元接线，通过 500kV 接入电网，变压器保护采用微机保护装置，按照双重化配置。

（二）故障现象

2015 年 4 月 8 日，某主变压器检修完后按照调度方式安排转倒挂运行，当运行人员合上 500kV 5051 开关对主变压器空投时，监控系统报"A、B 套主变差动保护动作""5051 开关跳闸"。主接线简图如图 10-15 所示。

（三）故障诊断分析

1. 变压器保护动作分析

根据变压器保护装置动作报告、故障录波波形分析，主变差动保护动作时刻差动电流已超过差动保护启动定值，且二次谐波制动闭锁开放，导致两套保护动作跳闸。

变压器差动保护装置采用三段式变斜率差动原理、设置有二次谐波制动闭锁励磁涌流判据，其采用综合谐波制动方式，即取三相差流中最大相二次谐波电流比最大相基波电流制动原理。其动作方程如下：

$$I_2 > K_{2xb} \cdot I_1$$

式中　I_2——三相差流中最大相二次谐波电流；

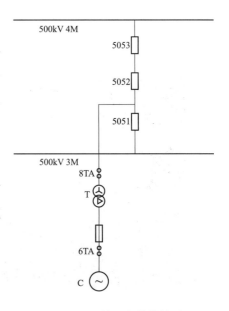

图 10-15　单元主接线简图

　　　　I_1——三相差流中最大相基波电流；

　　　　K_{2xb}——二次谐波制动系数整定值（推荐整定值为 0.15）。

事件发生时，保护装置和故障录波装置波形如图 10-16、图 10-17，对比图 10-16 和图 10-17 波形，特性基本一致，表现出电流波形间断。分析故障录波图和表 10-12，可计算主变差动动作时刻，二次谐波制动比率为 0.065A/0.457A＝14.2%，谐波含量较小，略低于二次谐波制动系数 15%，因此二次谐波制动开放，同时差动电流大于保护启动定值，导致主变差动保护动作跳闸。

表 10-12　　　　　　　　　　保护动作时刻故障录波谐波分析表

差流相别	基波分量	二次谐波分量	二次谐波分量占比
主变 A 相差流	0.182∠111.406°	0.065∠4.124°	35.37%

续表

差流相别	基波分量	二次谐波分量	二次谐波分量占比
主变 B 相差流	$0.457\angle 0.564°$	$0.024\angle -169.564°$	5.27%
主变 C 相差流	$0.428\angle -156.036°$	$0.041\angle -179.196°$	9.53%

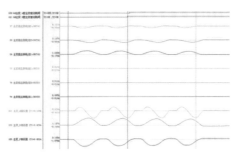

图 10-16　故障录波波形记录

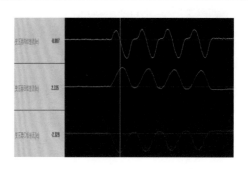

图 10-17　保护装置动作波形记录

2. 可能原因分析

（1）保护装置二次谐波制动定值整定合理性分析。变压器差动保护装置二次谐波制动原理有谐波最大相制动、谐波按相制动和综合制动三种，三种原理各有优缺点。最大相制动原理对变压器空投防止差动保护误动作效果最好，但变压器空投且发生内部故障时切除故障时间较长；按相制动原理对变压器空投防止差动误动作效果最差，但变压器空投且发生内部故障时切除故障时间最短；综合制动原理则折中。故建议不经常采用空投运行方式的变压器差动保护二次谐波制动采用最大相制动原理。

（2）变压器剩磁。在变压器检修时，特别是进行直流电阻试验后，变压器中将存在大量的剩磁。当变压器送电空载合闸时，系统电压将在变压器内部产生磁通，当变压器有剩磁时，合闸后所产生的磁通如果和剩磁极性相同，则变压器内部的总磁通就会随着增大，变压器铁芯出现严重饱和，从而使产生的励磁涌流明显增大。而且剩磁量越多，变压器空载合闸时产生的励磁涌流越大，依据变压器差动保护的励磁涌流闭锁判据原理可知，将导致涌流闭锁判据失效，开放变压器差动保护动作跳闸。

3. 检查情况

（1）保护装置检查。跳闸事件发生时，对比图 10-16 和图 10-17 波形，特性基本一致，可排除因保护装置采样异常导致保护动作跳闸。

（2）变压器故障。跳闸事件发生后，第一时间全面排查变压器本体，在变压器引出线以及中性点接地侧未发现有放电故障点，变压器瓦斯、速动油压、压力释放、绕组温度及油面温度等未发现异常，可排除变压器本体故障导致主变差动保护跳闸。

（3）变压器剩磁。分析故障时刻的波形，由于此励磁涌流波形几乎没有间断角，与国内外研究存在剩磁的主变空载合闸时的励磁涌流波形特点相符。

（四）故障处理

因变压器检修期间开展了直流电阻测试，主变压器中存在剩磁，因此通过发变组零起升压方法来消除剩磁。消除剩磁后，主变压器空载合闸成功。

（五）后续建议

（1）变压器停电检修进行直流电阻试验后消磁。

（2）建议根据变压器运行方式，调整差动保护二次谐波制动方式。

六、主变冷却器控制系统水流异常报警分析与处理

（一）设备简述

某水电站有多台主变，采用强迫油循环水冷方式，每台主变配 6 组冷却器，采用 PLC 控制，其中油流异常、水流异常、油路和水路压力异常、油泵电机故障、水路阀门故障、渗漏等状态信息均参与冷却器控制。

（二）故障现象

在实际运行中，主变冷却器控制系统经常出现水流异常信号，即冷却器在运行而无法收到冷却水流正常信号。现场检查，冷却器水管阀门已正常打开，外部技术供水正常，但水流信号监视继电器无显示，将影响主变的稳定可靠运行。

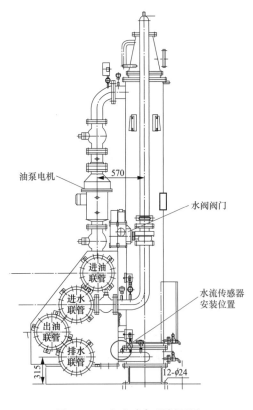

图 10-18　主变冷却器剖面图

（三）故障诊断分析

1. 故障原因分析

（1）主变冷却器冷却水管路堵塞。主变冷却器的冷却水取自坝前，经过过滤后供厂内各设备使用，冷却水中不可避免地存在一些杂质，在长期运行中，可能因管壁结垢或杂质堵塞冷却水管路，导致水流变缓或无法通过，造成水流传感器报警。

（2）主变冷却器受外部水流干扰影响。主变冷却器水流传感器安装在分支水管路上，且距离总管较近，如图 10-18 所示，在运行中可能受总管水流的影响使得传感器测量不准。

（3）冷却器水流传感器损坏。冷却水中杂质流过传感器时，撞击传感器感应头导致传感器感应头损坏，或由于振动过大使传感器本体铜针与连接线接头松动、铜针损坏等，进而导致传感器无法正常监测水流信号，如图 10-19 所示。

（4）信号处理器损坏。水流传感器采集到的信号经信号处理器判断后再送至 PLC 用作控制，信号处理器现场安装位置比较紧密，导散热性能差，长时间运行可能损坏而影响水流信号的监视，如图 10-20 所示。

图 10-19　水流传感器结构图　　　　图 10-20　信号处理器安装示意图

（5）其他原因。主变冷却器在正常运行时，有时水流异常信号仅短暂出现后就立刻复归，经过检查未见任何异常。针对此现象，结合水流传感器接线方式，分析有可能是接线松动导致信号传感器无法正确采集水流信号。

2. 检查情况

（1）冷却器管道堵塞检查。对故障冷却器进行检查，通过启动和关停冷却器，观察冷却器的进、出口水温及进、出口油温显示值，与正常运行的冷却器进行对比，油温降低与水温升高值和正常运行冷却器一致，未见温度有明显异常，进、出口水压无异常。

（2）主变冷却器受外部水流干扰影响。查阅该水流传感器说明书，传感器的安装位置与弯管要有足够的距离，通过现地测量，安装距离不满足厂家标准。因此，冷却器的水流传感器可能会受到总管水流的影响。

（3）冷却器水流传感器损坏检查。将水流异常的故障冷却器停运，拆下流量传感器，检查发现传感器本体上集结了一层水垢。因水流传感器为热式流量计，在工作中通过热量的传递来监测流量，结垢后影响热量的传递，对水流传感器的准确性会造成影响，如图 10-21 所示。

图 10-21　新（右）、旧（左）水流传感器对比图

（4）信号处理器损坏检查。现场将正常运行与故障冷却器的传感器信号采集接线进行互换，故障信号处理器能正常运行，也能正常反应实际的流量信号，说明流量信号处理器正常。

（四）故障处理

针对上述检查结果，一是更换主变冷却器的故障传感器；另外，因传感器安装位置暂不具备改造条件，通过在 PLC 控制程序中增加延时和其他判据条件来判断水流的运行状态，避免因水流的扰动导致监测信号异常，造成频繁启动主变冷却器。

通过更换流量传感器后，水流异常的信号消失，主变冷却器运行正常。优化 PLC 控制程序后，对比历年相关缺陷，水流异常的信号有明显下降趋势，2016 年水流异常信号缺陷有29 项，2017 年有 20 项，2018 年下降到 13 项。

（五）后续建议

（1）在后续设备换型改造时考虑对水流传感器的安装位置进行调整。

（2）选用抗干扰强的其他型号传感器，避免水流的扰动操作传感器的监测效果。

七、主变冷却器双电源切换装置故障分析与处理

（一）设备简述

某水电站主变压器（简称主变）采用强迫油循环水冷却方式，每台主变设有 6 台冷却器，由 2 路 400V 动力电源供电，通过双路电源切换装置（automatic transfer switching equipment，ATSE）实现两路动力电源互为备用，保证主变冷却器系统不间断供电。

当双电源切换装置发生故障时，不能实现双电源切换，将导致全部冷却器失去电源，进

而触发主变冷却器全停跳闸逻辑，造成主设备强迫停运。

（二）故障现象

故障前，某主变压器带负荷运行，主变冷却器控制柜Ⅰ、Ⅱ路动力电源供电正常，优先供电方式开关 SAM1 切至Ⅱ路运行，即 ATSE 为Ⅱ路电源供电，1 号、2 号、3 号、5 号、6 号共 5 台冷却器运行。

16 时整，运行人员根据运行方式需要，现场将主变冷却器优先供电方式开关 SAM1 切至Ⅰ路，此时 ATSE 动作，但仅切至中间状态 O（为停止位，此时 ATSE 装置有两路输入，但无输出），主变 6 台冷却器失去动力电源，所有油泵电机全停，监控系统报"冷却器全停"信号。

运行人员立即采用六角扳手，手动将 ATSE 切至Ⅰ路，ATSE 恢复输出，冷却器逐台开启。

（三）故障诊断分析

1. 故障现象的确认

调取了事件发生时刻监控系统事件时序图，如图 10-22 所示，与运行人员描述一致，确实出现了 ATSE 切换不成功，导致 6 台冷却器同时失电而停运，随着运行人员恢复电源后，冷却器又逐台启动运行。

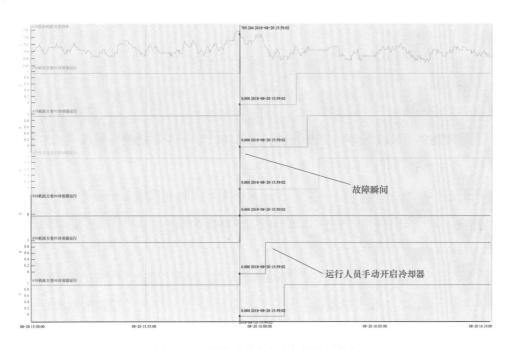

图 10-22　故障前后主变冷却器运行状态

2. ATSE 切换失败原因分析

根据现场情况分析，切换失败原因存在以下三种可能：

（1）动力电源故障。由趋势分析系统（见图 10-23）可知，故障前后两路动力电源正常，无异常波动现象，无动力电源故障信号，故可排除电源故障。

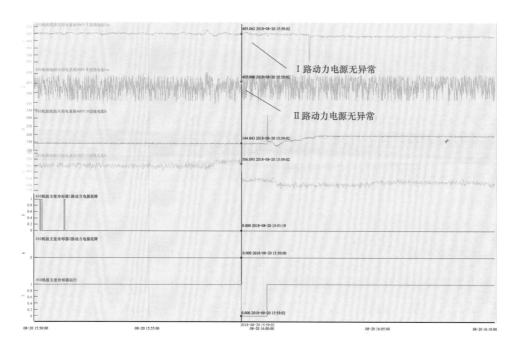

图 10-23　故障前后主变冷却器双路电源运行状态

（2）ATSE 控制回路断线，包括：

1）控制回路掉电；

2）控制回路导线断开或端点松动；

3）相序继电器 KX1 和 KX2、中间继电器 K1 和 K2 不正常励磁或触点不正常通断，优先供电方式开关 SAM1 接点不正常通断。

现场检查两路动力电源正常，ATSE 控制回路无导线断开或端点松动现象，相序继电器 KX1 和 KX2、中间继电器 K1 和 K2 正常励磁、接点正常通断，SAM1 接点正常通断，可排除控制回路断线。

（3）ATSE 内部故障，主要有手动/自动模式异常、内部控制回路故障和内部机械故障。

现场检查，ATSE 盖板卡扣断裂，无法正常盖合到位，手/自动模式控制触点弹起，装置处于手动模式，导致电源自动切换失败，如图 10-24 所示。

（四）故障处理

因 ATSE 自动/手动模式触点由盖板控制，盖上时压入触点即为自动模式，打开时触点弹出即为手动模式（见图 10-24）。盖板卡扣损坏将导致 ATSE 只能运行于手动模式，假如主供电源故障或异常，ATSE 将无法自动切换至另一路电源，降低了运行安全可靠性。

图 10-24　ATSE 盖板舌片断裂示意图

因盖板不易单独拆卸更换，现场对 ATSE 进行了整体更换，双电源切换功能恢复正常。

（五）后续建议

ATSE 开关为重要的供电器件，鉴于此类故障首次发生，无批量性质量问题，建议如下：

（1）人员手动操作 ATSE，开盖时切勿过于用力拔扣，以免造成盖板卡扣断裂，装置无法在自动模式下运行；

（2）在日常巡检或者维护过程中加强对该盖板的检查，若有异常，及时更换；

（3）整体更换 ATSE 装置代价较高，后续应研究单独更换盖板的方案。

第三节　GIS 及线路保护典型故障案例

一、高频保护在弱馈运行方式下灵敏度不足问题分析与处理

（一）设备简述

某 500kV GIS 开关站（以下简称 500kV 侧）一输电线路全长 42.5km，对侧为发电厂侧（以下简称电厂侧）。500kV 站侧主接线为 3/2 接线，线路及断路器保护均为双重化配置、采用不同厂家的设备，且线路两侧的保护配置相同，A 套为载波通道、B 套为光纤通道。

（二）故障现象

某日，此线路 C 相发生瞬时接地故障，500kV 侧线路保护 B 套正确动作跳边开关、中开关 C 相，然后重合成功，但线路保护 A 套未动作。

（三）故障诊断分析

1. 各保护动作记录

线路保护、开关保护动作报告见表 10-13～表 10-18。

表 10-13   线路保护 A 套动作报告

时间	动作详情
0000ms	保护启动

表 10-14   线路保护 B 套动作报告

时间	动作详情
4ms	保护启动
35ms	电流突变量满足
26ms	纵联差动保护动作
26ms	分相差动保护动作 跳 C 相 $I_{cda}=0.0173A$ $I_{cdb}=0.0129A$ $I_{cdc}=0.7070A$
39ms	零序电流判据满足 $3I_0=1.016$
39ms	负序电流判据满足 $I_2=0.3340$
三相差动电流	$I_A=0.0129A$ $I_B=0.0129A$ $I_C=1.008A$
三相制动电流	$I_A=0.0129A$ $I_B=0.0129A$ $I_C=1.008A$
47ms	低功率因数满足
56ms	零序电压判据满足 $3U_0=11.56V$
83ms	负序电压判据满足 $U_2=16.88V$
故障时相电压	$U_a=56.5V$ $U_b=56.00V$ $U_c=51.75V$
故障时相电流	$I_a=0.0173A$ $I_b=0.017A$ $I_c=1.031A$
测距阻抗	$X=9.063\Omega$ $R=27.63\Omega$ （C 相）
故障测距	$L=76.5km$ （C 相）

表 10-15   中开关保护 A 套动作报告

时间	动作详情
0000ms	保护启动
1367ms	重合闸动作

表 10-16   中开关保护 B 套动作报告

时间	动作详情
5ms	保护启动
40ms	C 相跟跳动作
105ms	C 相单跳启动重合
1411ms	重合闸动作

表 10-17   边开关保护 A 套动作报告

时间	动作详情
0000ms	保护启动
874ms	重合闸动作

表 10-18   边开关保护 B 套动作报告

时间	动作详情
5ms	保护启动
41ms	C 相跟跳动作
105ms	C 相单跳启动重合
908ms	重合闸动作

综合以上各保护装置动作情况，线路保护 A 套未动作可能原因是：

（1）边开关、中开关保护 A 套未动作跳闸，是因为线路保护 A 套未发出 C 相跳闸令；

（2）线路保护 A 套未动作，初步怀疑未收到对侧允许跳闸信号（载波），需进一步分析保护装置 A 套启动后变位情况。

2. 线路保护装置 A 套启动后变位情况分析

线路发生 C 相瞬时性接地故障后，线路保护 A 套启动后变位情况见表 10-19。

表 10-19   线路保护装置 A 套启动后变位表

序号	相对时间	描述	实际值
00	000ms	发信	0→1
01	066ms	发信	1→0
02	067ms	中开关 C 相跳闸位置 COOSE	0→1
03	067ms	C 相跳闸位置	0→1
04	067ms	边开关 C 相跳闸位置 COOSE	0→1
05	070ms	收信	0→1
06	084ms	发信	0→1
07	164ms	发信	1→0
08	210ms	收信	1→0
09	913ms	C 相跳闸位置	1→0
10	913ms	边开关 C 相跳闸位置 COOSE	1→0
11	1407ms	中开关 C 相跳闸位置 COOSE	1→0

由表 10-19 可知，以保护启动为 0 时刻，500kV 侧保护 0 时刻发信，行为正确，但未收到对侧高频信号，故 500kV 侧保护未动作，行为正确。

70ms 后 500kV 侧收到对侧高频信号，收信置 1，但此时 500kV 侧开关已跳开，高频零序和高频变化量元件已返回，保护未动作，行为正确。

由此可知，故障时 500kV 侧保护在高频零序和高频变化量元件返回前，一直未收到对侧允许跳闸信号，是此次保护未动作的根本原因，系电厂侧线路保护未正确发信导致。

为了确保线路两侧保护动作正确性，需进一步研究电厂侧线路保护（载波）未发信的原因并提出改进措施，提高系统的运行可靠性。

3. 电厂侧线路保护未正确发信分析

经对线路两侧电源强弱情况对比，发现 500kV 侧类似于一个大的有源系统，近似强电源，而从线路负荷电流来看，电厂侧机组并未开机或机组出力非常小，近似于弱电源，电厂机组处于弱馈运行方式。

在电力系统中，通常存在一侧大电源和一侧小电源的输电线路，大电源侧即强电源，如发电端或供电端；小电源侧即弱电源，如小风电、小水电。在这些线路内部发生故障时，弱电源侧的保护很可能不启动。对于允许式保护，弱电源侧不发出允许信号，强电源侧也不能跳闸，导致两侧保护不能快速跳闸甚至拒动，这种现象称为弱馈现象。为了解决这一问题针对于弱电源侧需设计弱馈保护或开放弱馈逻辑。

此线路配置的允许式纵联方向保护，电厂侧保护虽开放了弱馈逻辑，但在一些非金属性接地故障情况下，弱馈保护启动条件仍然无法满足，故无法有效避免线路保护拒动的问题，原因分析如下：

允许式纵联方向保护弱馈逻辑开放的条件：弱馈逻辑开放后，收到允许信号，同时低电压元件动作且反方向元件不动，则瞬时跳闸，同时将收到的允许信号回送到对侧，以加速对侧跳闸。即弱馈侧保护启动时，同时满足以下所有条件时，弱馈侧保护快速发允许信号，可以保证强电源侧保护快速出口：

（1）收到允许信号；

（2）保护正方向和反方向元件均不动作；

（3）至少有一相或相间电压低于 $60\%U_n$（U_n 额定电压）。

结合弱馈保护启动条件，深入分析线路保护 A 套拒动原因：

1）当输电线路 C 相故障时，500kV 侧保护在"相对时间"0ms 时，向对侧发允许信号，持续 66ms 后停止发允许信号。此时电厂侧保护可靠收到允许信号，满足弱馈保护启动条件（1）。

2）从 500kV 站侧另一套线路保护非故障相电流来看，电厂侧机组并未开机或机组出力特别小，故障时几乎检测不到故障电流，由于故障特征不明显，纵联方向保护正方向和反方向元件均不动作，满足弱馈保护启动条件（2）。

3）从 500kV 侧另一套线路保护故障电流来看，本次接地故障过渡电阻较大，导致故障电流很小，一次电流只有 2570A 左右，故障后故障相电压较高，电压二次值约 51.75V，远

大于 $60\%U_n$（$60\%U_n \approx 34.62V$），不满足弱馈保护启动条件（3）。

综上所述，此次线路故障为高电阻接地故障，电厂侧线路保护虽开放弱馈逻辑，但由于故障相电压不满足弱馈保护启动条件，电厂侧线路保护未向 500kV 侧线路保护发允许信号，是导致 A 套保护拒动的最根本原因。

（四）故障处理

通过以上分析，配置的 A 套载波保护在线路弱馈运行方式下存在拒动风险，给线路安全运行带来较大隐患。经与网调协商，决定将此输电线路的高频载波纵联保护改为双通道光纤纵联差动保护，即将线路两侧的线路保护装置由载波通信换型改造成双通道光纤差动保护，并于 2018 年 12 月顺利投入运行，彻底消除了系统运行安全隐患。

二、高压电缆保护停机出口异常分析与处理

（一）设备简述

某水电站 500kV GIS 开关站为双母线 3/2 接线方式，设有多回进线（发变组单元），采用 500kV 高压电缆接入。高压电缆在主变侧和 GIS 开关站侧均按双重化配置有高压电缆微机保护，主要包括光纤分相电流差动、零序电流差动，三段方向过流及过负荷告警等保护功能。

（二）故障现象

高压电缆保护动作后，跳闸接点通过机组 LCU 监控系统进行停机，但有时该机组 LCU 停机流程未可靠执行，导致高压电缆保护动作后停机失败。

（三）故障诊断分析

1. 可能原因分析

根据调度下达的定值通知单要求，主变侧高压电缆保护动作出口方式为：灭磁、停机、跳厂高变、跳 GCB、启动 GCB 失灵。高压电缆保护动作后，通过出口继电器 TJ2-2 触点去 LCU 启动停机流程。经初步分析，发生停机失败的原因可能是停机继电器动作触点展宽时间不够，或机组 LCU 采集开入量扫描周期过长，及时间配合不合理。

2. 现场检查情况

（1）机组 LCU 监控系统开入量扫描周期检查：经现场测试，机组 LCU 监控系统停机回路的扫描周期约为 300ms 左右，满足相关规程规定要求。

（2）出口停机触点高压电缆保护停机出口触点展宽时间：经现场测试，高压电缆保护装置动作后，至监控系统启动停机流程的停机出口触点展宽只有 140ms，与机组 LCU 开入量扫描周期不匹配。

（四）故障处理

针对高压电缆保护动作停机出口展宽时间与机组 LCU 开入量扫描周期不匹配的异常情况，经分析决定将主变侧高压电缆保护出口停机触点改为保持触点，同时增加就地复归功能。处理如下：

（1）增加 2 个停机出口保持继电器，安装在保护屏后端子排上。

（2）增加 2 个复归按钮。

（3）增加 2 个出口连片。

（4）将原来高压电缆保护至机组 LCU 停机的 TJ2-2 触点从装置背板引出，改接至新增启动出口重动继电器 11ZJ。

（5）将 11ZJ 触点改接至机组 LCU 停机开入，并将原有停机出口外部回路改为 2 路，分别送至 LCU 柜，以增加可靠性。

（6）改线完成后传动试验，验证回路正确性。A 套高压电缆保护动作启动停机修改后回路如图 10-25、图 10-26 所示，B 套同理。

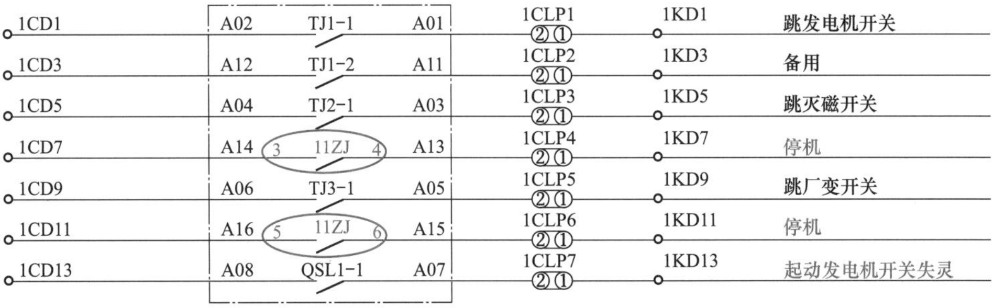

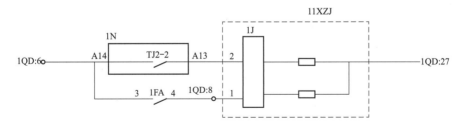

图 10-25　A 套高压电缆保护出口回路图（修改后）

图 10-26　A 套停机出口保持继电器回路图

实施主变侧高压电缆保护停机出口回路改进后，进行传动试验，A、B 套高压电缆保护装置出口后均能可靠执行机组 LCU 停机流程。

三、母线智能测控装置测量电压波动故障分析与处理

（一）设备简述

某水电站 500kV GIS 开关站采用双母线 3/2 接线方式，含多台发变组进线单元和多回出

线单元，其中 3 回 500kV 出线直接连至附近换流站，其他 500kV 出线接入交流电网。站内全部通过微机智能测控装置对各断路器电压、电流及隔离开关、接地开关位置等信息实施采集，并上送计算机监控系统。

（二）故障现象

2014 年 1 月 24 日，运行人员发现控制室返回屏 500kV 母线电压在 519～529kV 来回波动，现场检查运行机组的励磁系统无异常，机端电压、无功功率无明显波动，调看故障录波采样值，显示 500kV 各母线电压均稳定在 524kV 左右，未见明显波动，系统频率正常。询问调控中心，系统电压无波动、无倒闸操作。

（三）故障诊断分析

1. 现场检查

经检查，电站控制室返回屏显示的母线电压取自 GIS 开关站母线智能测控装置，现场对母线智能控制装置测量值实时跟踪观察，发现母线智能测控装置确实存在 8000V（一次值）左右的波动，且其他智能测控装置也存在类似问题。针对电压测量值波动现象，通过手动启动 GIS 故障录波装置进行录波，并对母线电压波形进行谐波分析，如图 10-27 所示。从谐波分析图可以看出母线电压中含有较多谐波成分，且 47 次谐波含量超过 0.36％。

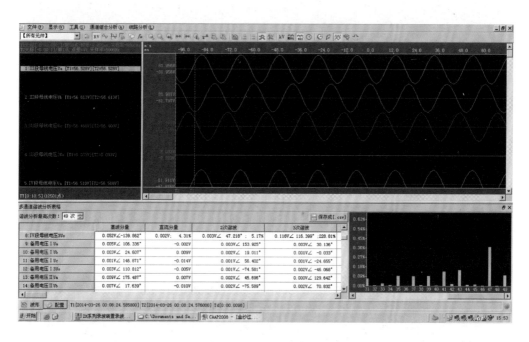

图 10-27　母线电压谐波分析

同时，通过录波装置检测了电站 500kV 母线电压在仅送直流换流站、仅联交流电网和交直流网同时运行三种方式下的谐波成分。从录波数据分析来看，这些谐波成分符合换流站交流侧特征谐波（$12n\pm1$）的特性。由表 10-20 可以看出仅送直流换流站运行时，高次谐波含量最大；仅联交流电网运行时，几乎没有高次谐波；交直流同时运行时，高次谐波含量介于前两者之间，谐波分布如图 10-28～图 10-30 所示。

表 10-20   直流换流站运行时交流电网测谐波含量

序号	谐波次数	仅送直流换流站时谐波含量（%）	仅联交流电网时谐波含量（%）	交直流同时运行时谐波含量（%）
1	11	0.63	0.08	0.15
2	13	0.27	0.05	0.13
3	23	0.12	0.04	0.15
4	25	0.25	0.04	0.20
5	41	0.14	0.01	0.02
6	43	0.15	0.00	0.04
7	47	0.37	0.01	0.07
8	49	0.10	0.00	0.01

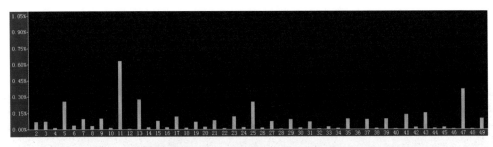

图 10-28   仅送直流换流站运行方式 500kV 母线电压中谐波分布

图 10-29   仅联交流电网运行方式 500kV 母线电压中谐波分布

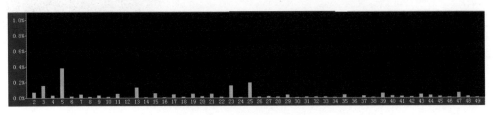

图 10-30   交直流网同时运行方式 500kV 母线电压中谐波分布

2. 故障原因初步分析

换流站直流系统中的换流器事实上是一个谐波源，因为其中的电压和电流呈现的并不是正弦波也不是恒定直流，这些都表明其含有一定的谐波分量。在换流器两侧所产生的谐波分别为 $n=kp$ 或 $n=kp\pm1$（公式中 k 可以指任意的正整数，p 为换流器的脉冲数），式中 k 为正整数倍数 k 次谐波被称为是特征谐波，而除此之外的还有非特征谐波。一般情况下，换流站是通过增加换流器的脉冲数，以及在交、直流侧装设滤波器对谐波进行抑制。因 500kV GIS 开关站通过线路直接与换流站相连，导致换流站运行中的谐波耦合到电站侧 500kV 母线，这是原因之一。

另外，为了验证谐波对智能测控装置测量电压的影响，人为使用继电保护测试仪给微机智能测控装置加"基波＋47 次谐波"电压，测试结果见表 10-21。从记录的试验结果可以知道，47 次谐波的确会引起幅值较大波动。

表 10-21　　　　　　　　　基波叠加 47 次谐波后电压测量值的影响

序号	输入基波值（V）	输入叠加47 次谐波值（V）	测量值范围（V）	电压波动二次值（V）	电压波动一次值（kV）
1	57.74	0.5	57.1～58.3	1.2	6
2	57.74	0.4	57.3～58.1	0.8	4
3	57.74	0.288	57.4～58.0	0.6	3
4	57.74	0.2	57.5～57.95	0.45	2.25

表 10-22 给出了各次谐波对最终幅值的影响情况，可以看出 47 次和 49 次谐波对幅值影响最大。其他次谐波对幅值的影响小于 0.2%，满足测控装置的测量精度要求。

表 10-22　　　　　　　　高次谐波对电压测量（有效值）的影响情况

序号	输入谐波次数	测量波动最大值（V）	对应的一次值的变化量（kV）
1	41 次	0.11	0.55
2	42 次	0.11	0.55
3	43 次	0.11	0.55
4	44 次	0.12	0.60
5	45 次	0.13	0.65
6	46 次	0.15	0.75
7	47 次	0.88	4.4
8	48 次	0.17	0.85
9	49 次	0.88	4.4
10	50 次	0.16	0.8
11	51 次	0.13	0.65

续表

序号	输入谐波次数	测量波动最大值（V）	对应的一次值的变化量（kV）
12	52 次	0.12	0.60
13	53 次	0.11	0.55
14	54 次	0.11	0.55
15	55 次	0.11	0.55

智能测控装置的采样率为每周波 48 点，采样点间隔为 0.416666（6 循环）ms。而数字调制电路不能使用无限循环小数作为采样间隔，因此实际采样间隔为 0.416650ms 即采样频率为 2400.096Hz。47 次谐波的频率为 2350Hz，此时采样频率小于 2 倍的 47 次谐波频率。根据采样定理，47 次谐波经离散采样后的波形频率不再是 2350Hz。由式（10-1）可以计算出 47 次谐波经离散采样后的频率为 50.096Hz。

$$F_a = |f - n \cdot f_s|$$
$$n = \text{int}(f / f_s + 0.5) \tag{10-1}$$

式中　F_a——离散采样后波形的频率；

　　　f——实际信号频率；

　　　f_s——采样频率；

　int（）——取整操作，保留小数点之前的数，小数点之后的全舍去。

式（10-1）只有在采样频率小于实际频率的两倍时才适用。

此频率和基波频率相差 0.096Hz。此频率差会导致不同时刻的采样窗口中，基波和 47 次谐波波形的相位差有滑动。如图 10-31 所示，在采样窗口 1 中，基波和 47 次谐波波形相位相同，叠加后的波形的幅值会大于实际幅值。当经过一段时间之后，在采样窗口 2 中基波和 47 次谐波波形相位相差 180°，叠加之后的波形幅值小于实际幅值，所以最终导致测量的电压幅值上下波动。

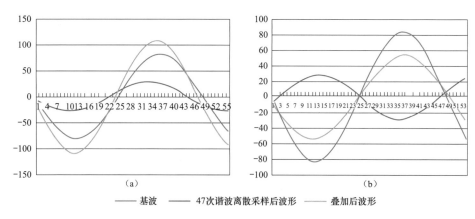

图 10-31　47 次谐波与基波波形叠加示意图

（a）采样窗口 1 正叠加；（b）采样窗口 2 负叠加

49次谐波和47次谐波离散采样后的波形频率一致，其对幅值的影响结果和47次谐波相似。而46次谐波的离散采样后的波形由式（10-1）可计算出为100.96Hz，相当于2次谐波。在一个采样窗口中，正负叠加的效果相抵消，叠加后的波形和基波相差不大，如图10-32所示。其他次谐波类似。

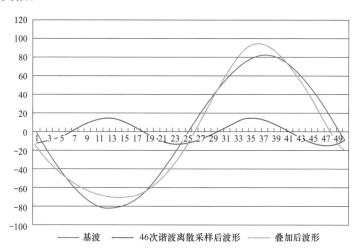

图10-32　46次谐波与基波波形叠加示意图

（四）故障处理

1. 智能测控装置增加低通滤波功能试验

为了保证13次及以下谐波测量和精度0.2%的要求，智能测控装置未设计低通滤波，因此电压测量值受电网谐波影响而波动。故需在测控装置的采样系统增加低通滤波环节，既能满足测量精度，又能滤掉更高次谐波，经试验验证合格后，再对现场测控装置实施改进，以消除谐波的影响。

采用两台全新的智能测控装置进行对比试验，其中一台不具备低通滤波功能，与现场原装置一致，称为试验装置A；另外一台在A的基础上增加了低通滤波功能（截止频率750Hz），称为试验装置B。本试验直接从现运行的智能测控装置上并接三相电压到试验装置A及试验装置B，装置运行后发现装置A电压波动范围与运行装置一致，大约为4~5kV；装置B电压幅值的波动小于0.5kV。使用带有低通滤波采样的装置B测量电压幅值稳定，装置增加低通滤波后技术上是可行的。

2. 智能测控装置改进后验证

在装置厂家指导下，现场对电站500kV母线智能装置CPU插件进行更换，增加低通滤波功能。通电运行后，装置测量的母线电压波动幅度已控制在0.5kV，装置改进前、后现场试验数据见表10-23、表10-24。

表 10-23   装置更换 CPU 插件前的试验数据

序号	相别	输入基波值（V）	叠加谐波次数	叠加谐波比率	相电压采样范围，二次波动值（V）	电压波动一次值（kV）
1	A	57.735	11	0.5%	57.73~57.74，0.1	0.55
	B	57.735	11	0.5%	57.72~57.73，0.1	0.55
	C	57.735	11	0.5%	57.71~57.72，0.1	0.55
2	A	57.735	13	0.5%	57.73~57.74，0.1	0.55
	B	57.735	13	0.5%	57.72，0	0
	C	57.735	13	0.5%	57.71~57.72，0.1	0.55
3	A	57.735	23	0.5%	57.73~57.74，0.1	0.55
	B	57.735	23	0.5%	57.71~57.72，0.1	0.55
	C	57.735	23	0.5%	57.71~57.72，0.1	0.55
4	A	57.735	25	0.5%	57.74~57.75，0.1	0.55
	B	57.735	25	0.5%	57.71~57.72，0.1	0.55
	C	57.735	25	0.5%	57.71~57.72，0.1	0.55
5	A	57.735	35	0.5%	57.72~57.73，0.1	0.55
	B	57.735	35	0.5%	57.71~57.72，0.1	0.55
	C	57.735	35	0.5%	57.71~57.72，0.1	0.55
6	A	57.735	37	0.5%	57.73~57.74，0.1	0.55
	B	57.735	37	0.5%	57.71~57.72，0.1	0.55
	C	57.735	37	0.5%	57.71~57.72，0.1	0.55
7	A	57.735	47	0.5%	57.44~58.03，0.59	3.245
	B	57.735	47	0.5%	57.42~58.02，0.6	3.33
	C	57.735	47	0.5%	57.42~58.01，0.59	3.245
8	A	57.735	49	0.5%	57.43~58.03，0.6	3.33
	B	57.735	49	0.5%	57.42~58.01，0.59	3.245
	C	57.735	49	0.5%	57.42~58.01，0.59	3.245

表 10-24   装置更换带低通滤波的 CPU 插件后的试验数据

序号	相别	输入基波值	叠加谐波次数	叠加谐波比率（%）	相电压采样值、二次波动值（V）	电压一次值波动值（kV）
1	A	57.735	47	0.5%	57.64~57.82，0.18	0.99
	B	57.735	47	0.5%	57.64~57.83，0.19	1.045
	C	57.735	47	0.5%	57.65~57.83，0.18	0.99
2	A	57.735	49	0.5%	57.64~57.82，0.18	0.99
	B	57.735	49	0.5%	57.64~57.82，0.18	0.99
	C	57.735	49	0.5%	57.66~57.82，0.16	0.88

3. 处理评价

试验数据表明，装置改进后确实对电网的谐波影响起到了抑制作用。

（五）后续建议

考虑换流站在运行中不能完全滤除高次谐波，对可能受到影响的换流站周边厂站，建议智能测控装置增加低通滤波环节，以便将直流换流站所产生的高次谐波滤除。而常规电网高次谐波含量不大，测控采用现有采样率可较准确测量，即常规电网谐波对测控测量基本无影响，智能测控装置可不采用低通滤波。

四、500kV 断路器二次回路干扰问题分析与处理

（一）设备简述

某水电站发电机变压器采用联合扩大单元接线方式，每单元设 2 台变压器。主变压器安装于厂房侧，高压侧经约 1km 的架空线引至 500kV 开关站。根据一次系统接线方式，安装于厂房的二次系统将实现以下信息采集及控制：

（1）发变组保护（电气量）动作跳开关站断路器，并启动断路器失灵；

（2）变压器非电量保护动作跳开关站侧断路器；

（3）开关站断路器失灵保护动作停发变组或变压器进线；

（4）两侧刀闸等位置联锁信息交互；

（5）厂房控制室选控、操作开关站断路器。

（二）故障现象

因厂房至开关站的二次电缆长度达到了 1.8km，长电缆的使用带来了一定的隐患，自投运以来，发生了多起开关站断路器无故障跳闸事件。曾有过连续 3 年时间内发生 4 次断路器无故障跳闸事件，其中一次偷跳了 6 台断路器。

（三）故障诊断分析

原有的 500kV 常规同期系统，安装在中控室厂房，运行人员在中控室返回屏通过 1.5km 的长电缆，可对开关站断路器进行选控操作。该系统采用厂房的 48V 直流，而该 48V 直流还用在返回屏模拟位置显示上，回路遍及整个厂房及 500kV 开关站，若有干扰混入或 48V 接地将直接造成断路器选控回路异常引起误跳闸。特别是长电缆对地分布电容影响，当直流系统接地或交流窜入直流时，会通过电缆的分布电容构成回路，产生电容电流，导致一些动作值低、灵敏度高的出口继电器误动。当干扰出现在跳闸回路时，将直接导致断路器偷跳，造成非停或事故，而此类故障发生时，往往仅有断路器变位记录，故而难以排查。

针对其中一起 6 台断路器偷跳事件，经现场检查、分析可能是交流混入直流选控回路造

成（工作电压 48V）。因该选控回路实现厂房选控开关站断路器，电缆长度达 1.5km，经测量断路器选控回路分布电容值，最大的 6 回恰恰就是偷跳的 6 台断路器，分布电容均在 500～1000nF 之间，其余断路器选控回路分部电容则在 200～300nF 之间。

（四）故障处理

为了从根本上消除干扰对二次回路造成的影响，须取消涉及跳闸的控制回路长电缆，切断干扰传播的途径。在对可能的干扰源进行全面分析后，采取多措并举，实施了一系列改造。

（1）采用 PLC 逻辑控制代替常规继电器控制以实现选控、同期系统，减少复杂的回路硬连接；同时，将 500kV 开关常规选控、同期系统由厂房中控室移至 500kV 开关站中控室辅助盘室，由于与断路器保护盘操作盘处在同一保护室内，控制电缆长度均不超过 40m，消除长电缆对同期选控回路的影响。

（2）厂房与开关站间跳闸令由长电缆改光纤传输改造，将保护跳闸长电缆取消，由光纤完成传输，厂房与开关站两侧增设光纤接口装置，同时在设计上采取一定抗干扰措施。

对可经延动作的保护，如 500kV 开关站 1QF、2QF 失灵保护出口跳厂房侧开关，采用单接点方式引入光纤通信接口装置后，在厂房侧的光纤通信接口装置内部经 50ms 延时后开出跳闸命令；对需瞬时动作的保护，如厂房侧保护跳 500kV 开关站侧开关，采用双开入方式经光纤通信接口装置传输开出跳闸命令，500kV 开关站侧光纤通信接口装置采用开出接点串联输出跳闸。

按照双重化的要求，接口装置采用双重化，对应接入Ⅰ、Ⅱ套保护及断路器Ⅰ、Ⅱ操作回路，两者的光纤通道也采用两路不同的路由，如图 10-33 所示。后续又增加了一套 FOX－41B 用于传送厂房与开关站两侧刀闸等位置闭锁信息。

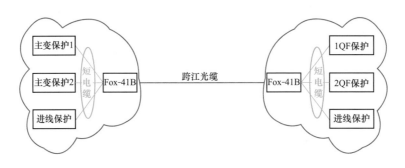

图 10-33　厂房至开关站光纤通信示意图

（3）对断路器操作箱内手跳继电器插件进行升级，将 1STJ、2STJ 的动作功率提高到 5W 以上。对涉及跳合断路器的重要中间继电器实行统一管理，规范其动作电压，动作功率满足技术要求。

（4）增设故障录波装置，对站内 220V、48V 直流系统进行录波监视，记录电源波动和异常。

（5）对所有控制室二次电缆接地、保护盘柜的接地、现地控制电缆接地电阻进行了实际测量，确保控制电缆屏蔽及保护回路接地可靠、且满足标准要求。

（五）后续建议

在实施一系列治理改造措施后，特别是 500kV 常规同期选控改造和厂房与开关站间跳闸令由长电缆改光纤传输改造，彻底消除了电厂多年来厂房与 500kV 开关站间涉及断路器跳闸的问题，厂房至开关站信息交互稳定可靠，运行良好。

建议在二次控制回路设计时，一是考虑工作电源电压等级，涉及出口的二次回路应使用 220V 电压等级；二是尽量避免长电缆方式，如采用光纤通信方式传输信号，以降低二次控制回路对地分布电容水平，消除二次回路干扰导致的继电器误动作。

第四节　安全自动装置典型故障案例

一、非电量开入防抖时间不合理造成安稳拒动故障分析与处理

（一）设备简述

某水电站共有 4 台机组（采用发变组单元接线），通过 220kV 与系统相连（双母线主接线），经 4 回 220kV 出线送出。电站安稳系统由微机失步解列装置及稳定控制装置组成，共有三面盘柜。失步解列柜为单屏双重化配置，稳控装置 A、B 套为双重化配置。当线路失步时，失步解列装置动作按照预定策略解列线路。稳控装置采集线路及发电机变压器三相电压、三相电流量，通过判断线路过载、系统高周、过压按照预定策略切机，以保电站安全稳定运行。

（二）故障现象

2014 年 8 月 1 日 21 时 32 分，电站其中一回 220kV 线路发生 AB 相间短路接地故障，该线路电流差动保护动作，跳开线路开关，保护动作正确。故障线路切除后，另一回 220kV 线路过载，稳控装置按照稳控策略动作切 1F、2F 机组，但实际只切除 1F 机组，2F 机组未切除。

（三）故障诊断分析

1. 稳控装置 A、B 套动作信息检查分析

现场调看稳控装置的动作信息，稳控装置动作正确。

2. 稳控出口回路电压测量检查分析

如图 10-34 所示，以稳控 A 套切 2F 机组出口回路为例，现场测量稳控装置 A 套回路正确。

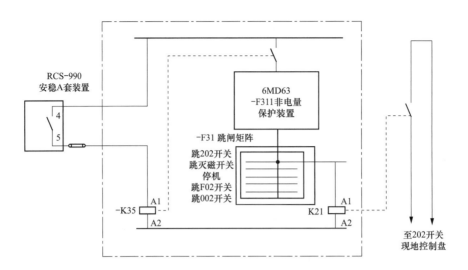

图 10-34　稳控 A 套切 2 号发变组出口回路（通过主变非电量保护盘）

3. 出口传动试验检查分析

（1）通过短接发变组非电量保护装置出口节点，2F 发变组非电量保护装置 F311 动作正常。

（2）投入切 2F 机组出口压板，通过设定稳控 A 套装置试验定值，模拟稳控动作来传动切机，结果 2F 发变组非电量保护 F311 不动作。

（3）投入切 3F 机组出口压板，通过设定稳控 A 套装置试验定值，模拟稳控动作来传动切机，结果 3F 发变组非电量保护 F311 动作。

（4）投入切 4F 机组出口压板，通过设定稳控 A 套装置试验定值，模拟稳控动作来传动切机，结果 4F 发变组非电量保护 F311 不动作。

4. 修改稳控 A 套出口脉冲展宽时间后传动试验检查分析

（1）现场通过手提式录波器测量稳控装置 A 套出口脉冲展宽时间，均为 100ms。

（2）将稳控装置 A 套出口脉冲展宽时间均修改为 150ms。

（3）再通过模拟稳控动作，出口切 1F～4F 发变组非电量保护 F311 动作正常。

5. 发变组保护单元检查

（1）测量非电量保护 F311 的动作时间。

通过测试仪，分别对 4 台机组 K35＋F311 回路的动作时间进行测量，如图 10-34 所示，其中 K35 继电器动作时间大约 30ms，按照每台机组均测量 2 次时间，记录见表 10-25。

表 10-25　　　　　　　　　4 台机组 K35＋F311 回路动作时间记录

机组	测量次序	动作时间（ms）	备注
1 号机组	第 1 次	46	包括 K35 继电器时间
	第 2 次	47	包括 K35 继电器时间

续表

机组	测量次序	动作时间（ms）	备注
2 号机组	第 1 次	139	包括 K35 继电器时间
	第 2 次	133	包括 K35 继电器时间
3 号机组	第 1 次	44	包括 K35 继电器时间
	第 2 次	46	包括 K35 继电器时间
4 号机组	第 1 次	137	包括 K35 继电器时间
	第 2 次	136ms	包括 K35 继电器时间

（2）调取非电量保护装置参数。

通过调试软件分别与 4 台非电量保护装置联机，查看保护设置参数，提取的开入防抖时间参数见表 10-26。其中 2F、4F 发变组非电量保护开入防抖时间均设为 100ms（保护装置改造后未重新设置开入防抖时间参数），作为防抖措施，该参数设置偏大。

表 10-26　　　　　　　4 台发变组非电量保护开入防抖时间设置参数

机组	装置名称及编号	开入防抖时间（ms）	备注
1 号发变组	A 套非电量保护装置 F311	10	
	B 套非电量保护装置 F312	10	
2 号发变组	A 套非电量保护装置 F311	100	
	B 套非电量保护装置 F312	100	
3 号发变组	A 套非电量保护装置 F311	10	
	B 套非电量保护装置 F312	10	
4 号发变组	A 套非电量保护装置 F311	100	
	B 套非电量保护装置 F312	100	

6. 原因分析

通过以上测试、检查及综合分析，本次事件中稳控装置判断故障准确，动作切机命令及出口正确。从表 10-26 可知，2F、4F 发变组非电量保护开入防抖时间设为 100ms，与稳控动作出口脉冲展宽时间及重动继电器 K35 固有动作时间（100ms－30ms＝70ms）之间的配合不正确，这是导致 2F 机组未执行切机的根本原因。

（四）故障处理

通过调试软件分别与 2F、4F 发变组非电量保护装置联机，重新设置开入防抖时间为 10ms、稳控启动切机命令出口展宽时间设为 100ms，满足展宽时间大于 40ms（30ms＋10ms）且有一定余度，经传动试验出口切 2F、4F 发变组非电量保护 F311 动作正常。

（五）后续建议

（1）继电保护及安全自动装置动作出口脉冲展宽时间必须与该跳闸回路各级动作延时配

合，确保可靠跳开断路器。

（2）继电保护及安全自动装置传动试验，应通过加模拟量方式让保护装置动作并带断路器试验，确保回路及时间配合正确性。

二、安稳装置电源插件故障分析及处理

（一）设备简述

某水电站通过多回 500kV 出线与直流换流站联网，为确保系统稳定，站内配置有微机安稳控制装置，按双屏双重化配置，主要实现：

（1）线路故障时执行本地安稳策略，切除电站机组；

（2）换流站直流系统故障时，执行远方安稳切机策略，切除电站机组。

（二）故障现象

2016 年 11 月 21 日 22 时 24 分，监控系统报"安全稳定控制系统 A 套装置闭锁"，现场检查 A 套安稳装置主机柜直流电源开关跳闸，B 套安稳装置运行正常。

（三）故障诊断分析

现场检查 A 套安稳主机装置直流电源开关确实已跳闸。经测量，开关上端进线电压为 232V，正常；正负极对地电压平衡，无直流接地现象。开关下端 2 号端子正对地电阻无穷大、4 号端子负对地电阻无穷大、正负之间电阻无穷大，排除直流接地或短路的可能。在装置电源模块上测量 220V 输入电压端子正对地电阻无穷大、负对地电阻无穷大，输入端正负之间电阻无穷大，由此判断可能是安稳装置电源插件故障。

（四）故障处理

（1）向调度申请退出安稳系统，并准备好备用电源插件。

（2）安稳装置停电后，拆下可能损坏的电源插件，经测量发现电源插件的熔断器熔已断（250V，4A），即熔断器电阻为无穷大。仔细核对新电源插件与更换下来的电源板外观、型号、接口完全一致，检查新电源插件外观无损坏、无锈蚀。测量新电源插件 220V 输入端子、24V 输出端子电阻见表 10-27。

表 10-27　　　　　　　　　　　电源板插件更换前后测量数据对比表

电源板 \ 测量分类	220V 正负电阻（MΩ）	220V 负正电阻（MΩ）	24V 正负电阻（MΩ）	24V 负正电阻（MΩ）	外加 220V 电压 24V 输出（V）
损坏电源板	∞	∞	23	∞	0
新换电源板	13.5	2.7	20.7	∞	24

（3）检查电源插件无误后，使用保护测试仪施加 220V 直流，测量输出电压为 24V，确认新电源插件完好。

（4）更换安稳 A 套主机装置电源插件后通电运行，装置运行正常，A 套安稳装置闭锁信号复归，持续观察装置采样 10min，正常后申请安稳装置 A 套投入运行。

三、失步解列装置启动不返回故障分析及处理

（一）设备简述

某水电站通过多回 500kV 出线与直流换流站及系统联网，为确保系统稳定，站内配置有微机失步解列装置，按双屏双重化配置，当判断系统失步时跳开线路，以解列该电站。

（二）故障现象

2018 年 11 月 25 日 07:09:24，A、B 套失步解列装置（Ⅰ、Ⅱ线）启动后均不返回，且启动灯长期点亮无法复归。

此时 500kV 运行方式为第 1～5 串合环运行、Ⅰ线由带负荷运行转空载运行（对侧解环），Ⅱ线、Ⅲ线运行。

现场查看 A、B 套失步解列装置（Ⅰ、Ⅱ线）启动时间为 25 日 07:09:24，且启动灯长期点亮无法复归，查看趋势分析系统得知Ⅰ线在 25 日 07:09:14 后有功功率从 367.4MW 降为 0MW，与当日运行方式情况一致。

（三）故障诊断分析

咨询稳控装置厂家得知，失步解列装置功率大小突变启动的逻辑如图 10-35 所示。

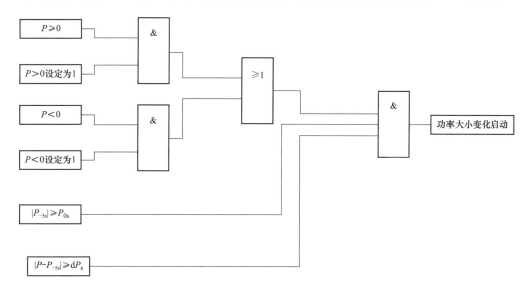

图 10-35　失步解列装置功率大小突变启动逻辑

Ⅰ线开断前有功功率367.4MW，功率突变量启动定值dP_s设定为130.0MW，允许功率突变量启动的事故前功率定值P_{0s}设定为85.0MW，线路空载运行后满足功率大小突变启动判据，因此装置启动。

失步解列装置是基于相位角轨迹穿越来判断失步的，其基本原理是将4个象限内的相位角ϕ划分为6个区，如图10-36所示。

$\phi_1 \sim \phi_2$之间为Ⅰ区；$\phi_2 \sim 90°$之间为Ⅱ区；$90° \sim \phi_3$之间为Ⅲ区；$\phi_3 \sim \varphi_4$之间为Ⅳ区；$\phi_4 \sim 270°$之间为Ⅴ区；$270° \sim \phi_1$之间为Ⅵ区。

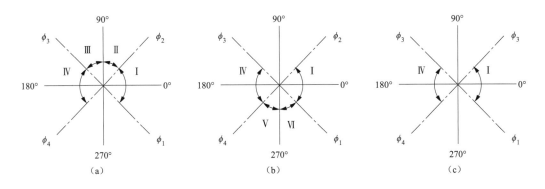

图10-36　Ⅰ、Ⅱ线失步解列装置定值

（a）正方向判断区；（b）反方向判断区；（c）振荡中心判断区

装置失步启动返回判据为：测得的相位角在6个区中的任一区停留时间大于等于5s才可返回。

因线路解列后，装置测得的相位角在269.3°与270.2°之间跳动，而270°为Ⅴ区与Ⅵ区的分界线，因此装置认为线路测得的相位角在Ⅴ区与Ⅵ区之间不停穿越，无法满足在任一区停留时间大于等于5s的返回要求，因此装置不返回。

（四）故障处理

向调度申请短时分别退出A、B套失步解列装置柜内Ⅰ线失步解列总功能压板，Ⅰ线失步启动返回后，启动信号复归，再投入A、B套失步解列装置柜内Ⅰ线失步解列总功能压板。因为返回后即使测得Ⅰ线相位角在Ⅴ区与Ⅵ区之间不停穿越，但是有功功率变化无法满足dP_s定值，事故前功率也无法满足P_{0s}定值，故装置不会再次启动。

（五）后续建议

权宜之计是通过退出Ⅰ线失步解列总功能压板，装置启动返回。建议安稳装置厂家尽快优化启动逻辑，确保系统各种运行方式下，安稳系统都能正确运行。

第五节　厂用电保护典型故障案例

一、10kV 备自投装置拒动故障分析与处理

（一）设备简述

备自投装置（简称备自投）是电力系统常用的一种自动装置，当工作电源因故障或其他原因消失后，备自投能够将备用电源或其他正常工作电源自动、迅速地投入工作，并断开故障工作电源，保证不间断供电，提高厂用电可靠性，确保机组的安全稳定运行。

某水电站 10kV 厂用电系统典型主接线如图 10-37 所示，母线 1 通过母联开关与母线 2 相连接，母线 2 设有一路外部电源。正常运行下，两条母线都由其厂变供电（也称主进线供电）。

（二）故障现象

厂用电正常运行时，备自投在现场的实际应用中出现了母线失电，备自投动作不成功，备用电源未能正常投入，造成该段母线所带负荷停运的情况。该电站 2014 年以来 10kV 厂用电备自投动作情况统计表明，共计出现过 9 次备自投动作失败的情况。

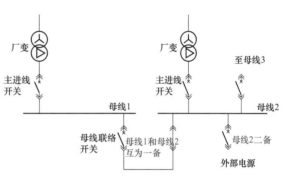

图 10-37　10kV 系统供电点典型主接线图

（三）故障诊断分析

1. 备自投原理简介

备自投运行方式分为"全自动""半自动"及"退出"三种工作模式。全自动模式要求具备自动备投和自动恢复功能；半自动模式仅要求具有自动备投功能，不要求自动恢复；退出模式是切除备自投功能。备自投原理框图如图 10-38 所示。

2. 检查情况

（1）装置硬件方面的检查情况。

现场对备自投及辅助元器件、二次回路进行了检查，均未发现异常。装置通电运行正常、稳定，且使用年限在厂家规定期限内。装置也无死机、重启、报错等现象，因此可以基本排除装置硬件方面的影响。

（2）装置软件程序方面的检查情况。

备自投采集母线三相电压、零序电压、主进线、母线联络开关（简称母联）及外部电源

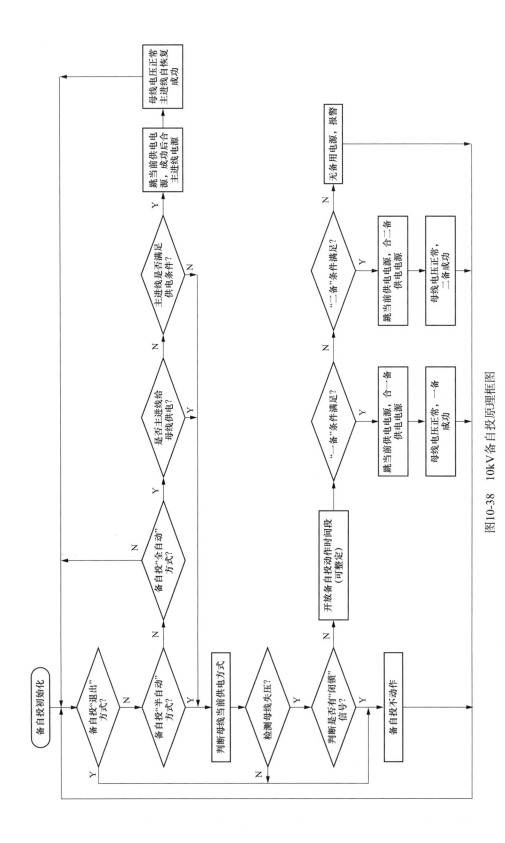

图10-38　10kV备自投原理框图

开关位置、备自投功能选择把手状态等，开出信号为跳、合母联主进线及外部电源开关，现场采取模拟母线失压方式验证备自投程序正确性。

试验前，接好便携式故障录波仪，实时监视母线三相电压、监视接入到备自投装置的主进线开关位置、母线联络开关位置、监视备自投装置发出的分/合主进线开关开出信号、分/合母线联络开关开出信号。通过手动分主进线开关模拟母线失电，通过分析不同工况下母线电压衰减快慢对备自投装置动作情况的影响，并结合备自投逻辑程序中的各个开入、开出时序情况，在时间轴上对比各个电气量的变位顺序和彼此关系，综合判断、查找备自投动作失败的根本原因。

现场分别进行母线空载以及母线带负荷 2 种工况下失压试验，录取的母线电压波形如图 10-39、图 10-40 所示。从波形图可见，不同运行方式下母线失压时，电压的衰减存在很大的差异（基准时间点为母线失压开始时间点，下同）。如表 10-28 所示，母线带负荷运行方式下失压，电压值衰减速度较缓慢。

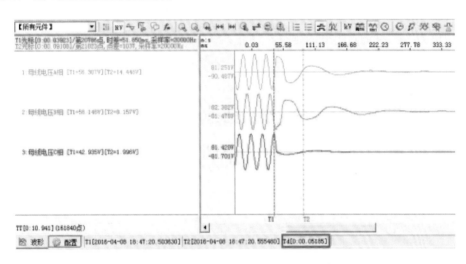

图 10-39　空载运行方式下母线失电电压波形图

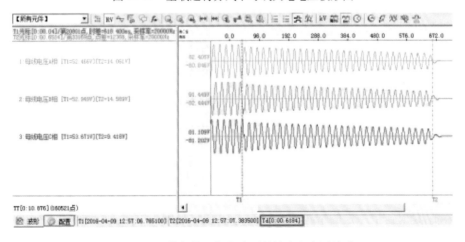

图 10-40　带负荷运行方式下母线失电电压波形

表 10-28　　　　　母线不同运行方式下失压试验电压 U_z 衰减时间 t_d 测量

母线电压 U	空载方式下，母线电压衰减到 U_z 时间 t_{d1}	带负荷方式下，母线电压衰减到 U_z 时间 t_{d2}	衰减时间差 Δt_d
46.16V（80%U_N）	15.75ms	92.8ms	77.05ms
14.43V（25%U_N）	51.85ms	618.4ms	566.55ms

备自投程序逻辑简图如图 10-41 所示，备自投启动需满足：

（1）采用开关的工作、试验位置及分、合状态来确定当前供电方式，采用下降沿延时 t_1 保持来限制备自投的执行时间，t_1 定值为 1s；

（2）备投条件满足，即备用电源具备供电条件；

（3）设置了负序电压、空气断路器跳闸、母线保护动作闭锁备自投，以保证备自投仅在母线非故障失电情况下动作；

（4）母线电压由有压至失压才开放备投，且其开放时间可由有压信号下降沿延时时间 t_2 控制，t_2 定值为 2s，并通过上升沿延时 t_3 防止系统振荡的干扰，t_3 定值为 500ms。逻辑原理图中低电压保护启动定值整定为 25%额定电压，合母联开关上升沿延时 t_4 定值为 200ms，确保一次机构满足合闸条件。

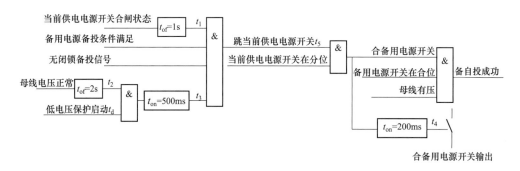

图 10-41　备自投程序简化逻辑框图

t_{on}—上升沿延时；t_{of}—下降沿展宽

通过对逻辑原理图进行时序分析，得到表 10-29 中的计算数据基本和录波所得数据吻合。当母线低电压定值整定为 25%额定电压时，在空载运行方式下，t_5 理论计算值明显大于 0ms，备自投能发出跳开关令，且动作正确；但在带负荷运行方式下，t_5 理论计算值已为负数（因 t_1 与 t_d+t_3 配合失败），无法发出跳开关令，造成备自投动作失败。随着低电压定值的提高，t_5 理论计算值均有一定的增大，备自投动作成功率也随之提升。通过以上试验分析，得出在 t_1 延时定值一定的情况下，母线电压衰减时间 t_d 的大小直接决定 t_5 的大小，关系到备自投的动作正确性。试验发现 t_d 随母线所带负荷的增大而增加，母线所带负荷越大，电压衰减越慢。

由以上分析可知，备自投程序逻辑和时间配合设计问题是导致备自投动作失败的根本原因。

表 10-29 母线不同运行方式下备自投启动发跳开关令时刻值 t_5 计算

低电压启动定值	空载运行方式			带负荷运行方式		
	t_{d1}	t_1	$t_5=t_1-t_{d1}-t_3$	t_{d2}	t_1	$t_5=t_1-t_{d2}-t_3$
25%额定电压	51.8ms	1s	448.2ms	627.3ms	1s	−127.3ms

（四）故障处理

1. 故障处理方法

针对备自投动作失败的情况，经研究分析制定了备自投失败两个解决方案：

方案一：适当延长"I母主进线的合闸位置"下降沿延时值 t_1；

方案二：适当提高备自投装置低电压启动定值，但不宜超过40%，防止电压振荡波动造成备自投误启动、误出口。

经过各个方案的试验模拟效果和安全隐患分析，目前暂时采取了方案一，将"I母主进线在合闸位置"下降沿延时 1s 定值改为 2s。

2. 处理评价

经过优化处理后，运行状况良好，在一次进线电源故障时，备自投装置正确动作，避免了母线停电的事故；运行人员利用备自投装置倒换厂用电时，动作正确可靠，成功率达到100%；运行中出现的问题得到了根本性的解决，避免了不必要的停电，提高了系统运行的稳定性。

（五）后续建议

备自投的正确、可靠运行是保障厂用电的重要手段，需引起足够的重视：

（1）母线负荷大小对备自投的启动时间、动作可靠性会产生影响，备自投逻辑程序在设计、优化过程中，需结合现场实际试验数据、合理整定定值，优化逻辑以保障备自投的可靠性。在备自投定检做试验时，也要在不同负荷情况下检查备自投的可靠性。

（2）备自投逻辑程序设计、优化时，需考虑与现场各个开关设备、保护装置的配合问题，如开关合闸闭锁延时、开关机构动作所需时间、保护动作时间等，均会影响到备自投的正确、可靠动作。同时，不同负荷情况下，开关合闸闭锁延时会有所变化，需通过现场试验数据来进一步验证备自投逻辑程序的优化效果。

（3）用故障录波装置监测备自投的多个模拟量和开关量，可以直观、迅速地找到影响逻辑进行的开关量或模拟量，进而快速查找到备自投失败的具体原因。但是在将某些备自投所用开关量接入故障录波装置时，需避免故障录波装置通道内阻过低对备自投产生影响。

二、0.4kV 备自投装置误动故障分析与处理

（一）设备简述

某水电站机组 0.4kV 动力电源柜采用两段进线电源，通过母联开关实现两段母线备自投功能。备自投装置安装于发电机动力柜和水轮机动力柜内，布置如图 10-42 所示，包括Ⅰ段进线开关 1QF、Ⅱ段进线开关 2QF、母联开关 3QF 电操作机构控制单元以及Ⅰ、Ⅱ段母线电压监视继电器（KV1、KV2）、可编程控制器（PLC）等。

0.4kV 动力柜内Ⅰ段进线电源取自机组自用电 0.4kV Ⅰ段，Ⅱ段进线电源取自机组自用电 0.4kV Ⅱ段，正常情况下两段进线电源分段运行，当某段电源因故障或其他原因失电时，备自投迅速动作，将全部负荷切换至另一路电源运行。

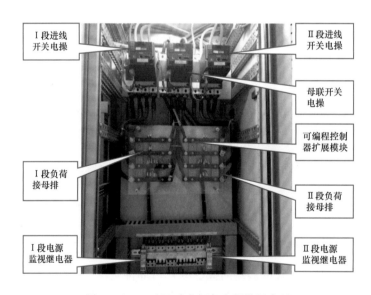

图 10-42 0.4kV 动力柜备自投装置布置

0.4kV 动力柜备自投由输入单元、执行单元和输出单元三部分组成，构成框图如图 10-43 所示。可编程控制器（PLC）采集电压继电器辅助触点、开关位置等开入量，通过逻辑判断实现备自投功能，备自投动作后驱动开关合分操作。

（二）故障现象

2015 年 8 月 23 日，某发电机动力柜备自投出现异常动作，备自投自动断开所有开关，使动力电源全失电。

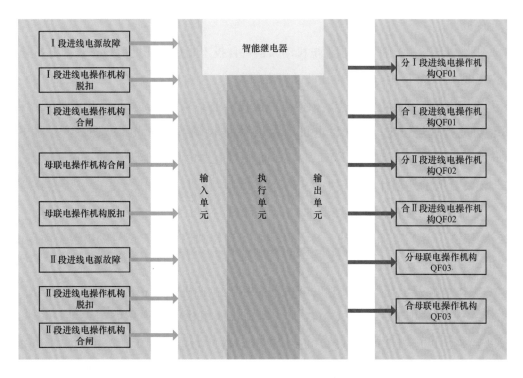

图 10-43 水轮机 0.4kV 动力柜备自投装置构成框图

（三）故障诊断分析

1. 可能原因分析

（1）电源监视继电器损坏或节点误动。柜内电源监视继电器监视母线各相电压，当本段母线出现过压、失压、缺相及相序错误等情况时动作，通过输出触点将母线电压状态送至PLC，作为备自投动作的依据。一旦电源监视继电器故障或输出触点误动作，PLC将不能接收到相应进线电源正常的信号，即认为相应进线电源故障，备自投动作，先切出相应段进线开关，然后再合母联开关，导致备自投不正确动作。

（2）电操作机构性能不稳定。电操作机构控制进线、母联断路器的合分，当电操作机构性能不稳定，如某一路电操作机构自身存在故障或自行断开，误开入至备自投，会导致备自投不正确动作。

（3）控制电源电压等级不足。Ⅰ、Ⅱ段进线以及母联开关电操作机构工作电压均为DC 24V，当外部提供的直流工作电源电压等级不足，或24V逆变电源装置故障，相应的继电器不能正常励磁，造成PLC误判和错误开出，开关电操作机构错误动作。

（4）控制逻辑不够严谨。PLC控制逻辑不够严谨，对于某些信号的处理未能形成有效的判断和闭锁，当外部条件属于特殊工况时，可能导致备自投误开出动作电操作机构。

2. 检查情况

（1）上级电源检查。针对本次发电机动力柜备自投不正确动作的时段，查询电站趋势分析系统，当时 0.4kV 厂用电母线电压波动幅度较大。

（2）柜内电源监视继电器检查。柜内电源监视继电器采用的是可调节电源监视继电器，电压阈值可进行现场设定。本次发电机动力柜备自投动作时，电源监视继电器 KV1、KV2 外观完好，显示正常，但 KV1、KV2 监视继电器电压阈值设定在 198～242V（即 220V±10%）范围外动作，延时 0.1s 时开出。

（3）电操作机构检查。对发电机动力柜、水轮机动力柜内的电操作机构进行检查，电操作机构外观完好，手自动操作下未见卡涩和异响，动作到位后位置信号输出触点动作正常。电操作机构未见异常。

（4）工作电源及电压检查。对发电机动力柜、水轮机动力柜内 AC220V 转 DC24V、DC220V 转 DC24V 电源转换模块及备自投各元器件工作电源使用万用表进行检查，电源转换模块输出电压为 23.98～24.02V，且各元器件的工作电压均未见明显偏低现象。使用绝缘电阻表检查各电源回路，未见绝缘降低或接地现象。动力柜工作电源及电压未见异常。

（5）PLC 程序检查。对 PLC 程序进行检查，备自投控制逻辑为：

1）Ⅰ、Ⅱ段电源及开关都正常时则分段运行，母联开关为分闸；

2）只要任意一段进线电源及开关故障，则分开发生故障段的进线开关，延时 4s 后合母联开关；

3）任意段进线故障恢复后，则立即分母联开关，延时 2s 合故障恢复段的开关；

4）两段都恢复正常或都故障则分母联开关。

按照上述控制逻辑，若两段母线同时或先后故障，则两个进线开关及母联开关将全部断开，导致动力柜交流全部失电，由于上级 10kV 及 0.4kV 厂用电母线均具备备自投功能，故 0.4kV 备自投动作延时应与 10kV 备自投装置动作延时进行配合。

（四）故障处理

1. 故障处理方法

针对前面检查结果，应对 PLC 中运行的控制逻辑进行优化，主动避免动力柜主动断开两段母线电源的情况；针对 KV1 或 KV2 监视电压阈值为 198～242V（即 220V±10%）、延时 0.1s 定值，应主动避开因负荷突增或系统电压短时波动造成的母线电压变化，从而引起进线开关异常跳开的情况。针对电源监视继电器性能不可靠的问题，对比分析了电站在用的绝大多数电源监视继电器的使用情况，发现均有电源监视继电器损坏导致监视电源信号消失的问题，故暂时不考虑对动力柜所用电源监视继电器进行换型，但需对控制逻辑进行优化，防止2个电源监视继电器同时故障时，备自投动作电操作机构全部断开导致动力柜全失电的情况。

（1）调整电源监视继电器电压阈值。将电源监视继电器电压下限设置为165V（即220V×75%），同时不在监视继电器中设置电压上限，仅在监控系统中设置机组自用电400V母线超压报警。将故障输出延时时间调整为10s。

（2）控制逻辑优化。根据以上原则，优化PLC备自投控制逻辑为：

1）Ⅰ段、Ⅱ段电源及开关都正常时则分段运行，母联开关为分闸；

2）任意一段进线电源及开关故障且另一路进线电源正常并在合闸位置，则分开发生故障段的开关并延时4s合母联开关；

3）任意段故障恢复后则立即分开母联开关并延时2s合故障恢复段的开关；

4）两路进线电源同时故障则进线电源开关均不分闸，保持分段运行；

5）两路进线电源先后故障，则分先发生故障段的开关并延时4s合母联开关，后发生故障段的开关不分闸。

2.处理评价

通过对电源监视继电器电压阈值进行调整后，有效地避免了因负荷猛增或系统电压短时波动造成的母线电压变化，从而引起进线开关异常跳开的情况；控制逻辑优化后，在电压监视、PLC故障的情况下，至少有2个电操作机构为合闸位置，确保实际电源进线回路的接通。避免备自投电操作机构全部断开导致动力柜全失电的情况，为机组辅助控制系统中如高压油泵、水导外循环油泵、顶盖排水泵等重要设备持续提供动力电源，防止了问题扩大，提高了设备运行可靠性。

自电压阈值调整和控制逻辑优化后，发电机动力柜及水轮机动力柜内备自投装置未再发生因为电源电压波动或继电器故障造成备自投异常动作的情况。

（五）后续建议

目前PLC仅采集到开关的合位信号，为进一步消除动力柜备自投误动作的风险，可将电操作机构的合位、分位信号均接入PLC，实现多重条件判断，实现相互闭锁功能，减少误动作风险。

三、厂用电保护越级跳闸分析与处理

（一）设备简述

某水电站厂用电系统采用10kV及0.4kV两级电压供电，每台主变压器（检简称主变）

低压侧设厂用高压变压器（简称厂高变），每台厂高变带一段 10kV 母线。10kV 系统保护装置为 615 系列智能型保护及测控单元；0.4kV 系统开关柜为固定分隔式结构，采用 3WL、3VL 型断路器，使用电子式脱扣器 ETU10 来实现保护功能。

（二）故障现象

运行期间，该电站曾发生多起厂用电 0.4kV 系统故障越级跳厂用电 10kV 系统开关的现象，导致停电范围扩大，影响了厂用电系统供电可靠性。

1. 0.4kV 母线故障主进线开关保护拒动越级跳 10kV 开关事件

2016 年 4 月，4F 机组自用电联络开关 404 处发生短路故障，如图 10-44 所示，10kV G227、G428 开关定时限过电流保护动作跳闸，但 0.4kV 进线开关 427、428 保护均未动作。

2. 0.4kV 检修排水泵故障越级跳 10kV 开关事件

2013 年 12 月，4 号检修排水泵故障，如图 10-45 所示，10kV G444 开关零序保护动作跳闸，但 0.4kV 开关 42P9H1 和 444 的保护均未动作。

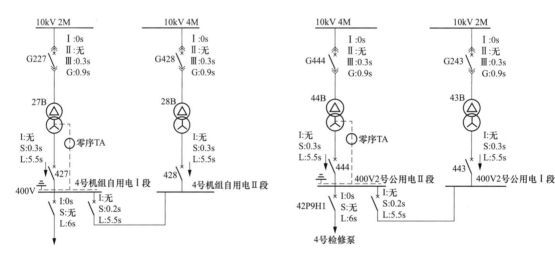

图 10-44　4 号机组自用电接线及保护配合简图　　　图 10-45　4 号检修排水泵接线及保护配合简图

（三）故障诊断分析

1. 两起 0.4kV 侧故障越级跳 10kV 开关事件分析

（1）0.4kV 母线故障主进线开关保护拒动越级跳 10kV 开关事件分析。

4F 机组 0.4kV 自用电联络开关 404 处发生短路故障，调取 10kV 保护装置故障电压、电流录波，如图 10-46、图 10-47 所示。从录波图看，故障时刻母线电压幅值有轻微下降，但三相电压平衡、无零序电压；电流幅值急剧增大，且 0.4kV 系统零序电流也急剧增大，初步分析判断为 0.4kV 机组自用电有接地短路类型故障，导致 0.4kV 零序电流及 10kV 机组自用电负荷电流急剧增大，同时电压被拉低。

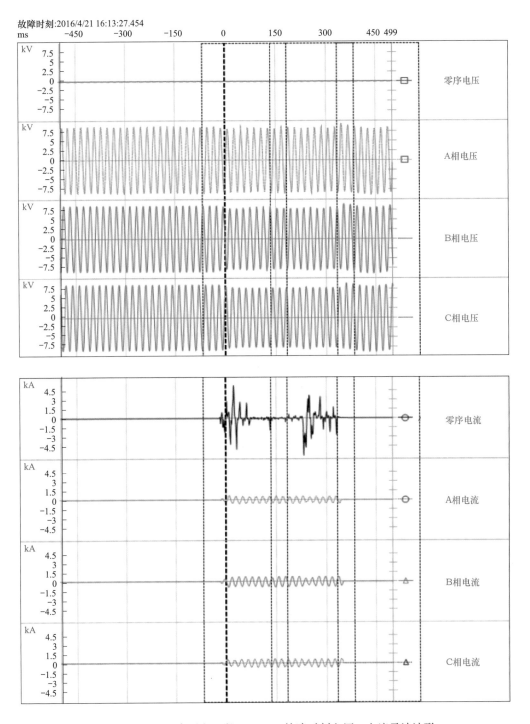

图 10-46 机组自用电Ⅰ段（G227）故障时刻电压、电流录波波形

故障时刻:2016/4/21 16:13:27.454

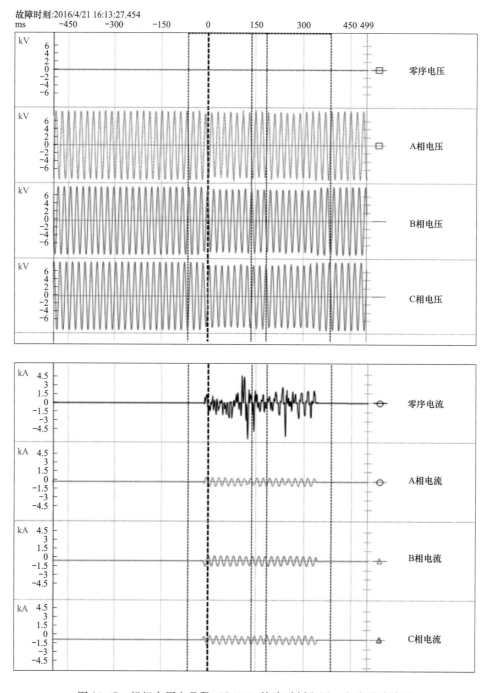

图 10-47　机组自用电 II 段（G428）故障时刻电压、电流录波波形

　　故障时刻机组自用电 I 段（G227 开关）电流、电压数据如表 10-30 所示，故障时三相电流分别为 5A、6A、5A，均达到过流保护动作定值（定值：4.38A、延时 300ms）；零序电流为 2A，也达到零序保护动作定值（定值：0.68A、延时 900ms）；未达到电流速断保护定值（18.32A、0s）。

　　从录波中可以看出，故障电流仅持续了 300ms 左右，然后开关跳开、电流消失，所以判断为过流保护先动作出口跳闸。

由表 10-30 数据可知，同样分析机组自用电 II 段（G428 开关）保护动作情况，与 G227 开关一致，故障电流已经达到机组自用电 I 段、II 段 10kV 保护装置定值。

表 10-30 故障时电压电流采样值

类型	相别	机组自用电 I 段（G227）		机组自用电 II 段（G428）	
		一次值（录波采样值）	二次值	一次值（录波采样值）	二次值
电压	A 相	5.8kV	55.2V	5.5kV	52.4V
	B 相	5.7kV	54.3V	5.2kV	49.5V
	C 相	5.8kV	55.2V	5.4kV	51.4V
	零序电压	0	0	0	0
电流	A 相	0.2kA	5A	0.5kA	10A
	B 相	0.3kA	6A	0.6kA	12A
	C 相	0.2kA	5A	0.4kA	8A
	零序电流	0.8kA	2A	0.8kA	2A

注 电流互感器变比为 50/1，零序电流互感器变比为 400/1。零序电流取自 10.5/0.4kV 变压器低压侧中性线。

（2）0.4kV 检修排水泵故障越级跳 10kV 开关事件分析。

4F 检修排水泵接线简图如图 10-46 所示。故障时刻的运行方式为：0.4kV 公用电 II 段与 I 段分段运行，联络开关备自投在退出状态。按照继电保护选择性的要求，4F 检修泵故障应优先跳开 42P9H1 开关，实际越二级跳开 G444 开关，造成 0.4kV 公用电 II 段全段停电，扩大停电范围。

故障时，G444 开关 10kV 侧各相电流二次值分别为：A 相 0.245A、B 相 0.379A、C 相 0.380A。因 G444 开关的电流互感器变比为 200/1，44B 变压器变比为 10.5/0.4，将以上电流折算到变压器低压侧分别为：A 相 1286A，B 相 1990A，C 相 1995A。因为 44B 变压器为 D/yn 型接线方式，因此此电流仅为故障电流的正、负序分量幅值。

零序过流保护动作电流二次值为 $0.854I_n$，定值为 $0.72I_n$，零序电流互感器变比为 1500/1，零序保护动作电流折算到一次侧为 1281A，由于零序电流从低压侧采集，无须再折算至低压侧。因此，三相故障电流零序分量幅值为 1281A/3，即 427A。以上故障数据可判断 4F 检修排水泵电机发生 B、C 两相短路接地故障，满足 G444 开关零序过流保护定值，所以 G444 开关的零序过流保护动作跳开 G444 开关。

2. 可能的原因分析

（1）0.4kV 和 10kV 保护装置定值不匹配。以 4F 机组自用电联络开关 404 处发生短路故障越级跳闸为例分析，0.4kV 厂用电系统中各开关脱扣器保护配置如图 10-45 所示，Ⅰ 为短路瞬时脱扣保护，S 为短路短延时脱扣保护，L 为过载反时限脱扣保护，G 表示接地保护。其中，0.4kV 馈线开关配置了 Ⅰ 段及 L 段脱扣保护，0.4kV 联络开关及主进线开关配置了 S 段及 L 段脱扣保护，联络开关及主进线开关 S 段分别延时 0.2s 与 0.3s，配合级差 100ms。10kV 馈线开关（G227、G428）配置了 Ⅰ 段过流、Ⅱ 段过流以及 G 段零序保护，其 Ⅰ 段过流保护与 0.4kV 进线 S 段短路短延时脱扣保护动作时间都为 0.3s，动作时间无法配合，进而导致越级跳 10kV 系统开关。

（2）保护配置不完备。由于 0.4kV 系统各开关本身未配置接地保护模块，由 10kV 变压器馈线开关保护装置采集 10/0.4kV 干式变压器低压侧中性线电流互感器电流量，实现 0.4kV 系统的零序过流保护。从保护配置可知，10kV 变压器馈线开关配置的零序过流保护在 0.4kV 各开关的保护中没有相应的接地保护与之配合，且由于接地系统发生不对称接地故障时，零序过流保护的灵敏性比相过流保护高很多，10kV 零序过流保护很难与 0.4kV 系统 Ⅰ 段及 S 段保护配合，进而导致越级跳 10kV 系统开关。

（3）定值整定错误。如果在发生前述两起越级跳闸事件的 10kV 侧保护装置定值整定错误，定值整定偏小，在 0.4V 侧发生故障时，10kV 侧保护将失去选择性，进而导致越级跳闸。

（4）保护装置异常。在 0.4kV 侧发生故障时，如果 10kV 保护装置异常，将导致 10kV 保护误跳闸。

3. 检查情况

（1）0.4kV 和 10kV 保护定值不匹配。检查全厂 10kV 馈线开关配置了 Ⅰ 段过流、Ⅱ 段过流以及 G 段零序保护，其 Ⅰ 段过流保护与 0.4kV 进线 S 段短路短延时脱扣保护动作时间都为 0.3s，动作时间无法配合，在 0.4kV 侧发生故障时，将导致越级跳 10kV 系统开关。

（2）保护配置不完备。清查全厂 0.4kV 系统的各开关本身未配置接地保护模块，因此无法与 10kV 变压器馈线开关保护装置采集的 10/0.4kV 干式变压器低压侧中性线 TA 零序电流保护配合，存在 0.4kV 系统接地短路越级跳 10kV 系统开关的风险。

（3）定值整定错误。对发生两起跳闸事件时相应的 10kV 开关保护定值进行了核对，定值整定正确。

（4）保护装置异常。对发生两起跳闸事件时相应的 10kV 开关保护装置功能进行了检查，无异常。

（四）故障处理

针对厂用电系统越级跳闸事件，重新调整了厂用电系统保护装置延时定值，并对 0.4kV 系统加装接地保护模块，满足厂用电系统定值的合理可靠性。

1. 时间定值修改

依据 DL/T 1502—2016《厂用电继电保护整定计算导则》对相应开关的保护定值重新整定，即保证 10kV 馈线开关的"定时限过电流保护"与下级 0.4kV 进线开关"短路短延时保护"配合，定值取 1.15 倍的配合系数，时间级差 100ms；将 0.4kV 进线开关的"短路短延时保护"时间定值由 300ms 减小为 200ms，0.4kV 联络开关的"短路短延时保护"的时间定值由 200ms 改为 100ms。

2. 0.4kV 进线开关加装接地模块

在 0.4kV 进线开关、母联开关以及馈线开关加装接地保护模块，使其"接地故障脱扣保护"与 10kV 侧开关的"零序过流保护"配合，定值取 1.15 倍的配合系数，时间级差 200ms～300ms。

3. 处理评价

从时间定值和加装接地模块两方面进行改进处理后，运行两年多来，再未发生 0.4kV 系统故障越级跳 10kV 侧开关的情况。

（五）后续建议

厂用电系统对机组安全运行的重要性不言而喻，厂用电保护配置及整定计算仍需引起重视。

（1）每年需校核厂用电保护定值，保证定值的正确性；

（2）当厂用电系统发生变化时，需充分考虑保护配置方案，重点考虑上下级保护之间的配合关系，避免不同原理的保护之间配合不当；

（3）采用软启动功能的电动机，整定计算特别考虑，因电机软启动可大幅降低电机的启动系数；

（4）厂用电系统备自投的闭锁条件要考虑充分，避免带故障备投；

（5）应该统计历年厂用电带负荷的情况，用以优化保护整定计算。

参考文献

[1] 戴庆忠. 电机史话[M]. 北京:清华大学出版社,2016.

[2] 白延年. 水轮发电机设计与计算[M]. 北京:机械工业出版社,1982.

[3] 张诚,陈国庆. 水轮发电机组检修[M]. 北京:中国电力出版社,2012.

[4] 盛国林,肖曼,叶青. 水轮发电机组安装与检修[M]. 北京:中国电力出版社,2015.

[5] 段传宗,鄢志平,鄢志辉. 高压断路器故障检测与诊断技术[M]. 北京:中国电力出版社,2014.

[6] 库卡尼ＳＶ,科哈帕得ＳＡ. 变压器工程:设计技术与诊断[M]. 陈玉国,译. 北京:机械工业出版社,2016.

[7] 徐波. 变电设备运行维护及异常处理[M]. 北京:中国电力出版社,2013.

[8] 包玉树,衡思坤. 电气设备故障试验诊断攻略电力变压器[M]. 北京:中国电力出版社,2017.

[9] 张诚,陈国庆. 水电厂检修技术丛书水电厂电气一次设备检修[M]. 北京:中国电力出版社,2012.

[10] 陈敢峰,变压器检修[M]. 北京:中国水利水电出版社,2005.

[11] 科赫 赫尔曼. GIS(气体绝缘金属封闭开关设备)原理与应用[M]. 钟建英,等,译. 机械工业出版社,2017.

[12] 程远楚,张江滨,陈光大,等. 水轮机自动调节[M]. 北京:中国水利水电出版社,2010.

[13] 李基成. 现代同步发电机励磁系统设计及应用[M]. 3 版. 北京:中国电力出版社,2017.

[14] 陆继明,毛承雄,范澎,等. 同步发电机微机励磁控制[M]. 北京:中国电力出版社,2006.

[15] 李玮. 电力系统继电保护事故案例与分析[M]. 北京:中国电力出版社,2012.

[16] 李洪涛. 气体绝缘母线接头过热性故障机理的研究[D]. 武汉:武汉大学,2014.

[17] 余维坤.大型水轮发电机机组滑环装置安全运行与分析[J].水力发电,2014,(10):26-28.

[18] 常国干,杨银兵.水轮发电机组碳刷、滑环温度过高的原因及应对方法[J].云南水力发电,2020,(3):57-59.

[19] 张健.某大型水电站发电机转子绝缘低问题研究[J].电子世界,2020,(6):84-85.

[20] 黄世超,李超.发电机集电装置及除尘装置改造分析[J].电工电气,2019,3(11):75-77.

[21] 墙波,王能,李永强,等.发电机转子一点接地故障快速定位方法分析[J].广西电业,2018,(10):68-71.

[22] 孟利平,张秀平,贾玉峰.水轮发电机转子绝缘降低原因分析及处理[J].水电站机电技术,2012,(3):106-108.

[23] 廖旭升,徐加旺,胡华丽,等.水轮发电机转子阻尼绕组烧伤的原因及处理[J].广西水利水电,2007,(2):46-48.

[24] 张亮杰.发电机出口断路器合闸故障分析和预防措施[J].电力安全技术,2018,(7):60-62.

[25] 徐铬,韩越,程建,等.大型水电站500kV主变压器故障诊断分析及处理[J].变压器,2019(2):82-86.

[26] 牛建鸿,曾庆忠,王光明,等.气体绝缘金属封闭开关设备电压互感器击穿放电故障原因[J].理化检验(物理分册),2020,(07):69-72.

[27] 谢江平.GIS设备局部放电故障分析研究[J].陕西水利,2020,(02):194-196.

[28] 黄建雪.电气开关设备GIS内部绝缘故障研究[J].装备维修技术,2019,(03):101.

[29] 徐铬,冉应兵,刘谦驰,等.一次基于特高频法的GIS局部放电故障定位及处理[J].水电与新能源,2018,(12):31-35.

[30] 吕青媛,朱凡.针对一起500kV变电站GIS故障分析讨论[J].科技风,2018,(15):248.

[31] 侯俊宏.一起500kV GIS隔离开关内部放电故障分析及处理[J].四川水利,2017,(06):31-33.

[32] 陆柳艳.两起220kV GIS线型隔离开关故障分析及处理[J].红水河,2017,(03):83-86.

[33] 罗建锋,吴穹.550kV GIS雷电冲击试验闪络故障分析[J].水电与新能源,2017,(02):38-40.

［34］周晓东,袁林,陈伟林.深溪沟电站 500kV GIS 隔离开关分合故障及预防措施［J］.水电与新能源,2016,(12):60-61,64.

［35］贾翠龙.分析 110kV GIS 开关常见故障［J］.电子制作,2016,(19):79,92.

［36］刘善军.一起 110kV 变电站防误闭锁装置异常引起的故障分析处理［J］.江苏电机工程,2016,(03):80-83.

［37］刘平.GIS 设备盆式绝缘子击穿故障原因分析及处理探讨［J］.水电站机电技术,2016,(03):58-60.

［38］李尹光,杨晓玲,张健.一起 GIS 隔离开关故障的原因分析及处理［J］.科技资讯,2015,(35):98-99.

［39］韩丰.变电站 GIS 故障分析与解决对策实践［J］.电子技术与软件工程,2014,(17):197-198.

［40］董万光,秦福宁,田保坤.110kV GIS 设备故障分析及处理［J］.农村电气化,2014,(05):33-34.

［41］朱春成.GIS 液压系统故障检查处理［J］.红水河,2014,(01):80-82.

［42］禹化彬,葛见钦.某变电站 ZF10-126kV GIS 接地开关故障问题分析［J］.电气技术,2014,(02):110-112.

［43］林梅.500kV 变电站 GIS 故障预防及相应故障分析［J］.硅谷,2012,(22):125-126.

［44］况霞.110kV 变电站常见故障处理及防范措施［J］.科技传播,2012,(21):114-115.

［45］张锦松,韦柳丹.乐滩水电厂GIS设备轴密封漏气故障处理过程及防范措施［J］.红水河,2012,(01):58-62.

［46］王艳秋.GIS 内部故障电弧引起压力升高及烧穿时间的分析与计算［J］.电气开关,2011,(01):63-65.

［47］陶向东.GIS 电弧故障的继电保护完善［J］.电气技术,2010,(11):88-90.

［48］蔡雄,李遐芳.一起 GIS 断路器非全相运行的故障分析和处理［J］.湖北水力发电,2008,(03):76-78.

［49］赵朝阳,王家兵,陈莉丽.处理 GIS 设备故障引起母线失压的事故分析［J］.电力安全技术,2006,(11):25-27.

［50］赵贵前.一起 GIS 开关故障的分析与处理［J］.华北电力技术,2004,(03):53-54.

［51］李春秉.GIS 组合电器开关拒跳故障的处理［J］.小水电,2001,(05):44-45.

［52］袁小宁.GIS 的故障处理和分析［J］.水力发电,1995,(10):54-56,68.

［53］杨永福,张启明.大中型水电站计算机监控系统改造设计探讨［J］.水电自动化与大坝

监测,2006,(2):29-31,360.

[54] 张毅,王德宽,王桂平,等.面向巨型机组特大型水电站监控系统的研制开发[J].水电自动化与大坝监测,2008,(1):24-29.

[55] 杜洋.水电站计算机监控系统研究[J].技术与市场,2020,(1):162-163.

[56] 刘江啸,白重峰.水电站计算机自动控制与调节的研究[J].华中电力,2007,(5):31-34.

[57] 刘欢,常中原,卢舟鑫,等.向家坝电站调速器主配压阀位移传感器技术改造[J].中国农村水利水电,2020(02):138-142.

[58] 卢舟鑫,涂勇,常中原,等.水轮机调速器主配压阀抽动原因分析与处理措施[J].中国农村水利水电,2020(02):143-147.

[59] 王韧.水轮机调速器抽动故障及解决措施[J].科技资讯,2016,(27):49,65.

[60] 匡全忠.白溪水电站调速器电气故障解析[J].水电自动化与大坝监测,2008,(2):81-84.

[61] 黄万全.水轮发电机组调节系统调试中的常见故障分析[J].青海电力,2001,(1):29-31,28.

[62] 苏凤英.水电厂励磁系统PT断线原因分析及处理[J].红水河,2015,(08):70-73.

[63] 陈小明,王德宽,朱必良,等.巨型水轮发电机组励磁系统关键技术[J].水电与抽水蓄能,2018,(04):13-21.

[64] 孔丽君,何长平,王波,等.800MW水轮发电机灭磁装置选型计算[J].水电站机电技术,2012,(05):59-64.

[65] 周加庆.水电站励磁系统故障原因及对策[J].电气技术,2015,(01):128-129,132.

[66] 宋通林.水电站机组励磁系统故障分析及应对[J].电子技术与软件工程,2015,(19):158-159.

[67] 邹伦森,孙忠生,李颖华.一起水电厂安稳装置拒动案例分析[J].电气技术,2015,(8):126-129.

[68] 刘喜泉,毕欣颖,陈小明.一种发电机励磁系统用PT断线判别方法:201910020791.7[P].2019-03-29.

[69] 陈俊,沈全荣,严伟,等.励磁变压器低压侧单相接地故障在线识别方法:201310215138.9[P].2014-12-17.